内 容 简 介

非线性 Schrödinger 方程及其高阶方程具有明确的物理意义和广泛的应用背景. 本书介绍了这类方程的物理背景, 并给出相应的孤立子解、怪波解. 本书着重研究了几类重要的高阶 Schrödinger 方程组解的整体适定性理论和爆破问题, 同时介绍了此类方程驻波解和行波解的轨道稳定性, 半直线上初边值问题的局部适定性、初值问题的渐近稳定性以及散射理论.

本书适合高等院校数学、物理专业的研究生、教师以及科研院所相关领域的科研工作人员阅读.

图书在版编目(CIP)数据

高阶非线性 Schrödinger 方程及其怪波解/郭柏灵等著. —北京: 科学出版社, 2022.3

ISBN 978-7-03-071510-4

I. ①高…　II. ①郭…　III. ①非线性方程　IV. ①O175

中国版本图书馆 CIP 数据核字(2022)第 027149 号

责任编辑: 李　欣　李香叶 / 责任校对: 樊雅琼

责任印制: 吴兆东 / 封面设计: 陈可陈　无极书装

科 学 出 版 社 出版

北京东黄城根北街 16 号

邮政编码: 100717

http://www.sciencep.com

北京中科印刷有限公司 印刷

科学出版社发行　各地新华书店经销

*

2022 年 3 月第　一　版　开本: 720 × 1000　B5

2024 年 1 月第二次印刷　印张: 20

字数: 400 000

定价: 168.00 元

(如有印装质量问题, 我社负责调换)

高阶非线性 Schröding
及其怪波解

郭柏灵　巫　军　陈淑延　陈文

科　学　出　版　社
北　京

前　　言

众所周知, 二阶非线性 Schrödinger 方程有着广泛的物理背景, 并建立了系统的数学理论, 有着巨大且深刻的应用. 近年来, 高阶非线性 Schrödinger 方程模型成了许多领域研究的热点之一, 例如等离子体物理、光学通信等. 三阶非线性 Schrödinger 方程, 亦称为 Hiröta 方程或 Airy Schrödinger 方程, 它包含了众所周知的 KdV 方程、非线性 Schrödinger 方程以及导数非线性 Schrödinger 方程, 特别是 Schrödinger-KdV 方程, 它在等离子体物理中表现为大振幅低混杂波、有限频率密度扰动的相互作用和脉冲在光纤中的非线性传播. 四阶非线性 Schrödinger 方程的物理背景主要有: ①在长距离高速光纤传输系统中, 存在四阶色散、三次–五次非线性、自陡峭化和自频率等高阶非线性效应、超短光脉冲的传播; ②一维各向同性的 Heisenberg 铁磁自旋中的非线性自旋激发. 作为一个可积系统, 它是有孤立波的, 由 Backlund 变换等方法可熟知解的性质.

本书在于以简明扼要、通俗易懂的形式介绍这一领域的最新数学理论, 其中包括作者与其合作者关于高阶非线性 Schrödinger 方程的一些新的研究结果, 这些研究结果包括方程的适定性理论、爆破理论、轨道稳定性以及渐近稳定性等内容. 特别地, 本书还简要介绍了高阶 Schrödinger 方程的怪波解. 我们希望本书的出版有助于数学、物理和力学专业的研究工作者, 特别是年轻研究人员对高阶非线性 Schrödinger 方程有一个深刻的了解. 如果对这些有兴趣, 可查阅书本中所引参考文献, 进一步开展对高阶 Schrödinger 方程的理论研究.

由于篇幅和作者水平有限, 书中的不妥之处在所难免, 恳请专家和读者不吝赐教和指正.

目　录

第 1 章　高阶非线性 Schrödinger 方程的物理意义及其怪波解 ············· 1
1.1　四阶非线性 Schrödinger 方程 ············· 1
1.1.1　一阶有理分式解 ············· 3
1.1.2　二阶有理分式解 ············· 4
1.2　超短光脉冲的波方程 (三阶非线性 Schrödinger 方程) ············· 7
第 2 章　一类四阶强非线性 Schrödinger 方程组整体解的存在性和爆破问题 ············· 10
2.1　近似解的先验估计 ············· 11
2.2　问题 (2.1)—(2.3) 整体广义解的存在性 ············· 16
2.3　关于一类四阶强非线性 Schrödinger 方程组的爆破问题 ············· 20
第 3 章　具导数非线性 Schrödinger 方程的整体解 ············· 22
3.1　带权不等式的计算 ············· 23
3.2　先验估计 ············· 26
3.3　存在唯一性 ············· 33
3.4　衰减行为 ············· 34
3.5　附录 ············· 37
第 4 章　分数阶非线性 Schrödinger 方程的整体适定性 ············· 39
4.1　初步估计 ············· 40
4.2　三线性估计 ············· 44
第 5 章　复 Schrödinger 场和 Boussinesq 型自洽场相互作用下一类方程组的整体解 ············· 49
5.1　积分估计 ············· 50
5.2　局部解的存在性 ············· 57
5.3　整体解的适定性 ············· 63
第 6 章　一维及高维 Schrödinger-Klein-Gordon 方程的整体光滑解 ············· 66
6.1　先验积分估计 ············· 67
6.2　局部解的存在性 ············· 76
6.2.1　Cauchy 问题 ············· 77
6.2.2　初边值问题 ············· 78

6.3 方程 (6.1), (6.2) Cauchy 问题和初边值问题整体古典解的存在性、唯一性 ········ 79
第 7 章 Schrödinger-BBM 方程耦合系统的整体流 ········ 82
7.1 预备估计 ········ 83
7.2 局部适定性 ········ 85
7.3 定理 7.1 的证明 ········ 88
第 8 章 一类拟线性 Schrödinger 方程的爆破和轨道稳定性 ········ 92
8.1 一类拟线性 Schrödinger 方程的爆破和强不稳定性 ········ 92
8.1.1 爆破结果 ········ 97
8.1.2 驻波的不稳定性 ········ 99
8.2 一类拟线性 Schrödinger 方程的驻波解的轨道稳定性 ········ 104
8.2.1 情况 $N \geqslant 2$ ········ 106
8.2.2 情况 $N = 1$ ········ 110
第 9 章 一类具调和势的 Schrödinger 方程的整体解 ········ 115
9.1 最佳 (最小) 常数 ········ 117
9.2 Cauchy 问题 ········ 124
9.3 临界非线性的临界质量 ········ 125
9.4 超临界非线性的整体解 ········ 129
第 10 章 Kundu 方程的孤立波的轨道稳定性 ········ 134
10.1 Kundu 方程的精确孤立波 ········ 135
10.2 孤立波的轨道稳定性 ········ 138
10.3 定理 10.5 的证明 ········ 147
10.3.1 假设 10.1 的证明 ········ 147
10.3.2 证明 $p(d'') = n(H_{\omega,v}) = 1$ ········ 152
第 11 章 半直线上非线性 Schrödinger 方程的初边值问题 ········ 159
11.1 符号与函数空间的一些性质 ········ 162
11.2 Riemann-Liouville 分数阶积分 ········ 163
11.3 群算子估计 ········ 165
11.4 关于 Duhamel 非齐次解算子的估计 ········ 165
11.5 关于 Duhamel 边界强制算子的估计 ········ 167
11.6 存在性: 定理 11.5 的证明 ········ 171
11.7 唯一性: 命题 11.4 的证明 ········ 176
第 12 章 导数非线性 Schrödinger 方程的初边值问题 ········ 179
12.1 解的表达 ········ 183
12.2 先验估计 ········ 186

12.2.1 线性项估计 ······ 186
12.2.2 非线性项估计 ······ 190
12.3 局部理论: 定理 12.2 和定理 12.3 的证明 ······ 198
12.3.1 解的唯一性 ······ 200
12.3.2 定理 12.2 的证明 ($\alpha \in \mathbb{R}$) ······ 201
12.4 能量空间中全局适定性 ······ 204
12.5 实线上 NLS 方程 ······ 206
12.6 附录 ······ 212
第 13 章 非线性 Schrödinger 方程在 H^s 空间的渐近稳定性 ······ 213
13.1 结果的背景和陈述 ······ 215
13.1.1 关于 F 的假设 ······ 215
13.1.2 孤立子线性化 ······ 216
13.1.3 非线性方程 ······ 217
13.1.4 描述问题 ······ 218
13.2 定理的证明 ······ 219
13.2.1 运动的分解 ······ 219
13.2.2 χ 的积分表示 ······ 221
13.2.3 孤立子参数的估计 ······ 224
13.2.4 线性估计 ······ 227
13.2.5 非线性项的估计 ······ 229
13.2.6 在 L^2_{loc} 中估计 χ ······ 231
13.2.7 完成估计 ······ 232
13.3 附录 1 ······ 234
13.4 附录 2 ······ 236
13.5 附录 3 ······ 239
13.6 附录 4 ······ 248
第 14 章 非线性 Schrödinger 方程在加权 H^s 空间的渐近稳定性 ······ 252
14.1 初值问题、孤立波和线性传播算子估计 ······ 254
14.1.1 NLS 在 H^1 空间中的结果回顾 ······ 254
14.1.2 孤立波及其性质 ······ 255
14.1.3 线性传播算子的估计 ······ 257
14.2 局部和弥散部分的方程 ······ 259
14.3 散射和渐近稳定定理 ······ 262
14.4 耦合通道方程 ······ 263
14.4.1 局部存在性 ······ 263

14.4.2 解的先验估计 …… 264
14.4.3 整体存在性和大时间渐近性 …… 268
14.4.4 初值 Φ_0 的分解 …… 272
14.5 散射理论 …… 273
14.6 附录 1: 非线性项的估计 …… 275
14.7 附录 2: 非线性束缚态的加权估计 …… 276
第 15 章 Schrödinger-Boussinesq 方程组的初边值问题的适定性 …… 280
15.1 Schrödinger-Boussinesq 方程组解的表达 …… 281
15.2 先验估计 …… 285
15.3 定理 15.2 的证明 …… 297
参考文献 …… 300

第 1 章　高阶非线性 Schrödinger 方程的物理意义及其怪波解

在光纤中随着信息量的增加, 超短脉冲引起人们的关注. ① 当脉冲宽度在 10 个飞秒以下, 四阶非线性项不能忽略; ② 当光纤频率接近于光纤的共振频率也要考虑高阶非线性项; ③ 自频率变陡, 窄脉冲具有高的光学量, 在高速的长距离光纤传输系统中必须充分考虑近似在广义 Schrödinger 方程中的三阶、四阶非线性项.

1.1　四阶非线性 Schrödinger 方程

四阶非线性 Schrödinger 方程如下:

$$
\begin{aligned}
& i\Psi_t + \Psi_{xx} + 2\Psi|\Psi|^2 + \frac{\varepsilon^2}{12}\Big(\Psi_{xxxx} + 8|\Psi|^2\Psi_{xx} \\
& \quad + 2\Psi^2\Psi_{xx}^* + 6\Psi^*\Psi_x^2 + 4\left|\Psi_x\right|^2\Psi + 6|\Psi|^4\Psi\Big) = 0,
\end{aligned} \tag{1.1}
$$

其中 Ψ 为慢变包络, ε 为无量纲的小参数.

(1.1) 的 Lax 对为

$$
\Phi_x = U\Phi, \quad \Phi_t = V\Phi, \tag{1.2}
$$

其中 $\Phi(x,t) = (R(x,t), S(x,t))^{\mathrm{T}}$ 为向量特征函数. 矩阵 U, V 有如下形式:

$$
U = P - i\lambda\sigma_3,
$$

$$
\begin{aligned}
V = & \Big[3i\tau|\Psi|^4 + i|\Psi|^2 + i\tau\left(\Psi_{xx}\Psi^* + \Psi\Psi_{xx}^* - \left|\Psi_x\right|^2\right) \\
& - 2\lambda\tau\left(\Psi\Psi_x^* - \Psi_x\Psi^*\right) - 2i\lambda^2\left(2\tau|\Psi|^2 + 1\right) \\
& + 8i\tau\lambda^4\Big]\sigma_3 - 4i\tau\lambda^2\sigma_3 P_x - 8\tau\lambda^3 P \\
& + 6i\tau P^2 P_x\sigma_3 + i\sigma_3 P_x + i\tau\sigma_3 P_{xxx} \\
& + 2\lambda\left(P + \tau P_{xx} - 2\tau P^3\right),
\end{aligned} \tag{1.3}
$$

其中 $\tau = \varepsilon^2/12$ 且

$$P=\begin{pmatrix}0 & \Psi(x,t)\\ -\Psi^*(x,t) & 0\end{pmatrix},\quad \sigma_3=\begin{pmatrix}1 & 0\\ 0 & -1\end{pmatrix}.$$

我们得到方程 (1.1) 的达布变换 DT. $\Phi(x,t)=(R(x,t),S(x,t))^{\mathrm{T}}$ 是方程 (1.1) 的特征函数且特征值为 $\lambda=\lambda_1$, 则 $(S(x,t)^*,-R(x,t)^*)^{\mathrm{T}}$ 也是方程 (1.2) 关于特征值 $\lambda=\lambda_1^*$ 的特征函数. 方程 (1.1) 一次迭代的新位势为

$$\Psi'=\Psi-2i\frac{(\lambda_1-\lambda_1^*)\,RS^*}{|R|^2+|S|^2}, \tag{1.4}$$

其中 $R=R(x,t), S=S(x,t)$, $\Psi=\Psi(x,t)$, $\Psi'=\Psi'(x,t)$.

为了得到新的解, 对于 DT 方法, 可选取 $\Psi=0$ 为种子解, 我们得到一系列新解. (1.1) 是方程 (1.2) 的相容性条件. 为了使计算更加方便, 我们可以写成如下分量形式:

$$\begin{aligned}
R_x=&-i\lambda R+S\Psi,\quad S_x=i\lambda S-R\Psi^*,\\
R_t=&R\left[\frac{2}{3}i\varepsilon^2\lambda^4+i|\Psi|^2+\frac{1}{4}i\varepsilon^2|\Psi|^4-2i\lambda^2\left(1+\frac{1}{6}\varepsilon^2|\Psi|^2\right)\right.\\
&\left.-\frac{1}{6}\varepsilon^2\lambda\left(-\Psi^*\Psi_x+\Psi\Psi_x^*\right)+\frac{1}{12}i\varepsilon^2\left(-|\Psi_x|^2+\Psi^*\Psi_{xx}+\Psi\Psi_{xx}^*\right)\right]\\
&+S\left[-\frac{2}{3}\varepsilon^2\lambda^3\Psi+i\Psi_x-\frac{1}{3}i\varepsilon\varepsilon^2\lambda^2\Psi_x+\frac{1}{2}i\varepsilon^2|\Psi|^2\Psi_x\right.\\
&\left.+2\lambda\left(\Psi+\frac{1}{6}\varepsilon^2\Psi|\Psi|^2+\frac{1}{12}\varepsilon^2\Psi_{xx}\right)+\frac{1}{12}i\varepsilon^2\Psi_{xxx}\right],\\
S_t=&S\left[-\frac{2}{3}i\varepsilon^2\lambda^4-i|\Psi|^2-\frac{1}{4}i\varepsilon^2|\Psi|^4+2i\lambda^2\left(1+\frac{1}{6}\varepsilon^2|\Psi|^2\right)\right.\\
&\left.+\frac{1}{6}\varepsilon^2\lambda\left(-\Psi^*\Psi_x+\Psi\Psi_x^*\right)-\frac{1}{12}i\varepsilon^2\left(-|\Psi_x|^2+\Psi^*\Psi_{xx}+\Psi\Psi_{xx}^*\right)\right]\\
&+R\left[\frac{2}{3}\varepsilon^2\lambda^3\Psi^*+i\Psi_x^*-\frac{1}{3}i\varepsilon\varepsilon^2\lambda^2\Psi_x^*+\frac{1}{2}i\varepsilon^2|\Psi|^2\Psi_x^*\right.\\
&\left.+2\lambda\left(-\Psi^*-\frac{1}{6}\varepsilon^2\Psi^*|\Psi|^2-\frac{1}{12}\varepsilon^2\Psi_{xx}^*\right)+\frac{1}{12}i\varepsilon^2\Psi_{xxx}^*\right],
\end{aligned} \tag{1.5}$$

其中 λ 为复特征值.

如选取 $\Psi=0$ 为种子解, 则我们不能得到 (1.1) 的有理解、怪波解. 如要得到有理解, 我们应选取种子解为 (1.1) 的平面波解. 设

$$\Psi(x,t)=a\exp[i(kx+\omega t)]. \tag{1.6}$$

代入 (1.1) 可得

$$\omega=\left(2a^2-k^2\right)+\frac{\varepsilon^2}{12}\left(6a^4-12a^2k^2+k^4\right). \tag{1.7}$$

为得有理解, λ 应满足

$$\lambda^2+a^2=0, \tag{1.8}$$

即 $\lambda=ai$ 或 $\lambda=-ai$. 取 $a=1,k=0,\lambda=i$ 可得 (1.6) 为

$$\Psi_0(x,t)=\exp\left[it\left(2+\frac{\varepsilon^2}{2}\right)\right]. \tag{1.9}$$

利用达布变换, 可得 (1.1) 的有理分式解, 并用此方法可得

$$\Psi_0\to(R_1,S_1)\to\Psi_1\to(R_2,S_2)\to\Psi_2\to(R_3,S_3)\to\Psi_3\to\cdots. \tag{1.10}$$

1.1.1 一阶有理分式解

对于一阶有理分式解也称为怪波解, 猜想 R,S 有如下形式:

$$\begin{aligned}R_1(x,t)&=(a_1x+b_1t+c_1xt+d_1)\exp\left[it\left(1+\frac{\varepsilon^2}{4}\right)\right],\\ S_1(x,t)&=(a_2x+b_2t+c_2xt+d_2)\exp\left[-it\left(1+\frac{\varepsilon^2}{4}\right)\right],\end{aligned} \tag{1.11}$$

其中 a_i,b_i, 以及 c_i $(i=1,2)$ 都为复数. 将上式代入 (1.5), 并比较系数可得

$$\begin{aligned}&a_1=\frac{-ib_1}{2+\varepsilon^2},\quad a_2=\frac{ib_1}{2+\varepsilon^2},\quad c_1=0,\\ &c_2=0,\quad b_2=-b_1,\quad d_1=-\frac{b_1}{2+\varepsilon^2}-d_2,\end{aligned} \tag{1.12}$$

其中 b_1,d_2 为自由参数. 由 (1.12) 可知

$$\begin{aligned}\bar{R}_1(x,t)&=\left[-\frac{i}{2}-ix+t\left(2+\varepsilon^2\right)\right]\exp\left[it\left(1+\frac{\varepsilon^2}{4}\right)\right],\\ \bar{S}_1(x,t)&=\left[-\frac{i}{2}+ix-t\left(2+\varepsilon^2\right)\right]\exp\left[-it\left(1+\frac{\varepsilon^2}{4}\right)\right].\end{aligned} \tag{1.13}$$

故将 $R_1,S_1,\bar{R}_1,\bar{S}_1$ 代入 (1.4) 可得

$$\Psi_1(x,t)=\frac{3-4x^2+8it\left(2+\varepsilon^2\right)-4t^2\left(2+\varepsilon^2\right)^2}{1+4x^2+4t^2\left(2+\varepsilon^2\right)^2}\times\exp\left[\frac{1}{2}it\left(4+\varepsilon^2\right)\right]. \tag{1.14}$$

易证当 $\varepsilon=0,\varepsilon=1,\varepsilon=3$ 时, (1.14) 是一阶有理分式解. 如图 1.1 和图 1.2.

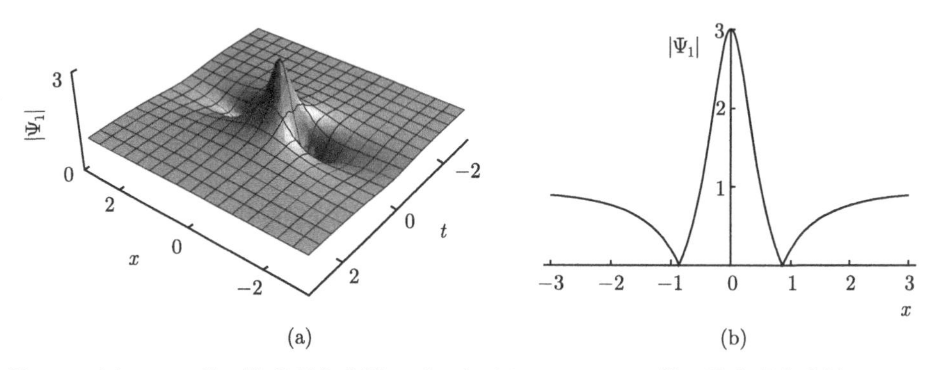

图 1.1　(a) $\varepsilon=0$ 的一阶有理分式解 $\Psi_1(x,t)$. (b) $\varepsilon=0,t=0$ 的一阶有理分式解 $\Psi_1(x,t)$

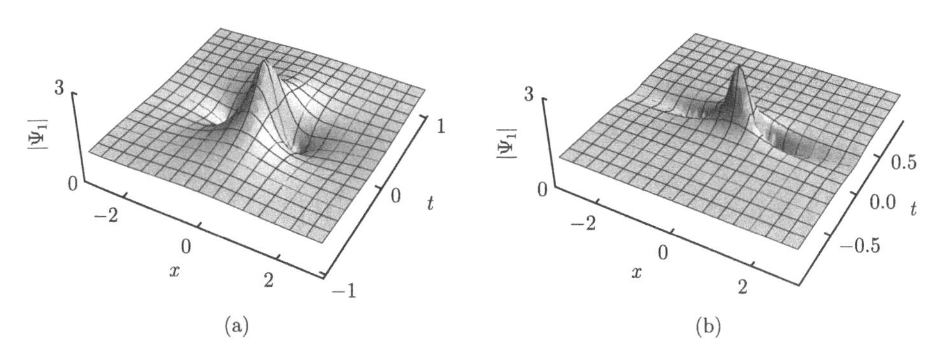

图 1.2　(a) $\varepsilon=1$ 的一阶有理分式解 $\Psi_1(x,t)$. (b) $\varepsilon=3$ 的一阶有理分式解 $\Psi_1(x,t)$

1.1.2　二阶有理分式解

R,S 有如下形式:

$$
\begin{aligned}
R_2(x,t)&=\frac{e^{(1/4)it(4+\varepsilon^2)}RM_2(x,t)}{D_1},\\
S_2(x,t)&=\frac{e^{-(1/4)it(4+\varepsilon^2)}SM_2(x,t)}{D_1},
\end{aligned}
\tag{1.15}
$$

其中

$$
D_1=\frac{1}{2}+2x^2+2t^2\left(2+\varepsilon^2\right)^2,
$$

$$
RM_2(x,t)=-\frac{1}{4}-\frac{4}{3}x^4+\frac{1}{12}t\left(-48i-40i\varepsilon^2\right)-\frac{8}{3}it^3\left(2+\varepsilon^2\right)^3+\frac{4}{3}t^4\left(2+\varepsilon^2\right)^4
$$

$$+x^3\left[-\frac{4}{3}-\frac{8}{3}it\left(2+\varepsilon^2\right)\right]+\frac{1}{12}t^2\left[48\left(2+\varepsilon^2\right)+56\varepsilon^2\left(2+\varepsilon^2\right)\right]$$

$$+x\left[-1-4t^2\left(2+\varepsilon^2\right)^2-\frac{8}{3}it^3\left(2+\varepsilon^2\right)^3+\frac{2}{3}it\left(6+7\varepsilon^2\right)\right],$$

$$SM_2(x,t)=-\frac{1}{4}-\frac{4}{3}x^4+\frac{1}{12}t\left(48i+40i\varepsilon^2\right)+\frac{8}{3}it^3\left(2+\varepsilon^2\right)^3+\frac{4}{3}t^4\left(2+\varepsilon^2\right)^4$$

$$+x^3\left[\frac{4}{3}-\frac{8}{3}it\left(2+\varepsilon^2\right)\right]+\frac{1}{12}t^2\left[48\left(2+\varepsilon^2\right)+56\varepsilon^2\left(2+\varepsilon^2\right)\right]$$

$$+x\left[1+4t^2\left(2+\varepsilon^2\right)^2-\frac{8}{3}it^3\left(2+\varepsilon^2\right)^3+\frac{2}{3}it\left(6+7\varepsilon^2\right)\right]. \tag{1.16}$$

由达布变换, 二阶有理分式解 $\Psi_2(x,t)$ 为

$$\Psi_2(x,t)=\exp\left[\frac{1}{2}it\left(4+\varepsilon^2\right)\right]\frac{\Psi M_2(x,t)}{36D_1D_2}, \tag{1.17}$$

其中 D_1 上面已经给出, D_2 有下面形式:

$$D_2=\frac{1}{18\left[1+4x^2+4t^2\left(2+\varepsilon^2\right)^2\right]}[9+108x^2+48x^4+64x^6+64t^6\left(2+\varepsilon^2\right)^6$$

$$+16t^4\left(2+\varepsilon^2\right)^3\left[54+43\varepsilon^2+12x^2\left(2+\varepsilon^2\right)\right]+4t^2[396+684\varepsilon^2+307\varepsilon^4$$

$$+48x^4\left(2+\varepsilon^2\right)^2-24x^2\left(12+28\varepsilon^2+11\varepsilon^4\right)]],$$

$$\Psi M_2(x,t)$$

$$=45-180x^2-144x^4+64x^6-384it^5\left(2+\varepsilon^2\right)^5$$

$$+64t^6\left(2+\varepsilon^2\right)^6-192it^3\left(2+\varepsilon^2\right)^2\left[2+5\varepsilon^2+4x^2\left(2+\varepsilon^2\right)\right]$$

$$+16t^4\left(2+\varepsilon^2\right)^3\left[-66-17\varepsilon^2+12x^2\left(2+\varepsilon^2\right)\right]$$

$$-24it\left[-30-23\varepsilon^2+16x^4\left(2+\varepsilon^2\right)-8x^2\left(6+7\varepsilon^2\right)\right]+4t^2[-468-564\varepsilon^2$$

$$-101\varepsilon^4+48x^4\left(2+\varepsilon^2\right)^2-24x^2\left(60+76\varepsilon^2+23\varepsilon^4\right)]. \tag{1.18}$$

将 $\Psi_2(x,t)$ 代入 (1.1) 可得 (1.1) 的二阶有理分式解 (图 1.3—图 1.5).

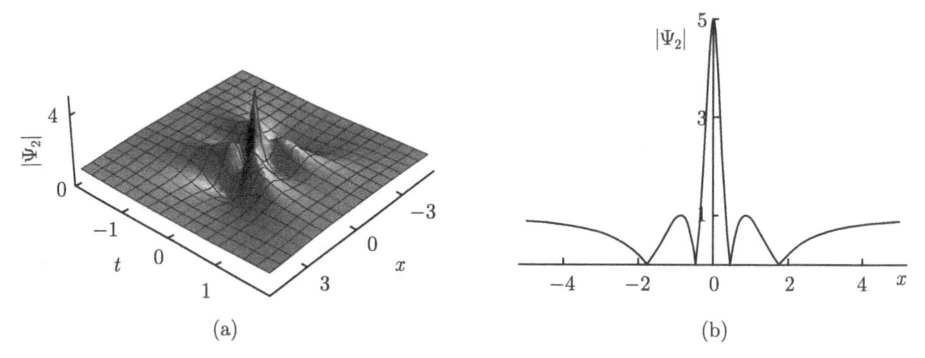

图 1.3　(a) $\varepsilon=0$ 的二阶有理分式解 $\Psi_2(x,t)$. (b) $\varepsilon=0, t=0$ 的二阶有理分式解 $\Psi_2(x,t)$

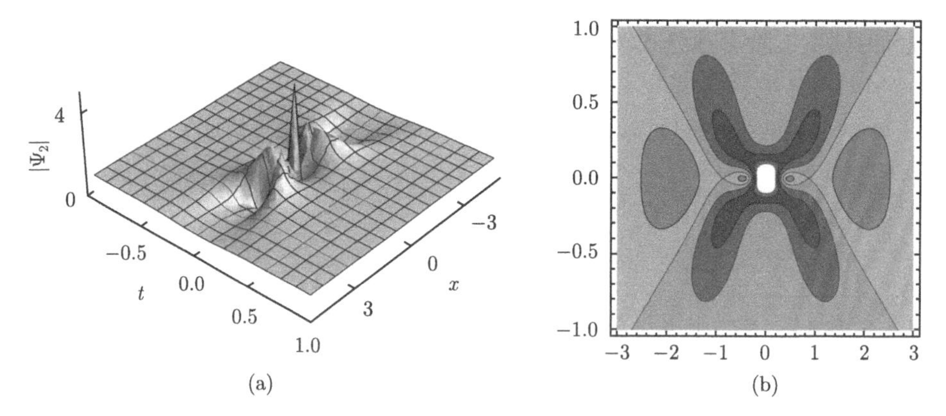

图 1.4　(a) $\varepsilon=3$ 的二阶有理分式解 $\Psi_2(x,t)$. (b) 图 (a) 的等值线

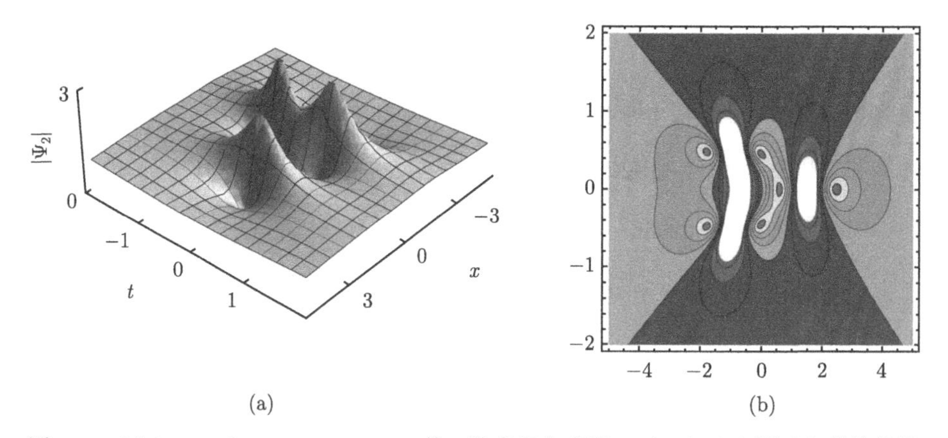

图 1.5　(a) $b_5=1, b_{11}=-0.5i, \varepsilon=0$ 的二阶有理分式解 $\Psi_2(x,t)$. (b) 图 (a) 的等值线

1.2 超短光脉冲的波方程 (三阶非线性 Schrödinger 方程)

超短光脉冲的波方程为

$$E_z = i\left(\alpha_1 E_{tt} + \alpha_2 |E|^2 E\right) + \alpha_3 E_{ttt} + \alpha_4\left(|E|^2 E\right)_t + \alpha_5 E\left(|E|^2\right)_t, \tag{1.19}$$

其中 E 为电子场的慢变包络方程.

令 $\phi(z,t) = \kappa z - \Omega t$, $E(z,t) = A(z,t)\exp[i\phi(z,t)]$, 可得

$$iA_z + ia_1 A_t + a_2 A_{tt} - i\alpha_3 A_{ttt} + a_3|A|^2 A - ia_4|A|^2 A_t - ia_5 A^2 A_t^* - a_6 A = 0, \tag{1.20}$$

其中 $a_1 = -2\alpha_1\Omega + 3\alpha_3\Omega^2, a_2 = \alpha_1 - 3\alpha_3\Omega, a_3 = \alpha_2 - \alpha_4\Omega, a_4 = 2\alpha_4 + \alpha_5, a_5 = \alpha_4 + \alpha_5$, 以及 $a_6 = \kappa + \alpha_1\Omega^2 - \alpha_3\Omega^3$.

设

$$A(z,t) = \{i\beta + \lambda\tanh[\eta(t-\chi z)] + i\rho\,\mathrm{sech}[\eta(t-\chi z)]\}, \tag{1.21}$$

其中 η, χ 分别为脉冲宽度和反群速的平移. $A(z,t)$ 的振幅为

$$|A(z,t)| = \left\{\left(\lambda^2+\beta^2\right) + 2\beta\rho\,\mathrm{sech}[\eta(t-\chi z)] + \left(\rho^2-\lambda^2\right)\mathrm{sech}^2[\eta(t-\chi z)]\right\}^{1/2}, \tag{1.22}$$

相应的非线性相平移 $\phi(z,t)$ 为

$$\phi(z,t) = \arctan\left(\frac{\beta + \rho\,\mathrm{sech}[\eta(t-\chi z)]}{\lambda\tanh[\eta(t-\chi z)]}\right). \tag{1.23}$$

当 $\beta = \lambda = 0$ 或者 $\rho = 0$ 时(1.21) 分别退化为亮的或暗的孤立波. 将 (1.21) 代入 (1.20), 比较系数可得

$$\lambda\left[6\alpha_3\eta^2 - (a_4+a_5)\left(\rho^2-\lambda^2\right)\right] = 0, \tag{1.24}$$

$$\rho\left[6\alpha_3\eta^2 - (a_4+a_5)\left(\rho^2-\lambda^2\right)\right] = 0, \tag{1.25}$$

$$\rho\left[-2a_2\eta^2 + a_3\left(\rho^2-\lambda^2\right) - 2a_4\beta\lambda\eta\right] = 0, \tag{1.26}$$

$$\lambda\left[-2a_2\eta^2 + a_3\left(\rho^2-\lambda^2\right)\right] - 2\beta\eta\left[a_4\rho^2 + a_5\left(\rho^2-\lambda^2\right)\right] = 0, \tag{1.27}$$

$$\begin{aligned}&\lambda\left[-\chi\eta + a_1\eta - 4\alpha_3\eta^3 - a_4\eta\left(\lambda^2+\beta^2\right) - a_5\eta\left(\lambda^2-\beta^2-2\rho^2\right)\right]\\&\quad + a_3\beta\left(3\rho^2-\lambda^2\right) = 0,\end{aligned} \tag{1.28}$$

$$\rho\left[\chi\eta - a_1\eta + \alpha_3\eta^3 - 2\lambda\beta a_3 + (a_4-a_5)\lambda^2\eta + (a_4+a_5)\beta^2\eta\right] = 0, \tag{1.29}$$

$$\rho\left[a_2\eta^2 + a_3\left(\lambda^2 + 3\beta^2\right) + 2a_5\beta\lambda\eta - a_6\right] = 0, \tag{1.30}$$

$$\lambda\left[a_3\left(\lambda^2 + \beta^2\right) - a_6\right] = 0, \tag{1.31}$$

$$\beta\left[a_3\left(\lambda^2 + \beta^2\right) - a_6\right] = 0. \tag{1.32}$$

显然, 当 $\beta = \lambda = 0$ 或 $\rho = 0$ 时, 这九个方程解可退化为四个或五个方程, 我们可以得到相应的亮的或暗的孤立波解. 当 $\alpha_3 = a_4 = a_5 = 0$ 时, 高阶非线性 Schrödinger(HNLS) 方程(1.19)转化为非线性 Schrödinger(NLS) 方程. 从这九个参数方程可看出不相容性, 不可得到 NLS 方程. 对于 HNLS 方程, 若对参数施加一些限制, 则 (1.24)—(1.32) 为相容的. 在下面情况下有三种孤立子解存在.

(i) $3\alpha_2\alpha_3 = \alpha_1\alpha_4$ 和 $\alpha_4 + 2\alpha_5 = 0$, 此时 (1.21) 解为

$$A(z,t) = \{\lambda \tanh[\eta(t-\chi z)] + i\rho\,\mathrm{sech}[\eta(t-\chi z)]\}, \tag{1.33}$$

因此

$$|A|^2 = \left\{\lambda^2 + \left(\rho^2 - \lambda^2\right)\mathrm{sech}^2[\eta(t-\chi z)]\right\}, \tag{1.34}$$

其中

$$\eta^2 = \frac{\alpha_4}{3\alpha_3}\left(\rho^2 - \lambda^2\right), \tag{1.35}$$

$$\chi = -\left(\alpha_1\Omega + \alpha_4\lambda^2\right) - \alpha_3\eta^2, \tag{1.36}$$

$$\Omega = \frac{\alpha_2}{\alpha_4}, \tag{1.37}$$

$$\Omega = -\frac{2}{3}\frac{\alpha_1\alpha_2^2}{\alpha_4^2}. \tag{1.38}$$

(ii) $\alpha_3 = 0$ 和 $\alpha_4 + \alpha_5 = 0$, 此时 (1.21) 解为

$$A(z,t) = \{i\beta + \lambda \tanh[\eta(t-\chi z)] + i\lambda\,\mathrm{sech}[\eta(t-\chi z)]\}, \tag{1.39}$$

因此

$$|A|^2 = \beta^2 + \lambda^2 + 2\beta\lambda\,\mathrm{sech}[\eta(t-\chi z)], \tag{1.40}$$

其中

$$\eta = -\frac{\alpha_4}{\alpha_1}\beta\lambda, \tag{1.41}$$

$$\lambda^2 = 2\alpha_1\left(\alpha_4\Omega - \alpha_2\right)/\alpha_4^2, \tag{1.42}$$

$$\kappa = \left(\alpha_2 - \alpha_4\Omega\right)\left(\lambda^2 + \beta^2\right) - \alpha_1\Omega^2, \tag{1.43}$$

$$\chi = -\left(2\alpha_1\Omega + \alpha_4\beta^2\right). \tag{1.44}$$

(iii) $\alpha_1 = \alpha_3 = 3\alpha_4 + 2\alpha_5 = 0$, 此时 (1.21) 解为

$$A(z,t) = \{i\beta + \lambda\tanh[\eta(t-\chi z)] + i\rho\,\mathrm{sech}[\eta(t-\chi z)]\}, \tag{1.45}$$

因此

$$|A|^2 = \left(\lambda^2+\beta^2\right) + 2\beta\rho\,\mathrm{sech}[\eta(t-\chi z)] + \left(\rho^2-\lambda^2\right)\mathrm{sech}^2[\eta(t-\chi z)], \tag{1.46}$$

其中

$$\eta = -\frac{(\alpha_2-\alpha_4\Omega)\,\beta}{(\alpha_4+\alpha_5)\,\lambda}, \tag{1.47}$$

$$\rho^2 = \lambda^2 + 2\beta^2, \tag{1.48}$$

$$\kappa = (\alpha_2-\alpha_4\Omega)\left(\lambda^2+\beta^2\right), \tag{1.49}$$

$$\chi = 0. \tag{1.50}$$

对于 $\lambda = 0$, 从 (1.24) 到 (1.32) 可得电场包络函数

$$E(z,t) = (\beta + \rho\,\mathrm{sech}\,\eta t)\exp\left[-i\left(\alpha_2/\alpha_4\right)t\right]. \tag{1.51}$$

如果 $\beta\rho < 0, |\rho| > |\beta|$, 孤立波的强度具有 W-孤立波的特征 (图 1.6).

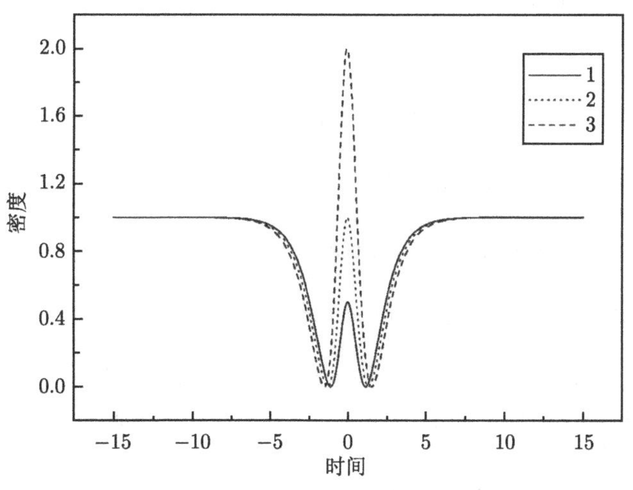

图 1.6 W-孤立波的强度. 强度为 $|E(z,t)|^2 = \{\beta + \rho\,\mathrm{sech}[\eta(t-\chi z)]\}^2$.

曲线 1、曲线 2, 以及曲线 3 分别通过假设 $\beta = 1, \eta = 1$ 和 $\rho = -\left(1+\dfrac{\sqrt{2}}{2}\right), -(1+\sqrt{2})$, 曲线 2 表示在 $z = 0$ 的图形

第 2 章　一类四阶强非线性 Schrödinger 方程组整体解的存在性和爆破问题

在许多文献中, 从等离子体物理、非线性光学、流体力学的各种问题 (如在微波和等离子体激光热传导中振荡拆立子的不稳定性; 在低正超音速中的 Langmuir 振荡; 一维晶体的激发; 超流 film 的振荡; Heisenberg 铁磁链的激发运动; 具量子位势的 Schrödinger 方程等) 提出了一类更为复杂的强非线性 Schrödinger 方程, 它的主要特征在于非线性项不仅出现于自由项, 还出现于一阶、二阶导数项的系数中. 在文献 [14] 中研究了高阶非线性 Schrödinger 方程组的一些定解问题. 本章将研究如下形式耦合的非均匀介质的四阶强非线性 Schrödinger 方程组

$$i\vec{u}_t+\vec{u}_{xxxx}+\beta q\left(|\vec{u}|^2\right)\vec{u}+r(x)\vec{u}-\delta h\left(|\vec{u}|^2\right)_{xx}h'\left(|\vec{u}|^2\right)\vec{u}=0 \tag{2.1}$$

的周期初值问题

$$\begin{cases}\vec{u}|_{t=0}=\vec{u}_0(x), & x\in\mathbb{R}^1, \quad (2.2)\\ \vec{u}(x-D,t)=\vec{u}(x+D,t), & \forall x\in\mathbb{R}^1,\ t\geqslant 0,\quad D>0 \quad (2.3)\end{cases}$$

和初边值问题

$$\vec{u}|_{t=0}=\vec{u}_0(x),\quad 0\leqslant x\leqslant l, \tag{2.4}$$

$$\vec{u}|_{x=0}=\vec{u}_{xx}|_{x=0}=0,\quad \vec{u}|_{x=l}=\vec{u}_{xx}|_{x=l}=0,\quad t\geqslant 0, \tag{2.5}$$

其中 $i=\sqrt{-1}$, β, δ 均为实常数, $r(x)$, $q(s)$, $h(s)$ 均为实函数. $\vec{u}(x,t)=\left(u_1(x,t),\cdots,u_N(x,t)\right)^r$ 为复值未知函数向量, $|\vec{u}(x,t)|^2=\sum_{j=1}^N|u_j(x,t)|^2$, $(\vec{f}(x),\vec{g}(x))=\int_0^l\sum_{i=1}^N f_i(x)\cdot\overline{g_i(x)}\mathrm{d}x$, 其中 $\overline{g(x)}$ 表示 $g(x)$ 的复数共轭. 当考虑周期初值问题时, 还假设 $r(x)$ 和 $\vec{u}_0(x)$ 均为 x 的周期函数. 对于各种复值向量函数空间, 本章采用如同文献 [6] 的符号和约定.

我们先用 Galerkin 方法证明周期初值问题 (2.1)—(2.3) 整体广义解的存在性以及它的爆破性质. 对于初边值问题 (2.1), (2.4), (2.5) 和初值问题均类似地得到相应的结论.

2.1 近似解的先验估计

选取基函数 $\{w_j(x)\}$, 其中 $\{w_j(x)\}$ 为满足常微分方程 $-w_j''(x)=\lambda_j w_j(x)$ 的周期特征函数系. 设问题 (2.1)—(2.3) 的近似解可表示为

$$\vec{u}_m(x,t)=\sum_{j=1}^{m}\vec{\alpha}_{jm}(t)w_j(x), \tag{2.6}$$

其中

$$\begin{aligned}&\vec{u}_m(x,t)=\left(u_{m1}(x,t),u_{m2}(x,t),\cdots,u_{mN}(x,t)\right)^{\mathrm{T}},\\&\vec{\alpha}_{jm}(t)=\left(\alpha_{jm1}(t),\alpha_{jm2}(t),\cdots,\alpha_{jmN}(t)\right)^{\mathrm{T}}\end{aligned} \tag{2.7}$$

均为复值函数向量, 根据 Galerkin 方法, 对于问题 (2.1)—(2.3), 这些待定系数向量 $\vec{\alpha}_{jm}(t)$ 应满足以下常微分方程组的初值问题

$$\begin{aligned}&i\left(u_{mlt},w_s\right)+\left(u_{mlxxxx},w_s\right)+\beta\left(q\left(\left|\vec{u}_m\right|^2\right)u_{ml},w_s\right)\\&\quad+\left(r(x)u_{ml},w_s\right)-\delta\left(h\left(\left|\vec{u}_m\right|^2\right)_{xx}h'\left(\left|\vec{u}_m\right|^2\right)u_{ml},w_s\right)=0,\end{aligned} \tag{2.8}$$

$$l=1,2,\cdots,N,\quad s=1,2,\cdots,m,$$

$$u_{ml}(x,0)=u_{0ml}(x), \tag{2.9}$$

其中

$$(u,v)=\int_{-D}^{D}u(x)\overline{v(x)}\mathrm{d}x,\quad u_{ml}(x,t)=\sum_{j=1}^{N}\alpha_{jml}(t)w_j(x),$$

$$\left|\vec{u}_m\right|^2=\sum_{l=1}^{N}\left|u_{ml}\right|^2.$$

设

$$u_{0ml}(x)\xrightarrow{H^2}u_{0l}(x),\quad m\to\infty,\quad l=1,2,\cdots,N. \tag{2.10}$$

不难看到, 在以下引理和所作先验估计下, 非线性常微分方程组的初值问题 (2.8), (2.9) 在 $[0,T]$ 上存在整体解, 且能逼近周期初值问题 (2.1)—(2.3) 的整体解.

引理 2.1 若 $q(s)\in C^0, h(s)\in C^2, r(x)\in C^0$, 且 $u_0(x)\in L^2(-D,D)$, 则对问题 (2.8), (2.9) 的解 $\vec{u}_m(x,t)$ 有估计

$$\left\|\vec{u}_m(x,t)\right\|_{L^2\times L^\infty}^2\leqslant E_0, \tag{2.11}$$

其中 E_0 为与 m 无关的常数.

证明 (2.8) 乘以 $\overline{\alpha_{sml}(t)}$, 并对指标 $s=1,2,\cdots,m$ 求和得

$$i\left(u_{mlt},u_{ml}\right)+\left(u_{mlxxxx},u_{ml}\right)+\beta\left(q\left(\left|\vec{u}_m\right|^2\right)u_{ml},u_{ml}\right)$$
$$+\left(r(x)u_{ml},u_{ml}\right)-\delta\left(h\left(\left|\vec{u}_m\right|^2\right)_{xx}h'\left(\left|\vec{u}_m\right|^2\right)u_{ml},u_{ml}\right)=0,$$
$$l=1,2,\cdots,N. \tag{2.12}$$

因

$$\operatorname{Re}\left(u_{mlt},u_{ml}\right)=\frac{1}{2}\frac{\mathrm{d}}{\mathrm{d}t}\left\|u_{ml}\right\|_{L^2}^2,\quad \left(u_{mlxxxx},u_{ml}\right)=\left\|u_{mlxx}\right\|_{L^2}^2,$$

$$\beta\left(q\left(\left|\vec{u}_m\right|^2\right)u_{ml},u_{ml}\right)=\beta\int_{-D}^{D}q\left(\left|\vec{u}_m\right|^2\right)\left|u_{ml}\right|^2\mathrm{d}x,$$

$$\left(r(x)u_{ml},u_{ml}\right)=\int_{-D}^{D}r(x)\left|u_{ml}\right|^2\mathrm{d}x,$$

$$\left(-\delta\left(h\left|\vec{u}_m\right|^2\right)_{xx}h'\left(\left|\vec{u}_m\right|^2\right)u_{ml},u_{ml}\right)=-\delta\int_{-D}^{D}h\left(\left|\vec{u}_m\right|^2\right)_{xx}h'\left(\left|\vec{u}_m\right|^2\right)\left|u_{ml}\right|^2\mathrm{d}x,$$

于是由 (2.12) 取虚部得

$$\frac{\mathrm{d}}{\mathrm{d}t}\left\|\vec{u}_m(\cdot,t)\right\|_{L^2}^2=0,$$

即有

$$\sum_{l=1}^{N}\left\|u_{ml}(\cdot,t)\right\|_{L^2}^2=\sum_{l=1}^{N}\left\|u_{ml}(\cdot,0)\right\|_{L^2}^2$$
$$\leqslant 2\sum_{l=1}^{N}\left\|u_{0l}(x)\right\|_{L^2}^2=E_0\quad(m\geqslant m_0). \qquad \square$$

引理 2.2 (Sobolev 估计) 设 $u\in L^q(\Omega),D^m u\in L^r(\Omega),1\leqslant q,r\leqslant\infty,\Omega\subseteq\mathbb{R}^n$, 则存在常数 C 使得

$$\left\|D^j u\right\|_{L^p(\Omega)}\leqslant C\left\|D^m u\right\|_{L^r(\Omega)}^a\left\|u\right\|_{L^q(\Omega)}^{1-a}, \tag{2.13}$$

其中 $0\leqslant j\leqslant m,j/m\leqslant a\leqslant 1,1\leqslant p\leqslant\infty$, 且

$$\frac{1}{p}=\frac{j}{n}+a\left(\frac{1}{r}-\frac{m}{n}\right)+(1-a)\frac{1}{q}.$$

引理 2.3 若满足引理 2.1 条件, 且设

(1) $\beta Q(s) \geqslant -C_0 s^{5-\varepsilon}, s>0, C_0>0, \varepsilon>0, Q(s)=\int_0^s q(z)\mathrm{d}z$.

(2) $\delta>0$ 或 $|h'(s)| \leqslant A s^{\frac{1}{2}-\varepsilon}+B, A>0, B>0, s>0, \varepsilon>0$.

(3) $\vec{u}_0(x) \in H^2(\Omega), \Omega=(-D, D)$,

则对问题 (2.8), (2.9) 的解有估计

$$\|\vec{u}_{mxx}(x,t)\|_{L^2\times L^\infty}^2 \leqslant E_1,$$

其中常数 E_1 与 m 无关.

证明 (2.8) 乘以 $\overline{\alpha_{sml}(t)}$, 并对指标 s 从 1 到 m 求和得

$$\begin{aligned}
i\left(u_{mlt}, u_{mlt}\right)&+\left(u_{mlxxxx}, u_{mlt}\right)+\beta\left(q\left(|\vec{u}_m|^2\right) u_{ml}, u_{mlt}\right)\\
&+\left(r(x) u_{ml}, u_{mlt}\right)-\delta\left(h\left(|\vec{u}_m|^2\right)_{xx} h'\left(|\vec{u}_m|^2\right) u_{ml}, u_{mlt}\right)=0,\\
&l=1,2,\cdots,N.
\end{aligned}\tag{2.14}$$

因

$$\operatorname{Re}\left(u_{mlxxxx}, u_{mlt}\right)=\frac{1}{2} \frac{\mathrm{d}}{\mathrm{d}t}\left\|u_{mlxx}\right\|_{L^2}^2,$$

$$\sum_{l=1}^N \operatorname{Re} \beta\left(q\left(|\vec{u}_m|^2\right) u_{ml}, u_{mlt}\right)=\frac{\beta}{2} \frac{\mathrm{d}}{\mathrm{d}t} \int_{\Omega} Q\left(|\vec{u}_m|^2\right) \mathrm{d}x,$$

$$\sum_{l=1}^N \operatorname{Re}\left(r(x) u_{ml}, u_{mlt}\right)=\frac{1}{2} \frac{\mathrm{d}}{\mathrm{d}t} \int_{\Omega} r(x)\left|\vec{u}_m(x,t)\right|^2 \mathrm{d}x,$$

$$\begin{aligned}
&-\delta \sum_{l=1}^N \operatorname{Re}\left(h\left(|\vec{u}_m|^2\right)_{xx} h'\left(|\vec{u}_m|^2\right) u_{ml}, u_{mlt}\right)\\
&=-\frac{\delta}{2}\left(h\left(|\vec{u}_m|^2\right)_{xx} h'\left(|\vec{u}_m|^2\right), |\vec{u}_m|_t^2\right)\\
&=-\frac{\delta}{2}\left(h\left(|\vec{u}_m|^2\right)_{xx}, h\left(|\vec{u}_m|^2\right)_t\right)\\
&=\frac{\delta}{2}\left(h|\vec{u}_m|_x^2, h\left(|\vec{u}_m|^2\right)_{xt}\right)\\
&=\frac{\delta}{4} \frac{\mathrm{d}}{\mathrm{d}t} \int_{\Omega}\left[h\left(|\vec{u}_m|^2\right)_x\right]^2 \mathrm{d}x.
\end{aligned}$$

于是由 (2.14) 取实部, 对指标 l 从 1 到 N 求和并对 t 积分可得

$$E(t) \equiv \|u_{mxx}(\cdot,t)\|_{L^2}^2+\beta \int_{\Omega} Q\left(|\vec{u}_m|^2\right) \mathrm{d}x+\int_{\Omega} r(x)|\vec{u}_m|^2 \mathrm{d}x$$

$$
\begin{aligned}
&+\frac{\delta}{2}\int_{\Omega}\left[h\left(|\vec{u}_m|^2\right)_x\right]^2\mathrm{d}x \\
&=E(0).
\end{aligned}\tag{2.15}
$$

由条件 $\beta Q(s)\geqslant -C_0 s^{5-\varepsilon}$, 故有

$$
\beta\int_{\Omega}Q\left(|\vec{u}_m|^2\right)\mathrm{d}x\geqslant -C_0\int_{\Omega}|\vec{u}_m|^{10-2\varepsilon}\,\mathrm{d}x,
$$

由 Sobolev 估计有

$$
\begin{aligned}
&C_0\int_0|\vec{u}_m|^{10-2\varepsilon}\,\mathrm{d}x\leqslant\frac{1}{3}\|u_{mxx}\|_{L^2}^2+C_1,\\
&\left|\int_{\Omega}r(x)\,|\vec{u}_m|^2\,\mathrm{d}x\right|\leqslant\|r(x)\|_{L^\infty}E_0\leqslant C_2E_0,
\end{aligned}
$$

于是由 (2.15), 若 $\delta>0$, 则有估计

$$
\frac{2}{3}\|\vec{u}_{mxx}\|_{L^2}^2\leqslant|E(0)|+C_1+C_2E_0.
$$

若 $\delta<0$, 则由于

$$
\begin{aligned}
\left|\frac{\delta}{2}\int_{\Omega}\left[h'\left(|\vec{u}_m|^2\right)|\vec{u}_m|_x^2\right]^2\mathrm{d}x\right|&\leqslant C\int_{\Omega}\left|h'\left(|\vec{u}_m|^2\right)\right|^2|\vec{u}_m|^2\,|\vec{u}_{mx}|^2\,\mathrm{d}x\\
&\leqslant 2C\left(A^2\|\vec{u}_m\|_{L^\infty}^{4-4\varepsilon}+B^2\|\vec{u}_m\|_{L^\infty}^2\right)\|\vec{u}_{mx}\|_{L^2}^2\\
&\leqslant\frac{1}{3}\|\vec{u}_{mxx}\|_{L^2}^2+C,
\end{aligned}
$$

有估计

$$
\frac{1}{3}\|\vec{u}_{mxx}\|_{L^2}^2\leqslant C_3+|E(0)|.
$$

总之, 对于一切实数 δ 均有

$$
\|\vec{u}_{mxx}(x,t)\|_{L^2\times L^\infty}^2\leqslant E_1.
$$

引理得证. □

由引理 2.3 结果和 Sobolev 估计有

推论 2.4

$$
\sup_{0\leqslant t\leqslant T}\left(\|\vec{u}_m(\cdot,t)\|_{L^\infty(\Omega)}+\|\vec{u}_{mx}(\cdot,t)\|_{L^\infty(\Omega)}\right)\leqslant E_2,\tag{2.16}
$$

其中常数 E_2 与 m 无关.

引理 2.5 设引理 2.3 条件满足, 则对问题 (2.8), (2.9) 的解有估计

$$\sup_{0\leqslant t\leqslant T}\|\vec{u}_m(\cdot,t)\|_{H^{-2}(\Omega)}\leqslant E_3, \tag{2.17}$$

其中常数 E_3 与 m 无关.

证明 由 (2.8) 有

$$\begin{aligned}|(u_{mlt},w_s)|\leqslant&|(u_{mlxxxx},w_s)|+\left|\beta\left(q\left(|\vec{u}_m|^2\right)u_{ml},w_s\right)\right|\\&+|(r(x)u_{ml},w_s)|+\left|\left(\delta\left(h\,|\vec{u}_m|^2\right)_{xx}h'\left(|\vec{u}_m|^2\right)u_{ml},w_s\right)\right|.\end{aligned}\tag{2.18}$$

因

$$|(u_{mlxx},w_s)|=|(u_{mlx},w_{sxx})|\leqslant\|u_{mlxx}\|_{L^2}\|w_{sxx}\|_{L^2}\leqslant C\|w_s\|_{H^2},$$

$$\left|\left(\beta q\left(|\vec{u}_m|^2\right)u_{ml},w_s\right)\right|\leqslant|\beta|\left\|q\left(|\vec{u}_m|^2\right)\right\|_{L^\infty}\|u_{ml}\|_{L^2}\|w_s\|_{L^2}\leqslant C\|w_s\|_{H^2},$$

$$|(r(x)u_{ml},w_s)|\leqslant\|r(x)\|_{L^\infty}\|u_{ml}\|_{L^2}\|w_s\|_{L^2}\leqslant C_2\|w_s\|_{H^2},$$

$$\begin{aligned}&\left|\delta\left(h\left(|\vec{u}_m|^2\right)_{xx}h'\left(|\vec{u}_m|^2\right)u_{ml},w_s\right)\right|\\\leqslant&|\delta|\left|\left(\left[4\left|h''\left(|\vec{u}_m|^2\right)\right||\vec{u}_m||\vec{u}_{mx}|\right.\right.\right.\\&\left.\left.\left.+2\left(|\vec{u}_{mxx}||\vec{u}_m|+|\vec{u}_{mx}|^2\right)\right]h'\left(|\vec{u}_m|^2\right)u_{ml},w_s\right)\right|\\\leqslant&|\delta|\left[4\left\|h''\left(|\vec{u}_m|^2\right)\right\|_{L^\infty}\left\|h'\left(|\vec{u}_m|^2\right)\right\|_{L^\infty}\|\vec{u}_m\|_{L^\infty}^2\|\vec{u}_{mx}\|_{L^2}\|w_s\|_{L^2}\right.\\&+2\|\vec{u}_m\|_{L^\infty}\left\|h'\left(|\vec{u}_m|^2\right)\right\|_{L^\infty}\|\vec{u}_{mxx}\|_{L^2}\|w_s\|_{L^2}\\&\left.+2\|\vec{u}_{mx}\|_{L^\infty}^2\left\|h'\left(|\vec{u}_m|^2\right)\right\|_{L^\infty}\|u_{ml}\|_{L^2}\|w_s\|_{L^2}\right]\\\leqslant&C\|w_s\|_{H^2}.\end{aligned}$$

于是由 (2.18) 可得

$$|(u_{mlt},w_s)|\leqslant C\|w_s\|_{H^2},$$

由于 $\{w_s\}$ 在 H^2 中稠密, 故有

$$|(\vec{u}_{mlt},\varphi(x))|\leqslant C\|\varphi\|_{H^2},\quad\forall\varphi\in H^2(\Omega),$$

其中常数 C 与 m 无关, 引理得证. □

引理 2.6 设引理 2.3 条件满足, 则对问题 (2.8), (2.9) 的解有如下估计

$$\begin{cases} \|\vec{u}_m(\cdot,t+\Delta t)-\vec{u}_m(\cdot,t)\|_{L^2(\Omega)} \leqslant E_4\Delta t^{1/2}, \\ \|\vec{u}_{mx}(\cdot,t+\Delta t)-\vec{u}_{mx}(\cdot,t)\|_{L^2(\Omega)} \leqslant E_4\Delta t^{1/4}, \end{cases} \tag{2.19}$$

其中常数 E_4 与 m 无关.

证明 由负阶 Sobolev 空间插值不等式

$$\|u(x)\|_{L^2(\Omega)} \leqslant C\|u\|_{H^2(\Omega)}^{1/2}\|u\|_{H^{-2}(\Omega)}^{1/2}, \tag{2.20}$$

对 $\vec{u}_m(\cdot,t+\Delta t)-\vec{u}_m(\cdot,t)$ 应用 (2.20) 式得

$$\begin{aligned} &\|\vec{u}_m(\cdot,t+\Delta t)-\vec{u}_m(\cdot,t)\|_{L^2(\Omega)} \\ \leqslant & C\|\vec{u}_m(\cdot,t+\Delta t)-\vec{u}_m(\cdot,t)\|_{H^2}^{1/2}\|\vec{u}_m(\cdot,t+\Delta t)-\vec{u}_m(\cdot,t)\|_{H^{-2}}^{1/2} \\ \leqslant & 2C\sup_{0\leqslant t\leqslant T}\|\vec{u}_m(\cdot,t)\|_{H^2}^{1/2}\sup_{0\leqslant t\leqslant T}\|\vec{u}_{ml}\|_{H^{-2}(\Omega)}^{1/2}\Delta t^{1/2} \\ \leqslant & E_4\Delta t^{1/2}. \end{aligned}$$

另由负阶 Sobolev 空间插值不等式

$$\|u_x(x)\|_{L^2(\Omega)} \leqslant C\|u\|_{H^2(\Omega)}^{3/4}\|u\|_{H^{-2}}^{1/4}, \tag{2.21}$$

对 $\vec{u}_m(\cdot,t+\Delta t)-\vec{u}_m(\cdot,t)$ 应用 (2.21) 式, 即得 (2.19) 第二式. □

2.2 问题 (2.1)—(2.3) 整体广义解的存在性

定义 称复值向量函数 $\vec{u}(x,t)$ 在区域 $\Omega\times(0,\infty)$ 上为问题 (2.1)—(2.3) 的整体广义解, 如果 $\vec{u}(x,t)$ 对一切 $T>0$ 满足以下条件:

(1) $\vec{u}(x,t)\in L^\infty\left(0,T;H^2(\Omega)\right)\cap w'_\infty\left(0,T;H^{-2}(\Omega)\right)\cap C^{\left(0,\frac12\right)}\left(0,T;L^2(\Omega)\right)$,

$\vec{u}_x\in C^{\left(0,\frac14\right)}\left(0,T;L^2(\Omega)\right)$;

(2)
$$\begin{aligned} &-i\int_0^T(\vec{u},v_t)\,\mathrm{d}t+\int_0^T(\vec{u}_{xx},v_{xx})\,\mathrm{d}t+\beta\int_0^r\left(q\left(|\vec{u}|^2\right)\vec{u},v\right)\mathrm{d}t \\ &+\int_0^\tau(r(x)\vec{u},v)\mathrm{d}t+\delta\int_0^T\left(h\left(|\vec{u}|^2\right)_{xz}h'\left(|\vec{u}|^2\right)\vec{u},v\right)\mathrm{d}t-i\left(\vec{u}_0(x),v(0)\right)=0, \end{aligned} \tag{2.22}$$

其中复值函数 $v(x,t)\in C^1\left(0,T;L^2(\Omega)\right)\cap C^0\left(0,T;H^2(\Omega)\right)$, 且 $v(x,T)=0$.

定理 2.7 若满足引理 2.3 条件, 则周期初值问题 (2.1)—(2.3) 的整体广义解存在.

证明 由引理 2.1—引理 2.5 的估计知

$$\|\vec{u}_m\|_{L^\infty(0,T,H^2)} + \|\vec{u}_{mt}\|_{L^\infty(0,T,H^{-2})} \leqslant E, \tag{2.23}$$

其中常数 E 与 m 无关. 于是根据列紧性原理, 可从向量函数序列 $\{\vec{u}_m(x,t)\}$ 中选取子序列 $\{\vec{u}_v(x,t)\}$, 使得

$$\vec{u}_v(x,t) \to \vec{u}(x,t) \quad 在\ L^\infty\left(0,T;H^2(\Omega)\right)\ 中弱收敛, \quad v \to \infty,$$

$$\vec{u}_{vt}(x,t) \to \vec{u}_t(x,t) \quad 在\ L^\infty\left(0,T;H^{-2}(\Omega)\right)\ 中弱收敛, \quad v \to \infty,$$

$$\vec{u}_v(x,t) \to \vec{u}\,(x,t) \quad 在\ L^\infty\left(0,T;H^1(\Omega)\right)\ 中强收敛, \quad v \to \infty.$$

由引理 2.6 及 Sobolev 嵌入定理可知 $\vec{u}_v(x,t)$ 依模 $C^{\left(0,\frac{1}{2}-\varepsilon\right)}(0,T;L^2(\Omega))$ 强收敛于 $\vec{u}(x,t), \vec{u}_{vx}$ 依模 $C^{\left(0,\frac{1}{4}-\varepsilon\right)}(0,T;L^2(\Omega))$ 强收敛于 $\vec{u}_x(x,t)$ (其中 ε 为任意小的正数). 因此在柱形区域 $Q_T = \Omega \times (0,T)$ 上 $\vec{u}_v(x,t)$ 几乎处处收敛于 $\vec{u}(x,t), \vec{u}_{vx}(x,t)$ 几乎处处收敛于 $\vec{u}_x(x,t)$, 易见极限函数向量 $\vec{u}(x,t)$ 满足广义解条件 (1). 现证 $\vec{u}(x,t)$ 满足积分等式 (2.22). 事实上, 从 (2.8) 可得 $\vec{u}_v(x,t)$ 满足积分等式

$$\begin{aligned}&-i\int_0^T(\vec{u}_v,v_t)\,\mathrm{d}t+\int_0^T(\vec{u}_{vxx},v_{xx})\,\mathrm{d}t+\beta\int_0^T\left(q\left(|\vec{u}_v|^2\right)\vec{u}_v,v\right)\mathrm{d}t\\&+\int_0^T(r(x)\vec{u}_v,v)\,\mathrm{d}t+\delta\int_0^T\left(h\left(|\vec{u}_v|^2\right)_{xx}h'\left(|\bar{u}_v|^2\right)\vec{u}_v,v\right)\mathrm{d}t-i\left(\vec{u}_{0v},v(0)\right)=0,\end{aligned} \tag{2.24}$$

其中 $v(x,t) \in C^1\left(0,T;L^2(\Omega)\right) \cap C^0\left(0,T;H^2(\Omega)\right)$, 且 $v(x,T)=0$. 为看到这点, 只要 (2.8) 乘以 $\theta(t)$ (此处 $\theta(t)\in C^1$, 且 $\theta(T)=0$) 利用对 t 分部积分和 $\{w_s(x)\}$ 在 $H^2(\Omega)$ 中的稠密性即有 (2.24). 由于 $\vec{u}_v(x,t)$ 强 (因而弱) 收敛于 $\vec{u}(x,t), \vec{u}_{vxx}(x,t)$ 弱收敛于 $\vec{u}_{xx}(x,t)$, 故有

$$\int_0^T(\vec{u}_v,v_t)\,\mathrm{d}t \to \int_0^T(\vec{u},v_t)\,\mathrm{d}t,$$

$$\int_0^T(\vec{u}_{vxx},v_{xx})\,\mathrm{d}t \to \int_0^T(\vec{u}_{xx},v_{xx})\,\mathrm{d}t.$$

由于 $\vec{u}_v(x,t)$ 在 Q_T 上强收敛于 $\vec{u}(x,t)$, 且 $\vec{u}_v(x,t), \vec{u}(x,t) \in L^\infty\left(0,T;L^\infty(\Omega)\right)$, 故有

$$\beta\int_0^T\left(q\left(|\vec{u}_v|^2\right)\vec{u}_v,v\right)\mathrm{d}t \to \beta\int_0^T\left(q\left(|\vec{u}|^2\right)\vec{u},v\right)\mathrm{d}t.$$

现证

$$\int_0^T \left(h\left(|\vec{u}_v|^2\right)_{xx} h'\left(|\vec{u}_v|^2\right)\vec{u}_v, v\right)\mathrm{d}t \to \int_0^\tau \left(h\left(|\vec{u}|^2\right)_{xx} h'\left(|\vec{u}|^2\right)\vec{u}, v\right)\mathrm{d}t.$$

事实上

$$\begin{aligned}
&\left|\left(h\left(|\vec{u}|^2\right)_{xx} h'\left(|\vec{u}_v|^2\right)\vec{u}_v, v\right) - \left(h\left(|\vec{u}|^2\right)_{xx} h'\left(|\vec{u}|^2\right)\vec{u}, v\right)\right| \\
\leqslant &\left|\left(\left(h\left(|\vec{u}_v|^2\right) - h\left(|\vec{u}|^2\right)\right)_{xx} h'\left(|\vec{u}_v|^2\right)\vec{u}_v, v\right)\right| \\
&+\left|\left(h\left(|\vec{u}|^2\right)_{xx}\left(h'\left(|\vec{u}_v|^2\right)\vec{u} - h'\left(|\vec{u}|^2\right)\vec{u}\right), v\right)\right| \\
= &I_1 + I_2,
\end{aligned}$$

$$\begin{aligned}
I_1 \leqslant &\left|\left(h\left(|\vec{u}_v|^2\right)_x - h\left(|\vec{u}|^2\right)_x, \left(h'\left(|\vec{u}_v|^2\right)\vec{u}_v\right)_x v\right)\right| \\
&+\left|\left(h\left(|\vec{u}_v|^2\right)_x - h\left(|\vec{u}|^2\right)_x h'\left(|\vec{u}_v|^2\right)\vec{u}_v, v_x\right)\right| \\
= &I_3 + I_4,
\end{aligned}$$

$$\begin{aligned}
I_3 \leqslant &\left\|h'\left(|\vec{u}_v|^2\vec{u}_v\right)_x\right\|_{L^\infty}\|v\|_{L^\infty}\left[\left\|\int_0^1 h'\left(\tau|\vec{u}|^2 + (1-\tau)|\vec{u}_v|^2\right)_x \mathrm{d}\tau\right\|_{L^\infty}\right. \\
&\cdot\left(\|\vec{u}_v\|_{L^\infty} + \|\vec{u}\|_{L^\infty}\right)\|\vec{u} - \vec{u}_v\|_{L^2} \\
&+\left\|\int_0^1 h'\left(\tau|\vec{u}|^2 + (1-\tau)|\vec{u}_v|^2\right)\mathrm{d}\tau\right\|_{L^\infty} \\
&\left.\cdot\ 2\left(\|\vec{u}_v\|_{L^\infty}\|\vec{u}_{vx} - \vec{u}_x\|_{L^2} + \|\vec{u}_x\|_{L^\infty}\|\vec{u}_v - \vec{u}\|_{L^2}\right)\right] \\
\leqslant &C\|\vec{u}_v - \vec{u}\|_{H^1(\Omega)} \to 0, \quad v \to \infty.
\end{aligned}$$

同理

$$\begin{aligned}
I_4 &\leqslant \left\|h'\left(|\vec{u}_v|^2\vec{u}_v\right)\right\|_{L^\infty}\|v_x\|_{L^\infty}\left\|h\left(|\vec{u}_v|^2\right)_x - h\left(|\vec{u}|^2\right)_x\right\|_{L^2} \\
&\leqslant C\|\vec{u}_v - \vec{u}\|_{H^1(\Omega)} \to 0, \quad v \to \infty.
\end{aligned}$$

因此 $I_1 \to 0, v \to \infty$. 对于 I_2 有

$$\begin{aligned}
I_2 &\leqslant \left\|h\left(|\vec{u}|^2\right)_{xx}\right\|_{L^2}\|v_x\|_{L^\infty}\left\|h'\left(|\vec{u}_v|^2\right)\vec{u}_v - h'\left(|\vec{u}|^2\right)\vec{u}\right\|_{L^2} \\
&\leqslant C\|\vec{u} - \vec{u}_v\|_{L^2} \to 0, \quad v \to \infty.
\end{aligned}$$

由此可知

$$\left|\left(h\left(|\vec{u}_v|^2\right)_{xx}h'\left(|\vec{u}_v|^2\right)\vec{u}_v,v\right)-\left(h\left(|\vec{u}|^2\right)_{xx}h'\left(|\vec{u}|^2\right)\vec{u},v\right)\right|\to 0,\quad v\to\infty.$$

显然有

$$\int_0^\tau(\vec{u}_{v0}(x),v(0))\,\mathrm{d}t\to\int_0^\tau(\vec{u}_0(x),v(0))\,\mathrm{d}t.$$

于是 $\vec{u}(x,t)$ 满足积分等式 (2.22), 即 $\vec{u}(x,t)$ 为周期初值问题 (2.1)—(2.3) 的整体广义解. □

对于初值问题

$$\begin{cases}i\vec{u}_t+\vec{u}_{xxxx}+\beta q\left(|\vec{u}|^2\right)\vec{u}+r(x)\vec{u}-\delta h\left(|\vec{u}|^2\right)_{xx}h'\left(|\vec{u}|^2\right)\vec{u}=0, & (2.25)\\ \left.\vec{u}\right|_{t=0}=\vec{u}_0(x),\quad -\infty<x<\infty. & (2.26)\end{cases}$$

我们可用周期初值问题 (2.1)—(2.3) 来逼近. 事实上, 从引理 2.1—引理 2.5 的先验估计中可看出, 它们均与周期 D 无关, 只与初值的模有关. 令 $D\to\infty$, 即可得到初值问题 (2.25), (2.26) 的整体广义解. 于是有

定理 2.8 若满足定理 2.7 条件, 则存在初值问题 (2.25), (2.26) 的整体广义解

$$\vec{u}(x,t)\in L^\infty\left(0,T;H^2\left(\mathbb{R}^1\right)\right)\cap W^1_\infty\left(0,T;H^{-2}\left(\mathbb{R}^1\right)\right)\cap C^{\left(0,\frac{1}{2}\right)}_{\mathrm{loc}}\left(0,T;L^2\left(\mathbb{R}^1\right)\right).$$

对于如下的初边值问题

$$\begin{cases}i\vec{u}_t+\vec{u}_{xxxx}+\beta q\left(|\vec{u}|^2\right)\vec{u}+r(x)\vec{u}-\delta h\left(|\vec{u}|^2\right)_{xx}h'\left(|\vec{u}|^2\right)\vec{u}=0, & (2.27)\\ \left.\vec{u}\right|_{t=0}=\vec{u}_0(x),\quad 0\leqslant x\leqslant l, & (2.28)\\ \left.\vec{u}\right|_{x=0}=\left.\vec{u}_{xx}\right|_{x=0}=0,\quad \left.\vec{u}\right|_{x=l}=\left.\vec{u}_{xx}\right|_{x=l}=0. & (2.29)\end{cases}$$

如我们选取特殊基函数 $w(x)$, 满足

$$w_{jxxxx}=\lambda_j w,$$
$$w_j\left.\right|_{x=0}=\left.w_{jxx}\right|_{x=0}=0,\quad w_j\left.\right|_{x=l}=\left.w_{jxx}\right|_{x=l}=0,$$

且设 $h(0)=0$, 则引理 2.1—引理 2.6 的估计均成立. 于是有

定理 2.9 若满足定理 2.7 条件, 且设 $h(0)=0$, 则存在初边值问题 (2.27)—(2.29) 的整体广义解

$$\vec{u}(x,t)\in L^\infty\left(0,T;H^2(0,l)\right)\cap W^1_\infty\left(0,T;H^{-2}(0,l)\right)\cap C^{\left(0,\frac{1}{2}\right)}\left(0,T;L^2(0,l)\right).$$

$$\vec{u}_x(x,t)\in C^{\left(0,\frac{1}{4}\right)}\left(0,T;L^2(0,l)\right).$$

2.3 关于一类四阶强非线性 Schrödinger 方程组的爆破问题

设有如下的具非齐次项的四阶强非线性 Schrödinger 方程组

$$i\vec{u}_t + \vec{u}_{xxx} + \beta q\left(|\vec{u}|^2\right)\vec{u} + r(x)\vec{u} - \delta h\left(|\vec{u}|^2\right)_{xx} h'\left(|\vec{u}|^2\right)\vec{u} = \vec{g}\left(u_1, \cdots, u_N\right) \tag{2.30}$$

满足初始条件

$$\left.\vec{u}\right|_{t=0} = \vec{u}_0(x), \quad x \in \mathbb{R}^1, \tag{2.31}$$

或满足初边值条件

$$\left.\vec{u}\right|_{t=0} = \vec{u}_0(x), \tag{2.32}$$

$$\left.\vec{u}\right|_{x=0} = \left.\vec{u}_{xx}\right|_{x=0} = 0, \quad \left.\vec{u}\right|_{x=l} = \left.\vec{u}_{xx}\right|_{x=l} = 0, \tag{2.33}$$

其中 $\vec{g}\left(u_1, \cdots, u_N\right) = \left(g_1\left(u_1, \cdots, u_N\right), \cdots, g_N\left(u_1, \cdots, u_N\right)\right)^{\mathrm{T}}$. 我们有如下定理.

定理 2.10 若满足以下条件:

(1) β, δ 均为实数, $r(x), q(s), h(s)$ 均为实函数;

(2) $I_m\left(\vec{g}\left(u_1, \cdots, u_N\right), \vec{u}\right) \geqslant \psi\left(\|\vec{u}\|_{L^2}\right)$, 其中

$$\int^z \frac{\mathrm{d}z}{\psi(z)} < \infty; \tag{2.34}$$

(3) $\left\|\vec{u}_0(x)\right\|_{L^2} > 0$,

则初值问题 (2.30), (2.31) 和初边值问题 (2.30), (2.32), (2.33) 的解爆破, 即存在 $t_0 > 0$, 使得

$$\lim_{t \to t_0} \|\vec{u}(\cdot, t)\|_{L^2} = +\infty. \tag{2.35}$$

证明 (2.30) 与 $\vec{u}$ 作内积可得

$$\begin{aligned} & i\left(\vec{u}_t, \vec{u}\right) + \left(\vec{u}_{xxxx}, \vec{u}\right) + \left(\beta q\left(|\vec{u}|^2\right)\vec{u}, \vec{u}\right) \\ & + (r(x)\vec{u}, \vec{u}) - \delta\left(h\left(|\vec{u}|^2\right)_{xx} h'\left(|\vec{u}|^2\right)\vec{u}, \vec{u}\right) = \left(\vec{g}\left(u_1, \cdots, u_N\right), \vec{u}\right). \end{aligned} \tag{2.36}$$

因

$$\left(\vec{u}_{xxxx}, \vec{u}\right) = \left\|\vec{u}_{xx}\right\|_{L^2}^2, \quad \left(\beta q\left(|\vec{u}|^2\right)\vec{u}, \vec{u}\right) = \beta \int_\Omega q\left(|\vec{u}|^2\right)|\vec{u}|^2 \mathrm{d}x,$$

$$(r(x)\vec{u}, \vec{u}) = \int r(x)|\vec{u}|^2 \mathrm{d}x,$$

$$-\delta(h\left(|\vec{u}|^2\right)_{xx} h'\left(|\vec{u}|^2\right)\vec{u}, \vec{u}) = -\delta \int h\left(|\vec{u}|^2\right)_{xx} h'\left(|\vec{u}|^2\right)|\vec{u}|^2 \mathrm{d}x,$$

则由 (2.36) 取虚部可得

$$\frac{1}{2}\frac{\mathrm{d}}{\mathrm{d}t}\|\vec{u}(\cdot,t)\|_{L^2}^2=\mathrm{Im}(\vec{g}(\vec{u}),\vec{u})\geqslant\psi\left(\|\vec{u}\|_{L^2}^2\right).$$

由条件 (2.34) 及 $\|\vec{u}_0(x)\|_{L^2}^2>0$, 即知存在 $t_0>0$, 使得

$$\lim_{t\to t_0}\|\vec{u}(\cdot,t)\|_{L^2}=+\infty.$$

□

第 3 章 具导数非线性 Schrödinger 方程的整体解

在 [8] 中, Tsutsumi 和 Fukuda 确定了方程

$$u_t = iu_{xx} + (|u|^2 u)_x \tag{3.1}$$

的 Cauchy 问题的光滑解的整体存在唯一性结果, 且初值在空间 $L^2(\mathbb{R})$ 中极限是一个正常数, 其中 $i = \sqrt{-1},\ x \in \mathbb{R} = (-\infty, \infty),\ t \geqslant 0$. 这个方程是等离子体物理中的 Alfven 波的模型, 称为导数非线性 Schrödinger 方程.

在 [6] 中, 对于如下方程, 验证了整体弱解的存在性:

$$u_t + iu_{xx} = i\alpha|u|^{2\sigma}u + \beta(|u|^2 u)_x, \tag{3.2}$$

其中 α, β, σ 是实数且 $\beta \neq 0,\ \sigma \in [1, 2]$.

本章的主要目的是将 [6, 8] 的结果推广到方程 (3.1), (3.2) 以及以下物理模型.

(1) Ablowitz 方程

$$iu_t = u_{xx} - 4iu^2\bar{u}_x + 8|u|^4 u; \tag{3.3}$$

(2) Chen-Lee-Lin 方程

$$iu_t + u_{xx} + i\alpha|u|^2 u_x = 0; \tag{3.4}$$

(3) Gerdjikov-Ivanov 方程

$$iu_t + u_{xx} - \beta|u|^2 u - 2\delta^2|u|^4 u - 2i\delta u^2\bar{u}_x = 0; \tag{3.5}$$

(4) Kundu 方程

$$iu_t + u_{xx} + i\alpha(|u|^2 u)_x + \beta|u|^2 u + \delta(4\delta + \alpha)|u|^4 u + 4i\delta(|u|^2)_x u = 0. \tag{3.6}$$

更确切地说, 将关注以下问题的光滑解 (对于 Cauchy 问题 (H_1) 的 "光滑解", 我们的意思是充分微分且小到 $|x| \to \infty$, 所有过程都是允许的):

(H_1) Cauchy 问题:

$$u_t = i\alpha u_{xx} + \beta u^2\bar{u}_x + \gamma|u|^2 u_x + i|u|^2 u, \tag{3.7}$$

$$u(x,0) = u_0(x), \quad (x,t) \in \mathbb{R} \times \mathbb{R}^+. \tag{3.8}$$

(H_2) 周期边值问题:

$$\begin{aligned} &u_t = i\alpha u_{xx} + \beta u^2 \bar{u}_x + \gamma |u|^2 u_x + i|u|^2 u, \\ &u(x,0) = u_0(x), \quad u(x+D,t) = u(x-D,t), \end{aligned} \tag{3.9}$$

其中 $\alpha, \beta, \gamma, D \in \mathbb{R}$ 且 $\alpha > 0$, $D > 0$; $\bar{u}$ 记作 u 的共轭; 实函数 $g(\cdot)$ 和初值 $u_0(x)$ 是光滑函数且满足如下性质:

(A_1) $u_0(x) \in H^s(\mathbb{R})$, $g(v) \in C^s(\mathbb{R}^+)$, $s \geqslant 3$ 是整数.

(A_2) 存在两个实数 $M \in \mathbb{R}$, $\delta \in (0,2)$ 使得

$$\operatorname{sgn}(\alpha) g(v) \leqslant M(1+v^2), \quad \|u_0\|_2 \leqslant M_1, \tag{3.10}$$

或

$$\operatorname{sgn}(\alpha) g(v) \leqslant M(1+v^{2-\sigma}) + M_0 v^2, \tag{3.11}$$

其中常数 $M_0 < (\beta+\gamma)(5\beta-3\gamma)/(16|\alpha|)$, M_1 依赖于 α, β, γ.

本章的结构如下: 3.1 节给出了一些有用的带权不等式的计算. 3.2 节在条件 (3.10) 或条件 (3.11) 下, 建立了一些精细的先验估计, 这实际上是本章的难点. 3.3 节给出了 Cauchy 问题 (H_1) 和周期边值问题 (H_2) 的局部存在性结果与全局光滑解的存在唯一性的证明, 因此将给出物理模型 (3.5) 和 (3.6) 的相关结果. 最后, 3.4 节讨论了当 $|x| \to \infty$ 时问题 (H_1) 的光滑解的衰变行为.

3.1 带权不等式的计算

为了简化记号, 记 $L^p(\mathbb{R})$ 模为 $\|\cdot\|_p$, 设 $D^j u = \partial^j u / \partial x^j$.

引理 3.1 (Nirenberg-Lin 不等式) 令 $u \in C_0^\infty(\mathbb{R}^n)$; $\alpha, \beta, \gamma, a, r, p, q$ 是非负数, $j, m, n \geqslant 0$ 是整数满足

$$\begin{aligned} &\frac{1}{r} + \frac{r-j}{n} = a\left(\frac{1}{p} + \frac{\alpha - m}{n}\right) + (1-a)\left(\frac{1}{q} + \frac{\beta}{n}\right), \\ &\gamma \leqslant a\alpha + (1-a)\beta, \\ &\gamma = a\alpha + (1-a)\beta, \quad a = \frac{j}{m}, \\ &a(\alpha - m) + (1-a)\beta + j \leqslant \gamma, \quad \frac{1}{q} + \frac{\beta}{n} = \frac{1}{p} + \frac{\alpha - m}{n}. \end{aligned}$$

则存在常数 C 使得

$$\left\||x|^{\gamma}D^{j}u\right\|_{r}\leqslant C\left\||x|^{\alpha}D^{m}u\right\|_{p}^{a}\left\||x|^{\beta}u\right\|_{q}^{1-a}.$$

引理 3.2 令 $f,g\in C_0^{\infty}(\mathbb{R})$, 则

$$\left\||x|^{\rho}D^{s}(fg)\right\|_{r}\leqslant C\left(\|f\|_{q}\left\||x|^{\rho}D^{s}g\right\|_{p}+\|g\|_{q}\left\||x|^{\rho}D^{s}f\right\|_{p}\right),$$

$$\left\||x|^{\rho}\left[D^{s}(fg)-fD^{s}g\right]\right\|_{r}\leqslant C\left(\|Df\|_{q}\left\||x|^{\rho}D^{s-1}g\right\|_{p}+\|g\|_{q}\left\||x|^{\rho}D^{s}f\right\|_{p}\right),$$

其中 $\rho\in[0,\infty);r,p,q\in[1,\infty]$ 满足 $1/r=1/p+1/q$, $s\geqslant 1$ 是整数.

注记 3.3 这个引理不同于 Klainerman[12] 的结果, 即使取 $p=0$.

证明 推导这个证明分两个部分.

首先, 因为

$$\begin{aligned}\left\||x|^{\rho}D^{s}(fg)\right\|_{r}&=\left\||x|^{\rho}\sum_{j+k=s}D^{j}fD^{k}g\right\|_{r}\\&\leqslant\sum_{j+k=s}\left\||x|^{j\rho/s}D^{j}f\right\|_{p_{jk}}\left\||x|^{k\rho/s}D^{k}g\right\|_{q_{ik}},\end{aligned}\tag{3.12}$$

其中

$$p_{jk}^{-1}=\frac{j}{sp}+\frac{k}{sq},\quad q_{jk}^{-1}=\frac{k}{sp}+\frac{j}{sq},$$

利用引理 3.1 的结果

$$\left\||x|^{j\rho/s}D^{j}f\right\|_{p_{jk}}\leqslant C\left\||x|^{\rho}D^{s}f\right\|_{p}^{j/s}\|f\|_{q}^{k/s},$$

$$\left\||x|^{k\rho/s}D^{k}g\right\|_{q_{jk}}\leqslant C\left\||x|^{\rho}D^{s}g\right\|_{p}^{k/s}\|g\|_{q}^{js},$$

以及 Young 不等式, 由 (3.12) 可得

$$\begin{aligned}\left\||x|^{\rho}D^{s}(fg)\right\|_{r}&\leqslant C\sum_{j+k=s}\left\{\left\||x|^{\rho}D^{s}f\right\|_{p}^{j/s}\|f\|_{q}^{k/s}\left\||x|^{\rho}D^{s}g\right\|_{p}^{k/s}\|g\|_{q}^{j/s}\right\}\\&\leqslant C\left\{\|f\|_{q}\left\||x|^{\rho}D^{s}g\right\|_{p}+\|g\|_{q}\left\||x|^{\rho}D^{s}f\right\|_{p}\right\}.\end{aligned}$$

其次, 不失一般性, 可假设 $s\geqslant 2$, 因此

$$\left\||x|^{\rho}\left[D^{s}(fg)-fD^{s}g\right]\right\|_{r}$$

$$\leqslant \||x|^{\rho}[D^s(fg) - fD^sg - gD^sf]\|_r + \||x|^{\rho} gD^sf\|_r$$
$$\leqslant \sum_{j+k=s-2} \left\||x|^{\rho} D^j(Df)D^k(Dg)\right\|_r + \|g\|_q \||x|^{\rho} D^s f\|_p, \tag{3.13}$$

其中可以估计右边第一项

$$\sum_{j+k=s-2} \left\||x|^{\rho} D^j(Df)D^k(Dg)\right\|_r$$
$$= \sum_{\substack{j+k=s \\ j,k<s}} \left\||x|^{\rho} D^j f D^k g\right\|_r$$
$$\leqslant \sum_{\substack{j+k=s \\ j,k<s}} \left\||x|^{((j-1)/(s-1))\rho} D^j f\right\|_{p_{jk}} \left\||x|^{(k/(s-1))\rho} D^k g\right\|_{q_{jk}}, \tag{3.14}$$

$$p_{jk}^{-1} = \frac{j-1}{(s-1)p} + \frac{k}{(s-1)q}, \quad q_{jk}^{-1} = \frac{k}{(s-1)p} + \frac{j-1}{(s-1)q}.$$

利用引理 3.1 的结果

$$\left\||x|^{((j-1)/(s-1))\rho} D^j f\right\|_{p_{jk}} \leqslant C \||x|^{\rho} D^s f\|_p^{(j-1)/(s-1)} \|Df\|_q^{k/(s-1)},$$
$$\left\||x|^{k\rho/(s-1)} D^k g\right\|_{q_{jk}} \leqslant C \left\||x|^{\rho} D^{s-1} g\right\|_p^{k(s-1)} \|g\|_q^{(j-1)(s-1)},$$

以及 Young 不等式, 由 (3.13), (3.14) 可得

$$\||x|^{\rho}[D^s(fg) - fD^sg]\|_r \leqslant C \sum_{\substack{j+k=s \\ j,k<s}} \{\||x|^{\rho} D^s f\|_p^{(j-1)/(s-1)} \|Df\|_q^{k/(s-1)} \||x|^{\rho}$$
$$\times D^{s-1} g\|_p^{k/(s-1)} \| g\|_q^{(j-1)/(s-1)}\} + \|g\|_q \||x|^{\rho} D^s f\|_p$$
$$\leqslant C\left(\|Df\|_q \left\||x|^{\rho} D^{s-1} g\right\|_p + \|g\|_q \||x|^{\rho} D^s f\|_p\right). \qquad \square$$

引理 3.4 令 $W = (w_1(x), \cdots, w_n(x)) \in C_0^{\infty}(\mathbb{R})$, $f(W)$ 为 C^s 函数且 $s \geqslant 1$. 则

$$\||x|^{\rho} D^s f(W)\|_r \leqslant C \sum_{1\leqslant j\leqslant s} \left(\left\|f^{(j)}(W)\right\|_{\infty} \|W\|_{\infty}^{j-1}\right) \||x|^{\rho} D^s W\|_r,$$

其中 $\rho \geqslant 0, r \in [1, \infty)$.

证明 因为

$$\||x|^{\rho} D^s f(W)\|_r \leqslant C(s) \sum_j \left\||x|^{\rho} f^{(j)}(W)(DW)^{j_1} \cdots (D^s W)^{j_s}\right\|_r,$$

其中 $j, j_1, \cdots, j_s$ 是非负整数且 $\sum_{k=1}^{s} j_k = j, \sum_{k=1}^{s} k j_k = s$, 则由 Hölder 不等式有

$$\left\||x|^{\rho} D^{s} f(W)\right\|_{r} \leqslant C(s) \sum_{j} \left\|f^{(j)}(W)\right\|_{\infty} \prod_{k=1}^{s} \left\||x|^{\rho_k} D^{k} W\right\|_{p_{rk}}^{j_k}, \tag{3.15}$$

其中 $\rho_k = k\rho/s,\ p_{rk}^{-1} = k/sr$.

由引理 3.1 可得

$$\left\||x|^{\rho_k} D^k W\right\|_{p_{pk}} \leqslant C \left\||x|^{\rho} D^s W\right\|_{r}^{k/s} \|W\|_{\infty}^{1-(k/s)},$$

由 (3.15) 有

$$\begin{aligned}
\left\||x|^{\rho} D^{s} f(W)\right\|_{r} &\leqslant C \sum_{j} \left\|f^{(j)}(W)\right\|_{\infty} \prod_{k=1}^{s} \left(\left\||x|^{\rho} D^{s} W\right\|_{r}^{k j_k/s} \|W\|_{k}^{j_k - k j_k/s}\right) \\
&= C \sum_{j} \left(\left\|f^{(j)}(W)\right\|_{\infty} \|W\|_{\infty}^{j-1}\right) \left\||x|^{\rho} D^{s} W\right\|_{r}.
\end{aligned}$$

这就完成了证明. □

3.2 先验估计

为了方便起见, 可用符号 $\int \varphi$ 表示问题 (H_1) 的积分 $\int_{-\infty}^{\infty} \varphi$, 问题 (H_2) 的积分 $\int_{-D}^{D} \varphi$.

引理 3.5 (守恒定律) 令 α, β, γ 为实数. 若 $u = u(x,t)$ 是问题 (H_1) (或者问题 (H_2)) 的光滑解, 则有如下运动常数

$$E_0(t) = \int |u|^2 = E_0(0), \tag{3.16}$$

$$\begin{aligned}
E_1(t) = &\int \left[6\alpha^2 \left|u_x\right|^2 + \beta(\beta+\gamma)|u|^6 - 6\alpha G\left(|u|^2\right) + 3\alpha(\beta+\gamma)\operatorname{Im}\left(|u|^2 u \bar{u}_x\right)\right] \\
&= E_1(0),
\end{aligned} \tag{3.17}$$

其中 $t \geqslant 0, G(v) = \int_0^v g(v)\mathrm{d}v$.

引理3.6 在引理 3.5 的情况下, 假设 $\alpha \neq 0$, $g(v), u_0(x)$ 满足情况 $(A_1), (A_2)$. 则有

$$\sup_{0 \leqslant t < \infty} \|u(\cdot, t)\|_{H^1} \leqslant C,$$

其中 C 是一个依赖于 $\alpha, \beta, \gamma, M_0, M, \|u_0\|_{H^1}$ 的常数.

证明 由 (3.16) 的守恒定律可得

$$\sup_{0 \leqslant t < \infty} \|u(\cdot, t)\|_2 \leqslant C. \tag{3.18}$$

另一方面, 通过直接计算由 (3.17) 和 Young 不等式可得

$$6\alpha^2(1-\varepsilon) \int |u_x|^2 \leqslant E_1(0) + 6\alpha \int G\left(|u|^2\right) + \left[\frac{3(\beta+\gamma)^2}{8\varepsilon} - \beta(\beta+\gamma)\right] \int |u|^6, \tag{3.19}$$

其中 $\varepsilon \in (0,1)$ 是一个常数.

(I) 若 $g(v)$ 满足 (A_2) 的情况 (3.11), (3.19) 给出

$$\begin{aligned} 6\alpha^2(1-\varepsilon) \int |u_x|^2 \leqslant & E_1(0) + C\left(1 + \int |u|^{6-2\delta}\right) \\ & + \left(2|\alpha| M_0 + \frac{3(\beta+\gamma)^2}{8\varepsilon} - \beta(\beta+\gamma)\right) \int |u|^6. \end{aligned}$$

由假设 $M_0 < (\beta+\gamma)(5\beta - 3\gamma)/(16|\alpha|)$, 易证存在 $\varepsilon_0 \in (0,1)$ 使得

$$2|\alpha| M_0 + \frac{3(\beta+\gamma)^2}{8\varepsilon_0} - \beta(\beta+\gamma) \leqslant 0.$$

因此, 由 Sobolev 不等式以及 Young 不等式, 可得

$$\begin{aligned} 6\alpha^2\left(1-\varepsilon_0\right)\|u_x\|_2^2 & \leqslant C\left(1 + \|u\|_{6-2\delta}^{6-2\delta}\right) \\ & \leqslant C\left(1 + \|u_x\|_2^{2-\delta} \|u\|_2^{4-\delta}\right) \\ & \leqslant 3\alpha^2\left(1-\varepsilon_0\right)\|u_x\|_2^2 + C\left(\varepsilon_0, \alpha, \delta, \|u_0\|_{H'}\right). \end{aligned}$$

这意味着

$$\|u_x\|_2 \leqslant C\left(\alpha, \beta, \gamma, \delta, M_0, M, \|u_0\|_{H^1}\right).$$

(II) 若 $g(v)$, $u_0(x)$ 满足 (A_2) 的情况 (3.10), (3.19) 给出

$$6\alpha^2(1-\varepsilon) \int |u_x|^2 \leqslant E_1(0) + 6|\alpha| M \int |u|^2$$

$$+\left[2|\alpha|M+\frac{3(\beta+\gamma)^2}{8\varepsilon}-\beta(\beta+\gamma)\right]\int|u|^6.$$

因为

$$\|u\|_6\leqslant\sqrt[3]{4}\,\|u_x\|_2^{\frac{1}{3}}\,\|u\|_2^{\frac{2}{3}}+\frac{1}{\sqrt[3]{|\Omega|}}\|u\|_2,$$

其中对于问题 (H_1), $\Omega=(-D,D)$; 问题 (H_2), $\Omega=\mathbb{R}$, 有

$$6\alpha^2(1-\varepsilon)\,\|u_x\|_2^2\leqslant C+16\left[2|\alpha|M+\frac{3(\beta+\gamma)^2}{8\varepsilon}-\beta(\beta+\gamma)\right]\|u_x\|_2^2\,\|u_0\|_2^4. \quad (3.20)$$

于是, 可固定 $\varepsilon=\varepsilon_0\in(0,1)$; 明显可知由 (3.20) 可得

$$\|u_x\|\leqslant C\left(\alpha,\beta,\gamma,M_0,M,\|u_0\|_{H^1}\right),$$

只要

$$\|u_0\|_2^4<M_1=\frac{3}{8}\alpha^2(1-\varepsilon)\Bigg/\left[2|\alpha|M+\frac{3(\beta+\gamma)^2}{8\varepsilon_0}-\beta(\beta+\gamma)\right]. \quad (3.21)$$

这就完成了证明. □

引理 3.7　令 T 为任意的正数. 在引理 3.6 的情况下, 有

$$\sup_{0\leqslant t\leqslant T}\|u(\cdot,t)\|_{H^2}\leqslant C,$$

其中常数 C 依赖于 $T,\|u_0\|_{H^2}$.

证明　因为

$$\begin{aligned}(1)\ \frac{\mathrm{d}}{\mathrm{d}t}\int|u_{xx}|^2&=2\,\mathrm{Re}\int\bar{u}_{xx}u_{xxt}\\&=-2\,\mathrm{Re}\int\bar{u}_{xxx}\left[i\alpha u_{xx}+\beta u^2\bar{u}_x+\gamma|u|^2u_x+ig\left(|u|^2\right)u\right]_x\\&=-2\,\mathrm{Re}\int\bar{u}_{xxx}\left(\beta u^2\bar{u}_x+\gamma|u|^2u_x\right)_x\\&\quad-2\,\mathrm{Im}\int\bar{u}_{xx}\left[g\left(|u|^2\right)u\right]_{xx}\\&=-2\beta\,\mathrm{Re}\int u^2\bar{u}_{xx}\bar{u}_{xxx}-4\beta\,\mathrm{Re}\int|u_x|^2\,u\bar{u}_{xxx}\end{aligned}$$

$$
\begin{aligned}
& -2\gamma \operatorname{Re}\int |u|^2 u_{xx}\bar{u}_{xxx} - 2\gamma \operatorname{Re}\int \left(|u|^2\right)_x u_x \bar{u}_{xxx} \\
& -2 \operatorname{Im}\int \bar{u}_{xx}\left[g\left(|u|^2\right)u\right]_{xx} \\
= & \sum_{i=1}^{5}\Delta_i,
\end{aligned} \tag{3.22}
$$

其中

$$
\begin{aligned}
\Delta_3 = & -2\gamma \operatorname{Re}\int |u|^2 u_{xx}\bar{u}_{xxx} = \gamma\int \left(|u|^2\right)_x |u_{xx}|^2, \\
\Delta_4 = & -2\gamma \operatorname{Re}\int \left(|u|^2\right)_x u_x \bar{u}_{xxx} \\
= & \, 2\gamma \operatorname{Re}\int \bar{u}_{xx}\left[\left(|u|^2\right)_x u_{xx} + \left(|u|^2\right)_{xx} u_x\right] \\
= & \, 2\gamma\int \left(|u|^2\right)_x |u_{xx}|^2 + \gamma\int \left(|u|^2\right)_{xx}\left(|u_x|^2\right)_x, \\
\Delta_2 = & -4\beta \operatorname{Re}\int |u_x|^2 u\bar{u}_{xxx} = 4\beta \operatorname{Re}\int \bar{u}_{xx}\left[|u_x|^2 u_x + \left(|u_x|^2\right)_x u\right] \\
= & \, 4\beta \operatorname{Re}\int \bar{u}_{xx}\left(|u_x|^2\right)_x u = -4\beta \operatorname{Re}\int \bar{u}_x\left[\left(|u_x|^2\right)_x u_x + \left(|u_x|^2\right)_{xx} u\right] \\
= & -4\beta \operatorname{Re}\int \left(|u_x|^2\right)_{xx} u\bar{u}_x = 2\beta\int \left(|u|^2\right)_{xx}\left(|u_x|^2\right)_x, \\
\Delta_1 = & -2\beta \operatorname{Re}\int u^2\bar{u}_{xx}\bar{u}_{xxx} = 2\beta \operatorname{Re}\int \left(\bar{u}_{xx}\right)^2 u u_x \\
= & -2\beta \operatorname{Re}\int \bar{u}_x\left[\bar{u}_{xxx}u u_x + \bar{u}_{xx}u_x u_x + \bar{u}_{xx}u u_{xx}\right] \\
= & -2\beta \operatorname{Re}\int |u_x|^2 u\bar{u}_{xxx} - 2\beta \operatorname{Re}\int |u_{xx}|^2 u\bar{u}_x \\
= & \, \beta\int \left(|u_x|^2\right)_x \left(|u|^2\right)_{xx} - \beta\int |u_{xx}|^2\left(|u|^2\right)_x,
\end{aligned}
$$

考虑到前面四个恒等式, 由 (3.22) 可得

$$
\frac{\mathrm{d}}{\mathrm{d}t}\int |u_{xx}|^2 = (3\beta+\gamma)\int \left(|u_x|^2\right)_x \left(|u|^2\right)_{xx} + (3\gamma-\beta)\int |u_{xx}|^2\left(|u|^2\right)_x
$$

$$
-2\,\mathrm{Im}\int \bar{u}_{xx}\left[g\left(|u|^2\right)u\right]_{xx}. \tag{3.23}
$$

(2) $\dfrac{\mathrm{d}}{\mathrm{d}t}\mathrm{Im}\int\left(|u|^2\bar{u}u_{xxx}\right)$

$$
\begin{aligned}
&=\mathrm{Im}\int\left[|u|^2\bar{u}u_{xxt}+2|u|^2\bar{u}_t u_{xxx}+(\bar{u})^2u_{xxx}u_t\right]\\
&=\mathrm{Im}\int\left[-\left(|u|^2\bar{u}\right)_{xxx}-2|u|^2\bar{u}_{xxx}+(\bar{u})^2u_{xxx}\right]u_t\\
&=\mathrm{Im}\int\left[-\left(|u|^2\bar{u}\right)_{xxx}-2|u|^2\bar{u}_{xxx}+(\bar{u})^2u_{xxx}\right]\times\left(i\alpha u_{xx}+R\left(u,u_x\right)\right)\\
&=-\alpha\,\mathrm{Re}\int\left(|u|^2\bar{u}\right)_{xxx}u_{xx}-2\alpha\,\mathrm{Re}\int|u|^2\bar{u}_{xxx}u_{xx}+\alpha\,\mathrm{Re}\int(\bar{u})^2u_{xxx}u_{xx}\\
&\quad+\mathrm{Im}\int\left[\left(|u|^2u\right)_{xx}R_x\left(u,u_x\right)-u_{xx}\left(R\left(u,u_x\right)(\bar{u})^2\right)_x+2\bar{u}_{xx}\left(|u|^2R\left(u,u_x\right)\right)_x\right]\\
&=\sum_{i=1}^{5}\Delta_i',
\end{aligned} \tag{3.24}
$$

其中 $R\left(u,u_x\right)=\beta u^2\bar{u}_x+\gamma|u|^2u_x+ig\left(|u|^2\right)u$, 以及

$$
\Delta_2'=-2\alpha\,\mathrm{Re}\int|u|^2\bar{u}_{xxx}u_{xx}=\alpha\int\left(|u|^2\right)_x\left|u_{xx}\right|^2,
$$

$$
\begin{aligned}
\Delta_1'=&-\alpha\,\mathrm{Re}\int\left(|u|^2\bar{u}\right)_{xxx}u_{xx}\\
=&-\alpha\,\mathrm{Re}\int\left[\left(|u|^2\right)_{xxx}\bar{u}+3\left(|u|^2\right)_{xx}\bar{u}_x+3\left(|u|^2\right)_x\bar{u}_{xx}+|u|^2\bar{u}_{xxx}\right]u_{xx}\\
=&-\alpha\,\mathrm{Re}\int\left(|u|^2\right)_{xxx}\bar{u}u_{xx}-3\alpha\,\mathrm{Re}\int\left(|u|^2\right)_{xx}\bar{u}_xu_{xx}-3\alpha\,\mathrm{Re}\int\left(|u|^2\right)_x\left|u_{xx}\right|^2\\
&-\alpha\,\mathrm{Re}\int|u|^2\bar{u}_{xxx}u_{xx}\\
=&\,\alpha\,\mathrm{Re}\int\left[\left(|u|^2\right)_{xxx}\bar{u}\right]_xu_x-\frac{3\alpha}{2}\int\left(|u|^2\right)_{xx}\left(\left|u_x\right|^2\right)_x-\frac{5\alpha}{2}\int\left(|u|^2\right)_x\left|u_{xx}\right|^2\\
=&-\frac{5\alpha}{2}\int\left(|u|^2\right)_{xx}\left(\left|u_x\right|^2\right)_x-\frac{5\alpha}{2}\int\left(|u|^2\right)_x\left|u_{xx}\right|^2,
\end{aligned}
$$

$$
\Delta_3'=\alpha\,\mathrm{Re}\int(\bar{u})^2u_{xxx}u_{xx}=-\frac{\alpha}{2}\int\left(|u|^2\right)_{xx}\left(\left|u_x\right|^2\right)_x+\frac{\alpha}{2}\int\left(|u|^2\right)_x\left|u_{xx}\right|^2.
$$

结合上面的等式以及 (3.24) 可得

$$\frac{\mathrm{d}}{\mathrm{d}t}\operatorname{Im}\int |u|^2\bar{u}u_{xxx} = -3\alpha\int \left(|u|^2\right)_{xx}\left(|u_x|^2\right)_x - \alpha\int \left(|u|^2\right)_x |u_{xx}|^2 + \Delta_4'. \tag{3.25}$$

$$\begin{aligned}
(2)\quad &\frac{\mathrm{d}}{\mathrm{d}t}\operatorname{Im}\int (\bar{u})^2 u_x u_{xx}\\
=&\operatorname{Im}\int (\bar{u})^2 u_x u_{xxt} + \operatorname{Im}\int (\bar{u})^2 u_{xt}u_{xx} + 2\operatorname{Im}\int \bar{u}u_x u_{xx}u_t\\
=&\ 2\operatorname{Im}\int \left[\left(\bar{u}\,|u_x|^2\right)_x - u\bar{u}_x\bar{u}_{xx}\right]u_t\\
=&\ 2\operatorname{Im}\int \left[\left(\bar{u}\,|u_x|^2\right)_x - u\bar{u}_x\bar{u}_{xx}\right](i\alpha u_{xx} + R(u,u_x))\\
=&\ 2\alpha\operatorname{Re}\int \left(\bar{u}\,|u_x|^2\right)_x u_{xx} - 2\alpha\operatorname{Re}\int u\bar{u}_x\,|u_{xx}|^2\\
&+2\operatorname{Im}\int \left[\left(\bar{u}\,|u_x|^2\right)_x - u\bar{u}_x\bar{u}_{xx}\right]R(u,u_x)\\
=&\sum_{i=1}^{3}\Delta_i'',
\end{aligned} \tag{3.26}$$

其中

$$\begin{aligned}
\Delta_2'' &= -2\alpha\operatorname{Re}\int u\bar{u}_x\,|u_{xx}|^2 = -\alpha\int \left(|u|^2\right)_x |u_{xx}|^2,\\
\Delta_1'' &= 2\alpha\operatorname{Re}\int \left(\bar{u}\,|u_x|^2\right)_x u_{xx}\\
&= -2\alpha\operatorname{Re}\int \left[\bar{u}_{xx}\,|u_x|^2 + 2\bar{u}_x\left(|u_x|^2\right)_x + \bar{u}\left(|u_x|^2\right)_{xx}\right]u_x\\
&= -2\alpha\operatorname{Re}\int \left(|u_x|^2\right)_{xx}\bar{u}u_x = \alpha\int \left(|u|^2\right)_{xx}\left(|u_x|^2\right)_x.
\end{aligned}$$

因此由 (3.26) 可得

$$\frac{\mathrm{d}}{\mathrm{d}t}\operatorname{Im}\int (\bar{u})^2 u_x u_{xx} = \alpha\int \left(|u|^2\right)_{xx}\left(|u_x|^2\right)_x - \alpha\int \left(|u|^2\right)_x |u_{xx}|^2 + \Delta_3''. \tag{3.27}$$

因此, 结合 (3.23), (3.25), (3.27) 可得

$$\frac{\mathrm{d}}{\mathrm{d}t}\int \left[|u_{xx}|^2 + \frac{\beta+2\gamma}{2\alpha}\operatorname{Im}\left(|u|^2\bar{u}u_{xxx}\right) + \frac{4\gamma-3\beta}{2\alpha}\operatorname{Im}\left((\bar{u})^2u_xu_{xx}\right)\right]$$

$$= -2\,\mathrm{Im}\int \bar{u}_{xx}\left(g\left(|u|^2\right)u\right)_{xx} + \frac{\beta+2\gamma}{2\alpha}\Delta_4' + \frac{4\gamma-3\beta}{2\alpha}\Delta_3''. \tag{3.28}$$

经过复杂的计算, 通过引理 3.6 的结果可得

$$\begin{aligned}&\left|\frac{\beta+2\gamma}{2\alpha}\int \mathrm{Im}\left(|u|^2\bar{u}u_{xxx}\right) + \frac{4\gamma-3\beta}{2\alpha}\int \mathrm{Im}\left((\bar{u})^2 u_x u_{xx}\right)\right| \\ \leqslant&\frac{1}{4}\left\|u_{xx}\right\|_2^2 + C\left(\alpha,\beta,\gamma,\left\|u_0\right\|_{H^1}\right).\end{aligned}$$

可以估计 (3.28) 右边项

$$-2\,\mathrm{Im}\int \bar{u}_{xx}\left(g\left(|u|^2\right)u\right)_{xx} + \frac{\beta+2\gamma}{2\alpha}\Delta_4' + \frac{4\gamma-3\beta}{2\alpha}\Delta_3'' \leqslant C\left(\beta,\gamma,\left\|u_0\right\|_{H'}\right)\left\|u_{xx}\right\|_2^2.$$

最后, 对 (3.28) 关于 t 积分, 利用上面的两个不等式可得

$$\left\|u_{xx}(\cdot,t)\right\|_2^2 \leqslant C\left(\alpha,\beta,\gamma,\left\|u_0\right\|_{H^2}\right)\left(1+\int_0^t \left\|u_{xx}(\cdot,t)\right\|_2^2\mathrm{d}t\right).$$

由 Gronwall 不等式可得引理的证明. □

引理 3.8 在引理 3.7 的条件下, 有

$$\sup_{0\leqslant t\leqslant T}\|u(\cdot,t)\|_{H^1} \leqslant C \quad (s\geqslant 3),$$

其中 C 依赖于 $T, \|u_0\|_{H^s}$.

证明 因为

$$\begin{aligned}\frac{1}{2}\frac{\mathrm{d}}{\mathrm{d}t}\int |D^s u|^2 =& \beta\,\mathrm{Re}\int D^s\bar{u}D^s\left(u^2 D\bar{u}\right) \\ &+\gamma\,\mathrm{Re}\int D^s\bar{u}D^s\left(|u|^2 Du\right) - \mathrm{Im}\int D^s\bar{u}D^s\left(g\left(|u|^2\right)u\right),\end{aligned} \tag{3.29}$$

由 Sobolev 嵌入定理以及引理 3.7 可得

$$\|u\|_{W_\infty^1} \leqslant C\|u\|_{H^2} \leqslant C\left\|u_0\right\|_{H^2},$$

然后根据引理 3.2 和引理 3.4, 可推导出

$$
\begin{aligned}
&\left|\beta\int D^s\bar{u}D^s\left(u^2D\bar{u}\right)\right|\\
\leqslant&\left|\beta\operatorname{Re}\int D^s\bar{u}\left[D^s\left(u^2D\bar{u}\right)-u^2D^{s+1}\bar{u}\right]\right|+\left|\beta\int u^2D^s\bar{u}D^{s+1}\bar{u}\right|\\
\leqslant&|\beta|\left\|D^su\right\|_2\left\|D^s\left(u^2D\bar{u}\right)-u^2D^{s+1}\bar{u}\right\|_2+|\beta|\|uDu\|_\infty\left\|D^su\right\|_2^2\\
\leqslant&C\left(\alpha,\beta,\gamma,\left\|u_0\right\|_{H^2}\right)\left\|D^su\right\|_2^2.
\end{aligned}
$$

类似地,

$$
\left|\gamma\operatorname{Re}\int D^s\bar{u}D^s\left(|u|^2Du\right)\right|\leqslant C\left(\alpha,\beta,\gamma,\left\|u_0\right\|_{H^2}\right)\left\|D^su\right\|_2^2
$$

和

$$
\left|\operatorname{Im}\int D^s\bar{u}D^s\left(g\left(|u|^2\right)u\right)\right|\leqslant C\left(\alpha,\beta,\gamma,\left\|u_0\right\|_{H^1}\right)\left\|D^su\right\|_2^2.
$$

由上面的三个等式以及 (3.29), 通过 Gronwall 不等式可得

$$
\sup_{0\leqslant t\leqslant T}\left\|D^su(\cdot,t)\right\|_2\leqslant C\left(\alpha,\beta,\gamma,T,\left\|u_0\right\|_{H^s}\right).
$$

□

3.3 存在唯一性

实现问题 (H_1) 和 (H_2) 的局部光滑解的方法之一是粘性法. 这种方法是众所周知的, 这里省略了详细的步骤.

引理 3.9 令 α,β,γ 为实数且 $\alpha\neq 0$. 假设实函数 $g(v)$ 和初值 $u_0(x)$ 满足情况 $(A_1),(A_2)$. 则存在常数 $T_0>0$ 使得对于 $t\in[0,T_0]$, 问题 (H_1) 在空间 $B_\infty^s(T_0)$ 中有光滑解 $u(x,t)$, 其中

$$
B_\infty^s\left(T_0\right)=\bigcap_{r=0}^{[s/2]}W_\infty^r\left(0,T_0;H^{s-2r}(\Omega)\right).
$$

利用上述局部存在性结果和 3.2 节中得到的先验估计, 通过所谓的连续性论证, 得到主要结果.

定理3.10 在引理 3.9 的假设下, 对于任意 $T>0$, 问题 (H_1) 在空间 $B_\infty^s(T)$ 中有唯一的光滑解 $u(x,t)$.

证明　为了完成定理的证明, 只需验证解的唯一性.

事实上, 假设 $u=u(x,t)$, $v=v(x,t)$ 是空间 $B_{\infty}^{s}(T)$ 中的两个光滑解. 设 $W=u-v$, 则有

$$W_t=i\alpha W_{xx}+R(u,u_x)-R(v,v_x), \tag{3.30}$$

$$W(x,0)=0, \tag{3.31}$$

其中 $R(u,u_x)=\beta u^2\bar{u}_x+\gamma|u|^2u_x+ig(|u|^2)u$.

对方程 (3.30) 乘 W, 取实部然后对其关于 t 积分可得

$$\begin{aligned}\frac{1}{2}\frac{\mathrm{d}}{\mathrm{d}t}\|W(\cdot,t)\|_2^2&\leqslant\left|\int\bar{W}\left[R(u,u_x)-R(v,v_x)\right]\right|\\&\leqslant C(\|u\|_{H^2},\|v\|_{H^2})\|W\|_2^2.\end{aligned}$$

由此, 根据 Gronwall 不等式和初值 (3.31), 可得 $W(x,t)=0$. 这就完成了定理的证明. □

如定理 3.10 的结果, 下面陈述特殊物理模型 (3.5), (3.6) 的存在唯一性.

推论 3.11　令 β,δ 为实数. 假设初值 $u_0(x)\in H^s$, $s\geqslant 3$. 则对于任意的 $T>0$, Cauchy 问题 (3.8) 或周期边值问题 (3.9) 以及 (3.5) 有唯一的整体光滑解 $u(x,t)\in B_{\infty}^{s}(T)$.

推论 3.12　令 α,β,δ 为实数. 假设初值 $u_0(x)\in H^s$, $s\geqslant 3$, 使得

$$\|u_0(x)\|_2<\frac{1}{\sqrt{|\alpha|+|3\alpha+8\delta|}}.$$

则 (3.6) 的初值问题有唯一的整体光滑解 $u(x,t)\in B_{\infty}^{s}(T)$.

3.4　衰减行为

本节的目的是通过利用加权的插值不等式, 当空间变量趋于无穷大时讨论 Cauchy 问题 (H_1) 的光滑解的衰减行为.

定理 3.13　令 α,β,δ 为实数. 假设初值 $u_0(x)\in H^s$, $|x|^{\rho}D^ju_0(x)\in L^2(\mathbb{R})$, $j=0,1,\cdots,k$, 其中 $\rho\in\left[\frac{1}{2},s\right]$, $k\leqslant s-2, s\geqslant 3$. 若 $u(x,t)\in B_{\infty}^{s}(T)$ 是问题 (H_1) 的解, 则

$$|D^mu(x,t)|=O\left(|x|^{-\rho_m}\right),\quad |x|\to+\infty,$$

其中 $t\in(0,T]$, $0\leqslant m\leqslant s-1$,

$$\rho_m = \min\left\{\rho, \frac{s-m-\frac{1}{2}}{s-k}\rho\right\}.$$

证明

$$\begin{aligned}
&\frac{\mathrm{d}}{\mathrm{d}t}\int |x|^{2\rho}\left|D^k u\right|^2 \\
&= 2\operatorname{Re}\int |x|^{2\rho} D^k\bar{u} D^k u_t \\
&= 2\operatorname{Re}\int |x|^{2\rho} D^k\bar{u} D^k\left(i\alpha D^2 u + \beta u^2 D\bar{u} + \gamma|u|^2 Du + ig\left(|u|^2\right)u\right) \\
&= -2\alpha\operatorname{Im}\int |x|^{2\rho} D^k\bar{u} D^{k+2} u + 2\beta\operatorname{Re}\int |x|^{2\rho} D^k\bar{u} D^k\left(u^2 D\bar{u}\right) \\
&\quad + 2\gamma\operatorname{Re}\int |x|^{2\rho} D^k\bar{u} D^k\left(|u|^2 Du\right) - 2\operatorname{Im}\int |x|^{2\rho} D^k\bar{u} D^k\left(g|u|^2 u\right) \\
&= \sum_{i=1}^{4} I_i.
\end{aligned} \tag{3.32}$$

在下面中我们将控制 (3.32) 右边各项.

$$\begin{aligned}
I_1 &= -2\alpha\operatorname{Im}\int |x|^{2\rho} D^k\bar{u} D^{k+2} u = 2\alpha\operatorname{Im}\int D\left(|x|^{2\rho} D^k\bar{u}\right) D^{k+1} u \\
&= 4\rho\alpha\operatorname{Im}\int |x|^{2\rho-2} x D^k\bar{u} D^{k+1} u \leqslant C\left\||x|^\rho D^k u\right\|_2\left\||x|^{\rho-1} D^{k+1} u\right\|_2.
\end{aligned} \tag{3.33}$$

利用引理 3.1

$$\left\||x|^{\rho-1} D^{k+1} u\right\|_2 \leqslant C\left\|D^s u\right\|_2^{2/(s+\rho-k)}\left\||x|^\rho D^k u\right\|_2^{1-2(s+\rho-k)},$$

以及 Young 不等式, 由 (3.33) 可得

$$-2\alpha\operatorname{Im}\int |x|^{2\rho} D^k\bar{u} D^{k+2} u \leqslant C + C\left\||x|^\rho D^k u\right\|_2^2. \tag{3.34}$$

$$\begin{aligned}
I_2 &= 2\beta\operatorname{Re}\int |x|^{2\rho} D^k\bar{u} D^k\left(u^2 D\bar{u}\right) \\
&\leqslant \left|2\beta\int |x|^{2\rho} D^k\bar{u}\left[D^k\left(u^2 D\bar{u}\right) - u^2 D^{k+1}\bar{u}\right]\right| \\
&\quad + \left|2\beta\int |x|^{2\rho} D^k\bar{u}\left(u^2 D^{k+1}\bar{u}\right)\right|
\end{aligned}$$

$$
\begin{aligned}
&\leqslant |2\beta| \left\||x|^{\rho} D^{k} u\right\|_{2} \left\||x|^{\rho}\left[D^{k}\left(u^{2} D \bar{u}\right)-u^{2} D^{k+1} \bar{u}\right]\right\|_{2} \\
&\quad+\left|\beta \int\left(|x|^{2 \rho} u^{2}\right)_{x}\left(D^{k} \bar{u}\right)^{2}\right| \\
&\leqslant C\left(\beta,\|u\|_{H^{2}}\right)\left\||x|^{\rho} D^{k} u\right\|_{2}^{2}+C\left(\beta, \rho,\|u\|_{H^{1}}\right)\left\||x|^{\rho-\frac{1}{2}} D^{k} u\right\|_{2}^{2} \\
&\leqslant C\left(\beta, \rho,\|u\|_{H^{2}}\right)\left\||x|^{\rho} D^{k} u\right\|_{2}^{2} .
\end{aligned} \tag{3.35}
$$

在上面的不等式中利用了假设 $\rho \geqslant \dfrac{1}{2}$ 以及引理 3.2、引理3.4 的结果.

由类似的方法, 可得如下不等式

$$
\begin{aligned}
I_{3} &=2 \gamma \operatorname{Re} \int|x|^{2 \rho} D^{k} \bar{u} D^{k}\left(|u|^{2} D u\right) \\
&\leqslant C\left(\gamma, \rho,\|u\|_{H^{2}}\right)\left\||x|^{\rho} D^{k} u\right\|_{2}^{2}
\end{aligned} \tag{3.36}
$$

与

$$
\begin{aligned}
I_{4} &=-2 \operatorname{Im} \int|x|^{2 \rho} D^{k} \bar{u} D^{k}\left(g\left(|u|^{2} u\right)\right) \\
&\leqslant C\left(\|u\|_{H^{1}}\right)\left\||x|^{\rho} D^{k} u\right\|_{2}^{2} .
\end{aligned} \tag{3.37}
$$

因此结合不等式 (3.34)—(3.37), 由 (3.32) 可得

$$
\frac{\mathrm{d}}{\mathrm{d} t}\left\||x|^{\rho} D^{k} u\right\|_{2}^{2} \leqslant C(\alpha, \beta, \gamma, \rho,\|u_{0}\|_{H^{s}})\left(1+\left\||x|^{\rho} D^{k} u\right\|_{2}^{2}\right) .
$$

由 Gronwall 不等式, 结合 $|x|^{\rho} D^{k} u_{0} \in L^{2}(\mathbb{R})$, 则有

$$
\sup_{0 \leqslant t \leqslant T}\left\||x|^{\rho} D^{k} u\right\|_{2} \leqslant C\left(\alpha, \beta, \gamma, \rho,\|u_{0}\|_{H^{s}},\||x|^{\rho} u_{0}\|_{2}\right), \tag{3.38}
$$

其中 $k \leqslant s-2$.

由引理 3.1 可知

$$
\left\||x|^{\rho} D^{m} u\right\|_{\infty} \leqslant C\left\||x|^{\rho} D^{m+1} u\right\|_{2}^{\frac{1}{2}}\||x|^{\rho} D^{m} u\|_{2}^{\frac{1}{2}}, \tag{3.39}
$$

其中 $0 \leqslant m \leqslant k-1$, 以及

$$
\left\||x|^{r_{m}} D^{m} u\right\|_{\infty} \leqslant C\left\|D^{s} u\right\|_{2}^{\alpha_{0}}\left\||x|^{\rho} D^{k} u\right\|_{2}^{1-\alpha_{0}}, \tag{3.40}
$$

其中 $k \leqslant m \leqslant s-1$,

$$r_m = \frac{s-m-\dfrac{1}{2}}{s-k}\rho \in (0,\rho), \quad \alpha_0 = \frac{m+\rho-k+\dfrac{1}{2}-r_m}{s+\rho-k} \in (0,1).$$

因此由不等式 (3.38)—(3.40) 可得

(1) 若 $0 \leqslant m \leqslant k-1$, 则对于任意 $t \in [0,T]$, 可得

$$|D^m u(x,t)| = O\left(|x|^{-\rho}\right), \quad |x| \to \infty.$$

(2) 若 $k \leqslant m \leqslant s-1$, 则对于任意 $t \in [0,T]$, 可得

$$|D^m u(x,t)| = O\left(|x|^{-r_m}\right), \quad |x| \to \infty,$$

其中

$$r_m = \frac{s-m-\dfrac{1}{2}}{s-k}\rho.$$

□

3.5 附 录

引理 3.14 令 $u(x) \in H^1(\mathbb{R})$, $v(x) \in H^1(\Omega)$ 为实函数, 其中 $\Omega = [-D, D]$, $D > 0$. 则

(I) $\|v\|_p \leqslant (p-q)^{1/(q+1)} \|v_x\|_r^{1/(q+1)} \|v\|_q^{q/(q+1)} + (2D)^{(1/p)-(1/q)} \|v\|_q$;

(II) $\|u\|_p \leqslant (p-q)^{1/(q+1)} \|u_x\|_r^{1/(q+1)} \|u\|_q^{q(q+1)}$,

其中 p, q, r 是正整数且 $p \geqslant q+2, r(q+1) = p$.

证明 设 $|v(x_0)| = \min\limits_{x \in \Omega} |v(x)|$. 因为

$$|v(x)|^{p-q} - |v(x_0)|^{p-q} = (p-q)\int_{x_0}^{x} |v(x)|^{p-q-2} v v_x \mathrm{d}x,$$

或者

$$|v|^p - |v|^q |v(x_0)|^{p-q} = (p-q)|v|^q \int_{x_0}^{x} |v|^{p-q-2} v v_x \mathrm{d}x,$$

对这个等式关于 x 积分, 由 Hölder 不等式可得

$$\|v\|_p^p - |v(x_0)|^{p-q} \|v\|_q^q \leqslant (p-q)\|v\|_q^q \|v_x\|_r \|v\|_p^{p-q-1}, \tag{3.41}$$

其中 $r = p/(q+1)$.

因为 $|v(x_0)|^p = \min_{x\in\Omega} |v(x)|^p \leqslant |\Omega|^{-1}\|v\|_p^p$ 与 $|v(x_0)|^q \leqslant |\Omega|^{-1}\|v\|_q^q$, 有

$$|v(x_0)|^{p-q} = |v(x_0)|^{p-q-1}|v(x_0)| \leqslant |\Omega|^{-\Delta}\|v\|_p^{p-q-1}\|v\|_q,$$

其中 $\Delta = (q+1)((1/q)-(1/p))$.

将上面的不等式代入 (3.41) 则可得

$$\|v\|_p^p \leqslant (p-q)\|v_x\|_r\|v\|_q^q\|v\|_p^{p-q-1} + (2D)^{(1/p)-(1/q)}\|v\|_q^{q+1}\|v\|_p^{p-q-1},$$

或

$$\|v\|_q^{q+1} \leqslant (p-q)\|v_x\|_r\|v\|_q^q + (2D)^{(1/p)-(1/q)}\|v\|_q^{q+1}.$$

则结果 (I) 得到证明. 其次因为空间 $C_0^1(\mathbb{R})$ 在 $H^1(\mathbb{R})$ 中稠密, 再由 (I) 的结果可得到 (II). □

第 4 章　分数阶非线性 Schrödinger 方程的整体适定性

考虑一维分数阶非线性 Schrödinger 方程的 Cauchy 问题:

$$\begin{cases} iu_t + (-\Delta)^\alpha u + |u|^2 u = 0, \quad (t,x) \in \mathbb{R}\times\mathbb{R}, \quad \dfrac{1}{2} < \alpha < 1, \\ u(x,0) = u_0(x) \in H^s(\mathbb{R}), \end{cases} \tag{4.1}$$

其中分数阶微分算子 $(-\Delta)^\alpha = \mathscr{F}_x^{-1}|\xi|^{2\alpha}\mathscr{F}_x$. 分数阶 Schrödinger 方程是分数阶量子力学的基础方程. Laskin[81,82] 发现它是 Feynman 路径积分从类 Brownian 到类 Lévy 量子力学路径展开的结果.

关于 (4.1) 的适定性有少数的研究结果. 最近, Guo 等[78] 证明了 (4.1)的周期边值问题在 $H^{4\alpha}$ 中是整体适定的. 本章改进了已有的一维结果[78], 证明了 Cauchy 问题 (4.1) 在 L^2 中是整体适定的. 与 Schrödinger 方程不同, Strichartz 估计不足以求解 L^2 中的分数阶 Schrödinger 方程, 还需要局部光滑效应和最大函数估计. 因此, 我们将使用 Bourgain 空间来考虑 (4.1) 的适定性.

定义与记号　利用方程 (4.1) 的等价积分公式去研究它,

$$u(t) = S(t)u_0 - i\int_0^t S(t-t')\,|u|^2 u(t')\,\mathrm{d}t',$$

其中 $S(t) = \mathscr{F}_x^{-1} e^{it|\xi|^{2\alpha}}\mathscr{F}_x$ 是方程 (4.1) 的群算子. 首先, 定义

$$\|f\|_{L_x^p L_t^q} = \left(\int_{-\infty}^{\infty}\left(\int_{-\infty}^{\infty}|f(x,t)|^q \mathrm{d}t\right)^{\frac{p}{q}}\mathrm{d}x\right)^{\frac{1}{p}},$$

$$\|f\|_{L_t^q L_x^p} = \left(\int_{-\infty}^{\infty}\left(\int_{-\infty}^{\infty}|f(x,t)|^p \mathrm{d}x\right)^{\frac{q}{p}}\mathrm{d}t\right)^{\frac{1}{q}}.$$

对于 $s, b\in\mathbb{R}$, 空间 $X_{s,b}$ 与 $\bar{X}_{s,b}$ 定义为 $\mathbb{R}^2$ 上 Schwartz 函数空间关于如下范数的完备[79,80,85,86]

$$\|u\|_{X_{s,b}} = \|S(-t)u\|_{H_x^s H_t^b} = \left\|\langle\xi\rangle^s\langle\tau-\phi(\xi)\rangle^b \hat{u}(\xi,\tau)\right\|_{L_\xi^2 L_t^2}, \tag{4.2}$$

$$\|u\|_{\bar{X}_{s,b}} = \|S(t)u\|_{H_x^s H_t^b} = \left\|\langle\xi\rangle^s \langle\tau + \phi(\xi)\rangle^b \hat{u}(\xi,\tau)\right\|_{L_\xi^2 L_\tau^2}, \tag{4.3}$$

其中 $\phi(\xi) = |\xi|^{2\alpha}$ 是相函数. 易知 $\|u\|_{X_{s,b}} = \|\bar{u}\|_{\bar{X}_{s,b}}$.

记 u 的 Fourier 变换为 $\hat{u}(\xi,\tau) = \mathscr{F}u$, $\mathscr{F}_{(\cdot)}u$ 为只关于变量 $(\cdot)$ 的 Fourier 变换.

记卷积积分 $\int_* \mathrm{d}\delta$ 为

$$\int_{\xi=\xi_1+\xi_2+\xi_3;\tau=\tau_1+\tau_2+\tau_3} \mathrm{d}\tau_1\mathrm{d}\tau_2\mathrm{d}\tau_3\mathrm{d}\xi_1\mathrm{d}\xi_2\xi_3.$$

为了方便可引入一些变量

$$\begin{gathered}
\sigma = \tau - |\xi|^{2\alpha}, \quad \sigma_1 = \tau_1 - |\xi_1|^{2x}, \quad \bar{\sigma}_2 = \tau_2 + |\xi_2|^{2\alpha}, \\
\sigma_3 = \tau_3 - |\xi_3|^{2\alpha}, \quad \bar{\sigma}_4 = \tau_4 + |\xi_4|^{2\alpha}, \\
-\xi_4 = \xi = \xi_1 + \xi_2 + \xi_3, \quad -\tau_4 = \tau = \tau_1 + \tau_2 + \tau_3.
\end{gathered} \tag{4.4}$$

则

$$\sigma - \sigma_1 - \bar{\sigma}_2 - \sigma_3 = -|\xi|^{2x} + |\xi_1|^{2x} - |\xi_2|^{2x} + |\xi_3|^{2\alpha}, \tag{4.5}$$

或

$$\sigma_1 + \bar{\sigma}_2 + \sigma_3 + \bar{\sigma}_4 = -|\xi_1|^{2x} + |\xi_2|^{2x} - |\xi_3|^{2x} + |\xi_4|^{2\alpha}. \tag{4.6}$$

令 $\psi \in C_0^\infty$ 且在 $\left[-\frac{1}{2}, \frac{1}{2}\right]$ 上 $\psi = 1$, 在 $[-1,1]$ 上 $\operatorname{supp}\psi \subset [-1,1]$. 记 $\psi_\delta(\cdot) = \psi(\delta^{-1}(\cdot))$, $\delta \in \mathbb{R} \setminus 0$.

$A \sim B$ 表示 $A \leqslant C_1 B, B \leqslant C_1 A$, 其中 $C_1 > 0$. $A \ll B$ 为 $A \leqslant \frac{1}{C_2}B$, 其中 $C_2 > 0$ 为充分大的常数. $A \lesssim B$ 为 $A \leqslant C_3 B$, 其中 $C_3 > 0$. 用 $a+, a-$ 分别表示 $a+\varepsilon, a-\varepsilon$, 其中 $0 < \varepsilon \ll 1$.

下面给出主要结果.

定理 4.1 Cauchy 问题 (4.1) 在 L^2 中是整体适定的, 其中 $\frac{1}{2} < \alpha < 1$.

4.1 初步估计

通过本节的线性估计和下节的三线性估计, 可以得到 Cauchy 问题 (4.1) 的局部适定性. 用 $[k; Z]$ 乘子法得到三线性估计. 首先列出了多线性表达式的一些有用的符号和性质[83]. 设 Z 是具有不变测度 $\mathrm{d}\xi$ 的任意交换加法群. 对于任意整数 $k\geqslant 2$, $\Gamma_k(Z)$ 为

$$\Gamma_k(Z)=\left\{(\xi_1,\cdots,\xi_k)\in Z^k:\xi_1+\cdots+\xi_k=0\right\},$$

它具有如下测度

$$\int_{\Gamma_k(Z)}f=\int_{Z^{k-1}}f\left(\xi_1,\cdots,\xi_{k-1},-\xi_1-\cdots-\xi_{k-1}\right)\mathrm{d}\xi_1\cdots\mathrm{d}\xi_{k-1},$$

定义 $[k;Z]$ 乘子为任意函数 $m:\Gamma_k(Z)\to\mathbb{C}$.

若 m 是 $[k;Z]$ 乘子, 定义 $\|m\|_{[k;Z]}$ 为最佳常数使得对于 Z 上所有的测试函数 f_j 不等式

$$\left|\int_{\Gamma_k(Z)}m(\xi)\prod_{j=1}^{k}f_j\left(\xi_j\right)\right|\leqslant\|m\|_{[k;Z]}\prod_{j=1}^{k}\|f_j\|_{L^2(Z)}$$

成立. 很明显, 至少对于测试函数 $\|m\|_{[k;Z]}$ 决定了 m 的范数. 我们对得到这个范数的先验估计很感兴趣. 通过限制到 $\Gamma_k(Z)$, 在所有 Z_k 上定义 m 的情况下还将定义 $\|m\|_{[k;Z]}$. $\|m\|_{[k;Z]}$ 有如下的性质.

引理 4.2 若 $k_1,k_2\geqslant 1$ 且 m_1,m_2 分别为 Z^{k_1},Z^{k_2} 上的函数, 则

$$\begin{aligned}&\left\|m_1\left(\xi_1,\cdots,\xi_{k_1}\right)m_2\left(\xi_{k_1+1},\cdots,\xi_{k_1+k_2}\right)\right\|_{[k_1+k_2;Z]}\\ \leqslant&\left\|m_1\left(\xi_1,\cdots,\xi_{k_1}\right)\right\|_{[k_1+1;Z]}\left\|m_2\left(\xi_1,\cdots,\xi_{k_2}\right)\right\|_{[k_2+1;Z]}.\end{aligned}\tag{4.7}$$

作为一个特例, 对于所有函数 $m:Z^k\to\mathbb{R}$, 有 TT^* 恒等式:

$$\|m(\xi_1,\cdots,\xi_k)\overline{m(-\xi_{k+1},\cdots,-\xi_{2k})}\|_{[2;Z]}=\|m(\xi_1,\cdots,\xi_k)\|_{[k+1;Z]}^2.\tag{4.8}$$

引理 4.3 分数阶 Schrödinger 方程的群算子 $\{S(t)\}_{-\infty}^{\infty}$ 满足

$$\left\|D_x^{\alpha-\frac{1}{2}}S(t)u_0\right\|_{L_x^\infty L_t^2}\lesssim\|u_0\|_{L^2},\quad \text{局部光滑效应}\tag{4.9}$$

$$\left\|D_x^{-\frac{1}{4}}S(t)u_0\right\|_{L_x^4L_t^\infty}\lesssim\|u_0\|_{L^2},\quad \text{最大函数估计}\tag{4.10}$$

$$\|S(t)u_0\|_{L_x^4L_t^4}\lesssim\|u_0\|_{L^2},\quad \text{Strichartz 估计}\tag{4.11}$$

$$\left\|D_x^{\frac{\alpha-1}{3}}S(t)u_0\right\|_{L_x^6L_t^6}\lesssim\|u_0\|_{L^2}.\tag{4.12}$$

引理 4.4　令 $\mathscr{F}_\rho(\xi,\tau)=\dfrac{f(\xi,\tau)}{(1+|\tau-\xi^{2x}|)^\rho}$. 则

$$\left\|D_x^{\alpha-\frac{1}{2}}F_\rho\right\|_{L_x^\infty L_i^2}\lesssim\|f\|_{L_\xi^2L_t^2},\quad\rho>1/2,\tag{4.13}$$

$$\left\|D_x^{-\frac{1}{4}}F_\rho\right\|_{L_x^4L_t^\infty}\lesssim\|f\|_{L_\xi^2L_t^2},\quad\rho>1/2,\tag{4.14}$$

$$\left\|D_x^{\frac{\alpha-1}{3}}F_\rho\right\|_{L_x^6L_t^6}\lesssim\|f\|_{L_\zeta^2L_\tau^2},\quad\rho>1/2,\tag{4.15}$$

$$\left\|D_x^{\frac{\alpha-1}{4}}F_\rho\right\|_{L_x^4L_t^4}\lesssim\|f\|_{L_\zeta^2L_t^2},\quad\rho>3/8,\tag{4.16}$$

$$\|F_\rho\|_{L_x^4L_t^4}\lesssim\|f\|_{L_\xi^2L_\tau^2},\quad\rho>1/2,\tag{4.17}$$

$$\left\|D_x^{-1/2-}F_\rho\right\|_{L_x^\infty L_t^\infty}\lesssim\|f\|_{L_\xi^2L_t^2},\quad\rho>1/2,\tag{4.18}$$

$$\|F_\rho\|_{L_x^qL_t^q}\lesssim\|f\|_{L_x^2L_t^2},\quad\rho>\frac{2q-4}{2q},\ 2\leqslant q\leqslant4,\tag{4.19}$$

$$\left\|D_x^{-\frac{q-2}{2q}-}F_\rho\right\|_{L_x^qL_t^q}\lesssim\|f\|_{L_\xi^2L_t^2},\quad\rho>\frac{q-2}{2q},\ 2\leqslant q<\infty.\tag{4.20}$$

引理 4.5　令 $s\in\mathbb{R}$, $\dfrac{1}{2}<b<1$, $0<\delta<1$. 则

$$\|\psi_\delta(t)S(t)u_0\|_{X_{s,b}}\leqslant C\delta^{\frac{1}{2}-b}\|u_0\|_{H^s},\tag{4.21}$$

$$\left\|\psi_\delta(t)\int_0^tS(t-t')f(t')\,\mathrm{d}t'\right\|_{X_{s,b}}\leqslant C\delta^{\frac{1}{2}-b}\|f\|_{X_{s,b-1}},\tag{4.22}$$

$$\left\|\psi_\delta(t)\int_0^tS(t-t')f(t')\,\mathrm{d}t'\right\|_{H^s}\leqslant C\delta^{\frac{1}{2}-b}\|f\|_{X_{s,b-1}},\tag{4.23}$$

$$\|\psi_\delta(t)f\|_{X_{s,b-1}}\leqslant C\delta^{b'-b}\|f\|_{X_{s,b-1}}.\tag{4.24}$$

引理 4.6　若 $\dfrac{1}{4}<b<\dfrac{1}{2}$, 则存在 $C>0$ 使得

$$\int_{\mathbb{R}}\frac{\mathrm{d}x}{\langle x-\alpha\rangle^{2b}\langle x-\beta\rangle^{2b}}\leqslant\frac{C}{\langle\alpha-\beta\rangle^{4b-1}}.\tag{4.25}$$

引理 4.7　若 f,f_1,f_2,f_3 属于 $\mathbb{R}^2$ 上的 Schwartz 空间, 则

$$\int_*\bar{\hat{f}}(\xi,\tau)\hat{f}_1(\xi_1,\tau_1)\hat{f}_2(\xi_2,\tau_2)\hat{f}_3(\xi_3,\tau_3)\,\mathrm{d}\delta=\int\bar{f}f_1f_2f_3(x,t)\mathrm{d}x\mathrm{d}t.\tag{4.26}$$

引理 4.8 对于任何 Schwartz 函数 $u_1, \bar{u}_2$, 分别在 $|\xi_1| \sim R_1, |\xi_2| \sim R_2$ 中具有 Fourier 支集. 若 $\xi_1 \cdot \xi_2 < 0$ 或 $R_1 \ll R_2 (R_2 \ll R_1)$, 则有

$$\|u_1\bar{u}_2\|_{L_x^2 L_t^2} \lesssim \|u_1\|_{X_{0,\frac{1}{2}+}} \|u_2\|_{X_{0,\frac{1}{2}-}}. \tag{4.27}$$

注记 4.9 通过多线性表达式, 这意味着

$$\left\| \frac{1}{\langle\sigma_1\rangle^{1/2+} \langle\bar{\sigma}_2\rangle^{1/2-}} \right\|_{[3,\mathbb{R}\times\mathbb{R}]} \lesssim 1. \tag{4.28}$$

证明 定义 $\tau_2 = \tau - \tau_1, \xi_2 = \xi - \xi_1, \sigma = \tau - |\xi|^{2\alpha}$. 由对称性, 可设 $|\xi_1| \geqslant |\xi_2|$.

情况 1 若 $|\sigma_1| \gtrsim |\xi_1|^{2\alpha}$ 或 $|\bar{\sigma}_2| \gtrsim |\xi_2|^{2\alpha}$, 由对称性可假设 $|\sigma_1| \gtrsim |\xi_1|^{2\alpha}$, 则由引理 4.4 可得

$$\|u_1\bar{u}_2\|_{L_x^2 L_t^2} \leqslant \|u_1\|_{L_x^{4+} L_i^{4+}} \|\bar{u}_2\|_{L_x^{4-} L_i^{4-}} \leqslant \|u_1\|_{X_{0,\frac{1}{2}+}} \|u_2\|_{X_{0,\frac{1}{2}-}}. \tag{4.29}$$

情况 2 若 $|\sigma_1| \lesssim |\xi_1|^{2\alpha}$, $|\bar{\sigma}_2| \lesssim |\xi_2|^{2\alpha}$, 则由 $|\sigma| \lesssim |\xi_1|^{2\alpha}$ 可得 $\sigma - \sigma_1 - \bar{\sigma}_2 = -|\xi|^{2\alpha} + |\xi_1|^{2\alpha} - |\xi - \xi_1|^{2\alpha} \lesssim |\xi_1|^{2\alpha}$. 令 $f_1(\tau_1, \xi_1) = \langle\sigma_1\rangle^{1/2+}\hat{u}_1(\tau_1, \xi_1), f_2(\tau_1, \xi_1) = \langle\bar{\sigma}_2\rangle^{1/2-}\hat{\bar{u}}_2(\tau_2, \xi_2)$. 则

$$\begin{aligned}
&\|u_1\bar{u}_2\|_{L_x^2 L_\tau^2} \\
&= \|\mathscr{F}(u_1\bar{u}_2)\|_{L_\xi^2 L_\tau^2} = \left\|\left(\hat{u}_1 * \hat{\bar{u}}_2\right)(\xi)\right\|_{L_\xi^2 L_\tau^2} \\
&= \left\| \iint \frac{f_1(\tau_1, \xi_1) f_2(\tau - \tau_1, \xi - \xi_1)}{\langle\sigma_1\rangle^{1/2+} \langle\bar{\sigma}_2\rangle^{1/2-}} \mathrm{d}\xi_1 \mathrm{d}\tau_1 \right\|_{L_\xi^2 L_\tau^2} \\
&\leqslant \left\| \left(\iint \frac{\mathrm{d}\xi_1 \mathrm{d}\tau_1}{\langle\sigma_1\rangle^{1+} \langle\bar{\sigma}_2\rangle^{1-}} \right)^{\frac{1}{2}} \left(\iint (f_1(\tau_1, \xi_1) f_2(\tau_2, \xi_2))^2 \mathrm{d}\xi_1 \mathrm{d}\tau_1 \right)^{\frac{1}{2}} \right\|_{L_\xi^2 L_\tau^2} \\
&\leqslant \left\| \left(\iint \frac{\mathrm{d}\xi_1 \mathrm{d}\tau_1}{\langle\sigma_1\rangle^{1+} \langle\bar{\sigma}_2\rangle^{1-}} \right)^{\frac{1}{2}} \right\|_{L_\xi^\infty L_\tau^\infty} \left\| \left(\iint (f_1(\tau_1, \xi_1) f_2(\tau_2, \xi_2))^2 \mathrm{d}\xi_1 \mathrm{d}\tau_1 \right)^{\frac{1}{2}} \right\|_{L_\xi^2 L_\tau^2} \\
&\leqslant \left\| \left(\iint \frac{\mathrm{d}\xi_1 \mathrm{d}\tau_1}{\langle\sigma_1\rangle^{1+} \langle\bar{\sigma}_2\rangle^{1-}} \right)^{\frac{1}{2}} \right\|_{L_\xi^\infty L_\tau^\infty} \|f_1\|_{L_\xi^2 L_\tau^2} \|f_2\|_{L_\xi^2 L_\tau^2}.
\end{aligned} \tag{4.30}$$

这足以证明

$$\left\| \left(\iint \frac{d\xi_1 d\tau_1}{\langle \sigma_1 \rangle^{1+} \langle \bar{\sigma}_2 \rangle^{1-}} \right)^{\frac{1}{2}} \right\|_{L_\xi^\infty L_\tau^\infty} \lesssim 1.$$

由引理 4.6, 对于 $\frac{1}{4} < b < \frac{1}{2}$ 有

$$\begin{aligned} &\iint_{\mathbb{R}^2} \frac{d\tau_1 d\xi_1}{\left\langle \tau_1 - |\xi_1|^{2\alpha} \right\rangle^{2b} \left\langle \tau - \tau_1 + |\xi - \xi_1|^{2\alpha} \right\rangle^{2b}} \\ \leqslant & C \int_{\mathbb{R}} \frac{d\xi_1}{\left\langle \tau - |\xi_1|^{2\alpha} + |\xi - \xi_1|^{2\alpha} \right\rangle^{4b-1}}. \end{aligned} \tag{4.31}$$

为了对 ξ_1 求积分, 引入变量代换

$$\mu = \tau - |\xi_1|^{2\alpha} + |\xi - \xi_1|^{2x}. \tag{4.32}$$

由 $\xi_1 (\xi - \xi_1) < 0$ 或 $|\xi - \xi_1| \ll |\xi_1|$, 可得

$$d\mu \sim |\xi_1|^{2\alpha - 1} d\xi_1. \tag{4.33}$$

另外, 有

$$\mu = \tau - |\xi|^{2x} + |\xi|^{2x} - |\xi_1|^{2x} + |\xi - \xi_1|^{2x} \lesssim |\xi_1|^{2x}. \tag{4.34}$$

取 $b = 1/2 - \varepsilon$, 则对于 $\alpha > 1/2$ 有

$$\begin{aligned} &\int_{\mathbb{R}} \frac{d\xi_1}{\left\langle \tau - |\xi_1|^{2\alpha} + |\xi - \xi_1|^{2x} \right\rangle^{4b-1}} \sim \frac{1}{|\xi_1|^{2\alpha - 1}} \int_{\mathbb{R}} \frac{d\mu}{\langle \mu \rangle^{4b-1}} \\ \lesssim & |\xi_1|^{1 - 2x - \alpha\varepsilon} \lesssim 1. \end{aligned} \tag{4.35}$$

这就完成了引理 4.8 的证明. □

4.2 三线性估计

定理 4.10 设 $\mathscr{F} u_1 = \hat{u}_1 (\tau_1, \xi_1)$, $\mathscr{F} \bar{u}_2 = \hat{\bar{u}}_2 (\tau_2, \xi_2)$ 和 $\mathscr{F} u_3 = \hat{u}_3 (\tau_3, \xi_3)$ 在 $\{(\xi_1, \tau_1) : |\xi_1| \leqslant 2\} \cup \{(\xi_2, \tau_2) : |\xi_2| \leqslant 2\} \cup \{(\xi_3, \tau_3) : |\xi_3| \leqslant 2\} \cup \{(\xi_1 + \xi_2 + \xi_3, \tau_1 + \tau_2 + \tau_3) : |\xi_1 + \xi_2 + \xi_3| \leqslant 6\}$ 中紧支. 则

$$\|u_1 \bar{u}_2 u_3\|_{X_{0,-1/2+}} \leqslant C \|u_1\|_{X_{0,1/2+}} \|u_2\|_{X_{0,1/2+}} \|u_3\|_{X_{0,1/2+}}. \tag{4.36}$$

证明 由对称性以及 Plancherel 等式, 足以证明

$$\begin{aligned}\Gamma &= \int_* \frac{\bar{f}(\tau,\xi)}{\langle\sigma\rangle^{1-b}} \mathscr{F}u_1(\tau_1,\xi_1)\mathscr{F}u_2(\tau_2,\xi_2)\mathscr{F}\bar{u}_3(\tau_3,\xi_3)\,\mathrm{d}\delta \\ &= \int_* \frac{\bar{f}(\tau,\xi)f_1(\tau_1,\xi_1)f_2(\tau_2,\xi_2)f_3(\tau_3,\xi_3)\,\mathrm{d}\delta}{\langle\sigma\rangle^{1/2-}\langle\sigma_1\rangle^{1/2+}\langle\bar{\sigma}_2\rangle^{1/2+}\langle\sigma_3\rangle^{1/2+}} \\ &\leqslant C\|f\|_{L^2}\prod_{j=1}^{3}\|f_j\|_{L^2},\end{aligned} \tag{4.37}$$

其中 $\bar{f}\in L^2, \bar{f}\geqslant 0$, $f_1=\langle\sigma_1\rangle^{1/2+}\widehat{u}_1, f_2=\langle\bar{\sigma}_2\rangle^{1/2+}\widehat{\bar{u}}_2, f_3=\langle\sigma_3\rangle^{1/2+}\widehat{u}_3$. 由多线性表达式, 要使得 (4.2.37) 成立, 只需下式成立

$$\left\|\frac{1}{\langle\sigma_1\rangle^{1/2+}\langle\bar{\sigma}_2\rangle^{1/2+}\langle\sigma_3\rangle^{1/2+}\langle\bar{\sigma}_4\rangle^{1/2-}}\right\|_{[4,\ \mathbb{R}\times\mathbb{R}]} \lesssim 1. \tag{4.38}$$

令

$$\mathscr{F}F_\rho^j(\xi,\tau)=\frac{f_j(\xi,\tau)}{(1+|\tau-\xi^2\alpha|)^\rho},\quad j=1,3;\quad \mathscr{F}F_\rho^2(\xi,\tau)=\frac{f_2(\xi,\tau)}{(1+|\tau+\xi^{2\alpha}|)^\rho},$$

$$\mathscr{F}F_\rho(\xi,\tau)=\frac{\bar{f}(\xi,\tau)}{(1+|\tau-\xi^{2\alpha}|)^\rho}.$$

由对称性, 可考虑两种情况: $|\xi|\lesssim 6$, $|\xi_1|\lesssim 2$.

情况 1 若 $|\xi|\lesssim 6$, 则由引理 4.4、引理4.7, 积分 Γ 有界于

$$\begin{aligned}&\int_* \frac{\bar{f}(\tau,\xi)f_1(\tau_1,\xi_1)f_2(\tau_2,\xi_2)f_3(\tau_3,\xi_3)\,\mathrm{d}\delta}{\langle\sigma\rangle^{1/2-}\langle\sigma_1\rangle^{1/2+}\langle\bar{\sigma}_2\rangle^{1/2+}\langle\sigma_3\rangle^{1/2+}} \\ &= C\int \overline{F_{1/2-}}\cdot F_{1/2+}^1\cdot F_{1/2+}^2\cdot F_{1/2+}^3(x,t)\,\mathrm{d}x\mathrm{d}t \\ &\leqslant C\left\|F_{1/2-}\right\|_{L_x^4L_t^4}\left\|F_{1/2+}^1\right\|_{L_x^4L_t^4}\left\|F_{1/2+}^2\right\|_{L_x^4L_t^4}\left\|F_{1/2+}^3\right\|_{L_x^4L_t^4} \\ &\leqslant C\|f\|_{L_\xi^2L_\tau^2}\|f_1\|_{L_\xi^2L_\tau^2}\|f_2\|_{L_\xi^2L_\tau^2}\|f_3\|_{L_\xi^2L_\tau^2}.\end{aligned}$$

情况 2 若 $|\xi_1|\lesssim 2$, 则由引理 4.4、引理4.7, 积分 Γ 有界于

$$\begin{aligned}&\int_* \frac{\bar{f}(\tau,\xi)f_1(\tau_1,\xi_1)f_2(\tau_2,\xi_2)f_3(\tau_3,\xi_3)\,\mathrm{d}\delta}{\langle\sigma\rangle^{1/2-}\langle\sigma_1\rangle^{1/2+}\langle\bar{\sigma}_2\rangle^{1/2+}\langle\sigma_3\rangle^{1/2+}} \\ &= C\int \overline{F_{1/2-}}\cdot F_{1/2+}^1\cdot F_{1/2+}^2\cdot F_{1/2+}^3(x,t)\,\mathrm{d}x\mathrm{d}t\end{aligned}$$

$$\leqslant C\left\|F_{1/2-}\right\|_{L_x^3L_t^3}\left\|F_{1/2+}^1\right\|_{L_x^6L_t^6}\left\|F_{1/2+}^2\right\|_{L_x^4L_t^4}\left\|F_{1/2+}^3\right\|_{L_x^4L_t^4}$$
$$\leqslant C\|f\|_{L_\xi^2L_\tau^2}\|f_1\|_{L_\xi^2L_\tau^2}\|f_2\|_{L_\xi^2L_\tau^2}\|f_3\|_{L_\xi^2L_\tau^2}. \qquad \square$$

定理 4.11 若 $1/2<\alpha<1$, 则

$$\left\|u_1\bar{u}_2u_3\right\|_{X_{0,-1/2+}}\leqslant C\left\|u_1\right\|_{X_{0,1/2+}}\left\|u_2\right\|_{X_{0,1/2+}}\left\|u_3\right\|_{X_{0,1/2+}}. \tag{4.39}$$

证明 由对称性以及 Plancherel 等式, 足以证明

$$\begin{aligned}&\|m\left((\xi_1,\tau_1),\cdots,(\xi_4,\tau_4)\right)\|_{[4,\mathbb{R}\times\mathbb{R}]}\\:=&\left\|\frac{1}{\langle\sigma_1\rangle^{1/2+}\langle\bar{\sigma}_2\rangle^{1/2+}\langle\sigma_3\rangle^{1/2+}\langle\bar{\sigma}_4\rangle^{1/2-}}\right\|_{[4,\ \mathbb{R}\times\mathbb{R}]}\lesssim 1,\end{aligned} \tag{4.40}$$

其中

$$\xi_1+\xi_2+\xi_3+\xi_4=0,\quad \tau_1+\tau_2+\tau_3+\tau_4=0,\quad \xi=-\xi_4,\quad \tau=-\tau_4, \tag{4.41}$$

$$\bar{\sigma}_4=\tau_4+|\xi_4|^{2\alpha},\quad |\sigma_1+\bar{\sigma}_2+\sigma_3+\bar{\sigma}_4|=|\xi_4|^{2\alpha}-|\xi_1|^{2\alpha}+|\xi_2|^{2\alpha}-|\xi_3|^{2\alpha}. \tag{4.42}$$

定义 $N_i=|\xi_i|$, 下面使用符号

$$N_{\text{soprano}}\geqslant N_{\text{alto}}\geqslant N_{\text{tenor}}\geqslant N_{\text{baritone}}$$

表示各自为频率 N_1,N_2,N_3,N_4 的从高到低的值. 因 $\xi+\xi_2+\xi_3+\xi_4=0$, 故必有 $N_{\text{soprano}}\sim N_{\text{alto}}$. 不失一般性, 可假设 $N_{\text{soprano}}=N_1$, $\xi_1>0$.

情况 1 假设 $N_2=N_{\text{alto}}$. 这意味着 $\xi_1\xi_2<0$.

情况 1a 若 $\xi_3\xi_4<0$, 则由引理 4.2、引理4.8 可得

$$\begin{aligned}&\|m\left((\xi_1,\tau_1),\cdots,(\xi_4,\tau_4)\right)\|_{[4,\ \mathbb{R}\times\mathbb{R}]}\\\lesssim&\left\|\frac{1}{\langle\sigma_1\rangle^{1/2+}\langle\bar{\sigma}_2\rangle^{1/2+}\langle\sigma_3\rangle^{1/2+}\langle\bar{\sigma}_4\rangle^{1/2-}}\right\|_{[4,\ \mathbb{R}\times\mathbb{R}]}\\\lesssim&\left\|\frac{1}{\langle\sigma_1\rangle^{1/2+}\langle\bar{\sigma}_2\rangle^{1/2+}}\right\|_{[3,\ \mathbb{R}\times\mathbb{R}]}\left\|\frac{1}{\langle\sigma_3\rangle^{1/2+}\langle\bar{\sigma}_4\rangle^{1/2-}}\right\|_{[3,\ \mathbb{R}\times\mathbb{R}]}\\\lesssim&\,1.\end{aligned} \tag{4.43}$$

情况 1b 若 $\xi_3\xi_4>0$, 则这意味着 $\xi_3<0$, $\xi_4<0$, $|\xi_1+\xi_2|=|\xi_3+\xi_4|\geqslant\max\{|\xi_3|,|\xi_4|\}$.

(1) 若 $N_3 = N_{\text{tenor}}$, 则 $|\xi_4|^{2\alpha} - |\xi_3|^{2\alpha} < 0$, $-|\xi_1|^{2\alpha} + |\xi_2|^{2\alpha} < 0$. 由 Taylor 公式可得

$$
\begin{aligned}
&|\xi_3|^{2\alpha} - |\xi_4|^{2x} \geqslant 2\alpha N_4^{2x-1} N_{12}, \\
&|\xi_1|^{2\alpha} - |\xi_2|^{2x} \sim 2\alpha N_1^{2x-1} N_{12}, \\
&|\xi_1|^{2x} - |\xi_4|^{2x} - |\xi_2|^{2x} + |\xi_3|^{2x} \geqslant |\xi_2|^{2x-1} |\xi_3|.
\end{aligned} \tag{4.44}
$$

若 $|\xi_4| \ll |\xi_3|$, 类似于情况 1a.

若 $|\xi_4| \sim |\xi_3|$, 这意味着 $|\xi| \sim |\xi_3|$. 由对称性, 假设 $|\bar{\sigma}_4| = |\sigma| \gtrsim |\xi_2|^{2\alpha-1}|\xi_3| \geqslant |\xi_3|^{2\alpha}$. 类似于定理 4.10 的证明, 由引理 4.4、引理4.7, Γ 有界于

$$
\begin{aligned}
&\int_* \frac{\bar{f}(\tau,\xi) f_1(\tau_1,\xi_1) f_2(\tau_2,\xi_2) f_3(\tau_3,\xi_3)\,\mathrm{d}\delta}{\langle\sigma\rangle^{1/2-} \langle\sigma_1\rangle^{1/2+} \langle\bar{\sigma}_2\rangle^{1/2+} \langle\sigma_3\rangle^{1/2+}} \\
\leqslant &\int_* \frac{\bar{f}(\tau,\xi) f_1(\tau_1,\xi_1) f_2(\tau_2,\xi_2) f_3(\tau_3,\xi_3)\,\mathrm{d}\delta}{|\xi_3|^{\alpha-} \langle\sigma_1\rangle^{1/2+} \langle\bar{\sigma}_2\rangle^{1/2+} \langle\sigma_3\rangle^{1/2+}} \\
= &C \int \overline{F_0} \cdot F^1_{1/2+} \cdot F^2_{1/2+} \cdot D_x^{-\alpha+} F^3_{1/2+}(x,t)\,\mathrm{d}x\mathrm{d}t \\
\leqslant &C \|F_0\|_{L_x^2 L_t^2} \left\|F^1_{1/2+}\right\|_{L_x^4 L_t^2} \left\|F^2_{1/2+}\right\|_{L_x^4 L_t^4} \left\|D_x^{-\alpha+} F^3_{1/2+}\right\|_{L_x^\infty L_t^\infty} \\
\leqslant &C\|f\|_{L_\xi^2 L_\tau^2} \|f_1\|_{L_\xi^2 L_\tau^2} \|f_2\|_{L_\xi^2 L_\tau^2} \|f_3\|_{L_\zeta^2 L_\tau^2}.
\end{aligned}
$$

(2) 假设 $N_4 = N_{\text{tenor}}$. 令 $f(x) = (x+a)^{2\alpha} - a^{2\alpha} - x^{2\alpha}$ 且 $a, x > 0, 2\alpha > 1$. 则有 $f'(x) > 0$, $x > 0$ 且 $f(x) \sim (x+a)\min\{x,a\}$. 因此, 可得

$$
\begin{aligned}
&|\xi_1|^{2\alpha} - |\xi_4|^{2\alpha} - |\xi_2|^{2\alpha} + |\xi_3|^{2\alpha} \\
= &|\xi_2+\xi_3+\xi_4|^{2\alpha} - |\xi_4|^{2\alpha} - |\xi_2|^{2\alpha} + |\xi_3|^{2\alpha} \geqslant |\xi_2|^{2\alpha-1} |\xi_3|.
\end{aligned} \tag{4.45}
$$

情况 2 假设 $N_3 = N_{\text{alto}}$. 这就意味着 $\xi_1\xi_3 < 0$.

情况 2a 若 $\xi_2 < 0, \xi_4 > 0$, 类似于情况 1a, 可得想要的结果.

情况 2b 若 $\xi_2 > 0, \xi_4 < 0$, 则由引理 4.2、引理4.8, 有

$$
\begin{aligned}
&\|m((\xi_1,\tau_1),\cdots,(\xi_4,\tau_4))\|_{[4,\mathbb{R}\times\mathbb{R}]} \\
\lesssim &\left\|\frac{1}{\langle\sigma_1\rangle^{1/2+} \langle\bar{\sigma}_2\rangle^{1/2+} \langle\sigma_3\rangle^{1/2+} \langle\bar{\sigma}_4\rangle^{1/2-}}\right\|_{[4,\mathbb{R}\times\mathbb{R}]} \\
\lesssim &\left\|\frac{1}{\langle\sigma_1\rangle^{1/2+} \langle\bar{\sigma}_4\rangle^{1/2-}}\right\|_{[3,\mathbb{R}\times\mathbb{R}]} \left\|\frac{1}{\langle\sigma_3\rangle^{1/2+} \langle\bar{\sigma}_2\rangle^{1/2+}}\right\|_{[3,\mathbb{R}\times\mathbb{R}]} \lesssim 1.
\end{aligned} \tag{4.46}
$$

情况 2c　若 $\xi_2 < 0$, $\xi_4 < 0$, 则意味着 $|\xi_1 + \xi_2| = |\xi_3 + \xi_4| \geqslant \max\{|\xi_3|, |\xi_4|\}$. 此外, 有 $|\xi_1|^{2\alpha} - |\xi_2|^{2\alpha} > 0$ 和 $|\xi_3|^{2\alpha} - |\xi_4|^{2\alpha} > 0$,

$$|\xi_1|^{2\alpha} - |\xi_4|^{2\alpha} - |\xi_2|^{2\alpha} + |\xi_3|^{2\alpha} \gtrsim |\xi_2|^{2\alpha-1} |\xi_3|. \tag{4.47}$$

类似于情况 1b, 可得想要的结果. 这就完成了定理 4.11 的证明. □

此外, 有如下能量不等式.

引理 4.12　令 $u(t)$ 为 Cauchy 问题 (4.1) 的光滑解. 则

$$\|u(t)\|_{L^2} \lesssim \|u_0\|_{L^2}. \tag{4.48}$$

因此, 类似于 [79,80], 利用引理 4.5、定理 4.11 以及引理 4.12, 可证明 Cauchy 问题 (4.1) 在 L^2 上是整体适定的, 其中 $1/2 < \alpha < 1$.

第 5 章　复 Schrödinger 场和 Boussinesq 型自洽场相互作用下一类方程组的整体解

在 [140] 中, 考虑了复 Schrödinger 场和实 Boussinesq (Bq) 场相互作用下的孤立子问题, 并找到了方程组

$$i\varepsilon_t + \varepsilon_{xx} - n\varepsilon = 0, \tag{5.1}$$

$$\left(\square - \frac{\delta}{3}\frac{\partial^4}{\partial x^4}\right) n - \delta\left(n^2\right)_{xx} = |\varepsilon|^2_{xx}, \quad \square \equiv \frac{\partial^2}{\partial t^2} - \frac{\partial^2}{\partial x^2} \tag{5.2}$$

的近似解. 在 [141] 中用不同方法得到了上述方程组的精确孤立子解. 在 [142] 中, 在考察等离子体中的孤立子时, 提出了用 IBq 方程

$$\left(\square - \frac{\delta}{3}\cdot\frac{\partial^4}{\partial x^2 \partial t^2}\right) n - \delta\left(n^2\right)_{xx} = |\varepsilon|^2_{xx} \tag{5.3}$$

代替 (5.2) (Bq 方程), 得到了 (5.1), (5.3) 的孤立子解, 类似于 mKdV 方程, 在 [142] 中还提出了 IMBq 方程

$$Ln = \left(n^3\right)_{xx}, \quad L \equiv \square - \frac{\partial^4}{\partial x^2 \partial t^2}, \tag{5.4}$$

以及其他形如

$$Ln = -(n^2)_{xt} \tag{5.5}$$

方程的孤立子问题. 所有上述方程及方程组的孤立子的最重要特征为孤立子之间的相互作用是非弹性的. 在 [143, 144, 148] 中还提出了另一类重要的 Bq 方程 (它的最高导数项的系数为正的)

$$n_{tt} - n_{xx} - 6\left(n^2\right)_{xx} + n_{xxxx} = 0, \tag{5.6}$$

以及 $n_{tt} = n_{xx} + a\left(n^2\right)_{xx} + bn_{xxxx}, a, b$ 均为常数.

本章研究如下一类复 Schrödinger 场和 Bq 场相互作用下的方程组

$$i\varepsilon_t + \varepsilon_{xx} - n\varepsilon = 0, \tag{5.7}$$

$$n_{tt} - n_{xx} - f(n)_{xx} + \alpha n_{xxxx} = |\varepsilon|^2_{xx} \tag{5.8}$$

及初始条件

$$\varepsilon|_{t=0} = \varepsilon_0(x), \quad n|_{t=0} = n_0(x), \quad n_t|_{t=0} = n_1(x), \quad -\infty < x < \infty, \tag{5.9}$$

或周期初值问题

$$\begin{cases} \varepsilon|_{t=0} = \varepsilon_0(x), \quad n|_{t=0} = n_0(x), \quad n_t|_{t=0} = n_1(x), \quad -\infty < x < \infty, \\ \varepsilon(x+2\pi, t) = \varepsilon(x, t), \quad n(x+2\pi, t) = n(x, t), \quad \forall x, t \end{cases} \tag{5.10}$$

的整体解问题. 和 [145] 定解问题的提法一样, 对于问题 (5.7)—(5.9) 的解, 我们要求它和它的对变元 x 的某些导数, 当 $|x| \to \infty$ 时趋于零. 我们证明了当常数 $\alpha > 0$ 时, 且函数 $f(n)$ 满足一定条件时定解问题 (5.7)—(5.9) 或 (5.7)—(5.10) 的整体解是存在唯一的, 否则存在局部解.

5.1 积分估计

为简单计, 这里仍采用 [8] 中的符号和约定, 本章中不再作重复性的说明. 我们考虑的定解问题为 (5.7)—(5.9) 和 (5.7), (5.8), (5.10).

引理 5.1 若 $\varepsilon_0(x) \in L^2$, 则问题 (5.7)—(5.9) 或 (5.7), (5.8), (5.10) 的解有

$$\|\varepsilon(\cdot, t)\|^2_{L^2} = \|\varepsilon_0(x)\|^2_{L^2} = E_0. \tag{5.11}$$

证明 由 (5.7) 乘以 ε 作内积, 得

$$(i\varepsilon_t, \varepsilon) + (\varepsilon_{xx}, \varepsilon) - (n\varepsilon, \varepsilon) = 0.$$

上式取虚部即得 $\dfrac{\mathrm{d}}{\mathrm{d}t}\|\varepsilon\|^2_{L^2} = 0$ ($n(x,t)$ 为实函数), 故有 (5.11). □

引理 5.2 (Sobolev 不等式) 给定 $\delta > 0, l$, 对于函数 $u(x) \in H^k$ 存在常数 C 依赖 l 和 δ, 使得

$$\begin{aligned} \left\|\frac{\partial^l u}{\partial x^l}\right\|_\infty &\leqslant \delta \left\|\frac{\partial^k u}{\partial x^k}\right\|_{L^2} + C\|u\|_{L^2}, \quad l < k, \\ \left\|\frac{\partial^l u}{\partial x^l}\right\|_{L^2} &\leqslant \delta \left\|\frac{\partial^k u}{\partial x^k}\right\|_{L^2} + C\|u\|_{L^2}, \quad l \leqslant k. \end{aligned} \tag{5.12}$$

引理 5.3 若满足以下条件: (i) $\varepsilon_0(x)$, $\eta_0(x)$, $\varphi_0(x) \in H^1$, 其中 $\varphi_0(x)$ 为满足方程组 (5.15), (5.16) 的势函数 $\varphi(x,t)$ 的初始值, 即 $\varphi(x,t)|_{t=0} = \varphi_0(x)$; (ii) $\alpha > 0, \int_0^n f(z)\mathrm{d}z \geqslant 0$, 则有估计

$$\|\varepsilon_x\|_{L^2}^2 + \|n\|_{L^2}^2 + \|\varphi_x\|_{L^2}^2 + \|n_x\|_{L^2}^2 \leqslant E_2, \tag{5.13}$$

其中 E_2 为确定常数.

证明 如 [146] 指出的方法, 引进具势函数 φ 的方程组, 由 (5.7), (5.8) 可得

$$i\varepsilon_t + \varepsilon_{xx} - n\varepsilon = 0, \tag{5.14}$$

$$n_t = \varphi_{xx}, \tag{5.15}$$

$$\varphi_t = n + f(n) - \alpha n_{xx} + |\varepsilon|^2. \tag{5.16}$$

若 $f(n)$ 为适当光滑时, 则易知方程组 (5.14)—(5.16) 的解为 (5.7), (5.8) 的解, 且由 [146] 易知, 它们的 Cauchy 问题的唯一光滑解是等价的. 由 (5.14) 乘以 $\bar{\varepsilon}_t$ 作内积取实部, 可得

$$\frac{\mathrm{d}}{\mathrm{d}t}\|\varepsilon_x\|_{L^2}^2 + \int_a^b n|\varepsilon|_t^2\mathrm{d}x = 0. \tag{5.17}$$

而

$$\begin{aligned}\int_a^b n|\varepsilon|_t^2\mathrm{d}x &= -\int_a^b n_t|\varepsilon|^2\mathrm{d}x + \frac{\mathrm{d}}{\mathrm{d}t}\int_a^b n|\varepsilon|^2\mathrm{d}x \\ &= -\int_a^b \varphi_{xx}|\varepsilon|^2\mathrm{d}x + \frac{\mathrm{d}}{\mathrm{d}t}\int_a^b n|\varepsilon|^2\mathrm{d}x,\end{aligned}$$

又

$$\begin{aligned}\frac{\mathrm{d}}{\mathrm{d}t}\int_a^b \frac{1}{2}n^2\mathrm{d}x = \int_a^b nn_t\mathrm{d}x &= \int_a^b \left[\varphi_t - f(n) + \alpha n_{xx} - |\varepsilon|^2\right] n_t\mathrm{d}x \\ &= -\frac{1}{2}\frac{\mathrm{d}}{\mathrm{d}t}\|\varphi_x\|_{L^2}^2 - \frac{\mathrm{d}}{\mathrm{d}t}\int_a^b\int_0^n f(z)\mathrm{d}z\mathrm{d}x \\ &\quad - \frac{\mathrm{d}}{\mathrm{d}t}\frac{\alpha}{2}\int_a^b n_x^2\mathrm{d}x - \int_a^b \varphi_{xx}|\varepsilon|^2\mathrm{d}x,\end{aligned}$$

消去 $-\int_a^b \varphi_{xx}|\varepsilon|^2\mathrm{d}x$, 得

$$\frac{\mathrm{d}}{\mathrm{d}t}\|\varepsilon_x\|_{L^2}^2 + \frac{1}{2}\frac{\mathrm{d}}{\mathrm{d}t}\|n\|_{L^2}^2 + \frac{1}{2}\frac{\mathrm{d}}{\mathrm{d}t}\|\varphi_x\|_{L^2}^2 + \frac{\mathrm{d}}{\mathrm{d}t}\int_a^b\int_0^n f(z)\mathrm{d}z\mathrm{d}x$$

$$+\frac{\alpha}{2}\frac{\mathrm{d}}{\mathrm{d}t}\|n_x\|_{L^2}^2+\frac{\mathrm{d}}{\mathrm{d}t}\int_a^b n|\varepsilon|^2\mathrm{d}x=0,$$

故

$$\|\varepsilon_x\|_{L^2}^2+\left(n,|\varepsilon|^2\right)+\frac{1}{2}\|n\|_{L^2}^2+\frac{1}{2}\|\varphi_x\|_{L^2}^2+\int_a^b\int_0^n f(z)\mathrm{d}z\mathrm{d}x$$
$$+\frac{\alpha}{2}\|n_x\|_{L^2}^2=E_1(t)=E_1(0).$$

利用不等式

$$a_1b_1\leqslant \beta a_1^2+\frac{1}{4\beta}b_1^2\quad(\beta>0),$$

$$\left|\left(n,|\varepsilon|^2\right)\right|\leqslant\frac{1}{4}\|n\|_{L^2}^2+\int_a^b|\varepsilon|^4\mathrm{d}x\leqslant\frac{1}{4}\|n\|_{L^2}^2+\|\varepsilon\|_\infty^2\|\varepsilon_0\|_{L^2}^2$$
$$\leqslant\frac{1}{4}\|n\|_{L^2}^2+\|\varepsilon_0\|_{L^2}^2\cdot 2\left(\delta^2\|\varepsilon_x\|_{L^2}^2+C^2\|\varepsilon_0\|_{L^2}^2\right),$$

因设 $\int_0^n f(z)\mathrm{d}z\geqslant 0$, 故得

$$\left(1-2\delta^2\|\varepsilon_0\|_{L^2}^2\right)\|\varepsilon_x\|_{L^2}^2+\frac{1}{4}\|n\|_{L^2}^2+\frac{1}{2}\|\varphi_x\|_{L^2}^2+\frac{\alpha}{2}\|n_x\|_{L^2}^2$$
$$\leqslant E_1(0)+2C^2\|\varepsilon_0\|_{L^2}^4,$$

选取 δ 适当小, 使 $1-2\delta^2\|\varepsilon_0\|_{L^2}^2\geqslant\frac{1}{4}$, 令 $\delta_0=\min\left\{\frac{1}{4},\frac{\alpha}{2}\right\}$,

$$\|\varepsilon_x\|_{L^2}^2+\|n\|_{L^2}^2+\|\varphi_x\|_{L^2}^2+\|n_x\|_{L^2}^2\leqslant\frac{|E_1(0)|+2C^2\|\varepsilon_0\|_{L^2}^4}{\delta_0}=E_2.$$ □

推论 5.4 $\|\varepsilon\|_\infty\leqslant E_2^1,\|\varphi\|_\infty\leqslant E_2^1,\|n\|_\infty\leqslant E_2^1$, 其中 E_2^1 为确定常数.

证明 由引理 5.3 和 Sobolev 不等式推得. □

引理 5.5 若满足引理 5.3 的条件, 且 $\varepsilon_{0xx}\in L^2$, $n_{0xx}\in L^2$, $n_1\in L^2$, 则有估计

$$\|n_t\|_{L^2}^2+\|n_{xx}\|_{L^2}^2+\|\varepsilon_t\|_{L^2}^2\leqslant E_3,\tag{5.18}$$

其中 E_3 为确定常数.

证明 令 $\varepsilon_t=E$, $n_t=N$. (5.8) 乘以 n_t, 得

$$n_t\left(n_{tt}-n_{xx}-f(n)_{xx}+\alpha n_{xxxx}-|\varepsilon|_{xx}^2\right)=0.$$

因

$$(n_t, n_{tt}) = \frac{1}{2}\frac{\mathrm{d}}{\mathrm{d}t}\|n_t\|_{L^2}^2 = \frac{1}{2}\frac{\mathrm{d}}{\mathrm{d}t}\|N\|_{L^2}^2,$$

$$-(n_t, n_{xx}) = \frac{1}{2}\frac{\mathrm{d}}{\mathrm{d}t}\|n_x\|_{L^2}^2,$$

$$(n_t, f(n)_{xx}) = \left(n_t, f''(n)n_x^2 + f'(n)n_{xx}\right),$$

$$\begin{aligned}
\left(n_t, f''(n)n_x^2\right) &\leqslant \|f''(n)\|_\infty \cdot \frac{1}{2}\left(\|n_t\|_{L^2}^2 + \left\|n_x^2\right\|_{L^2}^2\right) \\
&\leqslant K\left(\|N\|_{L^2}^2 + \|n_x\|_\infty^2 \|n_x\|_{L^2}^2\right) \\
&\leqslant K\left[\|N\|_{L^2}^2 + E_2 \cdot 2\left(\delta^2 \|n_{xx}\|_{L^2}^2 + C^2\|n\|_{L^2}^2\right)\right] \\
&\leqslant K_1\left[\|N\|_{L^2}^2 + \|n_{xx}\|_{L^2}^2 + 1\right],
\end{aligned}$$

$$|(n_t, f'(n)n_{xx})| \leqslant \|f'(n)\|_\infty \cdot \frac{1}{2}\left(\|n_t\|_{L^2}^2 + \|n_{xx}\|_{L^2}^2\right) \leqslant K_2\left[\|N\|_{L^2}^2 + \|n_{xx}\|_{L^2}^2\right],$$

$$\alpha(n_z, n_{xxxx}) = \alpha(n_{xxt}, n_{xx}) = \frac{\alpha}{2}\frac{\mathrm{d}}{\mathrm{d}t}\|n_{xx}\|_{L^2}^2,$$

$$|\varepsilon|_{xx}^2 = \varepsilon_{xx}\bar{\varepsilon} + 2\varepsilon_x\bar{\varepsilon}_x + \varepsilon\bar{\varepsilon}_{xx},$$

利用 $|\varepsilon_{xx}| \leqslant |\varepsilon_t| + |n\varepsilon|$, 故有

$$\begin{aligned}
&\left|\left(n_t, |\varepsilon|_{xx}^2\right)\right| \\
&\leqslant 2\|\varepsilon\|_\infty (|\varepsilon_t| + |n\varepsilon|, |n_t|) + 2\left|(\varepsilon_x\bar{\varepsilon}_x, n_t)\right| \\
&\leqslant \|\varepsilon\|_\infty^2\left[\|\varepsilon_t\|_{L^2}^2 + \|n_t\|_{L^2}^2 + \|\varepsilon\|_\infty\left(\|n_t\|_{L^2}^2 + \|n\|_{L^2}^2\right)\right] + 2\|\varepsilon_x\|_\infty \|\varepsilon_x\|_{L^2}\|n_t\|_{L^2} \\
&\leqslant K_3\left(\|E\|_{L^2}^2 + \|N\|_{L^2}^2 + 1\right) + K_4\left(\|\varepsilon_x\|_\infty^2 + \|n_t\|_{L^2}^2\right) \\
&\leqslant K_3\left(\|E\|_{L^2}^2 + \|N\|_{L^2}^2 + 1\right) + 2K_4\left(C^2\|\varepsilon\|_{L^2}^2 + \delta^2\|\varepsilon_{xx}\|_{L^2}^2 + \|n_t\|_{L^2}^2\right) \\
&\leqslant K_5\left(\|E\|_{L^2}^2 + \|N\|_{L^2}^2 + 1\right),
\end{aligned}$$

$$\begin{aligned}
&\frac{\mathrm{d}}{\mathrm{d}t}\left[\|n_t\|_{L^2}^2 + \|n_x\|_{L^2}^2 + \frac{\alpha}{2}\|n_{xx}\|_{L^2}^2\right] \\
&\leqslant K_6\left[\|n_t\|_{L^2}^2 + \|\varepsilon_t\|_{L^2}^2 + \|n_{xz}\|_{L^2}^2\right] + K_7,
\end{aligned} \tag{5.19}$$

(5.7) 对 t 微商, 得

$$iE_t + E_{xx} - N\varepsilon - nE = 0. \tag{5.20}$$

由 (5.20) 乘以 $\bar{E}$ 作内积, 得

$$i(E_t, E) + (E_{xx}, E) - (nE + N\varepsilon, E) = 0,$$

上式因 $(E_{xx}, E) = -\|E_x\|_{L^2}^2, (nE, E) = \int n|E|^2 \mathrm{d}x$, 取虚部得

$$\frac{1}{2}\frac{\mathrm{d}}{\mathrm{d}t}\|E\|_{L^2}^2 - \mathrm{Im}(N\varepsilon, E) = 0,$$

$$|(N\varepsilon, E)| \leqslant \|\varepsilon\|_\infty \cdot \frac{1}{2}\left(\|N\|_{L^2}^2 + \|E\|_{L^2}^2\right),$$

$$\frac{\mathrm{d}}{\mathrm{d}t}\|E\|_{L^2}^2 \leqslant K_8\left[\|N\|_{L^2}^2 + \|E\|_{L^2}^2\right],$$

联合 (5.19) 可得

$$\begin{aligned}&\frac{\mathrm{d}}{\mathrm{d}t}\left[\|E\|_{L^2}^2 + \|N\|_{L^2}^2 + \|n_x\|_{L^2}^2 + \|\eta_{xx}\|_{L^2}^2\right]\\ \leqslant\ & K_9\left[\|E\|_{L^2}^2 + \|N\|_{L^2}^2 + \|n_{xx}\|_{L^2}^2\right] + K_{10},\end{aligned}$$

由 Gronwall 不等式, 即得

$$\|n_t\|_{L^2}^2 + \|\varepsilon_t\|_{L^2}^2 + \|n_{xx}\|_{L^2}^2 \leqslant E_3.$$ □

推论 5.6 $\|n_x\|_\infty \leqslant E_3', \|\varepsilon_{xx}\|_{L^2} \leqslant E_3^*$, 其中 E_3', E_3^* 为确定常数.

证明 由引理 5.5、引理 5.2 推得. □

引理 5.7 若满足引理 5.5 条件, 且满足

(i) $\varepsilon_0(x) \in H^4, n_0(x) \in H^4$;

(ii) $f(n) \in C^3$,

则有估计

$$\|\varepsilon_{xxt}\|_{L^2}^2 + \|n_{tt}\|_{L^2}^2 + \|n_{xt}\|_{L^2}^2 + \|\varepsilon_{tt}\|_{L^2}^2 + \|n_{xxt}\|_{L^2}^2 \leqslant E_4, \tag{5.21}$$

其中 E_4 为确定常数.

证明 令 $\varepsilon_{tt} = \widetilde{E}$, $n_{tt} = \widetilde{N}$. 由 (5.7) 对 t 微商二次, (5.8) 对 t 微商一次, 得

$$i\widetilde{E}_t + \widetilde{E}_{xx} - (n\varepsilon)_{tt} = 0, \tag{5.22}$$

$$n_{ttt} - n_{txx} - f(n)_{txx} + \alpha n_{xxxxt} = |\varepsilon|_{xxt}^2. \tag{5.23}$$

因 $(n\varepsilon)_{tt}=n_{tt}\varepsilon+2n_t\varepsilon_t+n\varepsilon_{tt}=\widetilde{N}\varepsilon+2NE+n\widetilde{E}$, (5.22) 乘以 $\overline{\widetilde{E}}$, 作内积得

$$i\left(\widetilde{E}_t,\widetilde{E}\right)+\left(\widetilde{E}_{xx},\widetilde{E}\right)-(\widetilde{N}\varepsilon+2NE+n\widetilde{E},\widetilde{E})=0, \tag{5.24}$$

$$\begin{aligned}|(\widetilde{N}\varepsilon+2NE,\widetilde{E})|&\leqslant\|\varepsilon\|_\infty\cdot\frac{1}{2}\left(\|\widetilde{N}\|_{L^2}^2+\|\widetilde{E}\|_{L^2}^2\right)+2\|N\|_\infty\|E\|_{L^2}\|\widetilde{E}\|_{L^2}\\&\leqslant\frac{1}{2}\|\varepsilon\|_\infty\left(\|\widetilde{N}\|_{L^2}^2+\|\widetilde{E}\|_{L^2}^2\right)+K_1\left(\|n_{tx}\|_{L^2}^2+\|\widetilde{E}\|_{L^2}^2\right)\\&\leqslant K_2\left(\|\widetilde{N}\|_{L^2}^2+\|\widetilde{E}\|_{L^2}^2+\|n_{tx}\|_{L^2}^2\right)+K_2',\end{aligned}$$

故由 (5.24) 取虚部, 可得

$$\frac{\mathrm{d}}{\mathrm{d}t}\|\widetilde{E}\|_{L^2}^2\leqslant 2K_2\left(\|\widetilde{N}\|_{L^2}^2+\|\widetilde{E}\|_{L^2}^2+\|n_{tx}\|_{L^2}^2\right)+2K_2', \tag{5.25}$$

另由 (5.23) 乘以 n_{tt}, 作内积可得

$$\frac{1}{2}\frac{\mathrm{d}}{\mathrm{d}t}\left(\|\widetilde{N}\|_{L^2}^2+\|n_{xt}\|_{L^2}^2\right)-(n_{tt},f(n)_{txx})+(n_{tt},\alpha n_{xxxxt})=\left(n_{tt},|\varepsilon|_{xxt}^2\right), \tag{5.26}$$

因

$$\begin{aligned}\alpha\left(n_{tt},n_{xxxxt}\right)&=\frac{\alpha}{2}\frac{\mathrm{d}}{\mathrm{d}t}\left\|n_{xxt}\right\|_{L^2}^2,\\(n_{tt},f(n)_{txx})&=(n_{tt},f'''(n)n_tn_x^2+2f''(n)n_xn_{xt}+f''(n)n_tn_{xx}+f'(n)n_{xxt}),\\\left|\left(n_{tt},f'''(n)n_tn_x^2\right)\right|&\leqslant\|f'''(n)\|_\infty\|n_x\|_\infty^2\cdot\frac{1}{2}\left(\|n_{tt}\|_{L^2}^2+\|n_t\|_{L^2}^2\right)\\&\leqslant K_3\|\widetilde{N}\|_{L^2}^2+K_4,\\|(n_{tt},2f''(n)n_xn_{xt})|&\leqslant 2\|f''(n)\|_\infty\|n_x\|_\infty\cdot\frac{1}{2}\left(\|\widetilde{N}\|_{L^2}^2+\|n_{xt}\|_{L^2}^2\right)\\&\leqslant K_5\left(\|\widetilde{N}\|_{L^2}^2+\|n_{xt}\|_{L^2}^2\right),\\|(n_{tt},f''(n)n_tn_{xx})|&\leqslant\|f''(n)\|_\infty\|n_t\|_\infty\|n_{tt}\|_{L^2}\|n_{xx}\|_{L^2}\leqslant K_6\|n_t\|_\infty\|_{tt}\|_{L^2}\\&\leqslant K_7\left(\|n_{tx}\|_{L^2}^2+\|\widetilde{N}\|_{L^2}^2\right)+K_8,\end{aligned}$$

$$\begin{aligned}|(n_{tt},f'(n)n_{xxt})|&\leqslant\|f'(n)\|_\infty\cdot\frac{1}{2}\left(\|n_{tt}\|_{L^2}^2+\|n_{xxt}\|_{L^2}^2\right)\\&\leqslant K_9\left(\|\widetilde{N}\|_{L^2}^2+\|n_{xxt}\|_{L^2}^2\right).\end{aligned}$$

令 $\Sigma=\varepsilon_{xxt}$, 则由 (5.7) 对 t 微商一次, 对 x 微商二次可得

$$i\Sigma_t+\Sigma_{xx}-(n\varepsilon)_{txx}=0. \tag{5.27}$$

因

$$(n\varepsilon)_{txx}=n_{xxt}\varepsilon+n_{xx}\varepsilon_t+2n_{xt}\varepsilon_x+2n_x\varepsilon_{xt}+n_t\varepsilon_{xx}+n\varepsilon_{xxt},$$

(5.27) 乘以 $\overline{\Sigma}$, 作内积可得

$$i\left(\Sigma_t,\Sigma\right)+\left(\Sigma_{xx},\Sigma\right)-\left((n\varepsilon)_{txx},\Sigma\right)=0, \tag{5.28}$$

$$\left|(n_{xxt}\varepsilon,\Sigma)\right|\leqslant\|\varepsilon\|_\infty\cdot\frac{1}{2}\left(\|n_{xxt}\|_{L^2}^2+\|\Sigma\|_{L^2}^2\right)\leqslant K_{10}\left(\|n_{xxt}\|_{L^2}^2+\|\Sigma\|_{L^2}^2\right).$$

由 $\|\varepsilon_t\|_\infty\leqslant C\|\varepsilon_t\|_{L^2}+\delta\|\varepsilon_{txx}\|_{L^2}$ 可估计

$$\left|(n_{xx}\varepsilon_t,\Sigma)\right|\leqslant\|\varepsilon_t\|_\infty\|n_{xx}\|_{L^2}\|\Sigma\|_{L^2}\leqslant K_{11}\|\varepsilon_t\|_\infty\|\Sigma\|_{L^2}\leqslant K_{12}\|\Sigma\|_{L^2}^2+K_{13},$$

$$\left|(2n_{xt}\varepsilon_x,\Sigma)\right|\leqslant\|\varepsilon_x\|_\infty\left(\|n_{xt}\|_{L^2}^2+\|\Sigma\|_{L^2}^2\right)\leqslant K_{14}\left(\|n_{xt}\|_{L^2}^2+\|\Sigma\|_{L^2}^2\right),$$

$$\left|(2n_x\varepsilon_{xt},\Sigma)\right|\leqslant\|n_x\|_\infty\left(\|\varepsilon_{xt}\|_{L^2}^2+\|\Sigma\|_{L^2}^2\right)\leqslant K_{14}'\|\Sigma\|_{L^2}^2+K_{14}'',$$

$$\left|(n_t\varepsilon_{xx},\Sigma)\right|\leqslant\|n_t\|_\infty\|\varepsilon_{xx}\|_{L^2}\|\Sigma\|_{L^2}\leqslant K_{15}\left(\|n_{tx}\|_{L^2}^2+\|\Sigma\|_{L^2}^2\right)+K_{15}',$$

$$\left|(n\varepsilon_{xxt},\Sigma)\right|\leqslant\|n\|_\infty\|\Sigma\|_{L^2}^2\leqslant K_{16}\|\Sigma\|_{L^2}^2,$$

故由 (5.28) 取虚部可得

$$\frac{1}{2}\frac{\mathrm{d}}{\mathrm{d}t}\|\Sigma\|_{L^2}^2\leqslant K_{17}\left[\|n_{xxt}\|_{L^2}^2+\|n_{xt}\|_{L^2}^2+\|\Sigma\|_{L^2}^2\right]+K_{18}, \tag{5.29}$$

因

$$|\varepsilon|_{xxt}^2=\varepsilon_{xxt}\bar{\varepsilon}+\varepsilon_{xx}\bar{\varepsilon}_t+2\varepsilon_{xt}\bar{\varepsilon}_x+2\varepsilon_x\bar{\varepsilon}_{xt}+\varepsilon_t\bar{\varepsilon}_{xx}+\varepsilon\bar{\varepsilon}_{xxt},$$

$$\begin{aligned}\left|\left(n_{tt},|\varepsilon|_{xxt}^2\right)\right|\leqslant{}&\|\varepsilon\|_\infty\left(\|\Sigma\|_{L^2}^2+\|n_{tt}\|_{L^2}^2\right)+2\|\varepsilon_t\|_\infty\|\varepsilon_{xx}\|_{L^2}\|n_{tt}\|_{L^2}\\&+4\|\varepsilon_x\|_\infty\cdot\frac{1}{2}\left(\|\varepsilon_{xt}\|_{L^2}^2+\|n_{tt}\|_{L^2}^2\right)\\\leqslant{}&K_{19}\left(\|\Sigma\|_{L^2}^2+\|n_{tt}\|_{L^2}^2\right)+K_{20},\end{aligned}$$

故由 (5.25), (5.26) 可得

$$\begin{aligned}&\frac{\mathrm{d}}{\mathrm{d}t}\left(\|\widetilde{\Sigma}\|_{L^2}^2+\|\widetilde{N}\|_{L^2}^2+\|n_{xt}\|_{L^2}^2+\|n_{xxt}\|_{L^2}^2\right)\\\leqslant{}&K_{21}\left(\|\Sigma\|_{L^2}^2+\|\widetilde{E}\|_{L^2}^2+\|\widetilde{N}\|_{L^2}^2+\|n_{xt}\|_{L^2}^2+\|n_{xxt}\|_{L^2}^2\right)+K_{22},\end{aligned}$$

连同 (5.29) 可得

$$\frac{\mathrm{d}}{\mathrm{d}t}\left(\|\varepsilon_{tt}\|_{L^2}^2+\|n_{tt}\|_{L^2}^2+\|n_{xt}\|_{L^2}^2+\|n_{xxt}\|_{L^2}^2+\|\varepsilon_{xxt}\|_{L^2}^2\right)$$
$$\leqslant K_{23}\left[\|\varepsilon_{tt}\|_{L^2}^2+\|n_{tt}\|_{L^2}^2+\|n_{xt}\|_{L^2}^2+\|n_{xxt}\|_{L^2}^2+\|\varepsilon_{xxt}\|_{L^2}^2\right]+K_{24},$$

于是由 Gronwall 不等式即得 (5.21). □

推论 5.8

$$\|\varepsilon_{xxxx}\|_{L^2}^2\leqslant E_5,\quad \|n_{xxxx}\|_{L^2}^2\leqslant E_5, \tag{5.30}$$

其中 E_5 为确定正常数.

证明 由引理 5.7 及方程 (5.7), (5.8) 推得. □

5.2 局部解的存在性

我们考虑定解问题 (5.7)—(5.9) 局部解的存在性. 对于定解问题 (5.7), (5.8), (5.10) 可类似进行讨论. 为简单计, 设 $\alpha=1$. 我们考虑如下线性方程的定解问题:

$$\varphi_{tt}-\varphi_{xx}+\varphi_{xxxx}=f(x,t), \tag{5.31}$$

$$\begin{aligned}&\varphi|_{t=0}=n_0(x),\quad -\infty<x<+\infty,\\&\varphi_t|_{t=0}=n_1(x),\quad -\infty<x<+\infty.\end{aligned} \tag{5.32}$$

引理 5.9 若 $n_0(x)\in H^s, n_1(x)\in H^{s-2}, f(\cdot,t)\in H^{s-2}$, 则问题 (5.31), (5.32) 的解有估计

$$\|\varphi\|_s\leqslant C_1\left[\|n_0\|_s+\|n_1\|_{s-2}+\int_0^t\|f\|_{s-2}\mathrm{d}\tau\right], \tag{5.33}$$

其中常数 C_1 与 φ 无关.

证明 对 (5.31) (5.32) 作傅氏变换, 可解出

$$\hat{\varphi}(k,t)=\hat{n}_0\cos k\sqrt{1+k^2}t+\hat{n}_1\frac{1}{k\sqrt{1+k^2}}\sin\left(k\sqrt{1+k^2}t\right)$$
$$+\int_0^t\hat{f}(k,\tau)\frac{\sin\left(k\sqrt{1+k^2}(t-\tau)\right)}{k\sqrt{1+k^2}}\mathrm{d}\tau, \tag{5.34}$$

其中 $\hat{\varphi}(k,t)=\int_{-\infty}^{\infty}e^{-ikx}\varphi(x,t)\mathrm{d}x$. 利用不等式 ([10, p.107])

$$\left|\frac{\sin|\xi|t}{|\xi|}\right|\leqslant 2\left(1+|\xi|^2\right)^{-\frac{1}{2}}\sup(1,|t|),$$

且由 $1+k^2+k^4 \geqslant \frac{1}{2}\left(1+k^2\right)^2$, 故有

$$\left|\frac{\sin k\sqrt{1+k^2}t}{k\sqrt{1+k^2}}\right| \leqslant 2\sqrt{2}\left(1+k^2\right)^{-1}\sup(1,|t|),$$

(5.34) 两端乘以 $(1+k^2)^{\frac{s}{2}}$, 且因

$$\|u\|_s = \left(\int_{-\infty}^{\infty}\left(1+k^2\right)^s|\hat{u}|^2 \mathrm{d}k\right)^{\frac{1}{2}} = \left\|\left(1+k^2\right)^{\frac{s}{2}}\cdot\hat{u}(k)\right\|_{L^2},$$

故有

$$\begin{aligned}\|\varphi\|_s &\leqslant \|n_0\|_s + 2\sqrt{2}\|n_1\|_{s-2}\sup(1,|t|) + 2\sqrt{2}\\ &\quad\times\int_0^t \|f\|_{s-2}\sup(1,|\tau|)\mathrm{d}\tau\\ &\leqslant C_1\left(\|n_0\|_s + \|n_1\|_{s-2} + \int_0^t \|f\|_{s-2}\mathrm{d}\tau\right).\end{aligned}$$

对于线性定解问题

$$iw_t + w_{xx} = g(x,t), \tag{5.35}$$

$$w|_{t=0} = \varepsilon_0(x), \quad -\infty < x < +\infty \tag{5.36}$$

的解, 我们有如下估计. □

引理 5.10 若 $\varepsilon_0(x)\in H^s$, $g(\cdot,t)\in H^s$, 且当 $|x|\to\infty$ 时, $\varepsilon_0(x)$, $g(x,t)$ 及它们对 x 的直到 s 阶导数均趋于零, 则问题 (5.35), (5.36) 的解 $w(\cdot,t)\in H^s$, 且有

$$\|w\|_s \leqslant \|\varepsilon_0\|_s + \int_0^t \|g(\cdot,\tau)\|_s \mathrm{d}\tau. \tag{5.37}$$

证明 显然问题 (5.35), (5.36) 的解有表达式

$$w(x,t) = R(x,t)*\varepsilon_0(x) + \int_0^t R(x,t-\tau)*(-ig(x,\tau))\mathrm{d}\tau, \tag{5.38}$$

其中 $R(x,t)=\frac{1}{(4\pi it)^{\frac{1}{2}}}e^{-\frac{x^2}{4t}i}$,“$*$”表示对 x 的卷积. 由 (5.38) 对 x 求导, 并利用分部积分, 即得 (5.37). □

我们现考虑定解问题 (5.7)—(5.9) 的如下逐次逼近序列 $\varepsilon^{(k)}(x,t), n^{(k)}(x,t)$:

$$\begin{aligned}&i\varepsilon_t^{(k)} + \varepsilon_{xx}^{(k)} - n^{(k-1)}\varepsilon^{(k-1)} = 0,\\ &n_{tt}^{(k)} - n_{xx}^{(k)} + n_{xxxx}^{(k)} = f\left(n^{(k-1)}\right)_{xx} + \left|\varepsilon^{(k-1)}\right|_{xx}^2,\end{aligned} \tag{5.39}$$

$$
\begin{aligned}
& n^{(k)}\big|_{t=0}=n_0(x), \quad \varepsilon^{(k)}\big|_{t=0}=\varepsilon_0(x), \quad k \geqslant 1, \\
& n_t^{(k)}\Big|_{t=0}=n_1(x), \quad \varepsilon^{(0)}(x, t)=\varepsilon_0(x), \quad n^{(0)}(x, t)=n_0(x) .
\end{aligned} \tag{5.40}
$$

引理 5.11 若 $\varepsilon_0(x) \in H^s, n_0(x) \in H^s, n_1(x) \in H^{s-2}\ (s \geqslant 3)$, 则定解问题 (5.39), (5.40) 的解有估计

$$
\left\|\varepsilon^{(k)}(t)\right\|_l \leqslant C(l), \quad\left\|n^{(k)}(t)\right\|_l \leqslant C(l), \quad 0 \leqslant t \leqslant T_0, \quad \text{对一切 } k \text{ 成立}, \tag{5.41}
$$

这里 C 为与 k 无关的确定常数, $l=2,3, \cdots, s$.

证明 先证 $l=2$ 成立. 用归纳法证之. $k=0$, 显然真. 设

$$
\left\|\varepsilon^{(k-1)}(t)\right\|_2 \leqslant 2 M, \quad\left\|n^{(k-1)}(t)\right\|_2 \leqslant 2 M, \quad 0 \leqslant t \leqslant t_0,
$$

其中

$$
M \geqslant C_1\left(\left\|n_0\right\|_2+\left\|n_1\right\|_{L^2}\right)+\left\|\varepsilon_0\right\|_2,
$$

C_1 为引理 5.9 中的仅与 t_0 有关的确定常数. 则由引理 5.9 有估计

$$
\left\|n^{(k)}(t)\right\|_2 \leqslant C\left[\left\|n_0\right\|_2+\left\|n_1\right\|_{L^2}+\int_0^t\left\|f\left(n^{(k-1)}\right)_{x x}+\left|\varepsilon^{(k-1)}\right|_{x x}^2\right\|_{L^2} \mathrm{d} \tau\right],
$$

因

$$
\begin{aligned}
f\left(n^{(k-1)}\right)_{x x}= & f^{\prime \prime}\left(n^{(k-1)}\right)\left(n_x^{(k-1)}\right)^2+f^{\prime}\left(n^{(k-1)}\right) n_{x x}^{(k-1)}, \\
\left\|f\left(n^{(k-1)}\right)_{x x}\right\|_{L^2} \leqslant & \left\|f^{\prime \prime}\left(n^{(k-1)}\right)\right\|_{\infty}\left\|n_x^{(k-1)}\right\|_{\infty}\left\|n_x^{(k-1)}\right\|_{L^2} \\
& +\left\|f^{\prime}\left(n^{(k-1)}\right)\right\|_{\infty}\left\|n_{x x}^{(k-1)}\right\|_{L^2} \\
\leqslant & F_1\left(\left\|n^{(k-1)}\right\|_2\right) \leqslant F_1(2 M),
\end{aligned}
$$

于此我们用了估计 $\left\|n^{(k-1)}\right\|_{\infty} \leqslant\left\|n^{(k-1)}\right\|_2,\left\|n_x^{(k-1)}\right\|_{\infty} \leqslant\left\|n^{(k-1)}\right\|_2, F_1(u)$ 为变元 u 的单增正函数. 同理

$$
\begin{aligned}
\left\|\left|\varepsilon^{(k-1)}\right|_{x x}^2\right\|_{L^2} & \leqslant 2\left\|\varepsilon^{(k-1)}\right\|_{\infty}\left\|\varepsilon_{x x}^{(k-1)}\right\|_{L^2}+2\left\|\varepsilon_x^{(k-1)}\right\|_{\infty}\left\|\varepsilon_x^{(k-1)}\right\|_{L^2} \\
& \leqslant F_2\left(\left\|\varepsilon^{(k-1)}\right\|_2\right) \leqslant F_2(2 M),
\end{aligned}
$$

若选取 $t_1 \leqslant \min \left\{t_0, \dfrac{M}{F_1(2 M)+F_2(2 M)}\right\}$, 则有

$$
\left\|n^{(k)}(t)\right\|_2 \leqslant C_1\left[\left\|n_0\right\|_2+\left\|n_1\right\|_{L^2}+t\left(F_1(2 M)+F_2(2 M)\right)\right] \leqslant 2 M, \quad 0 \leqslant t \leqslant t_1 .
$$

由引理 5.10 有估计

$$\left\|\varepsilon^{(k)}(t)\right\|_2 \leqslant \|\varepsilon_0\|_2 + t \sup_{0\leqslant r\leqslant t} \left\|n^{(k-1)}(\tau)\varepsilon^{(k-1)}(\tau)\right\|_2,$$

因

$$\begin{aligned}\left\|n^{(k-1)}\varepsilon^{(k-1)}\right\|_2 &= \left\|n^{(k-1)}\varepsilon^{(k-1)}\right\|_{L^2} + \left\|\frac{\partial}{\partial x}\left(n^{(k-1)}\varepsilon^{(k-1)}\right)\right\|_{L^2} \\ &\quad + \left\|\frac{\partial^2}{\partial x^2}\left(n^{(k-1)}\varepsilon^{(k-1)}\right)\right\|_{L^2} \\ &\leqslant \left\|\varepsilon^{(k-1)}\right\|_\infty \left\|n^{(k-1)}\right\|_{L^2} + \left\|\varepsilon^{(k-1)}\right\|_\infty \left\|n_x^{(k-1)}\right\|_{L^2} \\ &\quad + \left\|n^{(k-1)}\right\|_\infty \left\|\varepsilon_x^{(k-1)}\right\|_{L^2} + \left\|\varepsilon^{(k-1)}\right\|_\infty \left\|n_{xx}^{(k-1)}\right\|_{L^2} \\ &\quad + 2\left\|n_x^{(k-1)}\right\|_\infty \left\|\varepsilon_x^{(k-1)}\right\|_{L^2} + \left\|n^{(k-1)}\right\|_\infty \left\|\varepsilon_{xx}^{(k-1)}\right\|_{L^2} \\ &\leqslant F_4\left(\left\|n^{(k-1)}\right\|_2, \left\|\varepsilon^{(k-1)}\right\|_2\right) \\ &\leqslant F_4(2M,\ 2M),\end{aligned}$$

若取 $t_2 \leqslant \min\left\{t_0, \dfrac{M}{F_4(2M, 2M)}\right\}$, 则有

$$\begin{aligned}\left\|\varepsilon^{(k)}(t)\right\|_2 &\leqslant \|\varepsilon_0\|_2 + t \sup_{0\leqslant\tau\leqslant t} F_4\left(\left\|n^{(k-1)}\right\|_2, \left\|\varepsilon^{(k-1)}\right\|_2\right) \\ &\leqslant M + tF_4(2M, 2M) \leqslant 2M.\end{aligned}$$

故当 $0 \leqslant t \leqslant T_0 = \min\{t_1, t_2\}$, (5.41) 成立. 对于 $\left\|n^{(k)}(t)\right\|_l, \left\|\varepsilon^{(k)}(t)\right\|_l\ (l > 2)$ 的估计, 只要注意到

$$\|f(u(t))\|_l \leqslant CM_l(f, b)\left(1 + \|u(t)\|_{l-1}\right)^{l-1} \|u(t)\|_l,$$

于此

$$M_l(f, b) = \max_{s\leqslant l} \sup_v \left|D^s f(v)\right|, \quad |v| \leqslant b, \quad b = \sup_\tau \|u(\tau)\|_\infty,$$

可类似得到. □

引理 5.12 若满足引理 5.11 的条件, 则存在 T^s 和 $\rho, 0 < \rho < 1$, 有

$$\begin{aligned}&\sup_{0\leqslant\tau\leqslant T^s} \left[\left\|n^{(k+1)}(\tau) - n^{(k)}(\tau)\right\|_s + \left\|\varepsilon^{(k+1)}(\tau) - \varepsilon^{(k)}(\tau)\right\|_s\right] \\ \leqslant&\rho \sup_{0\leqslant\tau\leqslant T^s} \left[\left\|n^{(k)} - n^{(k-1)}\right\|_s + \left\|\varepsilon^{(k)} - \varepsilon^{(k-1)}\right\|_s\right].\end{aligned} \tag{5.42}$$

证明 作差

$$i\left(\varepsilon_t^{(k+1)}-\varepsilon_t^{(k)}\right)+\left(\varepsilon_{xx}^{(k+1)}-\varepsilon_{xx}^{(k)}\right)=n^{(k)}\varepsilon^{(k)}-n^{(k-1)}\varepsilon^{(k-1)},$$

$$n^{(k)}\varepsilon^{(k)}-n^{(k-1)}\varepsilon^{(k-1)}=\left(n^{(k)}-n^{(k-1)}\right)\varepsilon^{(k)}+n^{(k-1)}\left(\varepsilon^{(k)}-\varepsilon^{(k-1)}\right)=d_1,$$

易得

$$\|d_1\|_s\leqslant F_5\left(\left\|n^{(k)}-n^{(k-1)}\right\|_s,\left\|\varepsilon^{(k)}-\varepsilon^{(k-1)}\right\|_s\right),$$

由引理 5.10、引理 5.11 有

$$\begin{aligned}\left\|\varepsilon^{(k+1)}-\varepsilon^{(k)}\right\|_s&\leqslant t\sup_{0\leqslant\tau\leqslant t}F_5\left(\left\|n^{(k)}-n^{(k-1)}\right\|_s,\left\|\varepsilon^{(k)}-\varepsilon^{(k-1)}\right\|_s\right)\\&\leqslant tA\sup_{0\leqslant\tau\leqslant t}\left[\left\|n^{(k)}-n^{(k-1)}\right\|_s+\left\|\varepsilon^{(k)}-\varepsilon^{(k-1)}\right\|_s\right],\end{aligned}\tag{5.43}$$

作差

$$\begin{aligned}&\left(n_{tt}^{(k+1)}-n_{tt}^{(k)}\right)+\left(n_{xx}^{(k+1)}-n_{xx}^{(k)}\right)+\left(n_{xxxx}^{(k+1)}-n_{xxxx}^{(k)}\right)\\=&\left(f\left(n^{(k)}\right)_{xx}-f\left(n^{(k-1)}\right)_{xx}\right)-\left(\left|\varepsilon^{(k)}\right|_{xx}^2-\left|\varepsilon^{(k-1)}\right|_{xx}^2\right)=d_2+d_3,\end{aligned}$$

$$\begin{aligned}\|d_2\|_{L^2}\leqslant&\left\|\left(f''\left(n^{(k)}\right)-f''\left(n^{(k-1)}\right)\right)\left(n_x^{(k)}\right)^2\right\|_{L^2}\\&+\left\|\left[\left(n_x^{(k)}\right)^2-\left(n_x^{(k-1)}\right)^2\right]f''\left(n^{(k-1)}\right)\right\|_{L^2}\\&+\left\|\left(f'\left(n^{(k)}\right)-f'\left(n^{(k-1)}\right)\right)n_{xx}^{(k)}\right\|_{L^2}\\&+\left\|\left(n_{xx}^{(k)}-n_{xx}^{(k-1)}\right)f'\left(n^{(k-1)}\right)\right\|_{L_2}\\\leqslant&\|f'''\|_\infty\cdot\left\|n_x^{(k-1)}\right\|_\infty^2\left\|n^{(k)}-n^{(k-1)}\right\|_{L^2}\\&+\|f''\|_\infty\left(\left\|n_x^{(k)}\right\|_\infty+\left\|n_x^{(k-1)}\right\|_\infty\right)\cdot\left\|n_x^{(k)}-n_x^{(k-1)}\right\|_{L^2}\\&+\|f''\|_\infty\left\|n_{xx}^{(k)}\right\|_\infty\left\|n^{(k)}-n^{(k-1)}\right\|_{L^2}\\&+\|f'\|_\infty\left\|n_{xx}^{(k)}-n_{xx}^{(k-1)}\right\|_{L^2}\\\leqslant&C_1'\left\|n^{(k)}-n^{(k-1)}\right\|_2,\end{aligned}$$

$$\begin{aligned}d_3=&\left(\bar{\varepsilon}_{xx}^{(k)}-\bar{\varepsilon}_{xx}^{(k-1)}\right)\varepsilon^{(k)}+\bar{\varepsilon}_{xx}^{(k-1)}\left(\varepsilon^{(k)}-\varepsilon^{(k-1)}\right)+2\left(\bar{\varepsilon}_x^{(k)}-\bar{\varepsilon}_x^{(k-1)}\right)\varepsilon_x^{(k)}\\&+2\bar{\varepsilon}_x^{(k-1)}\left(\varepsilon_x^{(k)}-\varepsilon_x^{(k-1)}\right)+\left(\bar{\varepsilon}^{(k)}-\bar{\varepsilon}^{(k-1)}\right)\bar{\varepsilon}_{xx}^{(k)}+\bar{\varepsilon}_{xx}^{(k-1)}\end{aligned}$$

$$+\bar{\varepsilon}^{(k-1)}\left(\varepsilon_{xx}^{(k)}-\varepsilon_{xx}^{(k-1)}\right),$$

$$\begin{aligned}\|d_3\|_{L^2}\leqslant&\left\|\varepsilon^{(k)}\right\|_{\infty}\left\|\varepsilon_{xx}^{(k)}-\varepsilon_{xx}^{(k-1)}\right\|_{L^2}+\left\|\varepsilon_{xx}^{(k-1)}\right\|_{\infty}\left\|\varepsilon^{(k)}-\varepsilon^{(k-1)}\right\|_{L^2}\\&+2\left\|\varepsilon_{x}^{(k)}\right\|_{\infty}\left\|\varepsilon_{x}^{(k)}-\varepsilon_{x}^{(k-1)}\right\|_{L^2}+2\left\|\varepsilon_{x}^{(k-1)}\right\|_{\infty}\left\|\varepsilon_{x}^{(k)}-\varepsilon_{x}^{(k-1)}\right\|_{L^2}\\&+\left\|\varepsilon_{xx}^{(k)}\right\|_{\infty}\left\|\varepsilon^{(k)}-\varepsilon^{(k-1)}\right\|_{L^2}+\left\|\varepsilon^{(k-1)}\right\|_{\infty}\left\|\varepsilon_{xx}^{(k)}-\varepsilon_{x}^{(k-1)}\right\|_{L^2}\\\leqslant&C_2\|\varepsilon^{(k)}-\varepsilon^{(k-1)}\|_2,\end{aligned}$$

由引理 5.9 可得

$$\begin{aligned}&\|n^{(k+1)}(t)-n^{(k)}(t)\|_2\\\leqslant&C_1t\left(C_1'+C_2\right)\sup_{0\leqslant\tau\leqslant t}\left[\left\|n^{(k)}-n^{(k-1)}\right\|_2+\left\|\varepsilon^{(k)}-\varepsilon^{(k-1)}\right\|_2\right].\end{aligned}$$

同理可估计

$$\begin{aligned}&\left\|f\left(n^{(k)}\right)_{xx}-f\left(n^{(k-1)}\right)_{xx}\right\|_{s-2}\leqslant C_2\left\|n^{(k)}-n^{(k-1)}\right\|_s,\\&\left\|\left|\varepsilon^{(k)}\right|_{xx}^2-\left|\varepsilon^{(k-1)}\right|_{xx}^2\right\|_{s-2}\leqslant C_4\left\|\varepsilon^{(k)}-\varepsilon^{(k-1)}\right\|_s,\quad s>2.\end{aligned}$$

于是可得

$$\begin{aligned}&\|n^{(k+1)}(t)-n^{(k)}(t)\|_s\\\leqslant&tC_1(C_3+C_4)\sup_{0\leqslant\tau\leqslant t}\left[\left\|n^{(k)}-n^{(k-1)}\right\|_s+\left\|\varepsilon^{(k)}-\varepsilon^{(k-1)}\right\|_s\right],\end{aligned}\tag{5.44}$$

由 (5.43), (5.44) 可得

$$\begin{aligned}&\left\|n^{(k+1)}(t)-n^{(k)}(t)\right\|_s+\left\|\varepsilon^{(k+1)}(t)-\varepsilon^{(k)}(t)\right\|_s\\\leqslant&t\left[A+C_1\left(C_3+C_4\right)\right]\sup_{0\leqslant\tau\leqslant t}\left[\left\|n^{(k)}-n^{(k-1)}\right\|_s+\left\|\varepsilon^{(k)}-\varepsilon^{(k-1)}\right\|_s\right].\end{aligned}$$

设 $0\leqslant t\leqslant T_s$. 选取 T 适当小, 使得 $T_s\left[A+C_1\left(C_3+C_4\right)\right]\leqslant\rho<1$, 即得 (5.42).□

定理 5.13 *若 $\varepsilon_0(x)\in H^s,n_0(x)\in H^s,n_1(x)\in H^{s-2}(s\geqslant 3),f(n)\in C^{s+1},\alpha>0$, 则定解问题 (5.7)—(5.9) 的局部解是存在的, 且*

$$n(x,t)\in L^{\infty}\left(0,T_s;H^s\right),\quad\varepsilon(x,t)\in L^{\infty}\left(0,T_s;H^s\right).$$

证明 由引理 5.11、引理 5.12、压缩映射原理和空间 H^s 的完备性即得.□

附注 对于周期初值问题 (5.7), (5.8), (5.10), 上述定理仍成立. 此时应设初始函数 $\varepsilon_0(x),n_0(x),n_1(x)$ 均为 x 的周期 2π 的函数.

5.3 整体解的适定性

对于定解问题 (5.7)—(5.9) 和 (5.7),(5.8),(5.10) 的局部解, 我们对初值函数采用磨光技巧 $\left(\text{例如用 } C_0^\infty \text{ 函数列 } \varepsilon_{0n}(x)\xrightarrow[n\to\infty]{H^s}\varepsilon_0(x) \text{ 等}\right)$, 使得到的局部解具有足够的光滑性, 以保证积分估计中对解的光滑性的要求. 我们再利用 5.1 节中关于解的先验估计, 即可得到要求的整体解, 有如下的存在定理.

定理 5.14 若满足以下条件: (i) $\varepsilon_0(x)\in H^4$, $n_0(x)\in H^4$, $n_1(x)\in H^2$, (ii) $f(n)\in C^5$, $\int_0^n f(z)\mathrm{d}z\geqslant 0$, (iii) $\alpha>0$. 则存在定解问题 (5.7)—(5.9) 的整体解

$$n(x,t)\in L^\infty\left(0,T;H^4\right),\quad \varepsilon(x,t)\in L^\infty\left(0,T;H^4\right).$$

若还设 $\varepsilon_0(x)$, $n_0(x)$, $n_1(x)$ 为 x 的周期 2π 函数, 则定解问题 (5.7), (5.8), (5.10) 的整体解也是存在的.

附注 条件 $\int_0^n f(z)\mathrm{d}z\geqslant 0$, 可为许多的函数 $f(u)$ 所满足. 例如, $f(u)=u^{m+1}$, m 为非负整数. 特别, 当 $m=1$ 时, 则得到 MBq 方程.

定理5.15(唯一性定理) 若 $n_0(x)\in H^2$, $n_1(x)\in L^2$, $\varepsilon_0(x)\in H^2$, 且 $f(n)\in C^3$, 则定解问题 (5.7)—(5.9) 和 (5.7), (5.8), (5.10) 的解

$$n(x,t)\in L^\infty\left(0,T;C^2\right),\quad \varepsilon(x,t)\in L^\infty\left(0,T;C^2\right)$$

是唯一的.

证明 设有两组解. 令 $\varepsilon=\varepsilon_1-\varepsilon_2$, $n=n_1-n_2$. 则由 (5.7), (5.8) 可得

$$i\varepsilon_t+\varepsilon_{xx}=n\varepsilon_1+n_2\varepsilon, \tag{5.45}$$

$$n_{tt}-n_{xx}+\alpha n_{xxxx}=d(x,t), \tag{5.46}$$

其中

$$\begin{aligned}
d(x,t)=&\left(f''\left(n_1\right)-f''\left(n_2\right)\right)n_{1x}^2+\left(n_{1x}^2-n_{2x}^2\right)f''\left(n_2\right)\\
&+\left(f'\left(n_1\right)-f'\left(n_2\right)\right)n_{1xx}+\left(n_{1xx}-n_{2xx}\right)f'\left(n_2\right)+\left(\bar{\varepsilon}_{1xx}-\bar{\varepsilon}_{2xx}\right)\varepsilon_1\\
&+\bar{\varepsilon}_{2xx}\left(\varepsilon_1-\varepsilon_2\right)+2\left(\bar{\varepsilon}_{1x}-\bar{\varepsilon}_{2x}\right)\varepsilon_{1x}+2\bar{\varepsilon}_{2x}\left(\varepsilon_{1x}-\varepsilon_{2x}\right)\\
&+\left(\bar{\varepsilon}_1-\bar{\varepsilon}_2\right)\varepsilon_{1xx}+\bar{\varepsilon}_2\left(\varepsilon_{1xx}-\varepsilon_{2xx}\right).
\end{aligned}$$

(5.45) 乘以 $\bar{\varepsilon}$ 作内积取虚部得

$$\frac{1}{2}\frac{\mathrm{d}}{\mathrm{d}t}\|\varepsilon\|_{L^2}^2 \leqslant |(\varepsilon, n\varepsilon_1)| \leqslant \|\varepsilon_1\|_\infty \cdot \frac{1}{2}\left(\|\varepsilon\|_{L^2}^2 + \|n\|_{L^2}^2\right),$$

即有

$$\frac{\mathrm{d}}{\mathrm{d}t}\|\varepsilon\|_{L^2}^2 \leqslant K_1\left(\|\varepsilon\|_{L^2}^2 + \|n\|_{L^2}^2\right).$$

(5.46) 乘以 n_t 作内积可得

$$\begin{aligned}
&\frac{1}{2}\frac{\mathrm{d}}{\mathrm{d}t}\left(\|n_t\|_{L^2}^2 + \|n_x\|_{L^2}^2 + \alpha\|n_{xx}\|_{L^2}^2\right) \leqslant |(d(x,t), n_t)| \\
\leqslant &\|f'''\|_\infty \|n_{1x}\|_\infty^2 \cdot \frac{1}{2}\left(\|n\|_{L^2}^2 + \|n_t\|_{L^2}^2\right) + \|f''\|_\infty\left(\|n_{1x}\|_\infty + \|n_{2x}\|_\infty\right) \\
&\cdot\frac{1}{2}\left(\|n_x\|_{L^2}^2 + \|n_t\|_{L^2}^2\right) + \|f''\|_\infty\|n_{1xx}\|_\infty\frac{1}{2}\left(\|n\|_{L^2}^2 + \|n_t\|_{L^2}^2\right) \\
&+ \|f'\|_\infty\frac{1}{2}\left(\|n_{xx}\|_{L^2}^2 + \|n_t\|_{L^2}^2\right) + \|\varepsilon_1\|_\infty\frac{1}{2}\left(\|\varepsilon_{xx}\|_{L^2}^2 + \|n_t\|_{L^2}^2\right) \\
&+ \|\varepsilon_{2xx}\|_\infty\frac{1}{2}\left(\|\varepsilon\|_{L^2}^2 + \|n_z\|_{L^2}^2\right) + \|\varepsilon_{1x}\|_\infty\left(\|\varepsilon_x\|_{L^2}^2 + \|n_t\|_{L^2}^2\right) \\
&+ \|\varepsilon_{2x}\|_\infty\left(\|\varepsilon_x\|_{L^2}^2 + \|n_t\|_{L^2}^2\right) + \|\varepsilon_{1xx}\|_\infty\cdot\frac{1}{2}\left(\|\varepsilon\|_{L^2}^2 + \|n_t\|_{L_4}^2\right) \\
&+ \|\varepsilon_2\|_\infty\cdot\frac{1}{2}\left(\|\varepsilon_{xx}\|_{L^2}^2 + \|n_t\|_{L^2}^2\right) \\
\leqslant &K_2\Big[\|n\|_{L^2}^2 + \|n_x\|_{L^2}^2 + \|n_{xx}\|_{L^2}^2 \\
&+\|\varepsilon\|_{L^2}^2 + \|\varepsilon_x\|_{L^2}^2 + \|\varepsilon_{xx}\|_{L^2}^2 + \|n_t\|_{L^2}^2\Big],
\end{aligned}$$

由 (5.45) 对 x 微商二次, 令 $\Sigma = \varepsilon_{xx}$ 可得

$$i\Sigma_t + \Sigma_{xx} = (n\varepsilon_1 + n_2\varepsilon)_{xx} = n_{xx}\varepsilon_1 + 2n_x\varepsilon_{1x} + \varepsilon_{1xx}n + n_{2xx}\varepsilon + 2n_{2x}\varepsilon_x + n_2\varepsilon_{xx}.$$

上式乘以 $\bar{\Sigma}$ 作内积取虚部得

$$\begin{aligned}
\frac{1}{2}\frac{\mathrm{d}}{\mathrm{d}t}\|\Sigma\|_{L^2}^2 \leqslant &\|\varepsilon_1\|_\infty\frac{1}{2}\left(\|n_{xx}\|_{L^2}^2 + \|\Sigma\|_{L^2}^2\right) + \|\varepsilon_{1x}\|_\infty\left(\|n_x\|_{L^2}^2 + \|\Sigma\|_{L^2}^2\right) \\
&+ \|\varepsilon_{1xx}\|_\infty\frac{1}{2}\left(\|n\|_{L^2}^2 + \|\Sigma\|_{L^2}^2\right) + \|n_{2xx}\|_\infty\frac{1}{2}\left(\|\varepsilon\|_{L^2}^2 + \|\Sigma\|_{L^2}^2\right) \\
&+ \|n_{2x}\|_\infty\left(\|\varepsilon_x\|_{L^2}^2 + \|\Sigma\|_{L^2}^2\right) \\
\leqslant &K_3[\|\Sigma\|_{L^2}^2 + \|\varepsilon\|_{L^2}^2 + \|\varepsilon_x\|_{L^2}^2 + \|n\|_{L^2}^2 + \|n_x\|_{L^2}^2 + \|n_{xx}\|_{L^2}^2],
\end{aligned}$$

又因 $\frac{\mathrm{d}}{\mathrm{d}t}\|n\|_{L^2}^2 \leqslant K_4\left[\|n_t\|_{L^2}^2+\|n\|_{L^2}^2\right]$, 再注意到引理 5.2, $\|\varepsilon_x\|_{L^2}$ 可用 $\|\varepsilon_{xx}\|_{L^2}^2$ 和 $\|\varepsilon\|_{L^2}^2$ 估计, 综合可得

$$\begin{aligned}&\frac{\mathrm{d}}{\mathrm{d}t}\left[\|\varepsilon\|_{L^2}^2+\|\varepsilon_{xx}\|_{L^2}^2+\|n\|_{L^2}^2+\|n_t\|_{L^2}^2+\|n_x\|_{L^2}^2+\|n_{xx}\|_{L^2}^2\right]\\ \leqslant& K_5\left[\|\varepsilon\|_{L^2}^2+\|\varepsilon_{xx}\|_{L^2}^2+\|n\|_{L^2}^2+\|n_t\|_{L^2}^2+\|n_x\|_{L^2}^2+\|n_{xx}\|_{L^2}^2\right].\end{aligned} \tag{5.47}$$

由于 $\varepsilon|_{t=0}=n|_{t=0}=n_t|_{t=0}=\varepsilon_{xx}|_{t=0}=n_x|_{t=0}=n_{xx}|_{t=0}=0$, 故由不等式 (5.47) 即得

$$\varepsilon\equiv n\equiv 0.$$ □

定理 5.16 (稳定性定理) 设定理 5.15 的条件满足, 则定解问题 (5.7)—(5.9) 和 (5.7), (5.8), (5.10) 的解是连续依赖于初始条件的.

证明 由不等式 (5.47) 及设 $\|\varepsilon|_{t=0}\|_{L^2}^2$, $\|n|_{t=0}\|_{L^2}^2$, $\|n_t|_{t=0}\|_{L^2}^2$, $\|\varepsilon_{xx}|_{t=0}\|_{L^2}^2$, $\|n_x|_{t=0}\|_{L^2}^2$ 和 $\|n_{xx}|_{t=0}\|_{L^2}^2$ 均小于 $\delta>0$, 可得 $\|n(t)\|_{L^2}^2$, $\|\varepsilon(t)\|_{L^2}^2$, $\|n_t(t)\|_{L^2}^2$, $\|n_x(t)\|_{L^2}^2$, $\|\varepsilon_{xx}(t)\|_{L^2}^2$ 和 $\|n_{xx}(t)\|_{L^2}^2$ 均小于 $K\delta$, $K=\mathrm{const}$, 即得定理. □

第 6 章　一维及高维 Schrödinger-Klein-Gordon 方程的整体光滑解

在文献 [142] 中提出了某些场相互作用下孤立子的存在问题, 其中首先考察了复 Schrödinger 场和实 Klein-Gordon 场相互作用下的情况, 对一类复非线性 Schrödinger 方程和实非线性 Klein-Gordon 方程组合的方程组, 找到了它的孤立子解, 并讨论了这类孤立子解的某些性质. 为了研究这类多维非线性波动方程组解的某些性质及其孤立子的性态, 首先有必要考察它的整体解在什么条件下存在. 本章研究如下一类复非线性 Schrödinger 方程和实非线性 Klein-Gordon 方程耦合的方程组

$$\square\chi+\mu^2\chi-g^2|\varphi|^2+h(\chi)=0, \tag{6.1}$$

$$i\varphi_t+\frac{1}{2m}\Delta\varphi+g^2\chi\varphi=0 \tag{6.2}$$

的 Cauchy 问题和初边值问题. 其中未知函数 $\chi(x_1,x_2,t)$ 为实值函数, $\varphi(x_1,x_2,t)$ 为复值函数, $h(s), s\in(-\infty,\infty)$ 为实值函数, μ,g,m 均为正常数, $i=\sqrt{-1}$, $\square\equiv\dfrac{\partial^2}{\partial t^2}-\Delta$, $\Delta\equiv\dfrac{\partial^2}{\partial x_1^2}+\dfrac{\partial^2}{\partial x_2^2}$. 对于初边值问题, 即寻求未知函数 $\chi(x_1,x_2,t)$, $\varphi(x_1,x_2,t)$ 满足方程组 (6.1), (6.2) 且满足如下初值边界条件

$$\chi|_{t=0}=\chi_0(x),\quad \chi_t|_{t=0}=\chi_1(x),\quad \varphi|_{t=0}=\varphi_0(x),\quad -a_i\leqslant x_i\leqslant a_i, \tag{6.3}$$

$$\chi|_{\pm a_i}=\varphi|_{\pm a_i}=0\quad (i=1,2,a_i>0). \tag{6.4}$$

对于 Cauchy 问题, 除要求满足方程组 (6.1), (6.2) 外, 还要求满足 (6.3) 式. 此时 $-\infty<x_i<+\infty$ $(i=1,2)$, 且设未知函数 χ,φ 及其某些导数当 $|x_i|\to\infty$ 时趋于零. 我们的研究结果表明: 对于一维问题, 只要初始条件适当光滑, 就可得到它的古典整体解; 对于二维问题, 当初始函数的 L^2 模适当小和方程非齐次项满足一定增长条件时, 方程组 (6.1), (6.2) 的 Cauchy 问题和初边值问题存在大范围的整体解. 对于周期初值问题, 我们的上述结果也是正确的.

6.1 先验积分估计

我们约定采用如下的符号和说明. 以 Q 表示区域: $(-a_1,a_1)\times(-a_2,a_2)$ 或 $(-\infty,\infty)\times(-\infty,\infty)$, 对于一维相应情况仍用 Q 表示. 以 $C^k(Q)$ 表示在 Q 上 k 次连续可微的函数空间; 以 $L_p(Q)$ 表示 p 次 Lebesgue 可积的函数空间, $\|f\|_p=\left(\int_Q |f(x)|^p\mathrm{d}x\right)^{1/p}$, 特别对 L^2 空间, 若定义内积 $(f,g)=\int_Q f\bar{g}\mathrm{d}x$, 其中 $\overline{g(x)}$ 表示函数 $g(x)$ 的复数共轭,

$$\|f\|_{L^2}^2=\int_Q |f|^2\mathrm{d}x=(f,f)$$

或简记为 $\|f\|^2$, 则 L^2 空间为完备的 Hilbert 空间; 以 $H^s(Q)$ 表示在 Q 上 l 阶 $(l\leqslant s)$ 广义导数具有平方可积的 Sobolev 空间, $\|f\|_{H^s}^2=\|f\|^2+\sum_{l\leqslant s}\left\|D^l f\right\|^2$; 以 $L^\infty(Q)$ 表示在 Q 上几乎处处有界的函数空间, $\|f\|_{L^\infty}=\text{ess sup}_x|f(x)|$; 以 $L^\infty(0,T;H^s)$ 表示复值函数 $u(x,t)$ 作为 x 的函数属于 H^s 空间 (对每个 $t,0\leqslant t\leqslant T$), 且有 $\sup_{0\leqslant t\leqslant T}\|u(\cdot,t)\|_{H^s}<\infty$. 我们先考虑一维的积分估计.

引理 6.1 若 $\chi_0\in H^1$, $\chi_1\in L^2$, $\varphi_0\in H^1\cap L^4$, $H(\chi_0)\in L^1$, 则对方程组 (6.1), (6.2) 的解有

(i) $\|\varphi\|^2=E_{01}$;

(ii)
$$E(t)=\frac{1}{2}\mu^2\|\chi\|^2+\frac{1}{2}\|\chi_t\|^2+\frac{1}{2}\|\chi_x\|^2+\frac{1}{2m}\|\varphi_x\|^2-g^2\left(|\varphi|^2,\chi\right)+\int_Q H(\chi)\mathrm{d}x=E_{00}, \tag{6.5}$$

其中 $H(s)=\int_0^s h(z)\mathrm{d}z$, E_{00}, E_{01} 均为仅与初始条件有关的常数.

证明 方程 (6.2) 乘以 $\bar{\varphi}$, 作内积得

$$i(\varphi_t,\varphi)+\frac{1}{2m}(\varphi_{xx},\varphi)+g^2(\chi\varphi,\varphi)=0. \tag{6.6}$$

方程 (6.6) 取虚部得

$$\frac{\mathrm{d}}{\mathrm{d}t}\|\varphi\|^2=0,$$

故

$$\|\varphi(t)\|^2=\|\varphi_0\|^2=E_{01}.$$

再将方程 (6.2) 乘以 $\bar{\varphi}_t$, 作内积得

$$i(\varphi_t,\varphi_t)+\frac{1}{2m}(\varphi_{xx},\varphi_t)+g^2(\chi\varphi,\varphi_t)=0,$$

上式取实部得

$$-\frac{1}{4m}\frac{\mathrm{d}}{\mathrm{d}t}\|\varphi_x\|^2+\frac{g^2}{2}\left(\chi,|\varphi|_t^2\right)=0. \tag{6.7}$$

方程 (6.1) 乘以 χ_t, 并作内积可得

$$\frac{1}{2}\frac{\mathrm{d}}{\mathrm{d}t}\left(\|\chi_t\|^2+\|\chi_x\|^2\right)+\frac{1}{2}\mu^2\frac{\mathrm{d}}{\mathrm{d}t}\|\chi\|^2-g^2\left(|\varphi|^2,\chi_t\right)+(h(\chi),\chi_t)=0. \tag{6.8}$$

由 (6.7), (6.8) 式求和, 可得

$$\begin{aligned}\frac{1}{2}\frac{\mathrm{d}}{\mathrm{d}t}\Big[&\|\chi_t\|^2+\|\chi_x\|^2+\mu^2\|\chi\|^2+\frac{1}{m}\|\varphi_x\|^2\\&-2g^2\left(\chi,|\varphi|^2\right)+2\int_\Omega H(\chi)\,\mathrm{d}x\Big]=0,\end{aligned}$$

故

$$\begin{aligned}E(t)=&\frac{1}{2}\Big[\mu^2\|\chi\|^2+\|\chi_t\|^2+\|\chi_x\|^2+\frac{1}{m}\|\varphi_x\|^2\\&-2g^2\left(\chi,|\varphi|^2\right)+2\int_\Omega H(\chi)\mathrm{d}x\Big]\\=&E(0)=E_{00}.\end{aligned}$$

□

引理 6.2 (Sobolev 不等式)[149] 对于一维情况 $(n=1)$, 给定正数 ε,l, 存在依赖于 ε 的常数 c, 使得

$$\begin{aligned}&\left\|D^k u\right\|_{L^\infty}\leqslant c\|u\|+\varepsilon\left\|D^l u\right\|,\quad k<l,\\&\left\|D^k u\right\|\leqslant c\|u\|+\varepsilon\left\|D^l u\right\|,\qquad k\leqslant l.\end{aligned} \tag{6.9}$$

对于二维情况 $(n=2)$, 有

$$\left\|D^k u\right\|_{L^\infty(Q)}\leqslant c_1\|u\|_{H^{k+2}(Q)},$$

其中 c_1 为确定常数.

引理 6.3 若满足引理 6.1 条件, 且设 $H(s)\geqslant 0,\ s\in(-\infty,\infty)$, 则有

$$\|\chi\|^2+\|\chi_t\|^2+\|\chi_x\|^2+\|\varphi_x\|^2\leqslant E_0, \tag{6.10}$$

其中 E_0 为确定常数.

证明 事实上, $2g^2\left|(|\varphi|^2,\chi)\right|\leqslant\dfrac{\mu^2}{2}\|\chi\|^2+\dfrac{2g^4}{\mu^2}\left\||\varphi|^2\right\|^2$, 由引理 6.2,

$$\left\||\varphi|^2\right\|^2\leqslant\|\varphi\|_{L^\infty}^2\|\varphi\|^2\leqslant 2\left(c^2\|\varphi_0\|^2+\varepsilon^2\|\varphi_x\|^2\right)\|\varphi_0\|^2,$$

故

$$2g^2\left|(|\varphi|^2,\chi)\right|\leqslant\frac{\mu^2}{2}\|\chi\|^2+\frac{4g^4}{\mu^2}c^2\|\varphi_0\|^4+\frac{4g^4\varepsilon^2}{\mu^2}\|\varphi_0\|^2\|\varphi_x\|^2,$$

选取 ε 适当小, 使 $\dfrac{1}{m}-\dfrac{4g^4}{\mu^2}\|\varphi_0\|^2\varepsilon^2\geqslant\dfrac{1}{2m}$, 故从 (6.5) 式可得

$$\begin{aligned}&\mu^2\|\chi\|^2+\|\chi_t\|^2+\|\chi_x\|^2+\frac{1}{2m}\|\varphi_x\|^2+2\int_Q H(\chi)\mathrm{d}x\\ \leqslant{}& 2|E_{00}|+\frac{\mu^2}{2}\|\chi\|^2+\frac{4c^2g^4}{\mu^2}\|\varphi_0\|^4,\\ &\frac{\mu^2}{2}\|\chi\|^2+\|\chi_t\|^2+\|\chi_x\|^2+\frac{1}{2m}\|\varphi_x\|^2\leqslant 2|E_{00}|+\frac{4c^2g^4}{\mu^2}\|\varphi_0\|^4=\text{const},\end{aligned}$$

由此即得 (6.10) 式. □

推论 6.4 $\|\chi\|_{L^\infty}\leqslant\text{const}, \|\varphi\|_{L^\infty}\leqslant\text{const}.$

证明 由引理 6.1—引理 6.3 即得. □

引理 6.5 若满足引理 6.3 的条件, 且 $\varphi_0\in H^2,\chi_0\varphi_0\in L^2$, 则有

$$\|\varphi_t\|^2\leqslant E_1, \tag{6.11}$$

其中 E_1 为确定常数.

证明 方程 (6.2) 对 t 作微商, 令 $\varphi_t=\Phi$, 并与 $\bar{\varphi}_t$ 作内积得

$$i(\Phi_t,\Phi)+\frac{1}{2m}(\Phi_{xx},\Phi)+g^2(\chi_t\varphi+\chi\Phi,\Phi)=0.$$

上式取虚部得

$$\frac{1}{2}\frac{\mathrm{d}}{\mathrm{d}t}\|\Phi\|^2+\mathrm{lm}\left(g^2\chi_t\varphi,\Phi\right)=0,$$

$$
\begin{aligned}
|(\chi_t\varphi,\Phi)| &\leqslant \frac{1}{2}\left[\|\Phi\|^2+\|\chi_t\varphi\|^2\right]\leqslant\frac{1}{2}\left[\|\Phi\|^2+\|\varphi\|_{L^\infty}^2\|\chi_t\|^2\right]\\
&\leqslant \frac{1}{2}\left[\|\Phi\|^2+c_1\right],
\end{aligned}
$$

故

$$
\frac{\mathrm{d}}{\mathrm{d}t}\|\Phi\|^2\leqslant g^2\left[\|\Phi\|^2+c_1\right],\quad \|\Phi(T)\|^2\leqslant\left[\|\Phi(0)\|^2+c_1g^2T\right]e^{g^2T}=E_1. \qquad \square
$$

引理6.6 若满足引理 6.5 的条件, 且满足 (i) $h(s)\in C^1$. (ii) $\chi_0\in H^2$, $\chi_1\in H^1$, $\varphi_0\in H^4$, 则有

$$
\|\chi_{tt}\|^2+\|x_{xx}\|^2+\|x_{tx}\|^2+\|\varphi_{tt}\|^2+\|\varphi_{tx}\|^2\leqslant E_2, \tag{6.12}
$$

其中 E_2 为确定常数, 依赖于初始函数及其有关导数.

证明 令 $\chi_t=X$, 由方程 (6.1) 对 t 作微商, 与 X_t 作内积可得

$$
\frac{1}{2}\frac{\mathrm{d}}{\mathrm{d}t}\left(\|X_t\|^2+\|X_x\|^2\right)+\mu^2(X,X_t)-g^2\left(|\varphi|_t^2,X_t\right)+(h'(\chi)X,X_t)=0,
$$

$$
\begin{aligned}
\left|\left(|\varphi|_t^2,X_t\right)\right| &\leqslant \frac{1}{2}\left[\|\varphi\bar{\varphi}_t+\varphi_t\bar{\varphi}\|^2+\|X_t\|^2\right]\\
&\leqslant \frac{1}{2}\|X_t\|^2+2\|\varphi\|_{L^\infty}^2\|\varphi_t\|^2\leqslant\frac{1}{2}\|X_t\|^2+c_1,
\end{aligned}
$$

$$
|(h'(\chi)X,X_t)|\leqslant\|h'(\chi)\|_{L^\infty}\cdot\frac{1}{2}\left(\|X\|^2+\|X_t\|^2\right)\leqslant c_2\|X_t\|^2+c_3,
$$

故

$$
\begin{aligned}
&\frac{\mathrm{d}}{\mathrm{d}t}\left[\|X_t\|^2+\|X_x\|^2+\mu^2\|X\|^2\right]\\
&\leqslant \left(g^2+2c_2\right)\|X_t\|^2+\left(2c_1g^2+2c_3\right)\\
&= c_4\|X_t\|^2+c_5,\\
&\|X_t(T)\|^2+\|X_x(T)\|^2+\mu^2\|X(T)\|^2\\
&\leqslant\left[\|X_t(0)\|^2+\|X_x(0)\|^2+\mu^2\|X(0)\|^2+c_5T\right]e^{c_4T}.
\end{aligned}
$$

由引理 6.6 假定, 故得

$$
\|X_t\|^2+\|X_x\|^2\leqslant c_2;
$$

由引理 6.2 可得

$$\|\chi_t\|_{L^\infty} \leqslant c_3;$$

由方程 (6.1) 有

$$\|\chi_{xx}\|^2 \leqslant c_4.$$

由引理 6.2 可得

$$\|\chi_x\|_{L^\infty} \leqslant c_5.$$

另外, 由方程 (6.2) 对 t 微商二次, 令 $\varphi_{tt} = \Phi$, 可得

$$i\Phi_t + \frac{1}{2m}\Phi_{xx} + g^2\left(X_t\varphi + 2X\varphi_t + \chi\Phi\right) = 0.$$

上式乘以 $\bar{\Phi}$, 作内积可得

$$i\left(\Phi_t, \Phi\right) + \frac{1}{2m}\left(\Phi_{xx}, \Phi\right) + g^2\left(X_t\varphi + 2X\varphi_t + \chi\Phi, \Phi\right) = 0.$$

上式取虚部得

$$\begin{aligned}\frac{1}{2}\frac{\mathrm{d}}{\mathrm{d}t}\|\Phi\|^2 &\leqslant g^2\left|\left(X_t\varphi, \Phi\right)\right| + 2g^2\left|\left(X\varphi_t, \Phi\right)\right| \\ &\leqslant g^2\|\varphi\|_{L^\infty}\cdot\frac{1}{2}\left[\|X_t\|^2 + \|\Phi\|^2\right] + 2g^2\|X\|_{L^\infty} \\ &\quad\cdot\frac{1}{2}\left[\|\varphi_t\|^2 + \|\Phi\|^2\right] \\ &\leqslant c_6\left[\|\Phi\|^2 + c_7\right].\end{aligned}$$

由此可得

$$\|\varphi_{tt}\|^2 \leqslant c_8,$$

再由方程 (6.2) 对 t, x 各作一次微商, 可得

$$i\varphi_{ttx} + \frac{1}{2m}\varphi_{xxxt} + g^2(\chi\varphi)_{xt} = 0.$$

令 $\varphi_{tx} = U$, 上式乘以 $\bar{U}$, 作内积可得

$$i\left(U_t, U\right) + \frac{1}{2m}\left(U_{xx}, U\right) + g^2\left(X_x\varphi + X\varphi_x + \varphi_t\chi_x + U\chi, U\right) = 0,$$

再取虚部可得

$$\frac{1}{2}\frac{\mathrm{d}}{\mathrm{d}t}\|U\|^2 \leqslant g^2[\left|\left(X_x\varphi, U\right)\right| + \left|\left(X\varphi_x, U\right)\right| + \left|\left(\varphi_t\chi_x, U\right)\right|]$$

$$\leqslant g^2\left[\|\varphi\|_{L^\infty}\cdot\frac{1}{2}\left(\|X_x\|^2+\|U\|^2\right)+\|X\|_{L^\infty}\frac{1}{2}\left(\|\varphi_x\|^2+\|U\|^2\right)\right.$$
$$\left.+\|\chi_x\|_{L^\infty}\cdot\frac{1}{2}\left(\|\varphi_t\|^2+\|U\|^2\right)\right]$$
$$\leqslant c_9\left[\|U\|^2+c_{10}\right],$$

故得

$$\|\varphi_{tx}\|^2\leqslant c_{11},$$

综合上述各式, 即得 (6.12) 式. □

推论 6.7 $\|\varphi_{xxx}\|^2\leqslant c_{12}$.

证明 由方程 (6.2) 对 x 微商, 利用上式即得. □

推论 6.8 $\|\varphi_\ell\|_{L^\infty}\leqslant c_{13}$.

证明 由引理 6.2 及上述各式即得. □

引理 6.9 若满足引理 6.6 的条件, 且满足 (i) $h(\chi)\in c^2$; (ii) $\chi_0\in H^3$, $\chi_1\in H^2$, 则有估计

$$\|\chi_{ttt}\|^2+\|\chi_{ttx}\|^2\leqslant E_3, \tag{6.13}$$

其中 E_3 为确定常数.

证明 令 $\chi_{tt}=X$, 由方程 (6.1) 对 t 微商二次得

$$X_{tt}-X_{xx}+\mu^2X-g^2|\varphi|^2_{tt}+h''(\chi)\chi_t^2+h'(\chi)X=0,$$

上式乘以 X_t, 作内积可得

$$\frac{1}{2}\frac{\mathrm{d}}{\mathrm{d}t}\left[\|X_t\|^2+\|X_x\|^2+\mu^2\|X\|^2\right]-g^2\left(|\varphi|^2_{tt},X_t\right)$$
$$+\left(h''(\chi)\chi_t^2+h'(\chi)X,X_t\right)=0,$$

因

$$|\varphi|^2_{tt}=2\left|\varphi_t\right|^2+\varphi\bar\varphi_{tt}+\bar\varphi\varphi_{tt},$$

$$\frac{\mathrm{d}}{\mathrm{d}t}\left[\|X_t\|^2+\|X_x\|^2+\mu^2\|X\|^2\right]$$
$$\leqslant 2g^2\left[2\left\|\left|\varphi_t\right|^2X_t\right\|_{L_1}+2\left\|\varphi\varphi_{tt}X_t\right\|_{L_1}\right]$$
$$+\|h''(\chi)\|_{L^\infty}\|\chi_t\|_{L^\infty}\left(\|\chi_t\|^2+\|X_t\|^2\right)+\|h'(\chi)\|_{L^\infty}\left(\|X\|^2+\|X_t\|^2\right)$$

$$\leqslant 2g^2\left[\|\varphi_t\|_{L^\infty}\left(\|\varphi_t\|^2+\|X_t\|^2\right)+\|\varphi\|_{L^\infty}\left(\|\varphi_{tt}\|^2+\|X_t\|^2\right)\right]$$
$$+c_1\|X_t\|^2+c_2\leqslant c_3\left[\|X_t\|^2+c_4\right].$$

由引理 6.9 的条件, 故得 (6.13) 式. □

推论 6.10 $\|\chi_{xxx}\|^2\leqslant c_5$.

证明 由 (6.1) 式对 x 微商一次和 (6.13) 式即得. □

推论 6.11 对于固定的 $t(0\leqslant t\leqslant T)$, $\chi_{xx}\in C^0$, 由方程 (6.1) 可知, $\chi_{tt}\in C^0$.

我们现考虑二维情况 $(n=2)$. 我们有如下引理.

引理 6.12 若 $\chi_0\in H^1$, $\varphi_0\in H^1\cap L_4$, $\chi_1\in L^2$, $H(\chi_0)\in L_1$, 则有

$$\begin{cases} E(t)\equiv\dfrac{1}{2}\mu^2\|\chi\|^2+\dfrac{1}{2}\|\chi_t\|^2+\dfrac{1}{2}\|\nabla\chi\|^2+\dfrac{1}{2m}\|\nabla\varphi\|^2\\ \qquad -g^2\left(|\varphi|^2,\chi\right)+\displaystyle\int_Q H(\chi)\mathrm{d}x=E(0)=E_{00},\\ \|\varphi\|^2=\|\varphi_0\|^2=E_{01}.\end{cases}\tag{6.14}$$

类似于引理 6.1 的证明 (从略).

引理 6.13 (Sobolev 估计) 设 $u\in L_q(\mathbb{R}^n)$, $D^m u\in L_r(\mathbb{R}^n)$, $1\leqslant q,\ r\leqslant\infty$, 且 $0\leqslant j\leqslant m$, $j/m\leqslant a\leqslant 1$, $1\leqslant p\leqslant\infty$, 且设 $\dfrac{1}{p}=\dfrac{j}{n}+a\left(\dfrac{1}{r}-\dfrac{m}{n}\right)+(1-a)\dfrac{1}{q}$, 则存在常数 c, 使得

$$\left\|D^i u\right\|_p\leqslant c\|D^m u\|_r^a\|u\|_q^{1-a},\tag{6.15}$$

特别当 $n=2$, $j=0$, $p=4$, $r=2$, $q=2$ 时, 有

$$\|u\|_4^4\leqslant\|\nabla u\|^2\|u\|^2.\tag{6.16}$$

证明 见文献 [150] 或 [151]. □

引理 6.14 若满足引理 6.12 条件, 设 $H(s)\geqslant 0$, $s\in(-\infty,\infty)$, 且 $\|\varphi_0\|^2\leqslant\dfrac{\mu^2}{4mg^4}$, 则有

$$\|\chi\|^2+\|\chi_t\|^2+\|\nabla\chi\|^2+\|\nabla\varphi\|^2\leqslant E_0=\text{const}.\tag{6.17}$$

证明 事实上, 利用不等式

$$2ab \leqslant \varepsilon a^2 + \frac{1}{\varepsilon} b^2 \quad (\varepsilon > 0),$$

$$2g^2 \left| \left(|\varphi|^2, \chi \right) \right| \leqslant \frac{\mu^2}{2} \|\chi\|^2 + \frac{2g^4}{\mu^2} \left\| |\varphi|^2 \right\|^2,$$

由引理 6.13,

$$\left\| |\varphi|^2 \right\|^2 \leqslant \|\varphi\|^2 \|\nabla \varphi\|^2 = \|\varphi_0\|^2 \|\nabla \varphi\|^2 \quad (n=2),$$

故由 (6.14) 式,

$$\begin{aligned} &\mu^2 \|\chi\|^2 + \|\chi_t\|^2 + \|\nabla \chi\|^2 + \frac{1}{m} \|\nabla \varphi\|^2 \\ \leqslant\ & 2 |E_{00}| + \frac{\mu^2}{2} \|\chi\|^2 + \frac{2g^4}{\mu^2} \|\varphi_0\|^2 \|\nabla \varphi\|^2. \end{aligned}$$

由本引理假定, $\dfrac{1}{m} - \dfrac{2g^4}{\mu^2} \|\varphi_0\|^2 \geqslant \dfrac{1}{2m}$, 故得

$$\frac{\mu^2}{2} \|\chi\|^2 + \|\chi_t\|^2 + \|\nabla \chi\|^2 + \frac{1}{2m} \|\nabla \varphi\|^2 \leqslant 2 \mid E_{00}| = \text{const}.$$ □

引理 6.15 设算子 $B = \sqrt{-\Delta + m_0^2}$, $\Delta \equiv \dfrac{\partial^2}{\partial x_1^2} + \dfrac{\partial^2}{\partial x_2^2}$, $m_0 > 0$, 则对 $u \in D(B)$ 有

$$\|u\|_6 \leqslant k \|Bu\| = k \left(\|\nabla u\|^2 + m_0^2 \|u\|^2 \right)^{\frac{1}{2}}. \tag{6.18}$$

证明 见文献 [152] 引理 3. □

引理 6.16 设 $s(t)\varphi = e^{it\Delta}\varphi$ 为算子 Δ 生成的半群, 设 $1 \leqslant q \leqslant 2 \leqslant p \leqslant +\infty, \dfrac{1}{p} + \dfrac{1}{q} = 1$, 则有

$$\|s(t)\varphi\|_p \leqslant t^{-n\left(\frac{1}{q} - \frac{1}{2}\right)} \|\varphi\|_q, \quad \forall \varphi \in L_q\left(\mathbb{R}^n\right), \tag{6.19}$$

且有 $\|s(t)\varphi\| = \|\varphi\|$.

证明 见文献 [153, p.60 定理 IX, 30]. □

引理 6.17 对于方程组 (6.1), (6.2) 的解 $\varphi(x_1, x_2, t)$ 有估计

$$\|\nabla \varphi\|_p \leqslant c_T \quad (p > 2), \tag{6.20}$$

其中 c_T 为确定常数.

证明 方程 (6.2) 的解可写成

$$\varphi\left(t'\right)=s\left(t'\right)\varphi_0+\int_0^{t'} s\left(t'-\xi\right)\left[-2mg^2\chi(\xi)\varphi(\xi)\right]\mathrm{d}\xi,\quad t'=\frac{t}{2m}.$$

上式作对空间变元的微商得

$$D\varphi\left(t'\right)=s\left(t'\right)D\varphi_0+\int_0^{t'} s\left(t'-\xi\right)\left[-2mg^2D(\chi(\xi)\varphi(\xi))\right]\mathrm{d}\xi,$$

$$\begin{aligned}\left\|D\varphi\left(t'\right)\right\|_p&\leqslant\left\|s\left(t'\right)D\varphi_0\right\|_p+c\int_0^{t'}\frac{1}{\left(t'-\xi\right)^{\frac{2-q}{q}}}\cdot\|\chi D\varphi+\varphi D\chi\|_q\mathrm{d}\xi\\&\leqslant c_1\left\|\varphi_0\right\|_{H^2}+c\int_0^{t'}\frac{1}{\left(t'-\xi\right)^{\frac{2-q}{q}}}\left[\|\chi\|_r\|D\varphi\|+\|\varphi\|_r\|D\chi\|\right]\mathrm{d}\xi\\&\leqslant c_1\left\|\varphi_0\right\|_{H^2}+c_2\int_0^{t'}\frac{1}{\left(t'-\xi\right)^{\frac{2-q}{q}}}\mathrm{d}\xi\leqslant c_3(t)\leqslant c_T,\end{aligned}$$

其中 $\frac{1}{p}+\frac{1}{q}=1,\ \frac{1}{r}=\frac{1}{2}-\frac{1}{p}=\frac{p-2}{2p}$, 当 $p>2$ 时, 可使 $\|\chi\|_r$, $\|\varphi\|_r$ 为有界, 例如取 $p=3$, 则 $r=6$, 由引理 6.14 知, $\|\nabla\varphi\|,\|\nabla\chi\|$ 为有界, 由引理 6.15 知, $\|\chi\|_6,\|\varphi\|_6$ 为有界, 于是当 $p>2,\ q<2$ 时, 则积分 $\int_0^{t'}\frac{1}{\left(t'-\xi\right)^{\frac{2-q}{q}}}\mathrm{d}\xi$ 收敛, 故得 (6.20) 式. □

推论 6.18

$$\|\varphi\|_{L^\infty}\leqslant c_T'\quad(n=2),\tag{6.21}$$

其中 c_T' 为确定常数.

证明 由 Sobolev 嵌入定理和不等式 (6.20) 即得. □

引理6.19 若满足引理 6.12、引理 6.14 的条件, 且有 $D^2\varphi_0\in L^2$, $\chi_0\varphi_0\in L^2$, 则有

$$\left\|\varphi_t\right\|^2\leqslant E_1',\tag{6.22}$$

其中 E_1' 为确定常数.

引理 6.20 若满足引理 6.19 的条件, 且满足 (i) $h(s)\in C^1,|h'(s)|\leqslant A|s|^2+B$, A, B 为正常数. (ii) $D^2\chi_0$, $D\chi_1,D^4\varphi_0$, $\chi_1\varphi_0$, $\varphi_0\cdot D\chi_0,\chi_0D\varphi_0,\chi_0D^2\varphi_0$, $\chi_0^2\varphi_0$, $D^2\chi_0\cdot\varphi_0$, $D\chi_0\cdot D\varphi_0\in L^2$, 则

$$\left\|\chi_{tt}\right\|^2+\left\|\nabla\chi_t\right\|^2+\left\|D^2\chi\right\|^2\leqslant E_2',\tag{6.23}$$

$$\|\varphi_{tt}\|^2 + \|D\varphi_t\|^2 \leqslant E_2'', \tag{6.24}$$

其中 E_2', E_2'' 为确定常数.

证明 类似引理 6.6, 方程 (6.1) 对 t 微商, 与 χ_{tt} 作内积, 且注意到

$$|(h'(\chi)X, X_t)| \leqslant \frac{1}{2}\|X_t\|^2 + \frac{1}{2}\|h'(\chi)X\|^2,$$

这里

$$X = \chi_t, \quad \|\chi^2 X\|^2 \leqslant \|\chi\|_6^4 \|X\|_6^2 \leqslant c_1\|\nabla X\|^2 + c_2,$$

不难得到 (6.23) 式. 由此可得, $\| D^2\chi \|^2$ 有界, 由 Sobolev 嵌入定理, 可知 $\| \chi \|_{L^\infty}$ 为有界. (6.2) 式分别对 t, x 各作一次微商和对 t 作二次微商, 利用 (6.23) 式及 $\|\chi\|_{L^\infty}$ 的有界性, 不难得到 (6.24) 式. □

推论 6.21 $\|D^4\varphi\|^2$ 有界, 对固定的 t, $D^2\varphi \in c^0$.

引理 6.22 若满足引理 6.20 条件, 且满足 (i) $h(s) \in C^2$. (ii) $D^2\chi_1, \varphi_0 \cdot D^2\varphi_0, \varphi_0^2\chi_0 \in L^2$, $x_0 \in H^3$, 则有估计

$$\|\chi_{ttt}\|^2 + \|\nabla\chi_{tt}\|^2 \leqslant E_3', \tag{6.25}$$

其中 E_3' 为确定常数.

引理 6.23 若满足引理 6.22 条件, 且满足 (i) $h(s) \in C^3$. (ii) $\varphi_0 \in H^6$, $\chi_0 \in H^4$, $\chi_1 \in H^3$, 则有估计

$$\|\chi_{tttt}\|^2 + \|\nabla\chi_{ttt}\|^2 \leqslant E_4, \tag{6.26}$$

$$\|\varphi_{ttt}\|^2 \leqslant E_4', \tag{6.27}$$

其中 E_4, E_4' 均为确定常数.

证明 将方程 (6.2) 对 t 微商三次, 利用引理 6.22 的结果和本引理的假定, 可得 $\|\varphi_{ttt}\|^2$ 的有界性. 再由方程 (6.1) 对 t 微商三次, 利用 (6.27) 式可得 (6.26) 式. □

推论 6.24 $\|D^4\chi\|^2$ 有界. 对固定的 t, $D^2\chi \in C^0$, $\chi_{tt} \in C^0$.

6.2 局部解的存在性

对于方程组 (6.1), (6.2) 的 Cauchy 问题和初边值问题, 我们分别采用下述方法构造它的近似解, 借此得到它的局部解.

6.2.1 Cauchy 问题

令 $\chi_t=\psi$, 我们可化方程 (6.1), (6.2) 为如下算子形式:

$$\begin{cases} \phi'(t)=-iA_1\phi(t)+J_1(\phi,\varphi), \\ \varphi'(t)=-iA_2\varphi(t)+J_2(\phi,\varphi), \end{cases} \tag{6.28}$$

其中 $\phi(t)=\langle\chi,\phi\rangle$, $A_1=i\begin{pmatrix} 0 & I \\ -B^2 & 0 \end{pmatrix}$, $B^2=-\Delta+\mu^2$, I 为单位算子, $A_2=-\dfrac{1}{2m}\Delta$, $J_1(\phi,\varphi)=\langle 0,g^2|\varphi|^2-h(\chi)\rangle$, $J_2(\phi,\varphi)=ig^2\chi\varphi$. (6.28) 式可写成积分方程

$$\begin{aligned} \phi(t)&=e^{-iA_1t}\phi_0+\int_0^t e^{-iA_1(t-s)}J_1(\phi(s),\varphi(s))\mathrm{d}s, \\ \varphi(t)&=e^{-iA_2t}\varphi_0+\int_0^t e^{-iA_2(t-s)}J_2(\phi(s),\varphi(s))\mathrm{d}s, \end{aligned} \tag{6.29}$$

若令 $u(t)=\langle\phi(t),\varphi(t)\rangle$, $A=\begin{pmatrix} A_1 & 0 \\ 0 & A_2 \end{pmatrix}$, $J=\langle J_1,J_2\rangle$, 则 (6.29) 式可写成

$$u(t)=e^{-iAt}u_0+\int_0^t e^{-iA(t-s)}J(u(s))\mathrm{d}s. \tag{6.30}$$

令集合 $B=\{u(t)=\langle\chi,\phi,\varphi\rangle:\chi(t),\varphi(t)\in C^0(0,T;H^m(\mathbb{R}^2)),\phi(t)\in C^0(0,T;H^{n-1}(\mathbb{R}))$, 且 $\|u\|_{H_B}=\|\chi\|_{L^\infty(0,T;H^m)}+\|\psi\|_{L^\infty(0,T;H^{m-1})}+\|\varphi\|_{L^\infty(0,T;H^m)}\leqslant M$, 其中 $M>\|\chi_0\|_{H^m(\mathbb{R}^2)}+\|\chi_1\|_{H^{m-1}(\mathbb{R}^2)}+\|\varphi_0\|_{H^m(\mathbb{R}^2)},m\geqslant 2\}$, 令 $d(u,v)=\|u-v\|_{H_B}$, 则集合 B 为完备的.

引理 6.25 设 $h(\chi)\in C^m$, 则有

(i) $\|J(u(t))\|_{H_B}\leqslant c$, $u\in B$, $c=\mathrm{const}$;

(ii) $\|J(u_1(t))-J(u_2(t))\|_{H_B}\leqslant c\|u_1-u_2\|_{H_B}$, u_1, $u_2\in B$.

证明 事实上, 由于 $\chi(t)$, $\varphi(t)\in H^m(\mathbb{R}^2)$, $m\geqslant 2$, 故由 Sobolev 嵌入定理可知, $\|\chi\|_{L^\infty}\leqslant c_1$, $\|\varphi\|_{L^\infty}\leqslant c_2$, 且 $\|g^2|\varphi|^2-h(\chi)\|_{H^m}\leqslant c_3\|u\|_{H_B}^m$, $\|ig^2\chi_\varphi\|_{H^m}\leqslant c_4\|u\|_{H_B}^m$, 故对 $u\in B$, 有 $\|J(u(t))\|_{H_B}\leqslant c$. 又因

$$\begin{aligned} \left\|g^2|\varphi_1|^2-g^2|\varphi_2|^2\right\|_{H^m}&\leqslant f_1(\|\varphi_1\|_{H^m},\|\varphi_2\|_{H^m})\|\varphi_1-\varphi_2\|_{H^m} \\ &\leqslant f_2\left(\|u_1\|_{H_B},\|u_2\|_{H_B}\right)\|u_1-u_2\|_{H_m}, \end{aligned}$$

$$\|h(\chi_1)-h(\chi_2)\|_{H^m}\leqslant f_3(\|\chi_1\|_{H^m},\|\chi_2\|_{H^m})\|\chi_1-\chi_2\|_{H^m}$$

$$\leqslant f_4\left(\|u_1\|_{H_B}, \|u_2\|_{H_B}\right)\|u_1 - u_2\|_{H_B},$$

$$\|ig^2(\chi_1\varphi_1 - \chi_2\varphi_2)\|_{H^m} \leqslant f_5\left(\|\chi_1\|_{H^m}, \|\chi_2\|_{H^m}, \|\varphi_1\|_{H^m}, \|\varphi_2\|_{H^m}\right)\|u_1 - u_2\|_{H_B}$$

$$\leqslant f_6\left(\|u_1\|_{H_B}, \|u_2\|_{H_B}\right)\|u_1 - u_2\|_{H_B},$$

因而对于 $u_1, u_2 \in B$ 我们得到 (ii). 这里 $f_j(j = 1, 2, \cdots, 6)$ 均表示其变元的单增正函数. □

于是对于 $u \in B$, 由 (6.30) 式定义映射

$$\varphi(u) = e^{-iAt}u_0 + \int_0^t e^{-iA(t-s)}J(u(s))\mathrm{d}s,$$

由引理 6.25 及 $\|\varphi(u)\|_{H_B} \leqslant \|u_0\|_{H_B} + \int_0^t \|J(u(s))\|_{H_B}\mathrm{d}s$, 易知映射 $\varphi(u)$ 将集合 B 映射为自己, 且在集合 B 上为压缩算子 (在 $0 \leqslant t \leqslant T$ 上, T 为适定小), 故 $\varphi(u)$ 具有不动点, $u = \varphi(u)$ 为定解问题 (6.29) 的解. 由文献 [5] 易证, $\phi(t)$, $\varphi(t)$ 对 t 强可微, 于是得到定解问题 (6.28) 的解. 我们有如下定理.

定理 6.26 *若* $\chi_0 \in H^m$, $\chi_1 \in H^{m-1}$, $\varphi_0 \in H^m(m \geqslant 2)$, *且* $h(s) \in C^m, s \in (-\infty, \infty)$, *则存在定解问题* (6.1), (6.2) *的* Cauchy *问题的局部解* $\chi \in C^0(0,T;H^m) \cap C^1(0,T;H^{m-1}) \cap C^2(0, T;H^{m-2})$; $\varphi \in C^0(0,T;H^m) \cap C^1(0,t;H^{m-2})$.

为了得到方程组 (6.1), (6.2) Cauchy 问题的古典局部解, 根据 Sobolev 嵌入定理, 我们有如下:

定理 6.27 *若* $\chi_0 \in H^4(\mathbb{R}^2), \chi_1 \in H^3(\mathbb{R}^2), \varphi_0 \in H^4(\mathbb{R}^2), h(s) \in C^4$, *则存在方程组* (6.1), (6.2) Cauchy *问题的古典局部解*.

对于一维情况, 定理 6.26 条件可减弱为

定理 6.28 *若* $\chi_0 \in H^3(\mathbb{R}^1), \chi_1 \in H^2(\mathbb{R}^1), \varphi_0 \in H^3(\mathbb{R}^1), h(s) \in C^3$, *则存在方程组* (6.1), (6.2) Cauchy *问题的古典局部解*.

6.2.2 初边值问题

此时, 我们采用 Galerkin 法作近似解, 取基函数为 Laplace 算子具零边界条件的特征函数, 即 $\{\psi_k\}$ 满足

$$\Delta\psi_k = \mu_k\psi_k, \quad \psi_k|_{\partial Q} = 0 \quad (k = 1, 2, \cdots),$$

$\{\psi_k\}$ 的存在性和正则性已有充分的研究, 例如 $Q \in C^4$, 则存在 $\psi_k \in C^4(Q)$. 令

$$\chi_m = \chi_m(x,t) = \sum_{k=1}^m \lambda_k^m(t)\psi_k(x),$$

$$\varphi_m = \varphi_m(x,t) = \sum_{k=1}^{m} \zeta_k^m(t)\psi_k(x),$$

待定系数 λ_k^m, ζ_k^m 由以下方程确定:

$$\begin{aligned}&\left(D_t^2\chi_m, \psi_k\right) - (\Delta\chi_m, \psi_k) + \mu^2(\chi_m, \psi_k) - \left(g^2|\varphi_m|^2, \psi_k\right) + (h(\chi_m), \psi_k) = 0,\\&(iD_t\varphi_m, \psi_k) + \frac{1}{2m}(\Delta\varphi_m, \psi_k) - g^2(\chi_m\varphi_m, \psi_k) = 0 \quad (k = 1, 2, \cdots, m).\end{aligned} \tag{6.31}$$

对于 (6.31) 式的初值, 我们选取 $\lambda_k^m(0)$, $D_t\ \lambda_k^m(0)$, $\zeta_k^m(0)$, 使当 $m \to \infty$ 时,

$$\begin{aligned}&\chi_{m,0} = \chi_m(x,0) = \sum_{k=1}^{m} \lambda_k^m(0)\psi_k(x) \to \chi_0 \text{ 在 } H^4\text{中},\\&(D_t\chi_m)_0 = D_t\chi_m(x,0) = \sum_{k=1}^{m} D_t\lambda_k^m(0)\psi_k(x) \to (D_t\chi)_0 = \chi_1 \text{ 在 } H^3 \text{ 中},\\&\varphi_{m0} = \varphi_m(x,0) = \sum_{k=1}^{m} \zeta_k^m(0)\psi_k(x) \to \varphi_0 \text{ 在 } H^6 \text{ 中}.\end{aligned} \tag{6.32}$$

由常微分方程解的存在定理可知非线性常微分方程组 Cauchy 问题 (6.31) 是局部可解的. 类同于文献 [154], 我们可估计 $\|(D_t^4\chi_m)_0\|^2, \|(\nabla D_t^3\chi_m)_0\|^2$, $\|(D_t^3\varphi_m)_0\|^2$ 关于 m 一致有界, 类似于 6.2.2 节的积分估计, 可估计 $\|D_t^4\chi_m\|^2, \|\nabla D_t^3\chi_m\|^2$, $\|D_t^3\varphi_m\|^2$ 关于 m 一致有界, 由列紧性原理及 Sobolev 嵌入定理, 可得 $\{\chi_m\}$, $\{\varphi_m\}$ 的极限函数 χ, φ 存在, 且对固定的 $t, \chi, \varphi \in C^2$, 由 (6.31), (6.32) 式可知它们满足方程及初始条件、边界条件, 得到我们的古典局部解.

定理 6.29 若 $\chi_0 \in H^4(Q) \cap H_0^1(Q)$, $\chi_1 \in H^3(Q) \cap H_0^1(Q)$, $\varphi_0 \in H^6(Q) \cap H_0^1(Q)$, 且 $h(s) \in C^4$, 则存在定解问题 (6.1)—(6.4) 的古典局部解.

定理 6.30 若 $\chi_0 \in H^3(-a,a) \cap H_0^1(-a,a)$, $\chi_1 \in H^2(-a,a) \cap H_0^1(-a,a)$, $\varphi_0 \in H^4(-a,a) \cap H_0^1(-a,a)$ 且 $h(s) \in C^3$, 则存在定解问题 (6.1)—(6.4) 的一维古典局部解.

6.3 方程 (6.1), (6.2) Cauchy 问题和初边值问题整体古典解的存在性、唯一性

由 6.2 节的先验积分估计和本节局部古典解的存在性, 我们可得到如下古典整体解的存在定理.

定理 6.31 若满足条件 (i) $\varphi_0 \in H^4$, $\chi_0 \in H^3$, $\chi_1 \in H^2$. (ii) $h(s) \in C^3$, 且 $H(s) \geqslant 0$, 其中 $H(s) = \int_0^s h(z)\mathrm{d}z$, 则方程 (6.1), (6.2) 的 Cauchy 问题和初边值问题的一维古典整体解存在, 对于固定的 t, $\varphi \in C^2$, $\chi \in C^2$ $(0 \leqslant t \leqslant T)$.

定理 6.32 若满足条件 (i) $\varphi_0 \in H^6(\mathbb{R}^2)$, $\chi_0 \in H^4(\mathbb{R}^2), \chi_1 \in H^3(\mathbb{R}^2)$.

(ii) $\|\varphi_0\|^2 \leqslant \dfrac{\mu^2}{4mg^4}$.

(iii) $h(s) \in C^4, H(s) \geqslant 0$, 其中 $H(s) = \int_0^s h(z)\mathrm{d}z$.

(iv) $|h'(s)| \leqslant A|s|^2 + B$, 其中 A, B 为正常数,

则方程 (6.1), (6.2) 的 Cauchy 问题和初边值问题 $(n=2)$ 存在古典整体解, $\varphi \in C^2, \chi \in C^2$ $(0 \leqslant t \leqslant T)$.

定理 6.33 若 $h(s) \in C^1$, 则定解问题 (6.1), (6.2) 的 Cauchy 问题和初边值问题的有界解是唯一的.

证明 设有两组解 $\varphi_1, \chi_1; \varphi_2, \chi_2$. 令 $\varphi = \varphi_1 - \varphi_2, \chi = \chi_1 - \chi_2$, 则由方程 (6.1), (6.2) 得

$$\begin{cases} \Box\chi + \mu^2\chi - \left(g^2|\varphi_1|^2 - g^2|\varphi_2|^2\right) + h(\chi_1) - h(\chi_2) = 0, \\ i\varphi_t + \dfrac{1}{2m}\Delta\varphi + g^2(\chi_1\varphi_1 - \chi_2\varphi_2) = 0, \\ \chi|_{t=0} = \chi_t|_{t=0} = \varphi|_{t=0} = 0. \end{cases} \tag{6.33}$$

因 $|\varphi_1|^2 - |\varphi_2|^2 = (|\varphi_1| + |\varphi_2|)(|\varphi_1| - |\varphi_2|), \chi_1\varphi_1 - \chi_2\varphi_2 = (\chi_1 - \chi_2)\varphi_1 + \chi_2(\varphi_1 - \varphi_2)$, (6.33) 式中第一式和第二式分别乘以 $\chi, \bar{\varphi}$ 作内积可得

$$\begin{aligned} &\frac{1}{2}\frac{\mathrm{d}}{\mathrm{d}t}\left[\|\chi_t\|^2 + \|\nabla\chi\|^2 + \mu^2\|\chi\|^2\right] \\ \leqslant\ & g^2\left(\|\varphi_1\|_{L^\infty} + \|\varphi_2\|_{L^\infty}\right)\cdot\frac{1}{2}\left[\|\chi\|^2 + \|\varphi\|^2\right] + \|h'(\chi)\|_{L^\infty}\|\chi\|^2 \\ \leqslant\ & c_1\left[\|\chi\|^2 + \|\varphi\|^2\right], \end{aligned}$$

$$i(\varphi_t, \varphi) + \frac{1}{2m}(\Delta\varphi, \varphi) + g^2(\chi_1\varphi_1 - \chi_2\varphi_2, \varphi) = 0,$$

上式取虚部可得

$$\begin{aligned} \frac{1}{2}\frac{\mathrm{d}}{\mathrm{d}t}\|\varphi\|^2 &\leqslant g^2\left[\|\varphi_1\|_{L^\infty}\cdot\frac{1}{2}\left(\|\chi\|^2 + \|\varphi\|^2\right) + \|\chi_2\|_{L^\infty}\|\varphi\|^2\right] \\ &\leqslant c_2\left[\|\chi\|^2 + \|\varphi\|^2\right], \end{aligned}$$

由此即得

$$\frac{\mathrm{d}}{\mathrm{d}t}\left[\|\chi_t\|^2+\mu^2\|\chi\|^2+\|\nabla\chi\|^2+\|\varphi\|^2\right]\leqslant c_3\left[\|\chi\|^2+\|\varphi\|^2\right].$$

由此及 (6.33) 第三式即得 $\chi_t\equiv\chi\equiv\nabla\chi\nabla\varphi\equiv 0$, 定理 6.33 证毕 (对于初边值问题同样证明). □

注 对于周期初值问题, 它的解除了满足问题 (6.1)—(6.3) 外, 还满足

$$\chi(x_i+D,t)=\chi(x_j,t),\quad \varphi(x_i+D,t)=\varphi(x_i,t),$$
$$-\infty<x_i<\infty,\quad \forall t>0,\ D>0,\ j=1,2,$$

本章的上述结果仍成立 (此时初值函数 χ_0, χ_1, φ_0 均应设为周期函数).

第 7 章 Schrödinger-BBM 方程耦合系统的整体流

这一章考虑 Schrödinger-BBM 型耦合方程的 Cauchy 问题

$$i\varepsilon_t + \varepsilon_{xx} = \varepsilon n + a|\varepsilon|^{p-1}\varepsilon, \quad (t,x) \in \mathbb{R} \times \mathbb{R}, \tag{7.1}$$

$$n_t - n_{xxt} = (|\varepsilon|^2 + n^2)_x, \quad (t,x) \in \mathbb{R} \times \mathbb{R}, \tag{7.2}$$

$$\varepsilon(0) = \varepsilon_0(x), \quad x \in \mathbb{R}, \tag{7.3}$$

$$n(0) = n_0(x), \quad x \in \mathbb{R}, \tag{7.4}$$

其中 $a \in \mathbb{R}$, $1 < p < \infty$. $\varepsilon(t,x)$ 和 $n(t,x)$ 分别是复函数和实函数. 方程 (7.1) 和 (7.2) 近似描述一维朗缪尔和离子声波的非线性动力学[130-132]. 在适当的光滑条件下 $f(\varepsilon) = |\varepsilon|^{p-1}\varepsilon$, Guo 利用积分估计法和不动点定理证明了 (7.1)—(7.4) 在空间 $L^\infty(0,T;H^m) \times L^\infty(0,T;H^m)$ 对所有 $m \geqslant 2$ 的整数的整体可解性 (可见文献 [133]). 一个自然的问题是: (7.1)—(7.4) 在 $L^2 \times L^2$ 或者 $H^1 \times H^1$ 是否会产生整体流. 在这里将证明这个问题是正确的. 为此目的, 应用文献 [137—139] 中建立的 Strichartz 型估计[134,135] 和压缩映射原理.

首先介绍几个符号. 当 $1 \leqslant p \leqslant \infty$ 时, $L^p(\mathbb{R})$ 表示关于复值、实值函数的一般 Lebesgue 空间, $J_s = (I - \partial_x^2)^{\frac{s}{2}}$ 是 Bessel 位势, $W^{s,p}(\mathbb{R}) = J_{-s}L^p(\mathbb{R})$ 是 Bessel 位势空间. 当 s 是整数时, $W^{s,p}$ 只是 Sobolev 空间. 特别地, 记 $W^{s,2} = H^s$. 定义 $D_x^s = (-\partial_x^2)^{\frac{s}{2}}$ 是 Riesz 位势, $W^{s,p}(\mathbb{R}) = D^{-s}L^p$ 是 Riesz 位势空间. 对于一个 Banach 空间 X 和一个时间区间 $I \subset \mathbb{R}$, $C(I,X)$ 表示强连续函数 u 从 I 到 X 的空间, $L^p(I,X)$ 表示可测函数 u 从 I 到 X 的空间满足 $\| u(\cdot) \|_X \in L^p(I)$. 为了不引起混淆, 通常 $L_t^q L_x^p = L^q(I;L^p(\mathbb{R}))$ 和 $L_x^p L_t^q = L^p(\mathbb{R};L^q(I))$. 在估计中, 不同的正常数可以用同一个字母 C 表示, 必要时用 $C(*,\cdots,*)$ 表示, 以表示括号内数量的依赖关系.

通过相应的积分方程研究 (7.1)—(7.4):

$$\varepsilon(t) = S(t)\varepsilon_0(x) + \int_0^t S(t-\tau)(\varepsilon n + a|\varepsilon|^{p-1}\varepsilon)\mathrm{d}\tau, \tag{7.5}$$

$$n(x) = n_0(x) + \int_0^t R(x) * (|\varepsilon|^2 + n^2)\mathrm{d}\tau, \tag{7.6}$$

其中 $S(t) = \exp(it\Delta)$ 是求解自由 Schrödinger 方程的自由传播器. $R(x) = \frac{1}{2}\mathrm{sgn}x e^{-|x|}$; $*$ 表示 $\mathbb{R}$ 上通常的卷积.

在时间区间 I 上, 积分方程 (7.5)—(7.6) 可以通过空间 $X_k(I)(k=0,1)$ 上的收缩法来解决,

$$X_k(I) = \{(\varepsilon, n) \in C(I; H^k) | J_k\varepsilon \in L_t^4(I; L_x^\infty(\mathbb{R}))\}, \tag{7.7}$$

范数为

$$\|(\varepsilon, n)\|_{X_k} = \|J_k\varepsilon\|_{L_t^\infty L_x^2} + \|J_k n\|_{L_t^\infty L_x^2} + \|J_k\varepsilon\|_{L_t^4 L_x^\infty}. \tag{7.8}$$

主要结论如下.

定理 7.1 (i) 令 $1<p<5$, $(\varepsilon_0(x), n_0(x)) \in L^2 \times L^2$. 那么, (7.5)—(7.6) 有一对唯一解 $(\varepsilon(t,x), n(t,x)) \in C(\mathbb{R}; L^2) \times C(\mathbb{R}; L^2)$ 使得 $(\varepsilon, n) \in X_0([-T,T])$ 对任意 $T>0$.

(ii) 令 $1<p<\infty$, $(\varepsilon_0(x), n_0(x)) \in H^1 \times H^1$. 那么, (7.5)—(7.6) 有一对唯一解 $(\varepsilon(t,x), n(t,x)) \in C(\mathbb{R}; H^1) \times C(\mathbb{R}; H^1)$ 使得 $(\varepsilon, n) \in X_1([-T,T])$ 对任意 $T>0$.

(iii) 令 $p=2l+1$, $(\varepsilon_0(x), n_0(x)) \in H^k \times H^k$, $l, k \in \mathbb{Z}^+$. 那么, (7.5)—(7.6) 有一对唯一解 $(\varepsilon(t,x), n(t,x)) \in C(\mathbb{R}; H^k) \times C(\mathbb{R}; H^k)$ 使得 $(\varepsilon, n) \in X_k([-T,T])$ 对任意 $T>0$.

由定理 7.1 容易证明 (7.1)—(7.4) 在 $H^k \times H^k (k \in \mathbb{Z}^+ \cup \{0\})$ 产生非线性全局流 $W(t)$. 映射 $(\varepsilon_0(x), n_0(x)) \to W(t)(\varepsilon_0(x), n_0(x))$ 是 $H^k \times H^k \to C(\mathbb{R}; H^k) \times C(\mathbb{R}; H^k)$ 上的良定义. 作为定理 7.1 及其证明过程的直接结果, 还可以得到下面的结果.

推论 7.2 对任意的 $T>0$, $(\varepsilon_0(x), n_0(x)) \in H^k \times H^k$ $(k=0,1)$, 存在 $\delta>0$ 使得映射 $(\varepsilon_0(x), n_0(x)) \to W(t)(\varepsilon_0(x), n_0(x))$ 是 $B_\delta^k(\varepsilon_0(x), n_0(x)) \equiv \{(\varphi, \psi) \in H^k \times H^k; \|\varphi - \varepsilon_0(x)\|_{H^k} < \delta, \|\psi - n_0(x)\|_{H^k} < \delta\}$ 到 $X_k([-T,T])$ 的 Lipschitz 连续.

注 当 $n \equiv 0$ 时, (7.1) 和 (7.2) 只是经典的 Schrödinger 方程, 注意到 $p=5$ 和 $p=\infty$ 分别是 L^2 和 H^1 临界指数. 所以定理 7.1 的结果是最优的. 定理 7.1 的 (iii) 包含了参考文献 [133] 的结果.

7.1 预备估计

给出一些与 Schrödinger 自由传播算子 $S(t)$ 和 $R(x)$ 相关的估计.

引理 7.3 [134,135] $S(t)$ 满足如下估计:

(i) 对任意的 (q,r) 和 $0\leqslant\frac{2}{q}=\frac{1}{2}-\frac{1}{r}\leqslant\frac{1}{2}$,

$$\|S(t)\varphi\|_{L_t^qL_x^r}\leqslant C\|\varphi\|_{L^2},\quad \varphi(x)\in L^2(\mathbb{R}). \tag{7.9}$$

(ii) 对任意的 (q_j,r_j) 和 $0\leqslant\frac{2}{q_j}=\frac{1}{2}-\frac{1}{r_j}\leqslant\frac{1}{2}$, $j=1,2$, 且对任意时间区间 $I\subset\mathbb{R}$ 和 $0\in\bar{I}$, G 算子定义为

$$Gf(t,x)=\int_0^t S(t-\tau)f(\tau,x)\mathrm{d}\tau \tag{7.10}$$

满足如下估计

$$\|Gf\|_{L_t{}^{q_1}L_x{}^{r_1}}\leqslant C\|f\|_{L_t^{q_2'}L_x^{r_2'}},\quad f\in L_t^{q_2'}L_x^{r_2'}, \tag{7.11}$$

这里 C 与 I 无关.

引理 7.4 [138] 令 $1\leqslant p,q,r\leqslant\infty$, $f\in L^p(\mathbb{R})$, $g\in L^q(\mathbb{R})$. 那么

$$\|f*g\|_{L^r}\leqslant C\|f\|_{L^p}\|g\|_{L^q}, \tag{7.12}$$

当

$$\frac{1}{p}+\frac{1}{q}=1+\frac{1}{r}$$

时, 这里 C 是正常数 (通常 (7.12) 称为 Young 不等式).

引理 7.5 令 $R(x)=\frac{1}{2}\mathrm{sgn}\,xe^{-|x|}$. 那么, $R(x)^*:H^s\to H^{s+1}$ 是一个有界映射, 其中 $s\in\mathbb{R}$.

证明 利用 Parseval 等式, 有

$$\begin{aligned}\|(I-\Delta)^{\frac{s+1}{2}}R(x)*f\|_{L^2}&=\left\|(1+|\xi|^2)^{\frac{s+1}{2}}\cdot\frac{\xi}{1+|\xi|^2}Ff\right\|_{L^2}\\&\leqslant\|(1+|\xi|^2)^{s/2}Ff\|_{L^2}=\|f\|_{H^s},\end{aligned} \tag{7.13}$$

引理 7.5 得证. □

7.2 局部适定性

本节致力于证明定理 7.1 的局部部分. 为简单起见, 令 $I=[0,T]$, $T>0$. 首先考虑方程 (7.1), (7.2) 在 $X_0(I)$. 当 $Q_0>0$ 时, 令

$$B_{Q_0}^0=\{(\varepsilon,n)\in X_0(I)|\|(\varepsilon,n)\|_{X_0(I)}\leqslant Q_0\}. \tag{7.14}$$

对任意的 $\varepsilon_0(x),n_0(x)\in L^2(\mathbb{R})$, 定义 $\Psi(\varepsilon,n)=(\Psi_1(\varepsilon,n),\Psi_2(\varepsilon,n))$,

$$\Psi_1(\varepsilon,n)=S(t)\varepsilon_0(x)+\int_0^t S(t-\tau)F(\varepsilon,n)\mathrm{d}\tau, \tag{7.15}$$

$$\Psi_2(\varepsilon,n)=n_0(x)+\int_0^t R(x)*G(\varepsilon,n)\mathrm{d}\tau, \tag{7.16}$$

这里 $F(\varepsilon,n)=\varepsilon n+a|\varepsilon|^{p-1}\varepsilon,\ \ G(\varepsilon,n)=n^2+|\varepsilon|^2$.

对于适当的 Q_0 和 T, 算子 Ψ 是 $B_{Q_0}^0$ 上的压缩映射. 注意到

$$\begin{aligned}&\|\Psi(\varepsilon,n)\|_{X_0(I)}\\=&\|\Psi_1(\varepsilon,n)\|_{L_t^4L_x^\infty}+\|\Psi_1(\varepsilon,n)\|_{L_t^\infty L_x^2}+\|\Psi_2(\varepsilon,n)\|_{L_t^\infty L_x^2},\end{aligned} \tag{7.17}$$

估计右项. 当 $(q,r)=(4,\infty)$ 和 $(\infty,2)$, $1<p<5$ 时, 由引理 7.3 与 Hölder 不等式有

$$\begin{aligned}&\|\Psi_1(\varepsilon,n)\|_{L_t^qL_x^r}\\ \leqslant& C\|\varepsilon_0(x)\|_{L_x^2}+C\|\varepsilon n\|_{L_t^1L_x^2}+C\|a|\varepsilon|^{p-1}\varepsilon\|_{L_t^1L_x^2}\\ \leqslant& C\|\varepsilon_0(x)\|_{L_x^2}+C\int_0^T\|n\|_{L_x^2}\|\varepsilon\|_{L_x^\infty}\mathrm{d}\tau+C\int_0^T\|\varepsilon\|_{L_x^\infty}^{p-1}\|\varepsilon\|_{L_x^2}\mathrm{d}\tau\\ \leqslant& C\|\varepsilon_0(x)\|_{L_x^2}+CT^{\frac{3}{4}}\|n\|_{L_t^\infty L_x^2}\|\varepsilon\|_{L_t^4L_x^\infty}\\ &+CT^{\frac{5-p}{4}}\|\varepsilon\|_{L_t^4L_x^\infty}^{p-1}\|\varepsilon\|_{L_t^\infty L_x^2}.\end{aligned} \tag{7.18}$$

另一方面, 由 Young 不等式和 Hölder 不等式有

$$\begin{aligned}\|\Psi_2(\varepsilon,n)\|_{L_t^\infty L_x^2}&\leqslant\|n_0(x)\|_{L_x^2}+\int_0^T\|R(x)\|_{L_x^2}(\|n^2+|\varepsilon|^2\|_{L_x^1})\mathrm{d}\tau\\&\leqslant\|n_0(x)\|_{L_x^2}+CT(\|\varepsilon\|_{L_t^\infty L_x^2}^2+\|n\|_{L_t^\infty L_x^2}^2).\end{aligned} \tag{7.19}$$

将 (7.18), (7.19) 代入 (7.17) 得到

$$\|\Psi(\varepsilon,n)\|_{X_0(I)} \leqslant (2C\|\varepsilon_0(x)\|_{L_x^2} + \|n_0(x)\|_{L_x^2}) + C_0(T)(\|(\varepsilon,n)\|_{X_0(I)}^2 + \|(\varepsilon,n)\|_{X_0(I)}^p), \tag{7.20}$$

这里 $C_0(T)$ 是一个与 (ε,n) 无关的正常数, 且当 $T\to 0$ 时有 $C_0(T)\to 0$.

选择 $Q_0>0$, 使得

$$2C_0\|\varepsilon_0(x)\|_{L_x^2} + \|n_0(x)\|_{L_x^2} \leqslant Q_0/2. \tag{7.21}$$

固定 $Q_0>0$, 取 $T>0$ 足够小使得

$$C_0(T)(Q_0^2+Q_0^p) < Q_0/2. \tag{7.22}$$

所以有 $\Psi: B_{Q_0}^0 \to B_{Q_0}^0$. 类似地, 对于 $(\varepsilon,n), (\tilde{\varepsilon},\tilde{n}) \in X_0(I)$,

$$\|\Psi(\varepsilon,n)-\Psi(\tilde{\varepsilon},\tilde{n})\|_{X_0} \leqslant \tilde{C}_0(T)(\|(\varepsilon,n)\|_{X_0} + \|(\varepsilon,n)\|_{X_0}^{p-1} + \|(\tilde{\varepsilon},\tilde{n})\|_{X_0} + \|(\tilde{\varepsilon},\tilde{n})\|_{X_0}^{p-1})\|(\varepsilon-\tilde{\varepsilon}, n-\tilde{n})\|_{X_0}, \tag{7.23}$$

这里 $\tilde{C}_0(T)$ 是与 (ε,n) 和 $(\tilde{\varepsilon},\tilde{n})$ 无关的正常数, 且当 $T\to 0$ 时有 $\tilde{C}_0(T)\to 0$. 取 $T>0$ 足够小使得

$$2\tilde{C}_0(T)(Q_0+Q_0^{p-1}) < 1. \tag{7.24}$$

综上, Ψ 是 $B_{Q_0}^0$ 上的压缩映射. 也就是, 存在一对函数 $(\varepsilon,n)\in X_0(I)$ 使得 $\Psi(\varepsilon,n) = (\varepsilon,n)$.

现在考虑 (7.5), (7.6) 在 $X_1(I)$ 空间的局部适定性. 对于 $(q,r)=(4,\infty)$ 和 $(\infty,2), 1<p<\infty$, 由引理 7.3 及 Hölder 不等式和 Sobolev 嵌入定理得

$$\begin{aligned}
\|\partial_x\Psi_1(\varepsilon,n)\|_{L_t^qL_x^r} &\leqslant C\|\partial_x\varepsilon_0(x)\|_{L_x^2} + C\|\partial_x(\varepsilon n)\|_{L_t^1L_x^2} \\
&\quad + C\|\partial_x(a|\varepsilon|^{p-1}\varepsilon)\|_{L_t^1L_x^2} \\
&\leqslant C\|\partial_x\varepsilon_0(x)\|_{L_x^2} + C\int_0^T \|J_1 n\|_{L_x^2}\|J_1\varepsilon\|_{L_x^\infty}\mathrm{d}\tau \\
&\quad + C\int_0^T \|\varepsilon\|_{L_x^\infty}^{p-1}\|J_1\varepsilon\|_{L_x^2}\mathrm{d}\tau \\
&\leqslant C\|\partial_x\varepsilon_0(x)\|_{L_x^2} + CT^{\frac{3}{4}}\|J_1 n\|_{L_t^\infty L_x^2}\|J_1\varepsilon\|_{L_t^4L_x^\infty} \\
&\quad + CT\|J_1\varepsilon\|_{L_t^\infty L_x^2}^{p-1}\|J_1\varepsilon\|_{L_t^\infty L_x^2}.
\end{aligned} \tag{7.25}$$

另一方面, 由引理 7.5 和 Sobolev 嵌入定理. 有

$$\begin{aligned}\|\partial_x\Psi_2(\varepsilon,n)\|_{L_t^\infty L_x^2}&\leqslant\|\partial_x n_0(x)\|_{L_x^2}+C\int_0^T(\|n^2+|\varepsilon|^2\|_{L_x^2})\mathrm{d}\tau\\&\leqslant\|\partial_x n_0(x)\|_{L_x^2}+CT(\|J_1\varepsilon\|_{L_t^\infty L_x^2}^2+\|J_1 n\|_{L_t^\infty L_x^2}^2).\end{aligned}\tag{7.26}$$

结合 (7.18), (7.19), (7.24) 和 (7.25) 得到

$$\begin{aligned}\|\Psi(\varepsilon,n)\|_{X_t}\leqslant&(2C\|\varepsilon_0(x)\|_{H_x^1}+\|n_0(x)\|_{H_x^1})\\&+C_1(T)(\|(\varepsilon,n)\|_{X_1}^2+\|(\varepsilon,n)\|_{X_1}^p),\end{aligned}\tag{7.27}$$

这里 $C_1(T)$ 是一个与 (ε,n) 无关的正常数, 且当 $T\to0$ 时有 $C_1(T)\to0$. 类似地, 对于 (ε,n), $(\tilde\varepsilon,\tilde n)\in X_1(I)$

$$\begin{aligned}\|\Psi(\varepsilon,n)-\Psi(\tilde\varepsilon,\tilde n)\|_{X_1}\leqslant&\tilde C_1(T)(\|(\varepsilon,n)\|_{X_1}+\|(\varepsilon,n)\|_{X_1}^{p-1}+\|(\tilde\varepsilon,\tilde n)\|_{X_1}\\&+\|(\tilde\varepsilon,\tilde n)\|_{X_1}^{p-1})\|(\varepsilon-\tilde\varepsilon,n-\tilde n)\|_{X_1},\end{aligned}\tag{7.28}$$

这里 $\tilde C_1(T)$ 是与 (ε,n) 和 $(\tilde\varepsilon,\tilde n)$ 无关的正常数, 且当 $T\to0$ 时有 $\tilde C_1(T)\to0$.

现在证明 (7.5), (7.6) 在 $X_1(I)$ 的局部适定性. 令 $Q_1>0$ 使得

$$2C\|\varepsilon_0(x)\|_{H_x^1}+\|n_0(x)\|_{H_x^1}\leqslant Q_1/2.\tag{7.29}$$

固定 $Q_1>0$, 取 $T>0$ 足够小使得

$$C_1(T)(Q_1^2+Q_1^p)<Q_1/2,\tag{7.30}$$

$$\tilde C_1(T)(2Q_1+2Q_1^{p-1})<1.\tag{7.31}$$

所以有 $\Psi:B_{Q_1}^1(I)\to B_{Q_1}^1(I)$ 是 $B_{Q_1}^1(I)$ 上的压缩映射. 因此, 存在唯一一对函数 $(\varepsilon,n)\in X_1(I)$ 有 $\Psi(\varepsilon,n)=(\varepsilon,n)$.

现在考虑推论 7.2 的局部部分. 在上述证明过程中, T 只依赖于 $\|\varepsilon_0(x)\|_{H^k}$ 和 $\|n_0(x)\|_{H^k},k=0,1$. 因此有 $T>0$ 和 $\delta>0$ 使得对任意的 $(\phi,\psi)\in\{(\phi,\psi)|\|\phi(x)-\varepsilon_0(x)\|_{H^k}<\varepsilon,\|\psi(x)-n_0(x)\|_{H^k}<\varepsilon\}=\Sigma_\delta$, 在 $I=[0,T]$, 存在唯一解 $(\varepsilon_\phi,n_\psi)=W(t)(\phi,\psi)$, 令 $(\phi,\psi),(\tilde\phi,\tilde\psi)\in\Sigma_\delta$, 那么由 (7.23), (7.28),

$$\begin{aligned}&\|(\varepsilon_\phi(t)-\varepsilon_{\tilde\phi}(t),n_\psi(t)-n_{\tilde\psi}(t))\|_{X_k}\\&\leqslant C\|\phi(x)-\tilde\phi(x)\|_{H^k}+\|\psi(x)-\tilde\psi(x)\|_{H^k}+\tilde C_x(T)[\|(\varepsilon_\phi(t),n_\psi(t))\|_{X_k}\\&\quad+\|(\varepsilon_{\tilde\phi}(t),n_{\tilde\psi}(t))\|_{X_k}+\|(\varepsilon_\phi(t),n_\psi(t))\|_{X_k}^{p-1}+\|(\varepsilon_{\tilde\phi}(t),n_{\tilde\psi}(t))\|_{X_k}^{p-1}]\end{aligned}$$

$$\times \|(\varepsilon_{\phi}(t)-\varepsilon_{\tilde{\phi}}(t), n_{\psi}(t)-n_{\tilde{\psi}}(t))\|_{X_k}, \quad k=0,1. \tag{7.32}$$

再由 (7.24), (7.31) 得

$$\tilde{C}_x(T)[\|(\varepsilon_{\phi}(t), n_{\psi}(t))\|_{X_k}+\|(\varepsilon_{\tilde{\phi}}(t), n_{\tilde{\psi}}(t))\|_{X_k}$$

$$+\|(\varepsilon_{\phi}(t), n_{\psi}(t))\|_{X_k}^{p-1}+\|(\varepsilon_{\tilde{\phi}}(t), n_{\tilde{\psi}}(t))\|_{X_k}^{p-1}]<1. \tag{7.33}$$

结合 (7.24), (7.31), 推论 7.2 的局部已证.

最后, 证明定理 7.1 的 (iii) 的局部部分. 类似于证明 (7.27), (7.28), 有

命题 7.6 令 $p=2l+1(l\in\mathbb{Z}^+), k\geqslant 2, \varepsilon_0(x)\in H^k(\mathbb{R}), n_0(x)\in H^k(\mathbb{R}), (\varepsilon, n)$, $(\tilde{\varepsilon}, \tilde{n})\in X_k(I)$. 那么有

$$\|\Psi(\varepsilon, n)\|_{X_k}\leqslant(2C\|\varepsilon_0(x)\|_{H^k}+\|n_0(x)\|_{H^k})$$

$$+C_k(T)(\|(\varepsilon, n)\|_{X_k}^2+\|(\varepsilon, n)\|_{X_k}^{2l+1}), \tag{7.34}$$

$$\|\Psi(\varepsilon, n)-\Psi(\tilde{\varepsilon}, \tilde{n})\|_{X_k}\leqslant\tilde{C}_k(T)[\|(\varepsilon, n)\|_{X_k}+\|(\tilde{\varepsilon}, \tilde{n})\|_{X_k}$$

$$+\|(\varepsilon, n)\|_{X_k}^{2l}+\|(\tilde{\varepsilon}, \tilde{n})\|_{X_k}^{2l}]\|(\varepsilon-\tilde{\varepsilon}, n-\tilde{n})\|_{X_k}, \tag{7.35}$$

这里 $C_k(T), \tilde{C_k}(T)$ 是与 (ε, n) 和 $(\tilde{\varepsilon}, \tilde{n})$ 无关的正常数, 且当 $T\to 0$ 时, 有 $C_k(T)$, $\tilde{C_k}(T)\to 0$. 因此类似于定理 7.1 (iii) $k=0,1$ 的证明得到局部部分.

7.3 定理 7.1 的证明

这节证明 (7.5), (7.6) 在空间 X_k 的整体适定性, 其中守恒定律发挥着重要作用.

引理 7.7 令 (ε, n) 是 (7.5), (7.6) 的光滑解, 那么

$$\int_{\mathbb{R}}|\varepsilon(t,x)|^2\mathrm{d}x=\int_{\mathbb{R}}|\varepsilon_0(x)|^2\mathrm{d}x, \tag{7.36}$$

$$E(t)=\|\varepsilon_x(t,x)\|_{L_x^2}^2+(n,|\varepsilon|^2)+\frac{2a}{p+1}\|\varepsilon(t,x)\|_{L^{p+1}}^{p+1}+\frac{1}{3}(n,n^2)=E(0), \tag{7.37}$$

这里 $(\cdot,\cdot)$ 是一个 L_x^2 内积算子.

证明 取 $\bar{\varepsilon}$ 的内积 (7.1) 并取虚部, (7.36) 结果是明显的. 现在证明 (7.37), 令

$$H=n_t-n_{xxt}-(n^2+|\varepsilon|^2)_x, \tag{7.38}$$

那么有

$$\begin{aligned}(n_t, H_x) + (n^2, H) &= (n_{txx}, |\varepsilon|^2) + (n^2, n_t) - (\partial_x|\varepsilon|^2, n^2)\\ &= (n_t, |\varepsilon|^2) - ((n^2 + |\varepsilon|^2)_x, |\varepsilon|^2) + (n^2, n_t) - (\partial_x|\varepsilon|^2, n^2)\\ &= (n_t, n^2) + (n_t, |\varepsilon|^2) = 0.\end{aligned} \tag{7.39}$$

由 (7.2) 和分部积分. 由 (7.39) 可得

$$(n_t, |\varepsilon|^2) = -\frac{1}{3}\frac{\mathrm{d}}{\mathrm{d}t}\int_{\mathbb{R}} n^3 \mathrm{d}x \tag{7.40}$$

现在取 $\bar{\varepsilon}$ 的内积 (7.1), 取实部, 我们得到

$$\frac{\mathrm{d}}{\mathrm{d}t} \| \varepsilon_x \|_{L_x^2}^2 + (n, (|\varepsilon|^2)_t) + \frac{2a}{p+1}\frac{\mathrm{d}}{\mathrm{d}t} \| \varepsilon \|_{L_x^{p+1}}^{p-1} = 0. \tag{7.41}$$

注意到

$$(n, (|\varepsilon|^2)_t) = \frac{\mathrm{d}}{\mathrm{d}t}(n, |\varepsilon|^2) - (n_t, |\varepsilon|^2). \tag{7.42}$$

将 (7.41), (7.42) 与 (7.40) 结合得到 (7.37). □

引理 7.8 在引理 7.7 的条件下,

$$\| J_1 n \|_{L_x^2} + \| J_1 \varepsilon \|_{L_x^2} \leqslant C(T), \quad 0 \leqslant t \leqslant T. \tag{7.43}$$

证明 让 (7.2) 与 n 作 L^2 内积, 有

$$(n, n_t - n_{xxt} - (|\varepsilon|^2 + n^2)_x) = 0, \tag{7.44}$$

因有

$$\begin{aligned}(n, (n^2)_x) &= 0,\\ (n, (|\varepsilon|^2)_x) &\leqslant \| n_x \|_{L_x^2}^2 + \| \varepsilon \|_{L_x^4}^2,\\ (n, n_{txx}) &= -\frac{1}{2}\frac{\mathrm{d}}{\mathrm{d}t} \| n_x \|_{L_x^2}^2,\end{aligned}$$

所以 (7.44) 推出

$$\| J_1 n \|_{L_x^2}^2 \leqslant \| J_1 n_0(x) \|_{L_x^2}^2 + \int_0^t (\| n_x \|_{L_x^2}^2 + \| \varepsilon \|_{L_x^4}^2) \mathrm{d}\tau. \tag{7.45}$$

收集 (7.36), (7.37) 和 (7.45), 由 Hölder 不等式, 有

$$\| J_1 n \|_{L_x^2}^2 + \| J_1 \varepsilon \|_{L_x^2}^2 \leqslant C + \frac{1}{2} \| n \|_{L_x^2}^2 + \frac{1}{2} \| \varepsilon \|_{L_x^4}^2 + a \| \varepsilon \|_{L_x^{p+1}}^{p+1} + \int_0^t (\| n_x \|_{L_x^2}^2 + \| \varepsilon \|_{L_x^4}^2) \mathrm{d}\tau. \tag{7.46}$$

另一方面, 由 δ-Young 不等式, 有

$$\| \varepsilon \|_{L_x^4}^4 \leqslant C \| \varepsilon \|_{L_x^2}^3 \| \varepsilon_x \|_{L_x^2} \leqslant \delta_1 \| \varepsilon_x \|_{L_x^2}^2 + C(\delta_1) \| \varepsilon \|_{L_x^2}^6, \tag{7.47}$$

$$\| \varepsilon \|_{L_x^{p+1}}^{p+1} \leqslant C \| \varepsilon \|_{L_x^2}^{\frac{p+3}{2}} \| \varepsilon_x \|_{L_x^2}^{\frac{p-1}{2}} \leqslant \delta_2 \| \varepsilon_x \|_{L_x^2}^2 + C(\delta_2) \| \varepsilon \|_{L_x^2}^{2p}. \tag{7.48}$$

把 (7.47), (7.48) 代入 (7.46), 且令 $\delta_1 + \delta_2 < 1$ 有

$$\| J_1 n \|_{L_x^2}^2 + \| J_1 \varepsilon \|_{L_x^2}^2 \leqslant C + C \int_0^t (\| J_1 n \|_{L_x^2}^2 + \| J_1 \varepsilon \|_{L_x^2}^2) \mathrm{d}\tau. \tag{7.49}$$

由 Gronwall 不等式, (7.49) 推出 (7.43). □

现在证明定理 7.1. 根据局部适定性理论, 首先证明当 $(\varepsilon_0, n_0) \in L^2 \times L^2$ 或者 $(\varepsilon_0, n_0) \in H^1 \times H^1$ 时, (7.36) 和 (7.43) 是成立的. 为此目的, 考虑 (7.1)—(7.4) 的正则化问题

$$i\partial_t \varepsilon_\delta + \partial_{xx} \varepsilon_\delta = j_\delta * (j_\delta * \varepsilon_\delta \cdot j_\delta * n_\delta) + a j_\delta * (|j_\delta * \varepsilon_\delta|^{p-1} j_\delta * \varepsilon_\delta), \quad (t,x) \in \mathbb{R} \times \mathbb{R}, \tag{7.50}$$

$$\partial_t n_\delta - \partial_{txx} n_\delta = j_\delta * (|j_\delta * \varepsilon_\delta|^2 + (j_\delta * n_\delta)^2)_x, \quad (t,x) \in \mathbb{R} \times \mathbb{R}, \tag{7.51}$$

$$\varepsilon_\delta(0) = j_\delta * \varepsilon_0(0), \quad x \in \mathbb{R}, \tag{7.52}$$

$$n_\delta(0) = j_\delta * n_0(0), \quad x \in \mathbb{R}, \tag{7.53}$$

这里 $j(x) \in C_0^\infty(\mathbb{R})$ 是奇函数有 $\int_{\mathbb{R}} j(x) \mathrm{d}x = 1$ 和 $j_\delta(x) = \delta^{-1} j\left(\frac{x}{\delta}\right)$. 容易看出 (7.50)—(7.53) 在 $\mathbb{R}$ 有唯一的整体解 $(\varepsilon_\delta, n_\delta)$ 满足在 $X_k(I)$ $(k = 0, 1)$ 上, 当 $\delta \to 0$ 时, 有 $(\varepsilon_\delta, n_\delta) \to (\varepsilon, n)$, 其中 $I = [0, T]$ 由局部适定性理论定义[139]. 从 (7.36) 和 (7.43) 有

$$\int_{\mathbb{R}} |\varepsilon_\delta(t,x)|^2 \mathrm{d}x = \int_{\mathbb{R}} |\varepsilon_{\delta_0}(x)|^2 \mathrm{d}x, \tag{7.54}$$

$$\| J_1 n_\delta \|_{L_x^2} + \| J_1 \varepsilon_\delta \|_{L_x^2} \leqslant C(T). \tag{7.55}$$

在 (7.54), (7.55) 令 $\delta \to 0$. (7.36) 和 (7.43) 在 I 上成立,

$$\| \varepsilon(t,x) \|_{L_t^\infty L_x^2} \leqslant \| \varepsilon_0(x) \|_{L_x^2}, \quad t \in [0,T], \tag{7.56}$$

$$\| J_1\varepsilon \|_{L_t^\infty L_x^2} + \| J_1 n \|_{L_t^\infty L_x^2} \leqslant C(T), \quad t \in [0,T]. \tag{7.57}$$

因此用局部适定性理论完成了定理 7.1 的 (i) 和 (ii) 的证明. 如下再证明定理 7.1 的 (iii).

当 $k \geqslant 1$ 时,

$$\begin{aligned} &\| J_{k+1}(\varepsilon n) \|_{L_t^1 L_x^2} \\ \leqslant\ & CT(\| J_k\varepsilon \|_{L_t^\infty L_x^2} \| J_{k+1}n \|_{L_t^\infty L_x^2} + \| J_{k+1}\varepsilon \|_{L_t^\infty L_x^2} \| J_k n \|_{L_t^\infty L_x^2}), \end{aligned} \tag{7.58}$$

$$\| J_{k+1}(|\varepsilon|^{2l}\varepsilon) \|_{L_t^1 L_x^2} \leqslant CT \| J_k\varepsilon \|_{L_t^\infty L_x^2}^{2l} \| J_{k+1}\varepsilon \|_{L_t^\infty L_x^2} . \tag{7.59}$$

注意到 H^k 是一个 Banach 代数, 由 Hölder 不等式和引理 7.5, 有

$$\begin{aligned} &\left\| J_{k+1} \int_0^t R(x) * (|\varepsilon|^2 + n^2) \mathrm{d}\tau \right\|_{L_x^2} \leqslant C \| J_k(|\varepsilon|^2 + n^2) \|_{L_t^1 L_x^2} \\ \leqslant\ & CT(\| J_k\varepsilon \|_{L_t^\infty L_x^2}^2 + \| J_k n \|_{L_t^\infty L_x^2}), \quad 0 < t \leqslant T. \end{aligned} \tag{7.60}$$

结合 (7.58)—(7.60), 有

$$\begin{aligned} \| \Psi(\varepsilon,n) \|_{X_{k+1}} \leqslant\ & 2C \| \varepsilon_0 \|_{H^{k+1}} + \| n_0 \|_{H^{k+1}} + CT \| (\varepsilon,n) \|_{X_k} \| (\varepsilon,n) \|_{X_{k+1}} \\ & + CT \| (\varepsilon,n) \|_{X_k}^{2l} \| (\varepsilon,n) \|_{X_{k+1}}, \quad p = 2l+1, \end{aligned} \tag{7.61}$$

结合 (ii) 就得到定理 7.1 的 (iii). □

第 8 章　一类拟线性 Schrödinger 方程的爆破和轨道稳定性

8.1　一类拟线性 Schrödinger 方程的爆破和强不稳定性

在许多物理情况下, 如下拟线性 Schrödinger 方程:

$$iu_t + u_{xx} + \beta|u|^{p-2}u + \theta\left(|u|^2\right)_{xx}u = 0, \quad t \geqslant 0, \quad x \in \mathbb{R} \tag{8.1}$$

已经得到, 其中 $u := u(t,x) : \mathbb{R}_+ \times \mathbb{R} \to \mathbb{C}$ 是一个复函数, $i^2 = -1$, $p > 2$ 和 $\theta, \beta \in \mathbb{R}$. u_{xx} 记为 u 关于 x 的二阶导数. 例如, 它模拟了超流膜中凝结波函数的时间演化[14]. (8.1) 同样出现在等离子体物理和流体力学、Heisenberg 铁磁和磁子理论以及耗散量子力学中也出现过[15,18]. 与通常的半线性 Schrödinger 方程 $iu_t + u_x + |u|^{p-2}u = 0$ 相比它存在一个附加的拟线性项 $(|u|^2)_{xx}u$. 物理上这个拟线性项用来稳定驻波, 但是它会给数学研究带来很大的困难. 关于(8.1) 的数学兴趣至少有三方面.

首先, 研究驻波的存在性和多重性. 驻波是指形式为 $e^{i\omega t}v(x)$ 的方程 (8.1) 的特殊周期解, 其中 $v(x)$ 是如下方程的最小作用解:

$$-\omega v + v_{xx} + \beta|v|^{-2}v + \theta\left(|v|^2\right)_{xx}v = 0.$$

当 $\theta = 0$ 时, (8.1) 的驻波的存在性在 [19,20] 中得到. 当 $\theta \neq 0$ 时, Ambrosetti 和 Wang[21] 以及 Poppenberg 等[22] 得到了在不同情况下驻波的存在性.

其次, 考虑方程 (8.1) 具有如下初值的 Cauchy 问题,

$$u(t,x)|_{t=0} = u_0(x), \quad x \in \mathbb{R}. \tag{8.2}$$

当 $\theta = 0$ 时, (8.1) 和 (8.2) 且 $u_0 \in H^1(\mathbb{R})$ 的整体适定性已经得到广泛的研究, 参考 [23]. 当 $\theta \neq 0$ 时, 在 [24], [25] 中得到 (8.1) 和 (8.2) 的局部适定性以及具有小初值的方程 (8.1) 的整体存在性. 这些都需要初值 u_0 包含在高阶 Sobolev 空间 $H^\infty(\mathbb{R})$. 然而, 当 $\theta \neq 0$ 时, 由于拟线性项, (8.1) 的整体存在性结果仍然是开放的.

最后, 研究 (8.1) 的驻波的稳定性和不稳定性, 这是一个重点和难点问题. 对于 $\theta = 0$, 证明了当 $2 < p < 6$ 时, 驻波是稳定的; 而当 $p \geqslant 6$ 时, 驻波是不稳定的, 参

见 [26–29]. 但是对于 $\theta \neq 0$, 我们在文献中没有看到稳定性结果. 主要困难在于拟线性项 $(|u|^2)_{xx}u$.

在本节, 我们将研究在 $\theta \neq 0$ 情况下 (8.1) 和 (8.2) 驻波的爆破和不稳定性. 为了简单起见, 在本章中假设 $\beta = 1$, $\theta = 1$, 即使参数仍然适用于 $\beta > 1$, $\theta \geqslant 0$. 回想一下, 在 $\theta = 0$ 的情况下, 驻波的不稳定性已在 [26] 中给出. 我们的论点将把这些结果推广到 $\theta \neq 0$ 的情况. 将证明当 $p \geqslant 8$ 且 $u_0 \in K$ (见引理 8.6) 时, (8.1) 的驻波是由爆破引起的强不稳定的, 见定理 8.12. 我们的结果表明, 拟线性项的存在使得驻波更加稳定, 因为需要更大的 p 来获得不稳定的驻波, 这与物理现象是一致的. 通过引入两个新的极小化问题 d_∞ 和 d_{M_∞} 并将 d_M 与 d_1 进行比较, 这克服了拟线性项带来的困难.

在本节中, $\beta = 1, \theta = 1, \int_{\mathbb{R}} \cdot\, \mathrm{d}x$ 仅仅用 $\int \cdot$ 表示, 除非另有说明. C_j, B_j 表示各种正常数, 其确切值并不重要. 对于任意 t, 函数 $x \mapsto u(t,x)$ 如果没有混淆, 则用 $u(t)$ 表示. 由于我们正在研究 (8.1) 驻波的稳定性, 需要 Poppenberg[25] 的局部适定性结果, 该结果是在高阶 Sobolev 空间中为初值建立的. 令 $H^k(\mathbb{R}) = W^{k,2}(\mathbb{R})(k \geqslant 1)$ 为标准的 Sobolev 空间且其模为 $\|u\|^2_{H^k(\mathbb{R})} = \int \left(\omega|u|^2 + \sum_{j=1}^{k} \left|u^{(j)}\right|^2\right)\mathrm{d}x$, 其中 ω 为正常数, $u^{(j)}$ 是 u 的 j 导数. $H^1(\mathbb{R})$ 模简记为 $\|\cdot\|$. 定义 $H^\infty(\mathbb{R}) = \bigcap_{k=1}^\infty H^k(\mathbb{R})$. Poppenberg[25] 的局部适定性结果将在下面的内容中发挥重要作用.

命题 8.1[25] 对于任意 $u_0 \in H^\infty(\mathbb{R})$, 存在 $T > 0$ 以及如下方程唯一解 $u(t) := u(t,x) \in C^1([0,T); H^\infty(\mathbb{R}))$,

$$\begin{cases} iu_t + u_{xx} + |u|^{p-2}u + \left(|u|^2\right)_{xx} u = 0, & x \in \mathbb{R}, \\ u(0,x) = u_0(x), & x \in \mathbb{R}. \end{cases} \tag{8.3}$$

此外, 在时间存在区间, 存在两个守恒等式:

$$E_1(u) = \int |u(t)|^2 \mathrm{d}x \equiv \int |u_0|^2 \mathrm{d}x \equiv \mathrm{const} \tag{8.4}$$

和

$$E_2(u) = \int \left(|u_x|^2 - \frac{2}{p}|u|^p + \frac{1}{2}\left|\left(|u|^2\right)_x\right|^2\right) \equiv E(u_0) \equiv \text{ const.} \tag{8.5}$$

接下来, 为了研究爆破结果, 需要下面的维里型等式. 命题8.2的证明是基于 Glassey[30] 的一个思想, 见文献 [31].

命题 8.2[31] 令 $u(t,x)$ 为 (8.3) 的解. 记 $I(t)=\dfrac{1}{2}\int|x|^2|u|^2$. 若 $|x|u_0\in L^2(\mathbb{R})$, 则

$$I''(t)=4\int\left(\left|u_x\right|^2+\frac{3}{4}\left|\left(|u|^2\right)_x\right|^2-\frac{p-2}{2p}|u|^p\right).$$

对于 $v\in H^1(\mathbb{R})$ 和 $\omega>0$, 定义如下函数:

$$J(v)=\int\left(\frac{1}{2}\left(\left|v_x\right|^2+\omega|v|^2\right)+\frac{1}{4}\left|\left(|v|^2\right)_x\right|^2-\frac{1}{p}|v|^p\right)\mathrm{d}x. \tag{8.6}$$

由 $H^1(\mathbb{R})\hookrightarrow L^\infty(\mathbb{R})$, 可知 J 是良定义的且 C^1 在 $H^1(\mathbb{R})$ 中, 细节参看 [22] (因为拟线性项, 注意到它不属于 $H^1\left(\mathbb{R}^N\right)$, 参看 [32]). 需要另外两个函数在 $H^1(\mathbb{R})$ 中:

$$\mathcal{N}(v)=\int\left(\left|v_x\right|^2+\omega|v|^2+\left|\left(|v|^2\right)_x\right|^2-|v|^p\right)\mathrm{d}x, \tag{8.7}$$

$$Q(v)=\int\left(\left|v_x\right|^2+\frac{3}{4}\left|\left(|v|^2\right)_x\right|^2-\frac{p-2}{2p}|v|^p\right)\mathrm{d}x. \tag{8.8}$$

定义如下集合:

$$S_1=\left\{v\in H^1(\mathbb{R});\mathcal{N}(v)=0,v\neq 0\right\},$$

以及相关的极小问题

$$d_1=\inf_{v\in S_1}J(v). \tag{8.9}$$

则下面的引理是由 Ambrosetti 和 Wang[21] 给出的.

引理 8.3 若 $p\geqslant 4$, 则 $d_1>0$ 且 d_1 由 $v\in H^1(\mathbb{R})$ 得到.

为了研究驻波稳定性, 需要定义另一集合

$$S_\infty=\{v\in H^\infty(\mathbb{R});\mathcal{N}(v)=0,v\neq 0\}$$

以及相关的极小问题

$$d_1=\inf_{v\in S_\infty}J(v),$$

则有如下引理.

引理 8.4 若 $p\geqslant 4$, 则 $d_1=d_\infty$.

证明 首先证明 $d_1=d_\infty$. 易知 $d_\infty\geqslant d_1$. 为了证明 $d_\infty\leqslant d_1$, 只需证明对于 $v^*\in S_1$ 和任意的 $\varepsilon>0$, 存在

$$J\left(v^*\right)\geqslant\inf_{v\in S_\infty}J(v)-\varepsilon. \tag{8.10}$$

因为 $H^\infty(\mathbb{R})$ 在 $H^1(\mathbb{R})$ 中稠密, 可知 $v_n \in H^\infty(\mathbb{R})$ 使得

$$v^* = v_n + w_n \text{ 以及当 } n \to \infty \text{ 时, } w_n \to 0 \text{ 在 } H^1(\mathbb{R})\text{中强收敛}.$$

由 $v \neq 0$, $\mathcal{N}(v^*) = 0$ 以及 $w_n \to 0 \in H^1(\mathbb{R})$, 可知 $\lim_{n\to\infty} \int |v_n|^p \neq 0$ 和 $\lim_{n\to\infty} \mathcal{N}(v_n) = 0$. [32] 的引理 2.3 表明存在一个序列 $\{\rho_n\}$ 使得 $\rho_n v_n \in S_\infty$ 和 $\lim_{n\to\infty} \rho_n = 1$.

下面记 $v^* = \rho_n v_n + (1-\rho_n) v_n + w_n$, 比较 $J(v^*)$ 与 $J(\rho_n v_n)$. 注意到 $1-\rho_n \to 0$ 与 $w_n \to 0$ 在 $H^1(\mathbb{R})$ 中强收敛, 即有

$$\frac{1}{2}\int \left(\left|(v^*)_x\right|^2 + \omega\left|v^*\right|^2\right) \mathrm{d}x \geqslant \frac{1}{2}\int \left(\left|(\rho_n v_n)_x\right|^2 + \omega\left|\rho_n v_n\right|^2\right) \mathrm{d}x - \frac{\varepsilon}{3}$$

与

$$-\frac{1}{p}\int |v^*|^p \,\mathrm{d}x \geqslant -\frac{1}{p}\int |\rho_n v_n|^p \,\mathrm{d}x - \frac{\varepsilon}{3}.$$

扩展拟线性项 $\frac{1}{4}\int \left|\left(|\rho_n v_n + (1-\rho_n) v_n + w_n|^2\right)_x\right|^2 \mathrm{d}x$. 利用一个事实: 对于任意的 $2 \leqslant q \leqslant \infty$, $(w_n)_x \to 0$ 在 $L^2(\mathbb{R})$ 中是强收敛且 $1-\rho_n \to 0$, $w_n \to 0$ 在 $L^q(\mathbb{R})$ 中是强收敛, 可知当 $n \to \infty$ 时除了 $\int \left|\left(|\rho_n v_n|^2\right)_x\right|^2 \mathrm{d}x$ 其他所有项都为零. 因此对于大的 n, 有

$$\frac{1}{4}\int \left|\left(|v^*|^2\right)_x\right|^2 \mathrm{d}x \geqslant \frac{1}{4}\int \left|\left(|\rho_n v_n|^2\right)_x\right|^2 \mathrm{d}x - \frac{\varepsilon}{3}.$$

因此

$$J(v^*) \geqslant J(\rho_n v_n) - \varepsilon \geqslant \inf_{v \in S_\infty} J(v) - \varepsilon.$$

(8.10)成立, 则完成证明. □

定义另外两个极小问题

$$d_M = \inf_{v \in M} J(v), \quad d_{M_\infty} = \inf_{v \in M_\infty} J(v), \tag{8.11}$$

其中

$$M = \left\{v \in H^1(\mathbb{R}); Q(v) = 0, \mathcal{N}(v) < 0\right\} \tag{8.12}$$

和

$$M_\infty = \left\{v \in H^\infty(\mathbb{R}); Q(v) = 0, \mathcal{N}(v) < 0\right\}.$$

则由引理 8.4 证明中使用的论断, 有

$$d_M = d_{M_\infty}. \tag{8.13}$$

此外, 有如下引理.

引理 8.5　若 $p \geqslant 8$ 和 $\omega > 0$, 则 $d_M \geqslant d_1$.

证明　可以充分证明对于任意 $v \in M$, 可知 $\omega \in S_1$ 使得 $J(v) \geqslant J(\omega)$. 对于任意 $v \in M(Q(v)=0$ 和 $\mathcal{N}(v)<0)$, 设 $v_2(x)=\lambda\frac{1}{2}v(\lambda x)$ 且 $\lambda>0$. 由简单计算可得

$$\mathcal{N}(v_\lambda)=\int\left[\lambda^2|v_x|^2+\omega|v|^2+\lambda^3\left|\left(|v|^2\right)_x\right|^2-\lambda^{\frac{p-2}{2}}|v|^p\right]. \tag{8.14}$$

注意到 $\mathcal{N}(v_\lambda)\to\mathcal{N}(v)<0$, 当 $\lambda\to 1$ 时有 $\mathcal{N}(v_\lambda)\to\omega\int|v|^2>0$; 当 $\lambda\to 0$ 时, 可知存在 $0<\lambda^*<1$ 使得 $v_{\lambda^*}\neq 0$ 以及 $\mathcal{N}(v_{\lambda^*})=0$. 因此 $v_{\lambda^*}\in S_1$, $J(v_{\lambda^*})\geqslant d_1$.

下面断言 $J(v)\geqslant J(v_\lambda)$, $\forall\, 0<\lambda\leqslant 1$. 事实上, 记住 J 的表达式, 有

$$J(v)-J(v_\lambda)=\int\left[\frac{1}{2}\left(1-\lambda^2\right)|v_x|^2+\frac{1}{4}\left(1-\lambda^3\right)\left|\left(|v|^2\right)_x\right|^2-\frac{1}{p}\left(1-\lambda^{\frac{p-2}{2}}\right)|v|^p\right]. \tag{8.15}$$

由 $Q(v)=0$ 可以看出

$$\begin{aligned}
&J(v)-J(v_\lambda)\\
=&\int\left(\frac{1}{2}\left(1-\lambda^2\right)|v_x|^2+\frac{1}{4}\left(1-\lambda^3\right)\left|\left(|v|^2\right)_x\right|^2-\frac{2}{p-2}\left(1-\lambda^{\frac{p-2}{2}}\right)\right.\\
&\left.\cdot\left(|v_x|^2+\frac{3}{4}\left|\left(|v|^2\right)_x\right|^2\right)\right)\mathrm{d}x\\
=&\int\left(\left[\frac{1-\lambda^2}{2}-\frac{2}{p-2}\left(1-\lambda^{\frac{p-2}{2}}\right)\right]|v_x|^2+\frac{1}{4}\left[\left(1-\lambda^3\right)\right.\right.\\
&\left.\left.-\frac{6}{p-2}\left(1-\lambda^{\frac{p-2}{2}}\right)\right]\left|\left(|v|^2\right)_x\right|^2\right)\mathrm{d}x.
\end{aligned} \tag{8.16}$$

记 $g_1(\lambda)=\dfrac{1-\lambda^2}{2}-\dfrac{2}{p-2}\left(1-\lambda^{\frac{p-2}{2}}\right)$, 有

$$g_1(\lambda)\to\frac{p-6}{2(p-2)}\quad(\lambda\to 0)\quad 和\quad g_1(\lambda)\to 0\quad(\lambda\to 1).$$

因为 $g_1'(\lambda)=\lambda\left(\lambda^{\frac{p-6}{2}}-1\right)<0$, 其中 $0<\lambda\leqslant 1$, 则对于 $0<\lambda\leqslant 1$, 可得 $g_1(\lambda)\geqslant g_1(1)=0$. 类似地可得对于所有 $0<\lambda\leqslant 1$, 有 $g_2(\lambda)=(1-\lambda^3)-\dfrac{6}{p-2}\left(1-\lambda^{\frac{p-2}{2}}\right)\geqslant 0$, 这里利用了 $p\geqslant 8$. 因此完成证明.

事实上, $J(v)\geqslant J(v_{\lambda^*})$, 因此 $d_M\geqslant d_1$. □

在下面, 将构造一个集合, 它在 Cauchy 问题 (8.1), (8.2) 产生的流下是不变的.

引理 8.6 令 $p\geqslant 8$ 以及 d_1 定义在 (8.9). 记

$$K=\{u\in H^\infty(\mathbb{R});J(u)<d_1,\mathcal{N}(u)<0,Q(u)<0\},$$

则 K 在 (8.1), (8.2) 产生的流下是不变的, 即若 $u(t,x)$ 是 (8.1), (8.2) 的解且 $u_0\in K$, 则对于所有 $t\in[0,T)$, $u(t,\cdot)\in K$.

证明 令 $u(t)$ 是具有初值 u_0 的(8.1)的解. 首先, 由守恒量 $E_1(u)\equiv\int|u_0|^2\,\mathrm{d}x\equiv\text{const}$ 和

$$E_2(u)=\int\left(|u_x|^2-\frac{2}{p}|u|^p+\frac{1}{2}\left|\left(|u|^2\right)_x\right|^2\right)\equiv E(u_0)\equiv\text{const},$$

可得 $J(u)\equiv J(u_0)$. 因此如果 $u_0\in K$, 则 $J(u)=J(u_0)<d_1$.

其次, 证明对于 $t\in[0,T)$, $\mathcal{N}(u(t))<0$ 否则, 由连续性存在 $t_0\in(0,T)$ 使得 $\mathcal{N}(u(t_0))=0$. 则因为 $u(t_0)\neq 0$, 可知 $J(u(t_0))\geqslant d_1$. 这与 $J(u(t))<d_1$, $t\in(0,T)$ 矛盾. 因此 $\mathcal{N}(u(t))<0$, $t\in[0,T)$.

最后, 证明 $Q(u(t))<0$, $t\in[0,T)$. 否则, 由连续性存在 $t_1\in(0,T)$ 使得 $Q(u(t_1))=0$. 因为已经证明 $\mathcal{N}(u(t))<0$, 有 $u(t_1)\in M_\infty$. 所以 $J(u(t_1))\geqslant d_{M_x}=d_M\geqslant d_1$, 这就与 $J(u(t))<d_1$, $t\in(0,T)$ 矛盾. 因此有 $Q(u(t))<0$, $t\in[0,T)$. □

8.1.1 爆破结果

在这一节中, 将使用引理 8.6 中构造的不变集合来证明 (8.1), (8.2) 的解对于适当的 u_0 的爆破结果. 这一思想源于 [26,28], 后来在 [29] 中使用.

定理 8.7 令 $p\geqslant 8, u_0\in K$, $|\cdot|u_0(\cdot)\in L^2(\mathbb{R})$. 则 (8.1), (8.2) 的解在有限时间爆破, 即存在 $T>0$ 使得

$$\lim_{t\to T^-}\|u_x\|^2_{L^2(\mathbb{R})}=+\infty. \tag{8.17}$$

证明 注意到由 (8.1), (8.2) 的局部适定性 (见命题 8.1), 总有 $u(t)\in H^{\infty}(\mathbb{R})$ 只要 $u_0\in H^{\infty}(\mathbb{R})$. 另外因为 $u_0\in K$, 有 $u(t)\in K$. 记 $u_\lambda(x)=\lambda^{\frac{1}{2}}u(t,\lambda x)$ 且 $\lambda>0$. 则由直接计算可得

$$\mathcal{N}(u_\lambda)=\int\left(\lambda^2|u_x|^2+\omega|u|^2+\lambda^3\left|\left(|u|^2\right)_x\right|^2-\lambda^{(p-2)/2}|u|^p\right)\mathrm{d}x, \tag{8.18}$$

$$Q(u_\lambda)=\int\left(\lambda^2|u_x|^2+\frac{3\lambda^3}{4}\left|\left(|u|^2\right)_x\right|^2-\frac{p-2}{2p}\lambda^{(p-2)/2}|u|^p\right)\mathrm{d}x. \tag{8.19}$$

注意到 $\mathcal{N}(u)<0$, 则有当 $\lambda\to 1$ 时, $\mathcal{N}(u_\lambda)\to\mathcal{N}(u)<0$, 同时当 $\lambda\to 0$ 时, $\mathcal{N}(u_\lambda)\to\int|u|^2>0$. 可知存在 λ_* 使得 $\mathcal{N}(u_{\lambda_*})=0$ 且当 $\lambda\in(\lambda_*,1]$ 时, $\mathcal{N}(u_\lambda)<0$. 对于 $\lambda\in(\lambda_*,1]$, $Q(u_\lambda)$ 有如下三个可能:

(i) 对于所有 $\lambda\in[\lambda_*,1]$ $Q(u_\lambda)<0$;

(ii) $Q(u_{\lambda_*})=0$;

(iii) $\exists\lambda_*<\mu<1$ 使得 $Q(u_\mu)=0$.

对于情况 (i) 和 (ii), 都有 $\mathcal{N}(u_{\lambda_*})=0$ 以及 $Q(u_{\lambda_*})\leqslant 0$. 当然, $u_{\lambda_*}\in S_\infty$. 因此

$$J(u_{\lambda*})\geqslant d_\infty=d_1.$$

而且有

$$\begin{aligned}
&J(u)-J(u_{\lambda_*})\\
=&\int\left(\frac{1}{2}\left(1-\lambda_*^2\right)|u_x|^2+\frac{1}{4}\left(1-\lambda_*^3\right)\left|\left(|u|^2\right)_x\right|^2-\frac{1}{p}\left(1-\lambda_*^{(p-2)/2}\right)|u|^p\right)\mathrm{d}x\\
\geqslant&\frac{1}{3}\int\left(\left(1-\lambda_*^2\right)|u_x|^2+\frac{3}{4}\left(1-\lambda_*^3\right)\left|\left(|u|^2\right)_x\right|^2-\frac{p-2}{2p}\left(1-\lambda_*^{(p-2)/2}\right)|u|^p\right)\mathrm{d}x\\
=&\frac{1}{3}\left(Q(u)-Q(u_{\lambda_*})\right)\geqslant\frac{1}{3}Q(u).
\end{aligned} \tag{8.20}$$

对于情况 (iii), 有 $\mathcal{N}(u_\mu)<0$ 和 $Q(u_\mu)=0$. 因此 $u_\mu\in M_\infty$ 且有 $J(u_\mu)\geqslant d_M\geqslant d_1$. 由类似计算可得

$$J(u)-J(u_\mu)\geqslant\frac{1}{3}\left(Q(u)-Q(u_\mu)\right)\geqslant\frac{1}{3}Q(u). \tag{8.21}$$

在所有的情况下, 有

$$Q(u)<3\left(J(u)-d_1\right).$$

注意到由命题 8.2, 有对于 $I(t)=\frac{1}{2}\int|x|^2|u|^2\mathrm{d}x$, 成立

$$I''(t)=4Q(u).$$

利用 $J(u)=J(u_0)$ 和 $u_0\in K$, 可得

$$I''(t)<12\left(J(u)-d_1\right). \tag{8.22}$$

记 $\delta_0:=12\left(d_1-J(u)\right)$. 则 $I''(t)<-\delta_0<0$. 因此结合 $I(0)=\frac{1}{2}\int|x|^2\left|u_0\right|^2\mathrm{d}x$, 可知有 $T_0>0$ 使得

$$\lim_{t\to T_0^-}I(t)=0. \tag{8.23}$$

观察到

$$\int|u|^2\leqslant C\left(\int|x|^2|u|^2\mathrm{d}x\right)^{\frac{1}{2}}\left(\int\left|u_x\right|^2\mathrm{d}x\right)^{\frac{1}{2}}$$

和 C 与 u 无关, 由质量守恒定律可得, 即 $\int|u|^2=\int\left|u_0\right|^2\equiv\text{const}>0$, 也就是说存在 $T>0$ 使得 (8.17) 成立. □

8.1.2 驻波的不稳定性

在本节中, 我们将通过爆破来证明 (8.1) 的驻波的不稳定性. 回顾在 [8, 9] 中已经得到了驻波的存在, 得到了极小问题

$$d_1=\inf_{v\in S_1}J(v) \tag{8.24}$$

的解为 $v\in H^1(\mathbb{R})$ 且 v 是如下椭圆方程的解:

$$-\omega v+v_{xx}+|v|^{p-2}v+\left(|v|^2\right)_{xx}v=0. \tag{8.25}$$

因此 $u(t,x)=e^{i\omega t}v(x)$ (8.1) 的驻波且 $G=\{e^{i\omega t}v(x);t\geqslant0\}$ 是 v 的轨道. 在证明不稳定性之前, 需要如下几个引理.

引理 8.8 令 $v\in H^1(\mathbb{R})\backslash\{0\}$, $p\geqslant4$. 则存在唯一 $\mu>0$ 使得对于任意 $\lambda>0$ $\mathcal{N}(\mu v)=0$ 和 $J(\mu v)>J(\lambda v)$ 且 $\lambda\neq\mu$. 事实上, 若 $v\in S_1$, 则对于任意 $\lambda>0$ 和 $\lambda\neq1$, $J(v)>J(\lambda v)$.

证明 这个证明参看 Liu 等[32] 相关文献. □

引理 8.9 令 v 是 d_1 的极小. 则 $Q(v)=0$.

证明 证明思想基于 Pohozaev 型等式. 定义 $\chi_0 \in C_0^\infty(\mathbb{R})$ 使得 $0 \leqslant \chi_0 \leqslant 1$ 且若 $0 \leqslant |s| \leqslant 1$, 则 $\chi_0(s) = 1$; 若 $0 \leqslant |s| \leqslant 2$, 则 $\chi_0(s) = 0$. 设 $\chi_n(x) = \chi_0\left(\dfrac{|x|^2}{n^2}\right), n = 1, 2, \cdots$.

首先注意到 v 是 d_1 的极小, 则有

$$\int \left(|v_x|^2 + \omega|v|^2 + \left|\left(|v|^2\right)_x\right|^2 - |v|^p\right) \mathrm{d}x = 0 \tag{8.26}$$

且 v 是如下方程的解

$$-\omega v + v_{xx} + \left(|v|^2\right)_{xx} v + |v|^{p-2}v = 0. \tag{8.27}$$

(8.27) 乘以 $x\left(\chi_n(x)v\right)_x$ 且在 $\mathbb{R}$ 上积分, 可得

$$\int x\left(\chi_n(x)v\right)_x \left(-\omega v + v_{xx} + \left(|v|^2\right)_{xx} v + |v|^{p-2}v\right) = 0.$$

注意到 $x\left(\chi_n(x)v\right)_x = \dfrac{2}{n^2}|x|^2 v\chi_n'\left(\dfrac{|x|^2}{n^2}\right) + \chi_n(x)xv_x$. 由分部积分可得

$$\int x\left(\chi_n(x)v\right)_x (-\omega v) = -\omega\int \frac{2|x|^2}{n^2}|v|^2\chi_n'\left(\frac{|x|^2}{n^2}\right) + \frac{1}{2}\omega\int |v|^2.$$

由控制收敛定理可得

$$\int x\left(\chi_n(x)v\right)_x (-\omega v) \to \frac{1}{2}\omega\int |v|^2 \quad (n \to \infty). \tag{8.28}$$

因为

$$\int x\left(\chi_n(x)v\right)_x v_{xx} = \int xvv_{xx}\left(\chi_n(x)\right)_x + \int x\chi_n(x)v_{xx}v_x,$$

$$\int x\chi_n(x)v_{xx}v_x = -\int v_x\left(\chi_n(x)\right)_x (xv_x) - \int \chi_n(x)v_x\left(xv_x\right)_x$$

以及

$$\begin{aligned}
-\int \chi_n(x)v_x\left(xv_x\right)_x &= -\int \chi_n(x)\left|v_x\right|^2 - \frac{1}{2}\int \chi_n(x)x\left(\left|v_x\right|^2\right)_x \\
&= -\int \chi_n(x)\left|v_x\right|^2 + \int x\left|v_x\right|^2\left(\chi_n(x)\right)_x + \frac{1}{2}\int \chi_n(x)\left|v_x\right|^2 \\
&= -\frac{1}{2}\int \chi_n(x)\left|v_x\right|^2 + \int x\left|v_x\right|^2\left(\chi_n(x)\right)_x .
\end{aligned}$$

由控制收敛定理可得

$$\int x\left(\chi_n(x)v\right)_x v_{xx} \to -\frac{1}{2}\int |v_x|^2 \quad (n\to\infty). \tag{8.29}$$

因此类似可得: 当 $n\to\infty$ 时,

$$\int |v|^{p-2}vx\left(\chi_n(x)v\right)_x \to -\frac{1}{p}\int |v|^p, \tag{8.30}$$

$$\int \left(|v|^2\right)_{xx} vx\left(\chi_n(x)v\right)_x \to -\frac{1}{4}\int \left|\left(|v|^2\right)_x\right|^2. \tag{8.31}$$

因此

$$\int\left(\frac{1}{2}\omega|v|^2-\frac{1}{2}|v_x|^2-\frac{1}{p}|v|^p-\frac{1}{4}\left|\left(|v|^2\right)_x\right|^2\right)=0. \tag{8.32}$$

结合 (8.26) 和 (8.32) 可得

$$Q(v)=\int\left(|v_x|^2+\frac{3}{4}\left|\left(|v|^2\right)_x\right|^2-\frac{p-2}{2p}|v|^p\right)\mathrm{d}x=0. \qquad \square$$

引理 8.10 令 $1<\lambda<2, p>2$ 和 $v,w_1\in H^1(\mathbb{R})$ 且 $\|w_1\|<1$. 则存在正常数 $D_j, j=1,2,3$, 它与 w_1 无关且使得

$$J\left(\lambda\left(v+w_1\right)\right)\leqslant J(\lambda v)+D_1\|w_1\|, \tag{8.33}$$

$$\mathcal{N}\left(\lambda\left(v+w_1\right)\right)\leqslant \mathcal{N}(\lambda v)+D_2\|w_1\|, \tag{8.34}$$

$$Q\left(\lambda\left(v+w_1\right)\right)\leqslant Q(\lambda v)+D_3\|w_1\|. \tag{8.35}$$

证明 利用嵌入 $H^1(\mathbb{R})\hookrightarrow L^\infty(\mathbb{R})$, Hölder 和 Sobolev 不等式以及基本计算可得

$$\begin{aligned}
&J\left(\lambda\left(v+w_1\right)\right)\\
\leqslant{}& J(\lambda v)+\int\bigg\{\lambda^2\left(|v_x||w_{1x}|+\frac{1}{2}|w_{1x}|^2+\frac{w}{2}|w_1|^2+\omega|v||w_1|\right)\\
&+\lambda^4\Big(2|v||w_1||v_x|^2+|w_1|^2|v_x|^2+2|v_x||w_{1x}||v|^2+4|v||w_1||v_x||w_{1x}|\\
&+2|v_x||w_{1x}||w_1|^2+|v|^2|w_{1x}|^2\\
&+2|v||w_1||w_{1x}|^2+|w_1|^2|w_{1x}|^2\Big)+\frac{1}{p}\lambda^p\left(|v|^p-|v+w_1|^p\right)\bigg\}\mathrm{d}x
\end{aligned}$$

$$
\begin{aligned}
&\leqslant J(\lambda v)+\lambda^2\left(B_1\|w_1\|+B_2\|w_1\|^2\right)\\
&\quad+\lambda^4\left(B_3\|w_1\|+B_4\|w_1\|^2+B_5\|w_1\|^3+B_6\|w_1\|^4\right)\\
&\quad+\lambda^p\left(B_7\|w_1\|+B_8\|w_1\|^{p-1}+B_9\|w_1\|^p\right)\\
&\leqslant J(\lambda v)+D_1\|w_1\| \quad (\text{因为 } \|w_1\|<1).
\end{aligned}\tag{8.36}
$$

类似地, 可知 D_2 和 D_3 使得

$$
\mathcal{N}(\lambda(v+w_1))\leqslant\mathcal{N}(\lambda v)+D_2\|w_1\|
$$

和

$$
Q(\lambda(v+w_1))\leqslant Q(\lambda v)+D_3\|w_1\|.
$$

□

定义 8.11 称驻波 $u(t,x)=e^{i\omega t}v(x)$ 在 $H^1(\mathbb{R})$ 上是强不稳定的, 若 $\delta>0$, 存在 $u_0\in H^\infty(\mathbb{R})$ 满足

$$
\|u_0-v\|<\delta
$$

但是 (8.1) 的解 $u(t)$ 必在有限时间爆破, 即存在 $T>0$ 使得

$$
\lim_{t\to T^-}\|u_x\|_{L^2(\mathbb{R})}=+\infty.\tag{8.37}
$$

定理 8.12 令 $p\geqslant 8,\omega>0$ 和 v 是 d_1 的极小. 则驻波 $u(t,x)=e^{i\omega t}v(x)$ 在 $H^1(\mathbb{R})$ 上是强不稳定的.

证明 因为 v 是 d_1 的极小, (8.24), (8.25) 和引理 8.9 表明 $\mathcal{N}(v)=0, Q(v)=0$ 和 $J(v)=d_1$. 引理 8.8 表明

$$
J(\lambda v)<J(v)=d_1, \quad \text{其中} \quad \lambda>1.
$$

此外, 利用 $\mathcal{N}(v)=0$ 和 $Q(v)=0$, 对于 $\lambda>1$ 有

$$
\mathcal{N}(\lambda v)=\left(\lambda^2-\lambda^4\right)\int\left(|v_x|^2+\omega|v|^2\right)+\left(\lambda^4-\lambda^p\right)\int|v|^p<0
$$

和

$$
Q(\lambda v)=\left(\lambda^2-\lambda^4\right)\int|v_x|^2\mathrm{d}x+\frac{p-2}{2p}\left(\lambda^4-\lambda^p\right)\int|v|^p\mathrm{d}x<0.
$$

对于任意 $\delta>0$ 和任意固定的 $1<\lambda<2$ 满足 $\lambda-1<\delta/4\|v\|$. 因为 $H^\infty(\mathbb{R})$ 在 $H^1(\mathbb{R})$ 中稠密, 可知 ϕ_0 使得

$$
\|\phi_0-v\|<\min\left\{\frac{\delta_1}{D_1+D_2+D_3},\frac{\delta}{2},\|v\|\right\},\tag{8.38}
$$

其中 D_1, D_2 和 D_3 在引理 8.10 中选择且

$$\delta_1=\min\left\{d_1-J(\lambda v),-\mathcal{N}(\lambda v),-Q(\lambda v),\frac{\delta}{2}\right\}.$$

取 $\phi_0=v+w_1$ 与 w_1 满足

$$\|w_1\|<\min\left\{\frac{\delta_1}{D_1+D_2+D_3},\frac{\delta}{2},\|v\|\right\}.$$

由引理 8.10 可得

$$J\left(\lambda\phi_0\right)\leqslant J(\lambda v)+D_1\left\|w_1\right\|<d_1, \tag{8.39}$$

$$\mathcal{N}\left(\lambda\phi_0\right)\leqslant\mathcal{N}(\lambda v)+D_2\left\|w_1\right\|<0, \tag{8.40}$$

$$Q\left(\lambda\phi_0\right)\leqslant Q(\lambda v)+D_3\left\|w_1\right\|<0. \tag{8.41}$$

换句话说, $\lambda\phi_0\in K$. 此外, λ 表明

$$\|\lambda\phi_0-v\|\leqslant(\lambda-1)\left\|\phi_0\right\|+\left\|\phi_0-v\right\|<\delta.$$

因为 v 在无穷指数衰减 (参考 [32]), 由 (8.38) 可得 $\lambda|\cdot|\phi_0(\cdot)\in L^2(\mathbb{R})$. 记 $u_0=\lambda\phi_0$. 由定理 8.7 可得 (8.1) 的解 $u(t)$ 必在有限时间爆破. 由定义 8.11 可知驻波 $u(t,x)=e^{i\omega t}v(x)$ 在 $H^1(\mathbb{R})$ 是强不稳定的. □

另外, 可对初值 u_0 作了一些评论, 使得 (8.1) 和 (8.2) 的解在有限时间内爆破. 要强调的是, 如果初始能量 $E(u_0)$ 是非正的, 可以得到任意空间维度上 Cauchy 问题 (8.1) 和 (8.2) 的爆破结果, 见 [31].

定理 8.7 表明, 在初始能量为负和正的情况下可以得到爆破结果. 具体原因如下. 设 v 是 d_1 的极小, 然后, 首先, 从引理 8.9 得到 $Q(v)=0$, 它是

$$\frac{1}{p}\int|v|^p=\frac{2}{p-2}\int\left|v_x\right|^2+\frac{3}{2(p-2)}\int\left|\left(|v|^2\right)_x\right|^2.$$

因为对于任意 $\lambda>1$, 有

$$\begin{aligned}
E_2(\lambda v)=&\lambda^2\int\left|v_x\right|^2+\frac{1}{2}\lambda^4\int\left|\left(|v|^2\right)_x\right|^2\\
&-2\lambda^p\left(\frac{2}{p-2}\int\left|v_x\right|^2+\frac{3}{2(p-2)}\int\left|\left(|v|^2\right)_x\right|^2\right)\\
=&\left(\lambda^2-\frac{4}{p-2}\lambda^p\right)\int\left|v_x\right|^2+\left(\frac{1}{2}\lambda^4-\frac{3}{p-2}\lambda^p\right)\int\left|\left(|v|^2\right)_x\right|^2>0.
\end{aligned}$$

其次, 由定理 8.12 的证明可知, 有对于任意 $\lambda > 1, J(\lambda v) < d_1, \mathcal{N}(\lambda v) < 0$ 和 $Q(\lambda v) < 0$. 因为 $H^\infty(\mathbb{R})$ 在 $H^1(\mathbb{R})$ 上是稠密的. 取 $\psi \in H^\infty(\mathbb{R})$ 使得 $E_2(\psi) > 0$ 且 $\psi \in K$.

最后, 对于任意 $\phi \in H^\infty(\mathbb{R})$, 由 $p \geqslant 8$ 可得 $J(\mu\phi) < d_1, \mathcal{N}(\mu\phi) < 0$ 以及对 μ 充分大, $Q(\lambda\phi) < 0$. 因此 $\mu\phi \in K$. 此外对于足够大 μ, $E(\mu\phi) > 0$.

然而, 因为拟线性项, 在高维 $(N \geqslant 2)$ Cauchy 问题 (8.1) 和 (8.2) 和正初值能量 $E_2(u_0)$ 依然是开放性问题, 这将是一个有待进一步研究的问题.

8.2 一类拟线性 Schrödinger 方程的驻波解的轨道稳定性

本节主要考虑如下拟线性 Schrödinger 方程

$$i\partial_t z = -\Delta z + V(x)z - k\left(\Delta\left(|z|^2\right)\right)z - \theta|z|^{p-2}z, \tag{8.42}$$

其中 i 是虚数元, $p > 2$ 以及 $k, \theta \in \mathbb{R}_+, \Delta z = \sum_{j=1}^N \partial^2 z/\partial x_j^2$ 是标准的 Laplace 算子. $z := z(x,t) : \mathbb{R}^N \times \mathbb{R}_+ \to \mathbb{C}$ 是复值函数.

这类问题自然而然地出现在数学物理的各个领域, 并且已经作为超流膜理论和耗散量子力学中若干物理现象的模型而推导出来. 由临界点理论, 找到一个(8.42) 的标准的波形式 $z(x,t) = e^{i\mu t}u(x)$, 它可解如下的椭圆方程:

$$-\Delta u + (V(x) + \mu)u - k\left(\Delta\left(|u|^2\right)\right)u - \theta|u|^{p-2}u = 0. \tag{8.43}$$

利用基本的函数空间 $H^s\left(\mathbb{R}^N\right) = W^{s,2}\left(\mathbb{R}^N\right)$ 且设

$$X = \left\{u \in H^1\left(\mathbb{R}^N\right) \,\middle|\, \int_{\mathbb{R}^N} |u|^2|\nabla u|^2 < \infty, \int V(x)|u|^2 < \infty\right\},$$

可定义如下泛函:

$$F_1(u) = \frac{1}{2}\int\left(|\nabla u|^2 + V(x)|u|^2\right), \quad F_2(u) = \frac{1}{2}\int |u|^2,$$

$$F_3(u) = \frac{1}{4}\int \left|\nabla |u|^2\right|^2, \quad F_4(u) = \frac{1}{p}\int |u|^p,$$

$$F_5(u) = F_1(u) + \mu F_2(u) + kF_3(u) - \theta F_4(u),$$

$$F_6(u) = \int(|\nabla u|^2 + (V(x) + \mu)|u|^2 + k|\nabla|u|^2|^2 - \theta|u|^p).$$

(8.43) 有形式变分结构. 对于任意 $\phi \in \mathcal{D}\left(\mathbb{R}^N\right), F_j,\ j = 1, \cdots, 6$ 在 ϕ 有方向导数, 记为 $\left\langle F_j'(u), \phi\right\rangle$. u 是 (8.43) 的弱解当且仅当对于任意 $\phi \in \mathcal{D}\left(\mathbb{R}^N\right)$ 以及 μ, θ, 由

以下公式可得

$$\langle F_1'(u)+\mu F_2'(u)+kF_3'(u)-\theta F_4'(u),\phi\rangle=0. \tag{8.44}$$

到目前为止, 有三种方法来研究这种问题的驻波解的存在性.

方法 1 研究极小问题

$$m_{\mathrm{I}}=\inf\{F_1(u)+\mu F_2(u)+kF_3(u)\mid u\in X, F_4(u)=\lambda_{\mathrm{I}}>0\}. \tag{8.45}$$

若 m_{I} 得到, 则这个极小是方程 (8.43) 的解.

方法 2 研究极小问题

$$m_{\mathrm{II}}=\inf\{F_1(u)+kF_3(u)-\theta F_4(u)\mid u\in X, F_2(u)=\lambda_{\mathrm{II}}>0\}. \tag{8.46}$$

若 m_{II} 得到, 则这个极小是方程 (8.43) 的解.

方法 3 研究极小问题

$$m_{\mathrm{III}}=\inf\{F_5(u)\mid 0\neq u\in X, F_6(u)=0\}. \tag{8.47}$$

若 m_{III} 得到, 则这个极小是方程 (8.43) 的解.

当 $k=0$ 时, 上述三种方法几乎是等价的, 因为它们可以通过缩放从一种方法改变为另一种方法. 然而, 当 $k\neq 0$ 时, $F_3(u)$ 引入的项使得问题与 $k=0$ 的情况有很大的不同, 因为 $F_3(u)$ 是非凸的, 并且缩放参数不起作用. 很多著者利用方法 3 研究方程 (8.43) 的解的存在性, 但是很难去研究方程 (8.42) 的驻波的轨道稳定性, 因为 F_6 一般不满足守恒定律. 因此我们的目的就是在假设 $\inf_{x\in\mathbb{R}^N}V(x)\geqslant 0$ 和 $\lim_{|x|\to\infty}V(x)=+\infty$ 下利用方法 2 研究方程 (8.42) 的驻波的存在性和轨道稳定性.

可知当 $k=0$ 时, 方程 (8.42) 的驻波的存在性和轨道稳定性已经由 Cazenave 和 Lions 得到. 然而, 拟线性项 $(\Delta(|z|^2))z$ 的存在使问题与半线性情形有很大不同. 例如, 当 $k=0$ 时, 可用 $\left\{u\middle|\int|u|^2=\mathrm{const}\right\}$ 或 $\left\{u\middle|\int|u|^p=\mathrm{const}\right\}$ 作为一个约束去研究相关的极小问题. 因此, 轨道稳定性的研究可在标准的尺度变换论断后进行. 但是 $(\Delta(|z|^2))z$ 的引入使得尺度变换论断不成立. 因此需要一个具有径向对称性的函数组成的函数空间.

引理 8.13 *令 $z(x)$ 是具有初值 z_0 的方程 (8.42) 的解. 则*

$$\int|z(x,t)|^2=\int|z_0|^2\equiv\mathrm{const}\quad(\text{质量守恒}), \tag{8.48}$$

$$\int\left(\frac{1}{2}\left(|\nabla z|^2+V|z|^2\right)+\frac{k}{4}\left|\nabla|z|^2\right|^2-\frac{\theta}{p}|z|^p\right) \tag{8.49}$$

$$=\int\left(\frac{1}{2}\left(\left|\nabla z_0\right|^2+V\left|z_0\right|^2\right)+\frac{k}{4}\left|\nabla\left|z_0\right|^2\right|^2-\frac{\theta}{p}\left|z_0\right|^p\right)\equiv\text{const}\quad(\text{能量守恒}).$$

引理 8.14　令 $\{\rho_n\}$ 在 $L^1(\mathbb{R})$ 中有界. 通过提取一个子列, 可假设 $\{\rho_n\}$ 满足以下两种可能之一:

(i) (Vanishing) 对于所有 $0<R<+\infty$, $\lim_{n\to\infty}\sup_{y\in\mathbb{R}}\int_{y+B_R}\rho_n(x)\mathrm{d}x=0$.

(ii) (Nonvanishing) 存在 $\alpha>0, R<+\infty$ 以及 $(y_n)\subset\mathbb{R}$ 使得

$$\lim_{n\to\infty}\int_{y_n+B_R}\rho_n(x)\mathrm{d}x\geqslant\alpha>0.$$

引理 8.15　令 $\{u_n\}$ 在 $H^1(\mathbb{R})$ 中有界. 假设对于 $q>2$, $R>0$,

$$\sup_{y\in\mathbb{R}}\int_{y+B_R}|u_n|^q\,\mathrm{d}x\to 0,\quad n\to\infty.$$

则对于任意 $\beta\geqslant 2$, $u_n\to 0$ 且属于 $L^\beta(\mathbb{R})$.

引理 8.16　若 $u_n\to u\in H^1(\mathbb{R})$ 且在 $\mathbb{R}$上, $u_n\to u$ a.e., 则

$$\liminf_{n\to\infty}\int\left|\left(|u_n|^2\right)'\right|^2\geqslant\int\left|\left(|u|^2\right)'\right|^2+\liminf_{n\to\infty}\int\left|\left(|u_n-u|^2\right)'\right|^2.$$

令 $H_r^1\left(\mathbb{R}^N\right)=\left\{u\in H^1\left(\mathbb{R}^N\right)\mid u(x)=u(|x|)\right\}$, $H=H_r^1\cap X$ 和 $\|u\|^2=\int\left(|\nabla u|^2+V(x)|u|^2+|u|^2\right)$. 则有如下引理.

引理 8.17　令 $N\geqslant 2$. 则如下嵌入是紧的:

$$H\hookrightarrow L^q\left(\mathbb{R}^N\right),\quad 2\leqslant q<2^*,$$

其中对于 $N\geqslant 3$, $2^*=\dfrac{2N}{N-2}$ 且 $N=2, \infty$.

引理 8.18　若 $(u_n)\subset H$ 使得在 $H^1\left(\mathbb{R}^N\right)$ 中 $u_n\to u$, 则

$$\liminf_{n\to\infty}\int\left|\nabla\left|u_n\right|^2\right|^2\geqslant\int\left|\nabla|u|^2\right|^2.$$

8.2.1　情况 $N\geqslant 2$

本节假设 $V(x)=V(|x|)$. 我们将利用方法 2 研究在情况 $\theta>0$ 下, 方程 (8.42) 驻波的存在性, 则研究这个驻波的轨道稳定性. 对于任意 $\lambda>0$, 考虑如下极小问题:

$$m_r=\inf\left\{E(u)=F_1(u)+kF_3(u)-\theta F_4(u)\mid u\in H, F_2(u)=\lambda\right\}.\tag{8.50}$$

引理 8.19 令 $(u_n) \subset H$ 是 m_r 的极小序列. 若 $2<p<2+\frac{4}{N}$, 则 $\|u_n\|$ 和 $\int\left|\nabla\left|u_n\right|^2\right|^2$ 关于 n 是一致有界的.

证明 因为 $(u_n) \subset H$ 是 m_r 的极小序列, 即

$$m_r+o(1)=F_1\left(u_n\right)+kF_3\left(u_n\right)-\theta F_4\left(u_n\right); \quad F_2\left(u_n\right)=\lambda, \tag{8.51}$$

通过 Sobolev 和插值不等式, 可得对于任意 $u \in H$ 和 $s=\left(\frac{1}{p}-\frac{1}{2^*}\right) \Big/ \left(\frac{1}{2}-\frac{1}{2^*}\right)$, 有

$$|u|_p^p \leqslant |u|_2^{ps}|u|_{2^*}^{p(1-s)} \leqslant M|u|_2^{ps}\|u\|^{p(1-s)}.$$

由 Young 不等式可得

$$|u|_p^p \leqslant \varepsilon\|u\|^2+A_{\varepsilon}|u|_2^{2ps/(2-p+ps)}.$$

这里使用假设 $2<p<2+\frac{4}{N}$. 则有

$$m_r+1 \geqslant F_1\left(u_n\right)+\frac{k}{4}\int\left|\nabla|u_n|^2\right|^2-\frac{\varepsilon}{p}\left\|u_n\right\|^2-\frac{A_{\varepsilon}}{p}\left|u_n\right|_2^{2ps/(2-p+ps)}. \tag{8.52}$$

取 ε 充分小以及利用 $|u_n|_2^2=2\lambda$, 则 $m_r>-\infty$, $\|u_n\|$ 以及 $\int\left|\nabla\left|u_n\right|^2\right|^2$ 关于 n 是一致有界的. □

定理 8.20 假设 $N \geqslant 2, 2<p<2+\frac{4}{N}$ 和 $k>0$. 则对于任意 $\theta>0$ 和 $\lambda>0, m_r$ 在 u_0 可得, $u_0(x)=u_0(|x|), F_2\left(u_0\right)=\lambda, F_1\left(u_0\right)+kF_3\left(u_0\right)-\theta F_4\left(u_0\right)=m_r$.

证明 令 $\{u_n\} \subset H$ 是 m_r 的极小序列. 引理 8.19 表明 $\|u_n\|$ 和 $\int\left|\nabla\left|u_n\right|^2\right|^2$ 关于 n 是一致有界的. 若需要一个子列, 可假设在 $H^1\left(\mathbb{R}^N\right), u_n \rightharpoonup u_0$ 以及在 $\mathbb{R}^N$上, 有 $u_n \to u_0$ a.e. Brezis-Lieb 引理表明

$$F_1\left(u_n\right)=F_1\left(u_n-u_0\right)+F_1\left(u_0\right)+o(1). \tag{8.53}$$

结合 (8.50), 引理 8.17 和引理 8.18, 有

$$\begin{aligned}
m_r+o(1) &= F_1\left(u_n\right)+\frac{k}{4}\int\left|\nabla|u_n|^2\right|^2-\frac{\theta}{p}\left|u_n\right|_p^p \\
&\geqslant F_1\left(u_0\right)+kF_3\left(u_0\right)-\theta F_4\left(u_0\right)+\lim_{n\to\infty}F_1\left(u_n-u_0\right) \\
&\geqslant F_1\left(u_0\right)+kF_3\left(u_0\right)-\theta F_4\left(u_0\right) \geqslant m_r.
\end{aligned}$$

上式由 $m_r = F_1(u_0) + kF_3(u_0) - \theta F_4(u_0)$ 和 $\lim_{n\to\infty} F_1(u_n - u_0) = 0$ 可得. 因此由 $|u_n - u_0|_2^2 \to 0$ 可得 $\|u_n - u_0\| \to 0$ i.e., 在 $H^1(\mathbb{R}^N)$ 中, $u_n \to u_0$. □

研究极小化问题 (8.50) 的方法并不新颖, 但它有一个优点, 即根据 Cazenave 和 Lions 思想研究 (8.42) 驻波的轨道稳定性. 粗略地说, 如果 (8.42) 的任何一个解在集合附近开始时都保持在集合附近, 则称 (8.42) 的解集是稳定的.

定义 8.21 集合 $S \subset H$ 关于 (8.42) 是 H-稳定的, 若对于任意 $\varepsilon > 0$, 存在 $\delta > 0$ 使得对于任意 $z_0 \in H \cap H^s(\mathbb{R}^N)\left(s \geqslant \dfrac{N}{2} + 7\right)$ 且

$$\inf_{v\in S}\left(\|z_0 - v\| + \left|\int \left|\nabla |z_0|^2\right|^2 - \int \left|\nabla |v|^2\right|^2\right|\right) < \delta,$$

(8.48) 的解 $z(t,x)$ 可延拓为 $C\left([0,\infty), H^s(\mathbb{R}^N)\right)$ 上的整体解且

$$\sup_{0\leqslant t<\infty}\inf_{v\in S}\left(\|z(\cdot,t) - v\| + \left|\int |\nabla|z(\cdot,t)|^2|^2 - \int \left|\nabla |v|^2\right|^2\right|\right) < \varepsilon.$$

否则 S 是 H-不稳定的.

对于任意 $\lambda > 0$, 由定理 8.20 可得 (8.50) 的极小问题的极小集合非空, 记为 S_λ. 则对于任意 $u_0 \in S_\lambda$, $\displaystyle\int \left|\nabla |u_0|^2\right|^2$ 是有限的. 因此对于任意 $v \in \mathcal{D}(\mathbb{R}^N)$, 积分 $\displaystyle\int \nabla |u_0|^2 \nabla (u_0 v)$ 存在, 因为

$$\begin{aligned}&\int |u_0|\,|\nabla u_0|^2 + |u_0|^2\,|\nabla u_0| \\ \leqslant &\int \left(1 + |u_0|^2\right)|\nabla u_0|^2 + |u_0|^2\left(1 + |\nabla u_0|^2\right) < +\infty.\end{aligned} \tag{8.54}$$

因此, 关于 Lagrange 乘子的 Ljusternik 定理的标准证明表明了存在 γ 使得对于 $\mu = -\gamma$, u_0 是 (8.43) 的一个弱解. $z(x,t) = e^{i\mu t}u_0(x)$ 是 (8.42) 的标准波. 因此 $e^{i\mu t}u_0(\cdot)$ 是 u_0 的轨道. 此外, 对于任意 $t \geqslant 0$, 如果 $u \in S_\lambda$, 则 $e^{i\mu t}u(x) \in S_\lambda$. 轨道稳定性结果为如下定理.

定理 8.22 假设 $N \geqslant 2$ 和 $2 < p < 2 + \dfrac{4}{N}$, 则在定义 8.21 的意义上 S_λ 关于 (8.42) 是 H-稳定的.

证明 假设结论是错误的, 则存在 $\varepsilon_0 > 0$, 使得对于任意 $\dfrac{1}{n} > 0$, 存在 $\psi_n \in H \cap H^s(\mathbb{R}^N)\left(s \geqslant \dfrac{N}{2} + 7\right)$ 且

$$\inf_{g\in S_\lambda}\left(\|\psi_n - g\| + \left|\int \left|\nabla |\psi_n|^2\right|^2 - \int \left|\nabla |g|^2\right|^2\right|\right) < \frac{1}{n},$$

但是

$$\sup_{t>0}\inf_{g\in S_\lambda}\left(\|z_n(\cdot,t)-g\|+\left|\int\left|\nabla|z_n(\cdot,t)|^2\right|^2-\int\left|\nabla|g|^2\right|^2\right|\right)\geqslant\varepsilon_0,$$

其中 $z_n(x,t)$ 解具有 $z_n(x,0)=\psi_n$ 的 (8.42). 因此可取第一时间 t_n 使得

$$\inf_{g\in S_\lambda}\left(\|z_n(\cdot,t_n)-g\|+\left|\int\left|\nabla|z_n(\cdot,t_n)|^2\right|^2-\int\left|\nabla|g|^2\right|^2\right|\right)=\varepsilon_0.$$

则因为在 $H^1(\mathbb{R}^N)$ 中 $\psi_n\to S_\lambda$, 对于任意 $g\in S_\lambda$, $m_r=E(g)$ 以及 $F_2(g)=\lambda$, 有 $E(\psi_n)\to m_r$ 和当 $n\to\infty$ 时, $F_2(\psi_n)\to\lambda$. 因此有一个序列 $\beta_n\to 1$ 使得 $F_2(\beta_n\psi_n)=\lambda$. 由引理 8.13 可知序列 $q_n=\beta_n z_n(\cdot,t_n)$ 满足 $F_2(q_n)=\lambda$ 以及

$$\lim_{n\to\infty}E(q_n)=\lim_{n\to\infty}E(z_n(\cdot,t_n))=\lim_{n\to\infty}E(\psi_n)=m_r,$$

因此对于 m_r, 它是一个极小化序列. 定理 8.20 的证明表明了 $q_n\to q_0$ 在 $H^1(\mathbb{R}^N)$ 上是强的, 且

$$\lim_{n\to\infty}\int\left|\nabla|q_n|^2\right|^2=\int\left|\nabla|q_0|^2\right|^2.$$

因此, 若 $q_0\in S_\lambda$ 且对于 n 充分大, 则当 $n\to\infty$ 时, 有

$$\begin{aligned}\varepsilon_0&\leqslant\|z_n(\cdot,t_n)-q_0\|+\left|\int\left|\nabla|z_n(\cdot,t_n)|^2\right|^2-\int\left|\nabla|q_0|^2\right|^2\right|\\&=\left|\frac{1}{\beta_n}-1\right|\|q_n\|+\|q_n-q_0\|\\&\quad+\left|\frac{1}{\beta_n^4}-1\right|\int\left|\nabla|q_n|^2\right|^2+\left|\int\left|\nabla|q_n|^2\right|^2-\int\left|\nabla|q_0|^2\right|^2\right|\to 0,\end{aligned}$$

这就有矛盾. □

注记 8.23 请注意, 在这个定理的陈述中, 默认地假设势 $V(x),p$ 和初值 z_0 属于一类, 其中对于所有 $t\in[0,T_*)$ 和某些 $T_*<\infty$ 或 $T_*=\infty$ 都存在 (8.42) 初值问题的唯一解. 考虑到 Lange-Poppenberg 研究的这类问题的局部适定性结果和 Cazenave 提出的论点, 我们将继续作出这些假设, 而不作任何评论. 此外, 如果 z_0 相对于 x 是径向对称的, 那么 $z(x,t)$ 也是.

注记 8.24 注意, 在定理 8.20 和定理 8.22 中, $V(x)$ 可以覆盖 $V(x)=|x|^2$ 的情况. 问题 (8.42) 在 $V(x)=|x|^2$ 和 $k=0$ 的情况下, 将磁阱下具有吸引粒子间相互作用的玻色-爱因斯坦凝聚体描述为具有调和势项的 Gross-Pitaevski 方程. 因此定理 8.22 得以推广了.

注记 8.25 正如 [14] 所指出的, 虽然证明驻波轨道稳定性的紧致法的优点是比其他方法需要更少的分析, 它产生了一个弱的结果, 因为它只证明了一组极小化解的稳定性, 而没有提供关于集合结构的信息, 也没有区分它的不同成分. 这种可能的混淆将在 $N=1$ 的情况下得到澄清.

8.2.2 情况 $N=1$

本节将给出在情况 $V(x)\equiv 0$ 和 $N=1, k\geqslant 0, \theta>0$ 下, (8.42) 的驻波的强轨道稳定性. 可写 (8.42) 为

$$i\partial_t z=-z''-k\left(|z|^2\right)''z-\theta|z|^{p-2}z, \tag{8.55}$$

且记 $''$ 为二阶空间导数. 可知 (8.55) 有形式 $e^{i\mu t}u(x)$ 的驻波, 这个驻波满足如下椭圆方程:

$$-u''+\mu u-k\left(\left(|u|^2\right)''\right)u-\theta|u|^{p-2}u=0. \tag{8.56}$$

利用具有模 $\|u\|^2=\int\left(|\nabla u|^2+|u|^2\right)$ 的函数空间 $H^1(\mathbb{R})=W^{1,2}(\mathbb{R})$ 以及嵌入 $H^1(\mathbb{R})\hookrightarrow L^\infty(\mathbb{R})$, 可知泛函

$$I(u)=\int\left(\frac{1}{2}\left|u'\right|^2+\frac{k}{4}\left|\left(|u|^2\right)'\right|^2-\frac{\theta}{p}|u|^p\right) \tag{8.57}$$

在 H^1 上良定义. 此外, 有如下引理.

引理 8.26 I 是 H^1 上的 C^1 类.

对于任意 $\lambda>0$, 定义

$$\mathcal{M}=\left\{u\in H^1(\mathbb{R})\left|\frac{1}{2}\int_{\mathbb{R}}|u|^2=\lambda\right.\right\},\quad m=\inf_{u\in\mathcal{M}}I(u). \tag{8.58}$$

引理 8.27 若 $2<p<6$, 则 $-\infty<m<0$.

证明 假设 $\psi(x)\in\mathcal{M}$. 则对于 $\xi>0$, $\xi^{\frac{1}{2}}\psi(\xi x)$. 则

$$\begin{aligned}I\left(\xi^{\frac{1}{2}}\psi(\xi x)\right)&=\int_{\mathbb{R}}\left(\frac{1}{2}\xi^3\left|\psi'(\xi x)\right|^2+\frac{k}{4}\xi^4\left|\left(|\psi(\xi x)|^2\right)'\right|^2-\frac{\theta}{p}\xi^{\frac{p}{2}}|\psi(\xi x)|^p\right)\\&=\int\left(\frac{1}{2}\xi^2\left|\psi'\right|^2+\frac{k}{4}\xi^3\left|\left(|\psi|^2\right)'\right|^2-\frac{\theta}{p}\xi^{\frac{p}{2}-1}|\psi|^p\right).\end{aligned}$$

它由 $2<p<6$ 和 $m\leqslant I\left(\xi^{\frac{1}{2}}\psi(\xi x)\right)$ 可得且 $m<0$ 使得 $\xi>0$ 充分小. 对于任意 $u\in\mathcal{M}$, 可用 Sobolev 插值不等式使得对于 $0<\alpha<1$,

$$|u|_p^p\leqslant|u|_2^{p\alpha}|u|_\infty^{p(1-\alpha)}\leqslant d|u|_2^{p\alpha}\|u\|^{p(1-\alpha)}. \tag{8.59}$$

由 Young 不等式可得

$$|u|_p^p = \varepsilon\|u\|^2 + A_\varepsilon|u|_2^{2p\alpha/(2-p+p\alpha)}. \tag{8.60}$$

这里用到假设 $2 < p < 6$. 取 $u \in \mathcal{M}$ 使得

$$m+1 \geqslant \frac{1}{2}\|u\|^2 - \lambda + \frac{k}{4}\int_{\mathbb{R}}\left|\left(|u|^2\right)'\right|^2 - \frac{\theta}{p}\varepsilon\|u\|^2 - \frac{\theta}{p}A_\varepsilon|u|_2^{2p\alpha/(2-p+p\alpha)}, \tag{8.61}$$

ε 充分小, 可得 $m > -\infty$. □

引理 8.28 令 $\{u_n\}$ 是 m 的极小序列. 则存在 $w \neq 0$ 和 $\{y_n\} \subset \mathbb{R}$ 使得在 $H^1(\mathbb{R})$ 中 $u_n(\cdot + y_n) \to w$.

证明 令 $\{u_n\}$ 是 m 的极小序列. 则由引理8.27 的第二部分的证明可得 $\{u_n\}$ 在 H^1 中有界. 利用 $\frac{1}{2}\int_{\mathbb{R}}|u_n|^2 = \lambda > 0$ 和引理 8.15, 对于 $\rho_n(x) = |u_n(x)|^2$, Vanishing 情况不会出现. 因此, 存在 $\varepsilon > 0$ 和 $R > 0$ 使得

$$\liminf_{n\to\infty}\sup_{y\in\mathbb{R}}\int_{y-R}^{y+R}|u_n(x)|^2 \geqslant \varepsilon > 0. \tag{8.62}$$

假设存在 $\{y_n\} \subset \mathbb{R}$ 和 $R > 0$ 使得

$$\liminf_{n\to\infty}\int_{y_n-R}^{y_n+R}|u_n(x)|^2 \geqslant \frac{\varepsilon}{2} > 0. \tag{8.63}$$

因此 $w_n(x) = u_n(x+y_n)$ 满足 $I(w_n) = I(u_n)$ 和 $\frac{1}{2}\int_{\mathbb{R}}|w_n|^2 = \lambda$, 即序列 $\{w_n\}$ 是极小序列且满足

$$\liminf_{n\to\infty}\int_{-R}^{R}|w_n(x)|^2 \geqslant \frac{\varepsilon}{2} > 0. \tag{8.64}$$

$\{w_n\}$ 在 $H^1(\mathbb{R})$ 中是有界的, 且由子序列可知在 $H^1(\mathbb{R})$ 中 $w_n \rightharpoonup w$, 以及在 $L^2_{\mathrm{loc}}(\mathbb{R})$ 中 $w_n \to w$. (8.64) 表明 $w \neq 0$. □

引理 8.29 令在 $H^1(\mathbb{R})$ 中 $w_n \rightharpoonup w$, 且在 $\mathbb{R}$ 中 $w_n \to w$ a.e.. 则

$$\lim_{n\to\infty}\left(|w_n|_q^q - |w_n - w|_q^q\right) = |w|_q^q, \quad q \geqslant 2, \tag{8.65}$$

$$\lim_{n\to\infty}\left(|w_n'|_2^2 - \left|(w_n - w)'\right|_2^2\right) = |w'|_2^2. \tag{8.66}$$

命题 8.30　假设 $4 \leqslant p < 6$. 则 m 由非负 w 可得到, 即存在 $0 \neq w \in \mathcal{M}$, $I(w) = m$ 且 $w \geqslant 0$.

证明　令 $\{u_n\}$ 是 m 的极小序列. 引理 8.28 表明存在 $\{y_n\}$ 和 $w \neq 0$ 使得在 $H^1(\mathbb{R})$ 中 $w_n(x) = u_n(x + y_n)$ 以及 $w_n \to w \neq 0$. 为了完成结论需要证明 $w \in \mathcal{M}$, 即 $\frac{1}{2}|w|_2^2 = \lambda$.

反证法: 可假设 $0 < \frac{1}{2}|w|_2^2 < \lambda$. 对于 $v_n = w_n - w$, 由引理 8.29 的假设可得 $\frac{1}{2}|v_n|_2^2 < \lambda$. 记

$$\tilde{w} = w \Big/ \left(\frac{1}{2\lambda}\right)^{\frac{1}{2}} |w|_2, \qquad \tilde{v}_n = v_n \Big/ \left(\frac{1}{2\lambda}\right)^{\frac{1}{2}} |v_n|_2,$$

有

$$\begin{aligned}
m \geqslant & \int_{\mathbb{R}} \left(\frac{1}{2}|w_n'|^2 + \frac{k}{4}\left|\left(|w_n|^2\right)'\right|^2 - \frac{\theta}{p}|w_n|^p\right) \\
\geqslant & \int_{\mathbb{R}} \left(\frac{1}{2}|w'|^2 + \frac{k}{4}\left|\left(|w|^2\right)'\right|^2 - \frac{\theta}{p}|w|^p\right) \\
& + \int_{\mathbb{R}} \left(\frac{1}{2}|v_n'|^2 - \frac{\theta}{p}|v_n|^p\right) + \frac{k}{4}\liminf_{n\to\infty}\int_{\mathbb{R}}\left|\left(|v_n|^2\right)'\right|^2 \\
= & \left(\sqrt{\frac{1}{2\lambda}}|w|_2\right)^2 \int_{\mathbb{R}} \frac{1}{2}|\tilde{w}'|^2 + \frac{k}{4}\left(\sqrt{\frac{1}{2\lambda}}|w|_2\right)^4 \int_{\mathbb{R}} \left|(|\tilde{w}|^2)'\right|^2 \\
& - \left(\sqrt{\frac{1}{2\lambda}}|w|_2\right)^p \frac{\theta}{p}\int_{\mathbb{R}}|\tilde{w}|^p + \left(\sqrt{\frac{1}{2\lambda}}|v_n|_2\right)^2 \int_{\mathbb{R}} \frac{1}{2}|\tilde{v}_n'|^2 \\
& - \left(\sqrt{\frac{1}{2\lambda}}|v_n|_2\right)^p \frac{\theta}{p}\int_{\mathbb{R}}|\tilde{v}_n|^p + \frac{k}{4}\liminf_{n\to\infty}\left(\sqrt{\frac{1}{2\lambda}}|v_n|_2\right)^4 \int_{\mathbb{R}}\left|\left(|\tilde{v}_n|^2\right)'\right|^2 \\
> & \left(\sqrt{\frac{1}{2\lambda}}|w|_2\right)^4 \int_{\mathbb{R}} \left(\frac{1}{2}|\tilde{w}'|^2 + \frac{k}{4}\left|(|\tilde{w}|^2)'\right|^2 - \frac{\theta}{p}|\tilde{w}|^p\right) \quad (\text{因为 } p \geqslant 4) \\
& + \liminf_{n\to\infty}\left(\sqrt{\frac{1}{2\lambda}}|v_n|_2\right)^4 \int_{\mathbb{R}}\left(\frac{1}{2}|\tilde{v}_n'|^2 + \frac{k}{4}\left|\left(|\tilde{v}_n|^2\right)'\right|^2 - \frac{\theta}{p}|\tilde{v}_n|^p\right) \\
= & \left(\sqrt{\frac{1}{2\lambda}}|w|_2\right)^4 I(w) + \liminf_{n\to\infty}\left(\sqrt{\frac{1}{2\lambda}}|v_n|_2\right)^4 I(\tilde{v}_n)
\end{aligned}$$

$$\geqslant m\left(\left(\sqrt{\frac{1}{2\lambda}}|w|_2\right)^4+\liminf_{n\to\infty}\left(\sqrt{\frac{1}{2\lambda}}\,|v_n|_2\right)^4\right)$$

$$\geqslant m\left(\left(\sqrt{\frac{1}{2\lambda}}|w|_2\right)^2+\liminf_{n\to\infty}\left(\sqrt{\frac{1}{2\lambda}}\,|v_n|_2\right)^2\right)\quad(\text{因为}\ \ m<0)$$

$$=m, \tag{8.67}$$

这就产生了矛盾. 最后一个等式由引理 8.29 和 $\frac{1}{2}|w_n|_2^2=\lambda$ 得. 我们已经证得 $\frac{1}{2}|w|_2^2=\lambda$, 即在 $L^2(\mathbb{R})$ 上, $w_n\to w$. 因为 (w_n) 在 $H^1(\mathbb{R})$ 中有界, 标准的插值不等式和 Sobolev 不等式表明在 $L^p(\mathbb{R})$ 上, $w_n\to w$. 由极小序列 $\{w_n\}$ 和引理 8.16 可得

$$\begin{aligned}
m&\geqslant\int_{\mathbb{R}}\left(\frac{1}{2}\left|w_n'\right|^2+\frac{k}{4}\left|\left(|w_n|^2\right)'\right|^2-\frac{\theta}{p}\left|w_n\right|^p\right)\\
&\geqslant\int_{\mathbb{R}}\left(\frac{1}{2}\left|w'\right|^2+\frac{k}{4}\left|\left(|w|^2\right)'\right|^2-\frac{\theta}{p}|w|^p\right)+\lim_{n\to\infty}\int_{\mathbb{R}}\frac{1}{2}\left|(w_n-w)'\right|^2\\
&\geqslant m+\lim_{n\to\infty}\int_{\mathbb{R}}\frac{1}{2}\left|(w_n-w)'\right|^2.
\end{aligned}\tag{8.68}$$

因此 $\int_{\mathbb{R}}\left|(w_n-w)'\right|^2\to 0$. 结合这个与 $w_n\to w$. 可得在 $H^1(\mathbb{R})$ 中 $w_n\to w$. 注意到若 $\{w_n\}$ 是 m 的极小序列, 则 $\{|w_n|\}$ 亦然. □

定理 8.31 *假设 $4\leqslant p<6$. 则存在 $\gamma<0$ 使得对于任意 $\theta>0$ 和 $\mu=-\gamma$, (8.56) 有一个正解 $u\in H_0^1(\mathbb{R})$.*

证明 由命题 8.30 与定理 8.22 , 可知存在非负 $u\in H^1(\mathbb{R})$ 和 $|u|_2^2=2\lambda$ 与一个 Lagrange 乘子 $\gamma\in\mathbb{R}$ 使得对于所有 $v\in H^1$,

$$-\int u''v-k\int\left(u^2\right)''uv-\theta|u|^{p-2}uv=\gamma\int uv. \tag{8.69}$$

把 $u=v$ 代入 (8.69) 可得

$$\gamma|u|_2^2=|u'|_2^2+k\int\left|\left(|u|^2\right)'\right|^2-\theta|u|_p^p.$$

由 $0>m=\frac{1}{2}\left|u'\right|_2^2+\frac{k}{4}\int\left|\left(|u|^2\right)'\right|^2-\frac{\theta}{p}|u|_p^p$ 和 $p\geqslant 4$ 可得 $\gamma<0$. 因此对于任意 $\mu=-\gamma$, $u\in H_0^1(\mathbb{R})$ 是 (8.56) 的一个非负解. □

正如注记 8.23 所指出的, 需要使用以下基本假设来研究轨道稳定性.

(A) 对于 $p \geqslant 4, k > 0$ 和 z_0, 若 Cauchy 问题 (8.55) 具有初值 $z(x,0) = z_0 \in H^s(\mathbb{R}) \left(s \geqslant \frac{1}{2} + 7\right)$, 则有解 $z(x,t) \in [0, T^*)$, 其中 $T^* < \infty$ 或 $T^* = \infty$.

记 $\mathcal{S}_\lambda$ 为 (8.55) 的极小集合. 由命题 8.30 与定理 8.22, 可以详细检查定理 8.22 的证明, 并直接得到以下轨道稳定性结果.

命题 8.32 假设 (A) 成立且 $4 \leqslant p < 6$, $\theta > 0$. 则就定义 8.21 的意义来说, $\mathcal{S}_\lambda$ 关于 (8.58) 是 H-稳定的.

定理 8.33 假设 (A) 成立且 $4 \leqslant p < 6$, $\theta > 0$. 则对于任意 $\varepsilon > 0$, 存在 $\delta > 0$ 使得若 $z_0 \in H^s(\mathbb{R})$ 和

$$\inf_{\eta,\xi\in\mathbb{R}} \left(\left\| z_0 - e^{i\eta} u_0(\cdot + \xi) \right\| + \left| \int \left| \nabla |z_0|^2 \right|^2 - \int \left| \nabla |u_0|^2 \right|^2 \right| \right) < \delta, \tag{8.70}$$

则 Cauchy 问题 (8.55) 具有初值 $z(x,0) = z_0$ 的解 $z(x,t)$ 可延拓为整体解且

$$\inf_{\eta,\xi\in\mathbb{R}} \left(\left\| z(\cdot,t) - e^{i\eta} u_0(\cdot + \xi) \right\| + \left| \int \left| \nabla |z|^2 \right|^2 - \int \left| \nabla |u_0|^2 \right|^2 \right| \right) < \varepsilon. \tag{8.71}$$

证明 充分证明 $\mathcal{S}_\lambda = \{e^{i\eta} u_0(x+\xi)\}$. 若 $u \in \mathcal{S}_\lambda$, 则 $e^{i\eta} u(x) \in \mathcal{S}_\lambda$ 与定理 8.31 的证明表明 u 是 (8.56) 的解. 注意到 $u(x)$ 是 (8.56) 的解与 $w(x) = \theta^{\frac{1}{p-2}} \mu^{\frac{1}{2-p}} u\left(\mu^{-\frac{1}{2}} x\right)$ 是如下方程的解等价:

$$-w'' + w - k\theta^{\frac{2}{2-p}} \mu^{\frac{1}{p-2}} \left(w^2\right)'' w = w^{p-1}, \quad w > 0, \quad w \in H^1(\mathbb{R}). \tag{8.72}$$

由 Ambrosetti-Wang 的结果, 可知 (8.72) 有唯一的正解 $w_0(x)$, 则 $u_0(x) = \theta^{\frac{1}{p-2}} \times \mu^{\frac{1}{p-2}} w_0\left(\mu^{\frac{1}{2}} x\right)$ 是 (8.56) 的唯一正解. □

第 9 章　一类具调和势的 Schrödinger 方程的整体解

这一章包含两个部分. 9.1 节推导了包含非局部非线性的 Gagliardo-Nirenberg 插值不等式的一个变形, 并确定了它的最佳 (最小) 常数. 9.2 节研究了该不等式及其最佳常数的两个应用. 在第一个应用中, 利用这个最佳常数建立了一个判别带调和势与非局部非线性的非齐次 Schrödinger 方程

$$i\varphi_t = -\Delta\varphi + |x|^2\varphi - \varphi|\varphi|^{p-2}\int \frac{|\varphi(y)|^p}{|x-y|^\alpha}\mathrm{d}y$$

(其中 p 取临界情况 $p = 2 + (2-\alpha)/N$) 解的整体存在性和爆破性的尖锐判据. 结果表明, 爆破解的存在不仅与初值的质量有关, 还与初值的剖面有关. 在第二个应用中, 利用这个最佳常数证明当 $2 + (2-\alpha)/N < p < (2N-\alpha)/(N-2)$ 时, 对于一类范数可以取任意大的初值, 解在时间上是全局存在的.

考虑带调和势的非线性 Schrödinger 方程

$$i\varphi_t + \Delta\varphi - |x|^2\varphi + F(\varphi) = 0, \quad x \in \mathbb{R}^N, \quad t \geqslant 0, \tag{9.1}$$

其中 $\varphi := \varphi(x,t) : \mathbb{R}^N \times \mathbb{R}^+ \to \mathbb{C}$ 是复值函数, $F(\varphi)$ 是一个满足后续适当假设的非线性 (可能是非局部的) 部分.

方程 (9.1) 是许多物理现象的模型. 例如, 在带有抛物线圈闭的玻色-爱因斯坦凝聚态 (BEC) 背景下, 它是 Gross-Pitaevskii 方程. 事实上, 假设有一个高度的旋流陷阱, Kivshar 等[170] 推导出的 GP 方程 (9.1), $F(\varphi) = \varphi|\varphi|^2$ 是被限制在一个由磁阱产生的三维抛物线势中的冷却原子的宏观动力学模型方程. Deconinck 等推导出一个三维的具有势和非局部非线性 Schrödinger 方程 (见文献 [164] 的方程 (5)).

带非局部非线性项 $F(\varphi)$ 的方程 (9.1) 也出现在其他应用上. 例如, Kurth 在文献 [171] 推导出带调和势和非局部非线性 Schrödinger 方程可以用来描述色散管理光纤的平均脉冲传播. 通常假设的非局部非线性是 Hartree 类型, 也就是

$$F(\varphi) = \left(V * |\varphi|^2\right)\varphi,$$

其中核 V 属于弱 L^p 空间, $*$ 表示卷积, 见 [164, 168] 及其相关文献. 尽管在大多数应用中很难得到关于内核性质的线索, 但直接理解原始的非局部问题还是很有意义的.

这促使我们直接研究如下的带非局部非线性方程 (9.1)

$$i\varphi_t = -\Delta\varphi + |x|^2\varphi - \varphi|\varphi|^{p-2}\int_{\mathbb{R}^N}\frac{|\varphi(y)|^p}{|x-y|^\alpha}\mathrm{d}y, \quad t \geqslant 0,\ x \in \mathbb{R}^N, \tag{9.2}$$

其中 $p \geqslant 2$, $0 < \alpha < N$. 这里的目的是把局部非线性 Schrödinger 方程的结果扩展到非局部非线性 Schrödinger 方程. 注意到当 $\alpha = 1$, $p = 2$ 和 $N = 3$ 时, 方程 (9.1) 转化为带调和势的 Schrödinger-Poisson 系统

$$\begin{cases} i\varphi_t + \triangle\varphi = |x|^2\varphi - V(x)\varphi, \quad x \in \mathbb{R}^N, \\ \Delta V = |\varphi|^2. \end{cases}$$

这个方程典型地出现在许多物体效应的平均场近似中, 比如带约束的 Poisson 方程模拟了谐振子的二次势. 如果势消失, 则该方程模拟了描述量子力学非相对论多玻色子系统的场方程的经典极限 [155]. 对于 Schrödinger 方程的其他变体, 我们建议感兴趣的读者参考 [160] 及其中的参考资料.

现在我们回到方程 (9.2), 给定初值

$$\varphi(x,0) = \varphi_0(x), \tag{9.3}$$

我们感兴趣的问题是: 在什么条件下方程 (9.2)—(9.3) 的解在时间上全局存在, 在什么条件下方程 (9.2)—(9.3) 的解在有限时间内爆破?

注意到当 $F(\varphi) = \varphi|\varphi|^{p-2}$, 可以用标准 Gagliardo-Nirenberg 不等式来研究 (9.1), 有兴趣的读者可以参阅 [161, 162, 165, 175, 178], 了解 (9.1) 式在不同初值下的稳定性及全局存在性. 然而, 对于 (9.2) 方程这样的非局部非线性, 一个特定的初值的选择是否会产生爆破解的问题则更难以捉摸. 特别是在 [161] 中使用的参数不能推导出方程 (9.2) 的全局解或爆破解存在的严格条件, 因此我们需要寻找其他方法, 正如我们将在本章中看到的那样.

9.1 节推导出包含非局部非线性的 Gagliardo-Nirenberg 插值不等式的一个变形并确定了最佳 (最小) 常数, 参见定理 9.3 和定理 9.7. 这里所确定的最佳常数不仅是独立兴趣的, 而且也可用于研究方程 (9.2)—(9.3). 9.2 节简述关于方程 (9.2) Cauchy 问题的一些结果. 9.3 节解决带有调和势 $|x|^2$ 的问题, 用定理 9.7 建立了临界非线性条件 $p = 2 + (2-\alpha)/N$ 方程 (9.2)—(9.3) 解的尖锐判据, 见定理 9.13 和定理 9.15. 结果表明, (9.2) 方程的整体解存在一个尖锐的阈值. 进一步地, 结果

表明 (9.2) 式爆破解的存在不仅取决于初值的质量, 而且取决于初始数据的剖面. 9.4 节, 我们给出当 $2+(2-\alpha)/N<p<(2N-\alpha)/(N-2)$ 时, 方程 (9.2) 整体解存在的充分条件. 有趣的是, 方程 (9.2) 具有全局解, 无论初值的大小是多少, 见定理 9.21.

我们的方法基于 [156,177]. 定理 9.7 应用在定理 9.13、定理 9.15、定理 9.21 的证明中是必不可少的.

在本章中, $H^1(\mathbb{R}^N)$ 表示具有标准范数的标准 Sobolev 空间. 用 $\|\cdot\|_{L^q}$, $1\leqslant q\leqslant\infty$ 表示空间 $L^q(\mathbb{R}^n)$ 的范数; $\int$ 表示 $\int_{\mathbb{R}^N}$ 除非另有规定; C 或者 C_j 表示任意正常数; $\bar{v}$ 表示复共轭, Re 表示实部.

9.1 最佳 (最小) 常数

本节的目的是推导 Gagliardo-Nirenberg 插值不等式 (见定理 9.3) 的一个变形, 并确定其最佳常数 (见定理 9.7). 这个不等式和最佳常数将在接下来内容中发挥重要作用. 首先, 陈述一些引理.

引理 9.1 (Gagliardo-Nirenberg 不等式[159]) 假设当 $N\leqslant 3$ 时 $1<q<\dfrac{N+2}{N-2}$; 当 $N=1,2$ 时 $1<q<+\infty$. 那么存在一个依赖于 N 与 q 的正常数 C 使得对任意的 $u\in H^1(\mathbb{R}^N)$, 有

$$\int|u|^{q+1}\leqslant C\left(\int|\nabla u|^2\right)^{\frac{N(q-1)}{4}}\left(\int|u|^2\right)^{\frac{q+1}{2}-\frac{N(q-1)}{4}}.$$

引理 9.2 [174] 令 $0<\beta<N$ 和 $f\in L^q(\mathbb{R}^N)$, $h\in L^r(\mathbb{R}^N)$, 其中 $\dfrac{1}{q}+\dfrac{1}{r}+\dfrac{\beta}{N}=2$, $1<q,r<\infty$. 那么有

$$\int_{\mathbb{R}^N\times\mathbb{R}^N}\frac{|f(x)||h(y)|}{|x-y|^\beta}\mathrm{d}x\mathrm{d}y\leqslant C(q,r,\beta,N)\|f\|_{L^q(\mathbb{R}^N)}\|h\|_{L^r(\mathbb{R}^N)},\quad x,y\in\mathbb{R}^N,$$

$C(q,r,\beta,N)$ 是一个依赖于 q,r,β 和 N 的正常数.

接下来, 我们利用引理 9.1 和引理 9.2 导出了 Gagliardo-Nirenberg 插值不等式的一个变形.

定理 9.3 令 $0<\alpha<N$ 和 $(2N-\alpha)/N<p<2^*(\alpha)$, 其中当 $N\geqslant 3$ 时, $2^*(\alpha):=(2N-\alpha)/(N-2)$, 当 $N=1,2$ 时, $(2N-\alpha)/N<p<+\infty$. 那么存

在一个依赖于 p, α 和 N 的正常数 $C(p,\alpha,N)$ 使得对任意的 $u \in H^1(\mathbb{R}^N)$, 有

$$\int_{\mathbb{R}^N\times\mathbb{R}^N} \frac{|u(x)|^p|u(y)|^p}{|x-y|^\alpha}\mathrm{d}x\mathrm{d}y \leqslant C(p,\alpha,N)\left(\int|\nabla u|^2\right)^A\left(\int|u|^2\right)^B, \tag{9.4}$$

其中 $A=\dfrac{N(p-2)+\alpha}{2}$, $B=\dfrac{2p-(N(p-2)+\alpha)}{2}$.

证明 令 $|f(x)|=|u(x)|^p$, $|h(y)|=|u(y)|^p$, $q=r=\dfrac{2N}{2N-\alpha}$ 和引理 9.2, 有

$$\int_{\mathbb{R}^N\times\mathbb{R}^N} \frac{|u(x)|^p|u(y)|^p}{|x-y|^\alpha}\mathrm{d}x\mathrm{d}y \leqslant C\left(\int|u|^{\frac{2Np}{2N-\alpha}}\right)^{\frac{2N-\alpha}{N}}. \tag{9.5}$$

由假设 $(2N-\alpha)/N<p<2^*(\alpha)$ 和引理 9.1. 我们有

$$\int|u|^{\frac{2Np}{2N-\alpha}} \leqslant C\left(\int|\nabla u|^2\right)^{\frac{N(Np-2N+\alpha)}{2(2N-\alpha)}}\left(\int|u|^2\right)^{\frac{2Np-N(Np-2N+\alpha)}{2(2N-\alpha)}}. \tag{9.6}$$

由 (9.5) 式和 (9.6) 式可得 (9.4) 式成立. □

引理 9.4 令 $N\geqslant 2$, $0<\alpha<N$ 和 $(2N-\alpha)/N<p<2^*(\alpha)$. 如果在 $H^1_{\text{radial}}(\mathbb{R}^N):=\left\{u\in H^1(\mathbb{R}^N);u(x)=u(|x|)\right\}$ 有 $u_n \rightharpoonup u$, 那么

$$\int_{\mathbb{R}^N\times\mathbb{R}^N} \frac{|u_n(x)|^p|u_n(y)|^p}{|x-y|^\alpha}\mathrm{d}x\mathrm{d}y \to \int_{\mathbb{R}^N\times\mathbb{R}^N} \frac{|u(x)|^p|u(y)|^p}{|x-y|^\alpha}\mathrm{d}x\mathrm{d}y.$$

证明 首先, 对任意正数 a,b,c 和 d, 有

$$\begin{aligned} 2|a^pb^p-c^pd^p| &= |(b^p+d^p)(a^p-c^p)+(a^p+c^p)(b^p-d^p)| \\ &\leqslant (b^p+d^p)\left(a^{p-1}+c^{p-1}\right)|a-c| \\ &\quad +(a^p+c^p)\left(b^{p-1}+d^{p-1}\right)|b-d|. \end{aligned} \tag{9.7}$$

令 $a=|u_n(x)|, b=|u_n(y)|, c=|u(x)|, d=|u(y)|$, 从引理 9.2 当 $\beta=\alpha, r=q=\dfrac{2N}{2N-\alpha}$ 和 $\{u_n\}$ 在 $H^1_{\text{radial}}(\mathbb{R}^N)$ 有界时,

$$\int_{\mathbb{R}^N\times\mathbb{R}^N} \frac{(|u_n(y)|^p+|u(y)|^p)\left(|u_n(x)|^{p-1}+|u(x)|^{p-1}\right)||u_n(x)|-|u(x)||}{|x-y|^\alpha}\mathrm{d}x\mathrm{d}y$$

$$\leqslant C_1\left[\int\left(|u_n(x)-u(x)|\,\left||u_n(x)|^{p-1}+|u(x)|^{p-1}\right|\right)^{\frac{2N}{2N-\alpha}}\right]^{\frac{2N-\alpha}{2N}}$$

$$\times\left(\int\left(|u_n(y)|^p+|u(y)|^p\right)^{\frac{2N}{2N-\alpha}}\right)^{\frac{2N-\alpha}{2N}}$$

$$\leqslant C_2\left[\left(\int|u_n(x)-u(x)|^{\frac{2Np}{2N-\alpha}}\right)^{\frac{1}{p}}\left(\int\left[|u_n(x)|^{\frac{2Np}{2N-\alpha}}+|u(x)|^{\frac{2Np}{2N-\alpha}}\right]\right)^{\frac{p}{p-1}}\right]^{\frac{2N-\alpha}{2N}}$$

$$\times\left[\int\left(|u_n(y)|^{\frac{2Np}{2N-\alpha}}+|u(y)|^{\frac{2Np}{2N-\alpha}}\right)\right]^{\frac{2N-\alpha}{2N}}$$

$$\leqslant C_3\left(\int|u_n(x)-u(x)|^{\frac{2Np}{2N-\alpha}}\right)^{\frac{2N-\alpha}{2Np}}.$$

由 Strauss 引理, 也就是 $u_n\rightharpoonup u$ 在空间 $H^1_{\mathrm{radial}}\left(\mathbb{R}^N\right)$ 上弱收敛得到 $u_n\rightharpoonup u$ 在空间 $L^{\frac{2Np}{2N-\alpha}}\left(\mathbb{R}^N\right)$ 上强收敛.

$$\int|u_n(x)-u(x)|^{\frac{2Np}{2N-\alpha}}\to 0,\quad n\to\infty.$$

因此, 当 $n\to\infty$ 时, 有

$$\int_{\mathbb{R}^N\times\mathbb{R}^N}\frac{\left(|u_n(y)|^p+|u(y)|^p\right)\left(|u_n(x)|^{p-1}+|u(x)|^{p-1}\right)\left||u_n(x)|-|u(x)|\right|}{|x-y|^\alpha}\mathrm{d}x\mathrm{d}y\to 0.$$

同样地, 当 $n\to\infty$ 时,

$$\int_{\mathbb{R}^N\times\mathbb{R}^N}\frac{\left(|u_n(x)|^p+|u(x)|^p\right)\left(|u_n(y)|^{p-1}+|u(y)|^{p-1}\right)\left||u_n(y)|-|u(y)|\right|}{|x-y|^\alpha}\mathrm{d}x\mathrm{d}y\to 0.$$

故

$$\int_{\mathbb{R}^N\times\mathbb{R}^N}\frac{|u_n(x)|^p\,|u_n(y)|^p}{|x-y|^\alpha}\mathrm{d}x\mathrm{d}y\to\int_{\mathbb{R}^N\times\mathbb{R}^N}\frac{|u(x)|^p|u(y)|^p}{|x-y|^\alpha}\mathrm{d}x\mathrm{d}y.\qquad\square$$

现在我们要确定最佳 (最小) 正常数 $C(p,\alpha,N)$ 使 (9.4) 成立. 这可以通过最小化如下函数来实现

$$J(u)=\frac{\left(\int|\nabla u|^2\right)^A\left(\int|u|^2\right)^B}{\int_{\mathbb{R}^N\times\mathbb{R}^N}\frac{|u(x)|^p|u(y)|^p}{|x-y|^\alpha}\mathrm{d}x\mathrm{d}y},\quad u\in H^1\left(\mathbb{R}^N\right),$$

其中

$$A=\frac{N(p-2)+\alpha}{2}, \quad B=\frac{2p-(N(p-2)+\alpha)}{2}.$$

根据不等式 (9.4), 函数 J 有良定义, $C^1 \in H^1\left(\mathbb{R}^N\right)$. 此外, 我们还有如下引理.

引理 9.5 令 $N \geqslant 2$, $0<\alpha<N$, 当 $N \geqslant 3$ 时, $(2N-\alpha)/N<p<(2N-\alpha)/(N-2)$; 当 $N=2$ 时, $(2N-\alpha)/N<p<+\infty$, 因此

$$m=\inf\left\{J(u); u \in H^1\left(\mathbb{R}^N\right), u \neq 0\right\}$$

在 $\psi \in H^1\left(\mathbb{R}^N\right)$ 取到, 且 ψ 是以下方程最小的函数

$$-2A\triangle\psi+2B\psi-2mp\psi|\psi|^{p-2}\int_{\mathbb{R}^N}\frac{|\psi(y)|^p}{|x-y|^\alpha}\mathrm{d}y=0, \quad \psi>0, \psi \in H^1\left(\mathbb{R}^N\right), \tag{9.8}$$

且

$$m^{-1}=\int_{\mathbb{R}^N\times\mathbb{R}^N}\frac{|\psi(x)|^p|\psi(y)|^p}{|x-y|^\alpha}\mathrm{d}x\mathrm{d}y.$$

证明 首先, 易发现对任意的 $0 \neq u \in H^1\left(\mathbb{R}^N\right)$, $J(u)>0$. 由 (9.4), 我们可以找到一序列 $\{v_n\} \subset H^1\left(\mathbb{R}^N\right)$ 使得

$$0<m=\lim_{n\to\infty}J\left(v_n\right)<+\infty.$$

对任意的 $\lambda, \mu>0$, 令 $u^{\lambda,\mu}(x)=\lambda u(\mu x)$, 则有

$$\int\left|\nabla u^{\lambda,\mu}(x)\right|^2=\lambda^2\mu^{2-N}\int|\nabla u|^2,$$

$$\int\left|u^{\lambda,\mu}(x)\right|^2=\lambda^2\mu^{-N}\int|u|^2,$$

$$\int_{\mathbb{R}^N\times\mathbb{R}^N}\frac{\left|u^{\lambda,\mu}(x)\right|^p\left|u^{\lambda,\mu}(y)\right|^p}{|x-y|^\alpha}\mathrm{d}x\mathrm{d}y=\lambda^{2p}\mu^{\alpha-2N}\int_{\mathbb{R}^N\times\mathbb{R}^N}\frac{|u(x)|^p|u(y)|^p}{|x-y|^\alpha}\mathrm{d}x\mathrm{d}y.$$

从 A 和 B 得出

$$J\left(u^{\lambda,\mu}\right)=\frac{\left(\lambda^2\mu^{2-N}\int|\nabla u|^2\right)^A\left(\lambda^2\mu^{-N}\int|u|^2\right)^B}{\lambda^{2p}\mu^{\alpha-2N}\int_{\mathbb{R}^N\times\mathbb{R}^N}\frac{|u(x)|^p|u(y)|^p}{|x-y|^\alpha}\mathrm{d}x\mathrm{d}y}=J(u).$$

令 $\{u_n\}\subset H^1(\mathbb{R}^N)$ 是关于 m 的一个极小化序列, 由 $\int|\nabla|u_n||^2\leqslant\int|\nabla u_n|^2$ 可假设 $u_n>0$, 此外, 通过均衡[157,158,172], 可令 $u_n(x)=u_n(|x|)$. 选择

$$\mu_n=\frac{\|u_n\|_2}{\|\nabla u_n\|_2},\quad \lambda_n=\frac{\|u_n\|_2^{\frac{N}{2}-1}}{\|\nabla u_n\|_2^{\frac{N}{2}}},$$

得到一序列 $\psi_n(x)=u_n^{\lambda_n,\mu_n}(x)$ 满足如下性质

$$\begin{gathered}\psi_n\in H^1(\mathbb{R}^N),\quad \psi_n(x)=\psi_n(|x|),\qquad \psi_n\geqslant 0;\\ \|\psi_n\|_2^2=1,\qquad \|\nabla\psi_n\|_2^2=1;\\ m=\lim_{n\to\infty}J(\psi_n).\end{gathered}$$

如果有必要, 可以转到子序列, 仍然用 $\{\psi_n\}$ 表示, 假设 $\psi_n\to\psi$ 在空间 $H^1_{\text{radial}}(\mathbb{R}^N)$ 上弱收敛, 现在从引理 9.4 推导出

$$\int_{\mathbb{R}^N\times\mathbb{R}^N}\frac{|\psi_n(x)|^p\,|\psi_n(y)|^p}{|x-y|^\alpha}\mathrm{d}x\mathrm{d}y\to\int_{\mathbb{R}^N\times\mathbb{R}^N}\frac{|\psi(x)|^p|\psi(y)|^p}{|x-y|^\alpha}\mathrm{d}x\mathrm{d}y.$$

另一方面, 由弱收敛 $\|\psi\|_2\leqslant 1$ 和 $\|\nabla\psi\|_2\leqslant 1$, 因此

$$m\leqslant J(\psi)\leqslant\frac{1}{\displaystyle\int_{\mathbb{R}^N\times\mathbb{R}^N}\frac{|\psi(x)|^p|\psi(y)|^p}{|x-y|^\alpha}\mathrm{d}x\mathrm{d}y}=\lim_{n\to\infty}J(\psi_n)=m.$$

由于 $\left(\int|\nabla\psi|^2\right)^A\left(\int|\psi|^2\right)^B=1$, 因此 $\|\psi\|_2=1$ 和 $\|\nabla\psi\|_2=1$. 所以 $\psi_n\to\psi$ 在空间 $H^1(\mathbb{R}^N)$ 上强收敛, 且

$$m=J(\psi)=\frac{\left(\displaystyle\int|\nabla\psi|^2\right)^{\frac{A}{2}}\left(\displaystyle\int|\psi|^2\right)^{\frac{B}{2}}}{\displaystyle\int_{\mathbb{R}^N\times\mathbb{R}^N}\frac{|\psi(x)|^p|\psi(y)|^p}{|x-y|^\alpha}\mathrm{d}x\mathrm{d}y}=\left(\int_{\mathbb{R}^N\times\mathbb{R}^N}\frac{|\psi(x)|^p|\psi(y)|^p}{|x-y|^\alpha}\mathrm{d}x\mathrm{d}y\right)^{-1}.$$

注意到对所有 $\eta\in C_0^\infty(\mathbb{R}^N)$, 有 $\left.\frac{\mathrm{d}}{\mathrm{d}\varepsilon}\right|_{\varepsilon=0}J(\psi+\varepsilon\eta)=0$. 直接计算可得 ψ 满足 (9.8). □

注记 9.6 在这里和之后, 方程的最小作用解按下列意义定义. 例如, 方程

$$-\Delta u+u-u|u|^{p-2}\int_{\mathbb{R}^N}\frac{|u(y)|^p}{|x-y|^\alpha}\mathrm{d}y=0,\quad u\in H^1(\mathbb{R}^N),\tag{9.9}$$

泛函

$$L(u)=\int\frac{|\nabla u|^2+|u|^2}{2}-\frac{1}{2p}\int_{\mathbb{R}^N\times\mathbb{R}^N}\frac{|u(x)|^p|u(y)|^p}{|x-y|^\alpha}\mathrm{d}x\mathrm{d}y,\quad u\in H^1\left(\mathbb{R}^N\right),$$

(9.9) 的解集为 Γ,

$$\Gamma=\left\{\phi\in H^1\left(\mathbb{R}^N\right);\phi\neq 0,L'(\phi)=0\right\}.$$

(9.9) 最小作用解集为 G,

$$G=\{\phi\in\Gamma;L(\phi)\leqslant L(\psi)\ \text{对任意的}\psi\in\Gamma\}.$$

定理 9.7 假设引理 9.5 成立. 不等式 (9.4) 的最佳常数 $C(p,\alpha,N)$ 可以准确地给出

$$\begin{aligned}C(p,\alpha,N)&=\frac{p}{B}\left(\frac{B}{A}\right)^A\|w\|_2^{2-2p}\\&=\frac{2p}{2p-(N(p-2)+\alpha)}\left(\frac{2p-(N(p-2)+\alpha)}{N(p-2)+\alpha}\right)^{\frac{N(p-2)+\alpha}{2}}\|w\|_2^{2-2p},\end{aligned}$$

其中 w 是下列方程最小行动解:

$$-\Delta\phi+\phi-\phi|\phi|^{p-2}\int_{\mathbb{R}^N}\frac{|\phi(y)|^p}{|x-y|^\alpha}\mathrm{d}y=0,\quad \phi>0\quad \text{且}\quad \phi\in H^1\left(\mathbb{R}^N\right).\tag{9.10}$$

注记 9.8 当 $p=2+\dfrac{2-\alpha}{N}$ 时, w 是 (9.10) 最小行动解, 那么

$$\varphi(x,t)=(T-t)^{-\frac{N}{2}}e^{-\frac{i|x|^2}{4(T-t)}}w\left(\frac{x}{T-t}\right)e^{\frac{it}{T(T-t)}}$$

是方程 $i\varphi_t+\Delta\varphi+\varphi|\varphi|^{p-2}\left(|x|^{-\alpha}*|\varphi|^p\right)=0$ 的解且 φ 在有限的时间内爆破. 但是对于一般的 p, 由自相似性得到的爆破我们仍然无法解决. 事实上, 对于局部非线性 Schrödinger 方程 $i\varphi_t=-\Delta\varphi-|\varphi|^q\varphi$, 可以通过自相似和伪保角不变性得到只在 $q=\dfrac{4}{N}$ 时存在的爆破性质.

定理 9.7 的证明 令

$$\psi(x)=(2pm)^{-\frac{1}{2p-2}}u(x),$$

从引理 9.5 有 $u(x)$ 满足

$$-2A\Delta\phi+2B\phi-\phi|\phi|^{p-2}\int_{\mathbb{R}^N}\frac{|\phi(y)|^p}{|x-y|^\alpha}\mathrm{d}y=0,\quad \phi>0 \text{ 且 } \phi\in H^1\left(\mathbb{R}^N\right).$$

再令

$$u(x)=\left(2B\left(\frac{B}{A}\right)^{\frac{N-\alpha}{2}}\right)^{\frac{1}{2p-2}}w\left(\left(\frac{B}{A}\right)^{\frac{1}{2}}x\right)$$

表明了 $w(x)$ 是方程 (9.10) 的基态解, 因为

$$\psi(x)=(2pm)^{-\frac{1}{2p-2}}\left(2B\left(\frac{B}{A}\right)^{\frac{N-\alpha}{2}}\right)^{\frac{1}{2p-2}}w\left(\left(\frac{B}{A}\right)^{\frac{1}{2}}x\right)$$

和 $\|\psi\|_2=1$, 我们有

$$\begin{aligned}C(p,\alpha,N)=m^{-1}&=\frac{p}{B}\left(\frac{B}{A}\right)^{A}\|w\|_2^{2-2p}\\&=\frac{2p}{2p-(N(p-2)+\alpha)}\left(\frac{2p-(N(p-2)+\alpha)}{N(p-2)+\alpha}\right)^{\frac{N(p-2)+\alpha}{2}}\|w\|_2^{2-2p}.\end{aligned}$$ □

注记 9.9 虽然我们不知道方程 (9.10) 的最小作用解是否唯一, 但最佳常数 $C(p,\alpha,N)$ 与 w 的选择无关. 实际上, 定义 $d=\inf\{L(u);\ u\in\Gamma\}$, 对于方程 (9.10) 的最小作用解 w, 我们有 $0<d=L(w)<+\infty$ 且 d 与 w 的选择无关, 见 [163]. 另一方面, 由于 w 是方程 (9.10) 的解, 有

$$\int|\nabla w|^2-\frac{Np+\alpha-2N}{2p}\int_{\mathbb{R}^N\times\mathbb{R}^N}\frac{|w(x)|^p|w(y)|^p}{|x-y|^\alpha}\mathrm{d}x\mathrm{d}y=0$$

和

$$\int\left(|\nabla w|^2+|w|^2\right)-\frac{Np+\alpha-2N}{2p}\int_{\mathbb{R}^N\times\mathbb{R}^N}\frac{|w(x)|^p|w(y)|^p}{|x-y|^\alpha}\mathrm{d}x\mathrm{d}y=0.$$

所以

$$\int_{\mathbb{R}^N\times\mathbb{R}^N}\frac{|w(x)|^p|w(y)|^p}{|x-y|^\alpha}\mathrm{d}x\mathrm{d}y=\frac{2p}{2p-(N(p-2)+\alpha)}\int|w|^2$$

和

$$\int|\nabla w|^2=\frac{N(p-2)+\alpha}{2p-(N(p-2)+\alpha)}\int|w|^2$$

推断出

$$d = L(w) = \frac{p-1}{2p-(N(p-2)+\alpha)}\|w\|_{L^2}^2,$$

这等价于

$$\|w\|_{L^2} = \left(\frac{2p-(N(p-2)+\alpha)}{p-1}d\right)^{\frac{1}{2}}.$$

因此 $C(p,\alpha,N)$ 与 w 的选择无关.

9.2 Cauchy 问题

在这一节, 我们概述一些关于方程 (9.2)—(9.3) 的局部或整体解的存在性的结果. 定义

$$\Sigma = \left\{u \in H^1\left(\mathbb{R}^N\right); \int |x|^2|u|^2 < +\infty\right\},$$

Σ 是内积下的 Hilbert 空间,

$$\langle u, v\rangle_\Sigma = \mathrm{Re}\int \left(\nabla u \nabla \bar{v} + |x|^2 u\bar{v} + u\bar{v}\right).$$

Σ 的范数定义为 $\|u\|_\Sigma^2 = \int \left(|\nabla u|^2 + |x|^2|u|^2 + |u|^2\right)$.

命题 9.10 令 $0 < \alpha < \min\{N, 4\}$ 和 $2 \leqslant p < 2*(\alpha)$. 对任意 $\varphi_0 \in \Sigma$, 存在一个 $T = T\left(\|\varphi_0\|_\Sigma\right) > 0$ 和方程 (9.2) 的唯一解 φ 且 $\varphi \in C([0,T),\Sigma)$ 和 $\varphi(0) = \varphi_0$. 此外, 有粒子数守恒

$$\int |\varphi|^2 \equiv \int |\varphi_0|^2 \tag{9.11}$$

和能量守恒

$$E(\varphi) = \frac{1}{2}\int \left(|\nabla\varphi|^2 + |x|^2|\varphi|^2\right) - \frac{1}{2p}\int_{\mathbb{R}^N\times\mathbb{R}^N} \frac{|\varphi(x)|^p|\varphi(y)|^p}{|x-y|^\alpha}\mathrm{d}x\mathrm{d}y = E\left(\varphi_0\right) \tag{9.12}$$

对所有的 $t \in [0,T)$ 成立, 其中 $T = +\infty$ 或者 $T < +\infty$ 或者 $\lim\limits_{t\to T^-}\|\varphi\|_\Sigma = +\infty$.

定理 9.11 令 $0 < \alpha < \min\{N, 4\}$ 和 $2 \leqslant p < 2^*(\alpha)$.

(1) 如果 $2 \leqslant p < 2+(2-\alpha)/N$, 那么对于任意 $\varphi_0 \in \Sigma$, 方程 (9.2) 的解 $\varphi(x,t)$ 在时间上是全局存在的.

(2) 如果 $2 \leqslant p = 2+(2-\alpha)/N$, 那么当初值 $\|\varphi_0\|_{L^2}$ 足够小时, 方程 (9.2) 的解 $\varphi(x,t)$ 在时间上是全局存在的.

证明 令 $\varphi(x,t)\in C([0,T),\Sigma)$ 是初值为 φ_0 方程 (9.2) 的解, 由命题 9.10 和定理 9.3, 我们有

$$
\begin{aligned}
E(\varphi_0) &= E(\varphi)\\
&\geqslant \frac{1}{2}\int\left(|\nabla\varphi|^2+|x|^2|\varphi|^2\right)-C\left(\int|\nabla\varphi|^2\right)^{\frac{N(p-2)+\alpha}{2}}\left(\int|\varphi|^2\right)^{\frac{2p-(N(p-2)+\alpha)}{2}}\\
&\geqslant \frac{1}{2}\int\left(|\nabla\varphi|^2+|x|^2|\varphi|^2\right)\\
&\quad -C\left(\int\left(|\nabla\varphi|^2+|x|^2|\varphi|^2\right)\right)^{\frac{N(p-2)+\alpha}{2}}\left(\int|\varphi|^2\right)^{\frac{2p-(N(p-2)+\alpha)}{2}}.
\end{aligned}
$$

如果 $2\leqslant p<2+(2-\alpha)/N$, 由 Young 不等式得出 $0<\varepsilon<\dfrac{1}{2}$ 和 C_ε 使得

$$
E(\varphi_0)\geqslant\left(\frac{1}{2}-\varepsilon\right)\int\left(|\nabla\varphi|^2+|x|^2|\varphi|^2\right)-C_\varepsilon\left(\int|\varphi|^2\right)^{\frac{2p-(N(p-2)+\alpha)}{2-(N(p-2)+\alpha)}},
$$

这里 $\displaystyle\int\left(|\nabla\varphi|^2+|x|^2|\varphi|^2\right)$ 对于 t 是有界的. 命题 9.10 得出 $\varphi(x,t)$ 关于时间整体存在.

如果 $p=2+(2-\alpha)/N$, 那么

$$
\begin{aligned}
E(\varphi_0) &\geqslant \frac{1}{2}\int\left(|\nabla\varphi|^2+|x|^2|\varphi|^2\right)-C\int|\nabla\varphi|^2\left(\int|\varphi|^2\right)^{p-1}\\
&\geqslant \frac{1}{2}\int\left(|\nabla\varphi|^2+|x|^2|\varphi|^2\right)-C\int\left(|\nabla\varphi|^2+|x|^2|\varphi|^2\right)\left(\int|\varphi|^2\right)^{p-1}\\
&\geqslant C_1\int\left(|\nabla\varphi|^2+|x|^2\left|\varphi_0\right|^2\right),
\end{aligned}
$$

只要 $\|\varphi_0\|_{L^2}$ 足够小. 由此得出, 当 $p=2+(2-\alpha)/N$ 和 $\|\varphi_0\|_{L^2}$ 足够小时, 方程 (9.2) 的解 $\varphi(x,t)$ 在时间上是整体存在的. □

注记 9.12 可以观察到, 在定理 9.11 中, "$\|\varphi_0\|_{L^2}$ 足够小" 是模糊的. 人们自然会问: 有多小? 这是 9.3 节的目标之一.

9.3 临界非线性的临界质量

在本节中, 我们将使用 "我们的最佳常数" 给出方程 (9.2)—(9.3) 的解的一个尖锐条件, 该方程在时间上全局存在或在有限时间内爆破. 特别地, 我们回答了一

个问题当 $p=2+(2-\alpha)/N$ 时, 初值有多小才能保证方程 (9.2)—(9.3) 的整体解的存在? 答案很简单, 如下所示.

定理 9.13 令 $N\geqslant 2$, $0<\alpha<\min\{N,4\}$, $p=2+(2-\alpha)/N$. 如果 $\varphi_0\in\Sigma$ 且

$$\|\varphi_0\|_{L^2}<\|w\|_{L^2}, \tag{9.13}$$

其中 w 是方程 (9.10) 的最小作用解, 则方程 (9.2)—(9.3) 有全局解 $\varphi(x,t)\in C(\mathbb{R}^+,\Sigma)$.

证明 令 $\varphi(x,t)\in C([0,T),\Sigma)$ 是当 $p=2+(2-\alpha)/N$ 时, 方程 (9.2)—(9.3) 的解. 由定理 9.7, 我们有

$$\int_{\mathbb{R}^N\times\mathbb{R}^N}\frac{|\varphi(x)|^p|\varphi(y)|^p}{|x-y|^\alpha}\mathrm{d}x\mathrm{d}y\leqslant\frac{2N+2-\alpha}{N}\left(\frac{\int|\varphi|^2}{\int|w|^2}\right)^{\frac{N+2-\alpha}{N}}\int|\nabla\varphi|^2. \tag{9.14}$$

将 (9.14) 与能量守恒方程 (9.12) 相结合, 得到

$$\begin{aligned}E(\varphi_0)&=\frac{1}{2}\int\left(|\nabla\varphi|^2+|x|^2|\varphi|^2\right)-\frac{N}{2(2N+2-\alpha)}\int_{\mathbb{R}^N\times\mathbb{R}^N}\frac{|\varphi(x)|^p|\varphi(y)|^p}{|x-y|^\alpha}\mathrm{d}x\mathrm{d}y\\&\geqslant\frac{1}{2}\left[1-\left(\frac{\int|\varphi|^2}{\int|w|^2}\right)^{\frac{N+2-\alpha}{N}}\right]\int|\nabla\varphi|^2+\frac{1}{2}\int|x|^2|\varphi|^2.\end{aligned} \tag{9.15}$$

当

$$\int|\varphi|^2\equiv\int|\varphi_0|^2<\int|w|^2$$

时, $\int|\nabla\varphi|^2$ 和 $\int|x|^2|\varphi|^2$ 关于时间 $t\in[0,T)$ 是有界的. 从命题 9.10 得出 $\varphi(x,t)$ 在 $t\in[0,+\infty)$ 上整体存在. □

注记 9.14 我们指出我们正在研究具有调和势的 Schrödinger 方程, 并且 (9.13) 条件在下面的定理中是尖锐的.

定理 9.15 令 $N\geqslant 2$, $0<\alpha<\min\{N,4\}$, $p=2+(2-\alpha)/N$. 如果 $\varphi_0\in\Sigma$ 有

$$\varphi_0(x)=c\lambda^{\frac{N}{2}}w(\lambda x),$$

这里 $\lambda>0$, w 是 (9.10) 的最小作用解. c 是复数且 $|c|\geqslant 1$, 那么

$$\|\varphi_0\|_{L^2}\geqslant\|w\|_{L^2}. \tag{9.16}$$

而且 (9.2) 式, (9.3) 式中的 $\varphi(x,t)$ 必在有限时间内爆破.

为了证明定理 9.15, 需要一些引理, 首先, Glassey[30] 有如下维里等式.

命题 9.16 令 $N \geqslant 2$, $0<\alpha<\min\{N,4\}$. 令 $\varphi_0 \in \Sigma$ 和 $\varphi \in C([0,T),\Sigma)$ 是 (9.2)—(9.3) 的解. 如果 $h(t)=\dfrac{1}{2}\displaystyle\int |x|^2|\varphi|^2$, $p=2+(2-\alpha)/N$, 那么

$$h''(t)=8E(\varphi_0)-16h(t). \tag{9.17}$$

证明 由于 φ 满足方程 (9.2), 我们有

$$\varphi_t=i\left(\Delta\varphi-|x|^2\varphi+\varphi|\varphi|^{p-2}\int_{\mathbb{R}^N}\frac{|\varphi(y)|^p}{|x-y|^\alpha}\mathrm{d}y\right).$$

因此有

$$h'(t)=\mathrm{Re}\int |x|^2\bar\varphi\varphi_t=2\,\mathrm{Im}\int\bar\varphi x\nabla\varphi$$

和

$$\begin{aligned}
h''(t)&=2\,\mathrm{Im}\int(\bar\varphi_t x\nabla\varphi+\bar\varphi x\nabla\varphi_t)\\
&=2\,\mathrm{Im}\int\bar\varphi_t x\nabla\varphi-2\,\mathrm{Im}\int\varphi_t(N\bar\varphi+x\nabla\bar\varphi)\\
&=-2\,\mathrm{Im}\int\varphi_t(N\bar\varphi+2x\nabla\bar\varphi)\\
&=-2\,\mathrm{Re}\int(N\bar\varphi+2x\nabla\bar\varphi)\left(\Delta\varphi-|x|^2\varphi+\varphi|\varphi|^{p-2}\int_{\mathbb{R}^N}\frac{|\varphi(y)|^p}{|x-y|^\alpha}\mathrm{d}y\right).
\end{aligned}$$

直接计算可得

$$\begin{aligned}
&\mathrm{Re}\int(N\bar\varphi+2x\nabla\bar\varphi)\Delta\varphi=-2\int|\nabla\varphi|^2;\\
&\mathrm{Re}\int(N\bar\varphi+2x\nabla\bar\varphi)|x|^2\varphi=-2\int|x|^2|\varphi|^2;\\
&\mathrm{Re}\int(N\bar\varphi+2x\nabla\bar\varphi)\varphi|\varphi|^{p-2}\int_{\mathbb{R}^N}\frac{|\varphi(y)|^p}{|x-y|^\alpha}\mathrm{d}y\\
=&\,N\int_{\mathbb{R}^N\times\mathbb{R}^N}\frac{|\varphi(x)|^p|\varphi(y)|^p}{|x-y|^\alpha}\mathrm{d}x\mathrm{d}y+\mathrm{Re}\int 2x\nabla\bar\varphi\varphi|\varphi|^{p-2}\int_{\mathbb{R}^N}\frac{|\varphi(y)|^p}{|x-y|^\alpha}\mathrm{d}y.
\end{aligned}$$

由于

$$\mathrm{Re}\int 2x\nabla\bar\varphi\varphi|\varphi|^{p-2}\int_{\mathbb{R}^N}\frac{|\varphi(y)|^p}{|x-y|^\alpha}\mathrm{d}y=\frac{\alpha-2N}{p}\int_{\mathbb{R}^N\times\mathbb{R}^N}\frac{|\varphi(x)|^p|\varphi(y)|^p}{|x-y|^\alpha}\mathrm{d}x\mathrm{d}y,$$

有

$$\operatorname{Re}\int(N\bar{\varphi}+2x\nabla\bar{\varphi})\varphi|\varphi|^{p-2}\int_{\mathbb{R}^N}\frac{|\varphi(y)|^p}{|x-y|^\alpha}\mathrm{d}y$$

$$=\frac{N(p-2)+\alpha}{p}\int_{\mathbb{R}^N\times\mathbb{R}^N}\frac{|\varphi(x)|^p|\varphi(y)|^p}{|x-y|^\alpha}\mathrm{d}x\mathrm{d}y,$$

所以可以得

$$\begin{aligned}h''(t)&=4\left(\int\left(|\nabla\varphi|^2-|x|^2|\varphi|^2\right)-\frac{N(p-2)+\alpha}{2p}\int_{\mathbb{R}^N\times\mathbb{R}^N}\frac{|\varphi(x)|^p|\varphi(y)|^p}{|x-y|^\alpha}\mathrm{d}x\mathrm{d}y\right)\\&=8E(\varphi)-16h(t).\end{aligned}$$

□

引理 9.17　令 $N\geqslant 2$, $0<\alpha<\min\{N,4\}$, $p=2+(2-\alpha)/N$. 如果 $\varphi_0\neq 0$ 满足

$$h(0)=\frac{1}{2}\int|x|^2\left|\varphi_0\right|^2\geqslant E\left(\varphi_0\right),$$

则方程 (9.2)—(9.3) 中的解 φ 在有限时间内爆破.

证明　由命题 9.16, 有

$$h(t)=\beta\sin(4t+\theta)+\frac{1}{2}E\left(\varphi_0\right),\tag{9.18}$$

其中 β 和 θ 是常数, 由 $h(0)$ 和 $h'(0)$ 定义. 而且

$$\beta^2=\left(h(0)-\frac{1}{2}E\left(\varphi_0\right)\right)^2+\frac{1}{16}\left(h'(0)\right)^2.\tag{9.19}$$

因此, 如果 $h(0)\geqslant E(\varphi_0)$, (9.18) 和 (9.19) 推出存在 $T_0<\infty$ 使得

$$\lim_{t\to T_0^-}h(t)=0.$$

由

$$\int|\varphi|^2\leqslant C\left(\int|x|^2|\varphi|^2\right)^{\frac{1}{2}}\left(\int|\nabla\varphi|^2\right)^{\frac{1}{2}}$$

又存在 $0<T<\infty$ 使得

$$\lim_{t\to T^-}\int|\nabla\varphi|^2=+\infty.$$

这证明了 $\varphi(x,t)$ 在有限时间内爆破[177]. □

定理 9.15的证明 对任意的正常数 λ 和复数 c, $|c|\geqslant 1$, 直接计算可得

$$\int|\varphi_0|^2=|c|^2\int\left|\lambda^{\frac{N}{2}}w(\lambda x)\right|^2\mathrm{d}x=|c|^2\int|w|^2\geqslant\int|w|^2.$$

另一方面, 由于函数 $w(x)$ 令不等式 (9.4) 变成等式, 有

$$\int_{\mathbb{R}^N\times\mathbb{R}^N}\frac{|w(x)|^p|w(y)|^p}{|x-y|^\alpha}\mathrm{d}x\mathrm{d}y=\frac{2N+2-\alpha}{N}\int|\nabla w|^2.$$

因此

$$\begin{aligned}E\left(\varphi_0\right)&=\frac{1}{2}\int\left|\nabla\varphi_0\right|^2-\frac{N}{2(2N+2-\alpha)}\int_{\mathbb{R}^N\times\mathbb{R}^N}\frac{\left|\varphi_0(x)\right|^p\left|\varphi_0(y)\right|^p}{|x-y|^\alpha}\mathrm{d}x\mathrm{d}y+h(0)\\&=\frac{1}{2}\left(1-|c|^{\frac{2N+4-2\alpha}{N}}\right)\lambda^2|c|^2\int|\nabla w|^2+h(0)\\&\leqslant h(0).\end{aligned}$$

根据引理 9.17 可以得出 $\varphi(x,t)$ 在有限时间内爆破. □

注记 9.18 从定理 9.13 和定理 9.15, 我们知道当 $p=2+(2-\alpha)/N$ 时, $\|w\|_{L^2}$ 是方程 (9.2)—(9.3) 解的临界质量, 在时间上是全局存在的. 定理 9.15 中规定的初值还表明方程 (9.2)—(9.3) 爆破解的存在不仅取决于初值的质量, 而且取决于初值的轮廓. 所以有理由相信对于某类初值 $\|\varphi_0\|_{L^2}\geqslant\|w\|_{L^2}$, (9.2)—(9.3) 问题的解在时间上是全局存在的. 实际上, 这个猜想对于 $2+(2-\alpha)/N<p<2^*(\alpha)$ 也是成立的. 并且, 可以证明当 $2+(2-\alpha)/N<p<2^*(\alpha)$ 时, 对于范数可以取任意大的一类初值, 方程 (9.2)—(9.3) 的解在时间上是全局存在的.

9.4 超临界非线性的整体解

在建立了方程 (9.2)—(9.3) 在临界非线性 $p=2+(2-\alpha)/N$ 时整体解存在的临界质量和爆破解后, 现在研究方程 (9.2)—(9.3) 在超临界非线性 $2+(2-\alpha)/N<p<2^*(\alpha)$ 情况下整体解的存在性. 有趣的是我们可以获得任意大数据下的整体解, 定理 9.7 的使用是必要的, 首先需要如下引理[156].

引理 9.19 令 $I\subset\mathbb{R}$ 是一个开区间, $s_0\in I$, $\theta>1$, $a>0$, $b>0$, $\Phi(s)\in C\left(I,\mathbb{R}^+\right)$. 对任意 $y\geqslant 0$, 令 $f(y)=a-y+by^\theta$. 定义 $y_*=(b\theta)^{-\frac{1}{\theta-1}}$ 和 $b_*=\dfrac{\theta-1}{\theta}y_*$. 假设 $\Phi\left(s_0\right)<y_*$, $a\leqslant b_*$, $f\circ\Phi>0$. 那么对任意的 $s\in I$ 有 $\Phi(s)<y_*$.

证明 由于 $\Phi(s_0) < y_*$, Φ 是一个连续函数, 存在一个 $\delta > 0$ 使得对任意 $s \in (s_0 - \delta, s_0 + \delta) \subset I$ 有 $\Phi(s) < y_*$. 如果 $\Phi(s) < y_*$ 不是对所有的 $s \in I$ 成立, 由连续性得出存在 $s_* \in I$ 满足 $\Phi(s_*) = y_*$, 那么 $f \circ \Phi(s_*) = f(y_*) = a - b_* \leqslant 0$. 这与 $f \circ \Phi > 0$ 矛盾. 因此对任意的 $s \in I$ 有 $\Phi(s) < y_*$. □

接下来, 我们定义一个实值函数 $V(\lambda)$ 如下:

$$V(\lambda) = \left(\frac{A-1}{B}\right)^{\frac{A-1}{2B}} \|w\|_{L^2}^{\frac{p-1}{B}} \lambda^{-\frac{A-1}{2B}}, \quad \lambda > 0,$$

其中 $A = \dfrac{N(p-2)+\alpha}{2}$, $B = \dfrac{2p-(N(p-2)+\alpha)}{2}$. 定义

$$\mathcal{S} = \left\{u \in \Sigma; \|u\|_{L^2} \leqslant V\left(\|\nabla u\|_{L^2}^2 + \|xu\|_{L^2}^2\right)\right\}.$$

□

引理 9.20 令 $N \geqslant 2$, $0 < \alpha < \min\{N, 4\}$, $2 + (2-\alpha)/N < p < 2^*(\alpha)$. $\mathcal{S}$ 是 Σ 的无界子集.

证明 对任意的 $M > 0$, 选取 $v \in \Sigma$ 使得 $\displaystyle\int |x|^2|v|^2 > M$. 定义 $u_\lambda(x) = \lambda^{\frac{N+2}{2}} v(\lambda x)(\lambda > 0)$, 直接计算可得

$$\int |x|^2 |u_\lambda(x)|^2 \mathrm{d}x = \int |x|^2 \lambda^{N+2} |v(\lambda x)|^2 \mathrm{d}x = \int |x|^2 |v|^2 \mathrm{d}x > M,$$

$$\int |\nabla u_\lambda(x)|^2 \mathrm{d}x = \lambda^4 \int |\nabla v|^2 \mathrm{d}x \quad 和 \quad \int |u_\lambda(x)|^2 \mathrm{d}x = \lambda^2 \int |v|^2 \mathrm{d}x.$$

因此对于 λ 足够小, 有

$$\begin{aligned}\|u_\lambda\|_{L^2} \left(\|\nabla u_\lambda\|_{L^2}^2 + \|xu_\lambda\|_{L^2}^2\right)^{\frac{A-1}{2B}} &= \lambda \|v\|_{L^2} \left(\lambda^4 \|\nabla v\|_{L^2}^2 + \|xv\|_{L^2}^2\right)^{\frac{A-1}{2B}} \\ &< \left(\frac{A-1}{B}\right)^{\frac{A-1}{2B}} \|w\|_{L^2}^{\frac{p-1}{B}}.\end{aligned}$$

根据 $\mathcal{S}$ 的定义, 有 $u_\lambda \in \mathcal{S}$. 另一方面,

$$\|u_\lambda\|_\Sigma^2 > \int |x|^2 |u_\lambda|^2 = \int |x|^2 |v|^2 \mathrm{d}x > M.$$

这就证明了 $\mathcal{S}$ 在 Σ 上是无界的. □

定理 9.21 令 $N \geqslant 2$, $0 < \alpha < \min\{N, 4\}$, $2 + (2-\alpha)/N < p < 2^*(\alpha)$. 如果 $\varphi_0 \in \mathcal{S}$, 方程 (9.2)—(9.3) 的解 $\varphi(x,t)$ 在 $t \in [0, +\infty)$ 中全局存在. 而且, 对任

意的 $t \in [0,T)$, 有

$$\|\varphi_0\|_{L^2}^{\frac{2B}{A-1}}\left(\|\nabla\varphi(t)\|_{L^2}^2+\|x\varphi(t)\|_{L^2}^2\right)<\frac{A}{B}\|w\|_{L^2}^{\frac{2(p-1)}{A-1}}$$

和

$$\|\varphi(t)\|_\Sigma^2 \leqslant \frac{2N(p-2)+2\alpha}{N(p-2)+\alpha-2}E(\varphi_0)+\|\varphi_0\|_{L^2}^2. \tag{9.20}$$

证明 对任意的 $t \in [0,T)$, 应用定理 9.7 和 A, B 的定义, 有

$$\int_{\mathbb{R}^N\times\mathbb{R}^N}\frac{|\varphi(x)|^p|\varphi(y)|^p}{|x-y|^\alpha}\mathrm{d}x\mathrm{d}y \leqslant C(p,\alpha,N)\|\varphi_0\|_{L^2}^{2B}\|\nabla\varphi\|_{L^2}^{2A}. \tag{9.21}$$

定义 $a=\int\left(|\nabla\varphi_0|^2+|x|^2|\varphi_0|^2\right)>0$. 由能量恒等式和 (9.21) 推导出

$$\begin{aligned}\int\left(|\nabla\varphi|^2+|x|^2|\varphi|^2\right)&=2E(\varphi)+\frac{1}{p}\int_{\mathbb{R}^N\times\mathbb{R}^N}\frac{|\varphi(x)|^p|\varphi(y)|^p}{|x-y|^\alpha}\mathrm{d}x\mathrm{d}y\\&=2E(\varphi_0)+\frac{1}{p}\int_{\mathbb{R}^N\times\mathbb{R}^N}\frac{|\varphi(x)|^p|\varphi(y)|^p}{|x-y|^\alpha}\mathrm{d}x\mathrm{d}y\\&<a+\frac{1}{p}\int_{\mathbb{R}^N\times\mathbb{R}^N}\frac{|\varphi(x)|^p|\varphi(y)|^p}{|x-y|^\alpha}\mathrm{d}x\mathrm{d}y\\&\leqslant a+\frac{C(p,\alpha,N)}{p}\|\varphi_0\|_{L^2}^{2B}\|\nabla\varphi\|_{L^2}^{2A}\\&\leqslant a+\frac{C(p,\alpha,N)}{p}\|\varphi_0\|_{L^2}^{2B}\left(\int\left(|\nabla\varphi|^2+|x|^2|\varphi|^2\right)\right)^A.\end{aligned} \tag{9.22}$$

令

$$b:=\frac{C(p,\alpha,N)}{p}\|\varphi_0\|_{L^2}^{2B}=\frac{1}{B}\left(\frac{B}{A}\right)^A\|w\|_{L^2}^{2-2p}\|\varphi_0\|_{L^2}^{2B},$$

$$\theta=A=\frac{N(p-2)+\alpha}{2}>1 \quad 和 \quad \Phi(t)=\int\left(|\nabla\varphi(t)|^2+|x|^2|\varphi(t)|^2\right).$$

显然 $\Phi(0)=a$, 与此同时, 定义 $f(y)=a-y+by^\theta$, (9.21) 得出

$$0<a-y+by^\theta, \quad 其中 \quad y=\Phi(t).$$

定义

$$y_*=(b\theta)^{-\frac{1}{\theta-1}}, \quad b_*=\frac{\theta-1}{\theta}y_*.$$

那么 $b_* < y_*$. 直接计算和 $C(p,\alpha,N)$ 的精确值, 有

$$y_* = \frac{A}{B}\|w\|_{L^2}^{\frac{2(p-1)}{A-1}}\|\varphi_0\|_{L^2}^{-\frac{2B}{A-1}}$$

和

$$b_* = \frac{A-1}{B}\|w\|_{L^2}^{\frac{2(p-1)}{A-1}}\|\varphi_0\|_{L^2}^{-\frac{2B}{A-1}}. \tag{9.23}$$

用 $\|\varphi_0\|_{L^2} \leqslant V\left(\|\nabla\varphi_0\|_{L^2}^2 + \|x\varphi_0\|_{L^2}^2\right) = V(a)$ 有

$$\|\varphi_0\|_{L^2} \leqslant \left(\frac{A-1}{B}\right)^{\frac{A-1}{2B}}\|w\|_{L^2}^{\frac{p-1}{B}} a^{-\frac{A-1}{2B}},$$

推出

$$a \leqslant \frac{A-1}{B}\|w\|_{L^2}^{\frac{2(p-1)}{A-1}}\|\varphi_0\|_{L^2}^{-\frac{2B}{A-1}}. \tag{9.24}$$

由于 $2+(2-\alpha)/N < p < 2^*(\alpha)$.

现在利用 (9.23), (9.24) 和引理 9.19, 我们得到对任意 $t \in [0,T)$ 有 $\Phi(t) < y_*$. 由 $\int|\varphi|^2 \equiv \int|\varphi_0|^2$ 得知, $\|\varphi(t)\|_\Sigma^2$ 对 $t\in[0,T)$ 是一致有界的. 换句话说, φ_0 满足 (9.20) 式的解在 $t\in[0,+\infty)$ 上是全局存在的.

由于对任意的 $t\in[0,T)$, $\Phi(t) < y_*$, 所以有

$$\|\varphi_0\|_{L^2}^{\frac{2B}{A-1}}\left(\|\nabla\varphi(t)\|_{L^2}^2 + \|x\varphi(t)\|_{L^2}^2\right) < \frac{A}{B}\|w\|_{L^2}^{\frac{2(p-1)}{A-1}}.$$

此外, 对于上述解, 我们给出一个显示的上界 $\|\varphi(t)\|_\Sigma^2$, 首先我们有

$$\begin{aligned}
E(\varphi_0) = E(\varphi) &= \frac{1}{2}\int\left(|\nabla\varphi|^2 + |x|^2|\varphi|^2\right) - \frac{1}{2p}\int_{\mathbb{R}^N\times\mathbb{R}^N}\frac{|\varphi(x)|^p|\varphi(y)|^p}{|x-y|^\alpha}\mathrm{d}x\mathrm{d}y \\
&\geqslant \frac{1}{2}\int\left(|\nabla\varphi|^2 + |x|^2|\varphi|^2\right) - \frac{C(p,\alpha,N)}{2p}\|\varphi\|_{L^2}^{2B}\|\nabla\varphi\|_{L^2}^{2A} \\
&\geqslant \frac{1}{2}\int\left(|\nabla\varphi|^2 + |x|^2|\varphi|^2\right) \\
&\quad - \frac{C(p,\alpha,N)}{2p}\|\varphi\|_{L^2}^{2B}\left(\int\left(|\nabla\varphi|^2 + |x|^2|\varphi|^2\right)\right)^A \\
&= \frac{1}{2}\int\left(|\nabla\varphi|^2 + |x|^2|\varphi|^2\right)\left[1 - \frac{C(p,\alpha,N)}{p}\|\varphi\|_{L^2}^{2B}\right.
\end{aligned}$$

$$
\left.\times\left(\int\left(|\nabla\varphi|^2+|x|^2|\varphi|^2\right)\right)^{A-1}\right]
$$

$$
\begin{aligned}
&=\frac{1}{2}\int\left(|\nabla\varphi|^2+|x|^2|\varphi|^2\right)\left(1-\frac{1}{A}\left[\left(\frac{AC(p,\alpha,N)}{p}\|\varphi_0\|_{L^2}^{2B}\right)^{-\frac{1}{A-1}}\right.\right.\\
&\qquad\left.\left.\times\left(\int\left(|\nabla\varphi|^2+|x|^2|\varphi|^2\right)\right)^{-1}\right]^{1-A}\right).
\end{aligned}
$$

由于 $\Phi(t)<y_*$, 我们有

$$
\left(\frac{AC(p,\alpha,N)}{p}\|\varphi_0\|_{L^2}^{2B}\right)^{-\frac{1}{A-1}}\left(\int\left(|\nabla\varphi|^2+|x|^2|\varphi|^2\right)\right)^{-1}>1.
$$

由 $C(p,\alpha,N)$ 的精确值, 有

$$
\left[\left(\frac{AC(p,\alpha,N)}{p}\|\varphi_0\|_{L^2}^{2B}\right)^{-\frac{1}{A-1}}\left(\int\left(|\nabla\varphi|^2+|x|^2|\varphi|^2\right)\right)^{-1}\right]^{1-A}<1.
$$

由于 $2+(2-\alpha)/N<p<\dfrac{2N-\alpha}{N-2}$, 有

$$
E\left(\varphi_0\right)\geqslant\frac{1}{2}\int\left(|\nabla\varphi|^2+|x|^2|\varphi|^2\right)\left(1-\frac{1}{A}\right),
$$

得出

$$
\int\left(|\nabla\varphi|^2+|x|^2|\varphi|^2\right)\leqslant\frac{2N(p-2)+2\alpha}{N(p-2)+\alpha-2}E\left(\varphi_0\right).
$$

因此

$$
\|\varphi(t)\|_{\Sigma}^2\leqslant\frac{2N(p-2)+2\alpha}{N(p-2)+\alpha-2}E\left(\varphi_0\right)+\|\varphi_0\|_{L^2}^2.
$$

□

注记 9.22 由引理 9.20, 我们得到 (9.2)—(9.3) 式具有大量初值的全局解, 其范数可以达到我们想要的大小. 另一方面, 由 $V(\lambda)$ 定义和定理 9.21 我们知道当 $p\to2+(2-\alpha)/N$ 时, $V(\lambda)\to\|w\|_{L^2}$. 因此, 我们得到了初值情况下全局存在的尖锐条件 $\|\varphi_0\|_{L^2}<\|w\|_{L^2}$, 这与定理 9.13 一致. 在临界非线性的情况下 $p=2+(2-\alpha)/N$, 条件 (9.13) 是尖锐的. 然而, 我们不知道条件 (9.20) 在超临界非线性情况 $2+(2-\alpha)/N<p<2^*(\alpha)$ 下是否尖锐.

第 10 章　Kundu 方程的孤立波的轨道稳定性

本章考虑如下具有五阶非线性项的 Kundu 方程的孤立波的轨道稳定性

$$iu_t + u_{xx} + c_3|u|^2u + c_5|u|^4u - is_2(|u|^2u)_x - ir(|u|^2)_xu = 0, \quad x \in \mathbb{R}, \tag{10.1a}$$

其中 s_2, c_3, c_5, r 为实常数. 方程 (10.1a) 是 Kundu[34] 在可积性研究中导出的, 它是广义复 Ginzburg-Landau 方程的一个重要特例. 同时, 方程 (10.1a) 及其特殊情况出现在各种物理和力学应用中, 例如等离子体物理、非线性流体力学、非线性光学和量子物理. 为了方便起见, 将 Kundu 方程表示如下

$$u_t = iu_{xx} + i\left(c_3|u|^2 + c_5|u|^4\right)u + \alpha|u|^2u_x + \beta u^2\bar{u}_x, \quad x \in \mathbb{R}, \tag{10.1b}$$

其中 $\alpha = (2s_2 + r), \beta = (s_2 + r)$.

明显可知, 若 $r = 0$, 方程 (10.1a) 退化为导数 Schrödinger 方程

$$u_t = iu_{xx} + i\left(c_3|u|^2 + c_5|u|^4\right)u + s_2(|u|^2u)_x; \tag{10.2}$$

若 $c_3 = 0, c_5 = 0, s_2 = -\delta, r = -s_2$, 则方程 (10.1a) 退化为 Chen-Lee-Lin 方程

$$iu_t + u_{xx} + i\delta|u|^2u_x = 0; \tag{10.3}$$

若 $c_5 = 2\delta^2, s_2 = 2\delta, r = -2s_2$, 则方程 (10.1a) 退化为 Gerdjikov-Ivanov 方程

$$iu_t + u_{xx} + c_3|u|^2u + 2\delta^2|u|^4u + 2i\delta u^2\bar{u}_x = 0. \tag{10.4}$$

在 [33] 中, 利用积分方法, Saarloos 与 Hohenberg 得到方程 (10.2) 的孤立波

$$u(x,t) = e^{-i\omega t}e^{i\psi(x-vt)}a(x-vt) = e^{-i\omega t}e^{i\psi(\xi)}a(\xi), \quad \xi = x - vt. \tag{10.5}$$

此外, Guo 和 Wu 在 [40] 中证明了 (10.2) 的这种孤立波是轨道稳定的. 对于方程 (10.2) 的更多结果, 可以参考 [42]— [45].

[46] 证明了方程 (10.1a) 初值问题解的存在性. 然而, 据我们所知, (10.5) 的孤立波的轨道稳定性尚未考虑. 本章将重点研究这一问题. 为了清楚起见, 形式 (10.5) 的解在本章中称为孤立波. 如上所述, 方程 (10.2)—(10.4) 是 (10.1a) 的特殊情况. 换言之, (10.1a) 比 (10.2) 更一般, 而且 (10.2) 不包括等式 (10.3)—(10.4).

值得指出的是, 将方程 (10.1a) 转化为标准的 Hamilton 系统是困难的. 因此, 文献 [47] 和 [48] 中关于轨道稳定性的结果不能直接用于证明 (10.1a) 的孤立波的轨道稳定性. 基于文献 [40] 中的方法, 通过构造三个适当的运动不变量并使用详细的谱分析来研究这个问题. 由于方程 (10.1a) 比方程 (10.2) 更为复杂, 我们利用一些技巧克服了一些困难. 这里得到的结果比文献 [40] 中的结果更为一般:

(a) 利用定理 10.5, 不仅得到了 [40] 所示的结果, 而且还得到了 [40] 中未得到的结果. [10] 中的结论是在 $2c_3 + s_2 v > 0$ 情况下所得. 当 $s_2 < 0, c_3 > 0$ 时, 可得孤立波左行的轨道稳定性. 本节不仅给出了文献 [40] 的全部结果, 而且给出了孤立波轨道稳定的一个充分条件, 即 $2c_3 + s_2 v < 0$. 本节得到的推论 10.6 可用于判别 (10.2) 中左行孤立波和右行孤立波的轨道稳定性.

(b) 推论 10.7 可以确保我们能够得到如下导数 Schrödinger 方程的孤立波轨道稳定性的结果

$$iu_t + u_{xx} + i(|u|^2 u)_x = 0, \tag{10.6}$$

这个结果是由 Colin 和 Ohta[41] 所提出的. 通过使用变分方法, 他们证明了若波速 v 满足 $v^2 < -4\omega$, 则方程 (10.6) 的孤立波是轨道稳定的. 因为当 $s_2 = -1, c_3 = c_5 = 0$ 时方程 (10.2) 变为方程 (10.6), 由 [40] 中的结果, 很容易就得到当 $v < 0, v^2 < -4\omega$ 时方程 (10.6) 的孤立波是轨道稳定的. 然而, 当 $v > 0, v^2 < -4\omega$ 时不能得到这个结论. 由定理 10.5 可知当 $v \neq 0, v^2 < -4\omega$ 时, 方程 (10.6) 的孤立波是轨道稳定的.

(c) 根据本节的结果, 可得 Chen-Lee-Lin 方程孤立波的轨道稳定性即推论 10.8 和 Gerdjikov-Ivanov 方程孤立波的轨道稳定性即推论 10.9. 方程 (10.3)—(10.4)是方程 (10.1a) 的特例, 但方程 (10.2) 不包括它们.

10.1 Kundu 方程的精确孤立波

由于将方程 (10.1a) 转化为积分的复杂性, Saarloos 和 Hohenberg[33] 得到了方程 (10.2) 的形式 (10.5) 的精确孤立波, 但没有给出方程 (10.1a) 的精确解. 在这一节中, 利用适当的变换和待定系数方法给出了方程 (10.1a) 的精确孤立波.

假设 (10.1a) 有形式 (10.5) 的解. 令

$$\hat{a}(\xi) = \hat{a}(x - vt) = e^{i\psi(x-vt)} a(x - vt), \tag{10.7}$$

然后把 $u(x,t) = e^{-i\omega t}\hat{a}(x - vt)$ 代入方程 (10.1a), 则 $\hat{a}(\xi)$ 满足

$$-\hat{a}_{xx} - g(a^2)\hat{a} + i\beta\left(a^2\hat{a}\right)_x + i(\alpha - 2\beta)a^2\hat{a}_x - \omega\hat{a} + iv\hat{a}_x = 0, \tag{10.8}$$

其中 $g(a^2) = c_3a^2 + c_5a^4$. 把 (10.7) 代入 (10.8) 然后使 (10.8) 的实部和虚部等于 0, 则有

$$\psi''a + 2\psi'a' - \alpha a^2a' - \beta a^2a' - \upsilon a' = 0, \tag{10.9}$$

$$a'' + \left[g\left(a^2\right) + \alpha\psi'a^2 - \beta\psi'a^2 - (\psi')^2 + \omega + \upsilon\psi'\right]a = 0. \tag{10.10}$$

令

$$\psi'(\xi) = E + Da^2(\xi). \tag{10.11}$$

把方程 (10.11) 代入 (10.9), 而且令项 a, a', a'' 的参数等于 0, 则有 $E = \dfrac{\upsilon}{2}, D = \dfrac{\alpha+\beta}{4}$. 因此, 当

$$\psi'(\xi) = \frac{\upsilon}{2} + \frac{\alpha+\beta}{4}a^2(\xi) \tag{10.12}$$

时, 方程 (10.9) 等于零. 结合 (10.12) 与 (10.10), $a(\xi)$ 满足如下方程

$$a'' - d_1a - 2d_2a^3 - 3d_4a^5 = 0, \tag{10.13}$$

其中 $d_1 = -\omega - \dfrac{\upsilon^2}{4}, d_2 = -\dfrac{c_3}{2} - \dfrac{(\alpha-\beta)\upsilon}{4}, d_4 = -\dfrac{1}{3}\left(c_5 + \dfrac{(\alpha+\beta)(3\alpha-5\beta)}{16}\right)$.

为了解方程 (10.13), 作如下变换

$$a(\xi) = \sqrt{\varphi(\xi)}. \tag{10.14}$$

φ 满足

$$2\varphi\varphi'' - \varphi'^2 - 4d_1\varphi^2 - 8d_2\varphi^3 - 12d_4\varphi^4 = 0. \tag{10.15}$$

现假设方程 (10.15) 有如下形式的解

$$\varphi(\xi) = \frac{Ae^{C(\xi+\xi_0)}}{\left(1+e^{C(\xi+\xi_0)}\right)^2 + Be^{C(\xi+\xi_0)}} = \frac{A\,\mathrm{sech}^2\dfrac{C}{2}(\xi+\xi_0)}{4 + B\,\mathrm{sech}^2\dfrac{C}{2}(\xi+\xi_0)}, \tag{10.16}$$

其中 A, B, C 是待定常数, ξ_0 是任意常数.

将 (10.16) 代入 (10.15), 可得

$$\begin{cases} C^2 - 4d_1 = 0, \\ -4d_2A - 4d_1(2+B) - C^2(2+B) = 0, \\ -5C - 2d_1\left(2+(2+B)^2\right) - 4d_2A(2+B) - 6d_4A^2 = 0. \end{cases} \tag{10.17}$$

此外, 有

$$A=\pm\frac{4d_1}{\sqrt{d_2^2-4d_1d_4}},\quad B=-2\pm\frac{-2d_2}{\sqrt{d_2^2-4d_1d_4}},\quad C=\pm\sqrt{4d_1},\quad d_1>0. \tag{10.18}$$

由 (10.16), (10.18) 可得方程 (10.15) 的如下两个解

$$\varphi_1(\xi)=\frac{\dfrac{2d_1}{\sqrt{d_2^2-4d_1d_4}}\operatorname{sech}^2\sqrt{d_1}\,(\xi+\xi_0)}{2-\left(1+\dfrac{d_2}{\sqrt{d_2^2-4d_1d_4}}\right)\operatorname{sech}^2\sqrt{d_1}\,(\xi+\xi_0)}, \tag{10.19}$$

$$\varphi_2(\xi)=\frac{\dfrac{-2d_1}{\sqrt{d_2^2-4d_1d_4}}\operatorname{sech}^2\sqrt{d_1}\,(\xi+\xi_0)}{2+\left(-1+\dfrac{d_2}{\sqrt{d_2^2-4d_1d_4}}\right)\operatorname{sech}^2\sqrt{d_1}\,(\xi+\xi_0)}. \tag{10.20}$$

在情况 $d_1>0$ 下, 容易验证:

(1) 若 $d_4<0$ 或 $d_4\geqslant 0, d_2<0, d_2^2-4d_1d_4>0$, 则对任意的 $\xi\in\mathbb{R}$, $\varphi_1(\xi)>0$;

(2) 若 $d_4\geqslant 0, d_2>0, d_2^2-4d_1d_4>0$, 则 $\varphi_1(\xi)$ 是无界函数;

(3) 若 $d_4<0$ 或 $d_4\geqslant 0, d_2>0, d_2^2-4d_1d_4>0$, 则对任意的 $\xi\in\mathbb{R}$, $\varphi_2(\xi)<0$;

(4) 若 $d_4\geqslant 0, d_2<0, d_2^2-4d_1d_4>0$, 则 $\varphi_2(\xi)$ 是无界函数.

注意到, 若令

$$d_3=-\frac{d_2}{2d_1},\quad d_5^2=\frac{d_2^2-4d_1d_4}{4d_1^2},\quad d_6^2=4d_1, \tag{10.21}$$

则 (10.19) 可以写为

$$\varphi_1(\xi)=\frac{1}{d_3+d_5\cosh d_6(\xi+\xi_0)},\quad \xi\in\mathbb{R}. \tag{10.22}$$

把 (10.22) 代入 (10.14), 而且注意到如果 $a(\xi)$ 是方程 (10.13) 的解, 则 $-a(\xi)$ 也是方程 (10.13) 的解, 有如下引理.

引理 10.1 假设 $d_1>0$. 如果 $d_4<0$, 或 $d_4\geqslant 0, d_2<0, d_2^2-4d_1d_4>0$, 则方程 (10.13) 有一个有界的解析解

$$a(\xi)=\pm\left[\frac{1}{d_3+d_5\cosh d_6(\xi+\xi_0)}\right]^{\frac{1}{2}}. \tag{10.23}$$

此外, 有如下定理.

定理 10.2 假设 $d_1>0$. 如果 $d_4<0$, 或 $d_4\geqslant 0, d_2<0, d_2^2-4d_1d_4>0$, 则方程 (10.1a) 有孤立波 $u(x,t)=e^{-i\omega t}e^{i\psi(x-vt)}a(x-vt)$, 其中 $a(\xi),\psi(\xi)$ 分别由 (10.23) 和 (10.12) 给出.

文献 [42] 中的定理 2.7 表明当 $d_1>0, d_4<0$ 时, 方程 (10.1a) 有形式 (10.5) 的孤立波, 且不论 $d_2<0$ 还是 $d_2\geqslant 0$. 这种情况下方程 (10.2) 也是正确的. [40] 中的定理 2.7 不包括方程 (10.2) 在 $d_2\geqslant 0$ 的情况下有 (10.5) 形式的孤立波的结果.

10.2 孤立波的轨道稳定性

在本节中, 只考虑 (10.23) 中的正解 ((10.23) 中的负解也可以类似地讨论). 因此, 下面假设 $a(\xi)>0$.

现考虑如下 Kundu 方程的初值问题

$$u_t=iu_{xx}+i\left(c_3|u|^2+c_5|u^4|\right)u+\alpha|u|^2u_x+\beta u^2\bar{u}_x, \tag{10.24}$$

$$u(0,x)=u_0(x),\quad x\in\mathbb{R}. \tag{10.25}$$

复空间 $X=H^1(\mathbb{R})$ 有如下实内积

$$(u,v)=\mathrm{Re}\int_{\mathbb{R}}(u_x\bar{v}_x+u\bar{v})\mathrm{d}x,\quad \forall u,v\in X. \tag{10.26}$$

X 的对偶空间记为 $X^*=H^{-1}(\mathbb{R})$, 且自然同构 $I:X\to X^*$ 定义为

$$\langle Iu,v\rangle=(u,v), \tag{10.27}$$

其中 $\langle\cdot\rangle$ 指 X 与 X^* 的配对,

$$\langle f,u\rangle=\mathrm{Re}\int_{\mathbb{R}}f\bar{u}\mathrm{d}x. \tag{10.28}$$

由 (10.26)—(10.28), 有

$$I=-\frac{\partial^2}{\partial_x^2}+1. \tag{10.29}$$

令 T_1,T_2 为 X 中酉算子的单参数群算子且定义为

$$T_1\left(s_1\right)\phi(\cdot)=e^{-s_1 i}\phi(\cdot),\quad \phi(\cdot)\in X,\quad s_1\in\mathbb{R}, \tag{10.30}$$

$$T_2\left(s_2\right)\phi(\cdot)=\phi\left(\cdot-s_2\right),\quad \phi(\cdot)\in X,\quad s_2\in\mathbb{R}, \tag{10.31}$$

显然 $T_1'(0) = -i, T_2'(0) = -\partial/\partial_x$.

由 [46] 可知, 对于任意的 $u_0 \in H^1$, 方程 (10.24) 有唯一的解 $u \in C([0, T_{\max}], H^1(\mathbb{R}))$ 且解满足 $u(0) = u_0$.

由上面的定义, 可写定理 2.7 中的方程 (10.24) 的孤立波为 $T_1(\omega t)T_2(vt)\hat{a}_{\omega,v}(x)$, 其中 $\hat{a}_{\omega,v}$ 由 (10.7) 和 (10.23) 定义. 接下来主要研究孤立波 $T_1(\omega t)T_2(vt)\hat{a}_{\omega,v}(x)$ 的轨道稳定性. 注意到, 方程 (10.24) 具有相位对称性和平移对称性, 定义轨道稳定性如下.

定义 10.3 若对于任意 $\varepsilon > 0$, 存在 $\delta > 0$ 且有如下性质, 则孤立波 $T_1(\omega t) \cdot T_2(vt)\hat{a}_{\omega,v}(x)$ 是轨道稳定的. 若 $\|u_0 - \hat{a}_{\omega,v}\|_X < \delta$, 在区间 $[0, t_0)$ 上 $u(t)$ 是方程 (10.24) 的一个解且 $u(0) = u_0$, 则 $u(t)$ 在区间 $0 \leqslant t < \infty$ 上也是方程的一个解, 并且满足

$$\sup_{0<t<\infty} \inf_{s_1 \in \mathbb{R}} \inf_{s_2 \in \mathbb{R}} \|u(t) - T_1(s_1)T_2(s_2)\hat{a}_{\omega,v}\|_X < \varepsilon.$$

否则, $T_1(\omega t)T_2(vt)\hat{a}_{\omega,v}(x)$ 是轨道不稳定的.

当 α 和 β 异步等于零时, 很难将方程 (10.24) 转化为 Hamilton 系统的标准形式. (在 [40] 中, (10.24) 也不能变为 Hamilton 系统的标准形式.) 因此, [47] 和 [48] 中关于非线性 Hamilton 系统孤立波轨道稳定性的抽象理论不能直接应用于方程 (10.24) 的研究. 根据 [48] 引言中的 “稳定性定理”, 使该定理成立的假设 1—假设 3, 以及 [48] 中 3-4 节的推论, 可知当方程初值问题存在局部解时, 只需要求 $E(u), Q_\sigma(u)$ 使得假设 2—假设 3 成立. 即使该方程不能转化为标准形式的 Hamilton 系统, 也可以得到轨道稳定性的结果. 根据上述分析, 可构造三个新的运动不变量, 如下所示

$$E(u) = \frac{1}{2}\int_{\mathbb{R}} \left\{ |u_x|^2 + \frac{\beta(\alpha+\beta)}{6}|u|^6 - G(|u|^2) + \frac{\alpha+\beta}{2}\operatorname{Im}(|u|^2 u\bar{u}_x) \right\} \mathrm{d}x, \tag{10.32}$$

其中 $G(u) = \int_0^u g(s)\,\mathrm{d}s,\ g(s) = c_3 s^2 + c_5 s^4$,

$$Q_1(u) = \frac{1}{2}\int_{\mathbb{R}} |u|^2 \mathrm{d}x, \tag{10.33}$$

$$Q_2(u) = \int_{\mathbb{R}} \left[\frac{1}{2}\operatorname{Im}(\bar{u}u_x) - \frac{\beta}{4}|u|^4 \right] \mathrm{d}x, \tag{10.34}$$

可知 E, Q_1, Q_2 是定义在 X 上的 C^2 泛函. 它们的导数为 $\langle E'(u), v\rangle, \langle Q_1'(u), v\rangle, \langle Q_2'(u), v\rangle$, 这里 E', Q_1', Q_2': $X \to X^*$, 而且它们的二阶导数为 $\langle E''(u)w, v\rangle, \langle Q_1''(u)w, v\rangle, \langle Q_2''(u)w, v\rangle$.

由计算可得

$$E'(u) = -u_{xx} + \frac{\beta(\alpha+\beta)}{2}|u|^4 u - g\left(|u|^2\right)u + i(\alpha+\beta)|u|^2 u_x,$$

$$Q_1'(u) = u,$$

$$Q_2'(u) = -iu_x - \beta|u|^2 u.$$

可证 E, Q_1, Q_2 在 T_1, T_2 下是不变的, 这意味着对于任意的 $s_1, s_2 \in \mathbb{R}$, 有

$$\begin{aligned} E\left(T_1\left(s_1\right)T_2\left(s_2\right)u\right) &= E(u), \\ Q_1\left(T_1\left(s_1\right)T_2\left(s_2\right)u\right) &= Q_1(u), \\ Q_2\left(T_1\left(s_1\right)T_2\left(s_2\right)u\right) &= Q_2(u), \end{aligned} \tag{10.35}$$

且对于任意的 $t \in \mathbb{R}$, $u(t)$ 是 (10.24) 的一个流,

$$E(u(t)) = E(u(0)), \quad Q_1(u(t)) = Q_1(u(0)), \quad Q_2(u(t)) = Q_2(u(0)). \tag{10.36}$$

通过代换可得 (10.35). 下面验证 (10.36) 成立, 需证

$$\operatorname{Re}\int_{\mathbb{R}}|u|^2 u\bar{u}_x\,\mathrm{d}x = \operatorname{Re}\int_{\mathbb{R}}|u|^4 u\bar{u}_x\,\mathrm{d}x = \operatorname{Re}\int_{\mathbb{R}}|u|^6 u\bar{u}_x\,\mathrm{d}x = 0.$$

令 $u = u_1 + iu_2$, 这里 u_1, u_2 是实函数且 $u_1, u_2 \in H^1(\mathbb{R})$, 则

$$\begin{aligned} \operatorname{Re}\int_{\mathbb{R}}|u|^2 u\bar{u}_x\mathrm{d}x &= \int_{\mathbb{R}}\left(u_1^2+u_2^2\right)\left(u_1u_{1x}+u_2u_{2x}\right)\mathrm{d}x \\ &= \int_{\mathbb{R}}\left(u_1^2u_2u_{2x}+u_1u_2^2u_{1x}\right)\mathrm{d}x \\ &= \int_{\mathbb{R}}u_1^2u_2u_{2x}\mathrm{d}x - \int_{\mathbb{R}}u_1^2u_2u_{2x}\mathrm{d}x = 0 \end{aligned}$$

和

$$\begin{aligned} \operatorname{Re}\int_{\mathbb{R}}|u|^4 u\bar{u}_x\mathrm{d}x &= \int_{\mathbb{R}}\left(u_1^4+2u_1^2u_2^2+u_2^4\right)\left(u_1u_{1x}+u_2u_{2x}\right)\mathrm{d}x \\ &= \int_{\mathbb{R}}\left(u_1^4u_2u_{2x}+2u_1^3u_2^2u_{1x}+2u_1^2u_2^3u_{2x}+u_1u_2^4u_{1x}\right)\mathrm{d}x. \end{aligned}$$

因为

$$\begin{aligned} \int_{\mathbb{R}}\left(2u_1^3u_2^2u_{1x}+2u_1^2u_2^3u_{2x}\right)\mathrm{d}x &= \frac{1}{2}\int_{\mathbb{R}}u_2^2\mathrm{d}u_1^4 + \frac{1}{2}\int_{\mathbb{R}}u_1^2\mathrm{d}u_2^4 \\ &= -\int_{\mathbb{R}}\left(u_1^4u_2u_{2x}+u_1u_2^4u_{1x}\right)\mathrm{d}x, \end{aligned}$$

有 $\mathrm{Re}\int_{\mathbb{R}}|u|^4u\bar{u}_x\mathrm{d}x=0$，且

$$\begin{aligned}\mathrm{Re}\int_{\mathbb{R}}|u|^6u\bar{u}_x\mathrm{d}x&=\int_{\mathbb{R}}\left(u_1^6+3u_1^4u_2^2+3u_1^2u_2^4+u_2^6\right)(u_1u_{1x}+u_2u_{2x})\,\mathrm{d}x\\&=\int_{\mathbb{R}}\left(u_1^6u_2u_{2x}+3u_1^5u_2^2u_{1x}+3u_1^2u_2^5u_{2x}+u_1u_2^6u_{1x}\right)\mathrm{d}x\\&\quad+\int_{\mathbb{R}}\left(3u_1^4u_2^3u_{2x}+3u_1^3u_2^4u_{1x}\right)\mathrm{d}x.\end{aligned}$$

令 $\mathrm{I}=\int_{\mathbb{R}}\left(u_1^6u_2u_{2x}+3u_1^5u_2^2u_{1x}+3u_1^2u_2^5u_{2x}+u_1u_2^6u_{1x}\right)\mathrm{d}x$, $\mathrm{II}=\int_{\mathbb{R}}\big(3u_1^4u_2^3u_{2x}+3u_1^3u_2^4u_{1x}\big)\mathrm{d}x$, 则有

$$\begin{aligned}\mathrm{I}&=\int_{\mathbb{R}}\left(u_1^6u_2u_{2x}+3u_1^5u_2^2u_{1x}+3u_1^2u_2^5u_{2x}+u_1u_2^6u_{1x}\right)\mathrm{d}x\\&=\int_{\mathbb{R}}u_1^6u_2\mathrm{d}u_2+\int_{\mathbb{R}}\left(3u_1^5u_2^2u_{1x}+3u_1^2u_2^5u_{2x}\right)\mathrm{d}x+\int_{\mathbb{R}}u_1u_2^6\mathrm{d}u_1\\&=-\int_{\mathbb{R}}\left(u_1^6u_2u_{2x}+3u_1^5u_2^2u_{1x}+3u_1^2u_2^5u_{2x}+u_1u_2^6u_{1x}\right)\mathrm{d}x\\&=-\mathrm{I},\end{aligned}$$

且

$$\begin{aligned}\mathrm{II}&=\int_{\mathbb{R}}\left(3u_1^4u_2^3u_{2x}+3u_1^3u_2^4u_{1x}\right)\mathrm{d}x\\&=\int_{\mathbb{R}}\frac{3}{4}u_1^4\mathrm{d}u_2^4+\int_{\mathbb{R}}3u_1^3u_2^4u_{1x}\mathrm{d}x\\&=-\int_{\mathbb{R}}3u_1^3u_2^4u_{1x}\mathrm{d}x+\int_{\mathbb{R}}3u_1^3u_2^4u_{1x}\mathrm{d}x=0.\end{aligned}$$

此外, 可得 $\mathrm{I}=0$, $\mathrm{Re}\int_{\mathbb{R}}|u|^6u\bar{u}_x\mathrm{d}x=\mathrm{I}+\mathrm{II}=0$.

现证 $E(u)$ 是一个运动不变量. 通过计算, 有

$$\begin{aligned}\frac{\mathrm{d}E(u)}{\mathrm{d}t}&=\langle E'(u),u_t\rangle\\&=\left\langle -u_{xx}+\frac{\beta(\alpha+\beta)}{2}|u|^4u-g\left(|u|^2\right)u+i(\alpha+\beta)|u|^2u_x\right.,\\&\qquad\left. iu_{xx}+ig\left(|u|^2\right)u+\alpha|u|^2u_x+\beta u^2\bar{u}_x\right\rangle.\end{aligned}$$

另外

$$
\begin{aligned}
&\langle -u_{xx}, iu_{xx}\rangle = \mathrm{Re}\int_{\mathbb{R}} -u_{xx}\bar{i}\cdot \bar{u}_{xx}\mathrm{d}x = \mathrm{Re}\int_{\mathbb{R}} i\left(u_{xx}\bar{u}_{xx}\right)\mathrm{d}x = 0,\\
&\left\langle -u_{xx}, ig\left(|u|^2\right)u\right\rangle + \left\langle -g\left(|u|^2\right)u, iu_{xx}\right\rangle\\
={}& \mathrm{Re}\int_{\mathbb{R}}\left(-u_{xx}\bar{i}\cdot g\left(|u|^2\right)\bar{u}\right)\mathrm{d}x + \mathrm{Re}\int_{\mathbb{R}}\left(-g\left(|u|^2\right)u\bar{i}\cdot\bar{u}_{xx}\right)\mathrm{d}x\\
={}& \mathrm{Re}\int_{\mathbb{R}} i\left(u_{xx}g\left(|u|^2\right)\bar{u}\right)\mathrm{d}x - \mathrm{Re}\int_{\mathbb{R}} i\left(g\left(|u|^2\right)\bar{u}\cdot u_{xx}\right)\mathrm{d}x\\
={}& 0,\\
&\left\langle -u_{xx}, \alpha|u|^2u_x\right\rangle + \left\langle -u_{xx}, \beta u^2\bar{u}_x\right\rangle + \left\langle i(\alpha+\beta)|u|^2u_x, iu_{xx}\right\rangle\\
={}& -\mathrm{Re}\int_{\mathbb{R}}\alpha|u|^2u_{xx}\bar{u}_x\mathrm{d}x - \mathrm{Re}\int_{\mathbb{R}}\beta u_{xx}\bar{u}^2u_x\mathrm{d}x + \mathrm{Re}\int_{\mathbb{R}}(\alpha+\beta)|u|^2u_x\bar{u}_{xx}\mathrm{d}x\\
={}& -\mathrm{Re}\int_{\mathbb{R}}\alpha|u|^2u_x\bar{u}_{xx}\mathrm{d}x - \mathrm{Re}\int_{\mathbb{R}}\beta u^2\bar{u}_x\bar{u}_{xx}\mathrm{d}x + \mathrm{Re}\int_{\mathbb{R}}(\alpha+\beta)|u|^2u_x\bar{u}_{xx}\mathrm{d}x\\
={}& -\mathrm{Re}\int_{\mathbb{R}}\beta u\bar{u}_{xx}\left(u\bar{u}_x - \bar{u}u_x\right)\mathrm{d}x.
\end{aligned}
$$

令 $u = u_1 + iu_2$, $\mathrm{III} = \mathrm{Re}\int_R \beta u\bar{u}_{xx}\left(u\bar{u}_x - \bar{u}u_x\right)\mathrm{d}x$, 则

$$
\begin{aligned}
\mathrm{III} ={}& \mathrm{Re}\int_{\mathbb{R}}\beta\left(u_1+iu_2\right)\left(u_{1xx}-iu_{2xx}\right)\Big(\left(u_1+iu_2\right)\left(u_{1x}-iu_{2x}\right)\\
&-\left(u_1-iu_2\right)\left(u_{1x}+iu_{2x}\right)\Big)\mathrm{d}x\\
={}& -2\beta\int_{\mathbb{R}}\left(u_2^2u_{1x}u_{1xx} - u_1u_2u_{1xx}u_{2x} - u_1u_2u_{1x}u_{2xx} + u_1^2u_{2x}u_{2xx}\right)\mathrm{d}x\\
={}& -2\beta\left(\int_{\mathbb{R}}u_2^2u_{1x}\mathrm{d}u_{1x} - \int_{\mathbb{R}}u_1u_2u_{2x}\mathrm{d}u_{1x} - \int_{\mathbb{R}}u_1u_2u_{1x}\mathrm{d}u_{2x} + \int_{\mathbb{R}}u_1^2u_{2x}\mathrm{d}u_{2x}\right)\\
={}& -2\beta\Big(-\int_{\mathbb{R}}u_2^2u_{1x}u_{1xx}\mathrm{d}x + \int_{\mathbb{R}}u_1u_2u_{1x}u_{2xx}\mathrm{d}x\\
&+\int_{\mathbb{R}}u_1u_2u_{1xx}u_{2x}\mathrm{d}x - \int_{\mathbb{R}}u_1^2u_{2x}u_{2xx}\mathrm{d}x\Big)\\
={}& -\mathrm{III}.
\end{aligned}
$$

因此, $\mathrm{III} = 0$. 此外, 可得

$$\left\langle -u_{xx},\alpha|u|^2u_x\right\rangle+\left\langle -u_{xx},\beta u^2\bar{u}_x\right\rangle+\left\langle i(\alpha+\beta)|u|^2u_x,iu_{xx}\right\rangle=-\mathrm{III}=0,$$

$$\begin{aligned}&\left\langle\frac{\beta(\alpha+\beta)}{2}|u|^4u,iu_{xx}\right\rangle+\left\langle i(\alpha+\beta)|u|^2u_x,\beta u^2\bar{u}_x\right\rangle\\&=-\frac{\beta(\alpha+\beta)}{2}\operatorname{Re}\int_{\mathbb{R}}i\left(u^3\bar{u}^2\right)\mathrm{d}\bar{u}_x+\beta(\alpha+\beta)\operatorname{Re}\int_{\mathbb{R}}i|u|^2u_x^2\bar{u}^2\mathrm{d}x\\&=\frac{3\beta(\alpha+\beta)}{2}\operatorname{Re}\int_{R}i|u|^4\left|u_x\right|^2\mathrm{d}x+\beta(\alpha+\beta)\operatorname{Re}\int_{\mathbb{R}}i|u|^2u^2\left(\bar{u}_x\right)^2\mathrm{d}x\\&\quad+\beta(\alpha+\beta)\operatorname{Re}\int_{\mathbb{R}}i|u|^2u_x^2\bar{u}^2\mathrm{d}x\\&=-\beta(\alpha+\beta)\operatorname{Re}\int_{\mathbb{R}}i|u|^2u_x^2\bar{u}^2\mathrm{d}x+\beta(\alpha+\beta)\operatorname{Re}\int_{\mathbb{R}}i|u|^2u_x^2\bar{u}^2\mathrm{d}x=0,\end{aligned}$$

$$\left\langle\frac{\beta(\alpha+\beta)}{2}|u|^4u,ig\left(|u|^2\right)u\right\rangle=-\frac{\beta(\alpha+\beta)}{2}\operatorname{Re}\int_{\mathbb{R}}ig\left(|u|^2\right)|u|^6\mathrm{d}x=0,$$

$$\left\langle\frac{\beta(\alpha+\beta)}{2}|u|^4u,\alpha|u|^2u_x\right\rangle=\frac{\alpha\beta(\alpha+\beta)}{2}\operatorname{Re}\int_{\mathbb{R}}|u|^6u\bar{u}_x\mathrm{d}x=0,$$

$$\left\langle\frac{\beta(\alpha+\beta)}{2}|u|^4u,\beta u^2\bar{u}_x\right\rangle=\frac{\beta^2(\alpha+\beta)}{2}\operatorname{Re}\int_{\mathbb{R}}|u|^6u\bar{u}_x\mathrm{d}x=0,$$

$$\left\langle -g\left(|u|^2\right)u,ig\left(|u|^2\right)u\right\rangle=\operatorname{Re}\int_{\mathbb{R}}ig^2\left(|u|^2\right)|u|^2\mathrm{d}x=0,$$

$$\begin{aligned}\left\langle -g\left(|u|^2\right)u,\alpha|u|^2u_x\right\rangle&=-\alpha\operatorname{Re}\int_{\mathbb{R}}g\left(|u|^2\right)|u|^2u\bar{u}_x\mathrm{d}x\\&=-c_3\alpha\operatorname{Re}\int_{R}|u|^4u\bar{u}_x\mathrm{d}x-c_5\alpha\operatorname{Re}\int_{\mathbb{R}}|u|^6u\bar{u}_x\mathrm{d}x\\&=0,\end{aligned}$$

$$\left\langle -g\left(|u|^2\right)u,\beta u^2\bar{u}_x\right\rangle=-\beta\operatorname{Re}\int_{\mathbb{R}}g\left(|u|^2\right)|u|^2u\bar{u}_x\mathrm{d}x=0,$$

$$\left\langle i(\alpha+\beta)|u|^2u_x,ig\left(|u|^2\right)u\right\rangle=(\alpha+\beta)\operatorname{Re}\int_{\mathbb{R}}g\left(|u|^2\right)|u|^2u\bar{u}_x\mathrm{d}x=0,$$

$$\left\langle i(\alpha+\beta)|u|^2u_x,\alpha|u|^2u_x\right\rangle=\alpha(\alpha+\beta)\operatorname{Re}\int_{\mathbb{R}}i|u|^4\left|u_x\right|^2\mathrm{d}x=0.$$

由上面的计算可知 $\dfrac{\mathrm{d}E(u)}{\mathrm{d}t}=\langle E'(u),u_t\rangle=0$, 即对于任意的 $t\in\mathbb{R}$, $E(u)=E(u(0))$. 类似地, 可验证 $Q_1(u)=Q_1(u(0)),Q_2(u)=Q_2(u(0))$.

同样可证明由 (10.7) 与 (10.23) 给出的 $\hat{a}$ 满足

$$E'(\hat{a}(x)) - \omega Q_1'(\hat{a}(x)) - \upsilon Q_2'(\hat{a}(x)) = 0. \tag{10.37}$$

事实上

$$\begin{aligned}
&E'(\hat{a}(x)) - \omega Q_1'(\hat{a}(x)) - \upsilon Q_2'(\hat{a}(x)) \\
&= -\hat{a}_{xx} + \frac{\beta(\alpha+\beta)}{2}|u|^4\hat{a} - g\left(|a|^2\right)\hat{a} + i(\alpha+\beta)|a|^2\hat{a}_x - \omega\hat{a} + i\upsilon\hat{a}_x + \beta\upsilon|a|^2\hat{a} \\
&\xlongequal{(10.8)} \frac{\beta(\alpha+\beta)}{2}a^4\hat{a} + \beta\upsilon a^2\hat{a} - 2\beta i a a_x\hat{a} + 2\beta i a^2\hat{a}_x \\
&\xlongequal{(10.7),(10.12)} e^{i\psi}\left[\frac{\beta(\alpha+\beta)}{2}a^5 + \beta\upsilon a^3 - 2\beta i a^2 a_x + 2\beta i a^2\left(i\psi' a + a'\right)\right] = 0.
\end{aligned}$$

对于任意的 $u, \phi \in X$, 由计算可得

$$\begin{aligned}
E''(u)\phi &= -\phi_{xx} + \frac{\beta(\alpha+\beta)}{2}\left(3|u|^4\phi + 2|u|^2u^2\bar{\phi}\right) - g\left(|u|^2\right)\phi \\
&\quad - g'\left(|u|^2\right)(\bar{u}\phi + u\bar{\phi})u + i(\alpha+\beta)\left(|u|^2\phi_x + \phi\bar{u}u_x + \bar{\phi}uu_x\right), \\
Q_1''(u)\phi &= \phi, \\
Q_2''(u)\phi &= -i\phi_x - 2\beta|u|^2\phi - \beta u^2\bar{\phi}.
\end{aligned}$$

定义一个算子 $X \to X^*$,

$$H_{\omega,\upsilon} = E''(\hat{a}) - \omega Q_1''(\hat{a}) - \upsilon Q_2''(\hat{a}), \tag{10.38}$$

则对于任意的 $\phi \in X$, 有

$$\begin{aligned}
H_{\omega,\upsilon}\phi =& -\phi_{xx} + \frac{\beta(\alpha+\beta)}{2}\left(3|a|^4\phi + 2|a|^2\hat{a}^2\hat{\bar{\phi}}\right) - g\left(|a|^2\right)\phi \\
& - g'\left(|a|^2\right)(\bar{\hat{a}}\phi + \hat{a}\hat{\bar{\phi}})\hat{a} + i(\alpha+\beta)\left(|a|^2\phi_x + \phi\bar{\hat{a}}\hat{a}_x + \bar{\phi}\hat{a}\hat{a}_x\right) \\
& - \omega\phi + i\upsilon\phi_x + 2\upsilon\beta|a|^2\phi + \upsilon\beta\hat{a}^2\bar{\phi}.
\end{aligned} \tag{10.39}$$

易知 $H_{\omega,\upsilon}$ 是自伴的, 这意味着 $I^{-1}H_{\omega,\upsilon}$ 是 X 中的一个有界自共轭算子. $H_{\omega,\upsilon}$ 的谱包括实数 λ 使得 $H_{\omega,\upsilon} - \lambda I$ 是不可逆的, 且 $\lambda = 0$ 属于 $H_{\omega,\upsilon}$ 的谱.

由 $T_1'(0) = -i$ 以及 $T_2'(0) = -\dfrac{\partial}{\partial x}$, 可得

$$T_1'(0)\hat{a}(x) = -ia(x)e^{i\psi(x)} = -i\hat{a}(x),$$

$$T_2'(0)\hat{a}(x) = -(a'(x) + i\psi'(x)a)e^{i\psi(x)} = -\hat{a}_x(x).$$

因此, 易得

$$H_{\omega,v}T_1'(0)\hat{a}(x) = 0, \tag{10.40}$$

$$H_{\omega,v}T_2'(0)\hat{a}(x) = 0. \tag{10.41}$$

事实上,

$$\begin{aligned}
H_{\omega,v}T_1'(0)\hat{a}(x) &= H_{\omega,v}(-i\hat{a}(x)) \\
&= i\hat{a}_{xx} + \frac{\beta(\alpha+\beta)}{2}\left(-3i|a|^4\hat{a} + 2i|a|^2\hat{a}^2\bar{\hat{a}}\right) + ig\left(|a|^2\right)\hat{a} \\
&\quad - g'\left(|a|^2\right)(-i\bar{\hat{a}}\hat{a}+i\hat{a}\bar{\hat{a}})\hat{a} + i(\alpha+\beta)\left(-i|a|^2\hat{a}_x - i\hat{a}\bar{\hat{a}}\hat{a}_x + i\hat{a}\bar{\hat{a}}\hat{a}_x\right) \\
&\quad + i\omega\hat{a} + v\hat{a}_x - i2v\beta|a|^2\hat{a} + i\beta v\hat{a}^2\bar{\hat{a}} \\
&= -i\left[E'(\hat{a}) - \omega Q_1'(\hat{a}) - vQ_2'(\hat{a})\right] = 0
\end{aligned}$$

和

$$\begin{aligned}
H_{\omega,v}T_2'(0)\hat{a}(x) &= H_{\omega,v}\left(-\hat{a}_x(x)\right) \\
&= \hat{a}_{xxx} - \frac{\beta(\alpha+\beta)}{2}\left(3|a|^4\hat{a}_x + 2|a|^2\hat{a}^2\bar{\hat{a}}_x\right) + g\left(|a|^2\right)\hat{a}_x \\
&\quad + g'\left(|a|^2\right)\left(\bar{\hat{a}}\hat{a}_x + \hat{a}\bar{\hat{a}}_x\right)\hat{a} - i(\alpha+\beta)\left(|a|^2\hat{a}_{xx} + \hat{a}_x\bar{\hat{a}}\hat{a}_x + \hat{a}\bar{\hat{a}}_x\hat{a}_x\right) \\
&\quad + \omega\hat{a}_x - iv\hat{a}_{xx} - 2v\beta|a|^2\hat{a}_x - \beta v\hat{a}^2\bar{\hat{a}}_x \\
&= -\frac{\partial}{\partial x}\left[E'(\hat{a}(x)) - \omega Q_1'(\hat{a}(x)) - vQ_2'(\hat{a}(x))\right] = 0.
\end{aligned}$$

令 $Z = \{k_1T_1'(0)\hat{a}(x) + k_2T_2'(0)\hat{a}(x) | k_1,\ k_2 \in \mathbb{R}\}$. 由 (10.40), (10.41) 可知 Z 包含在 $H_{\omega,v}$ 的核中.

假设 10.1 $H_{\omega,v}$ 的谱分解: 空间 X 分解为一个直和

$$X = N + Z + P, \tag{10.42}$$

其中 Z 如上定义, N 是一个有限维子空间使得

$$\langle H_{\omega,v}u, u\rangle < 0, \quad \forall 0 \neq u \in N \tag{10.43}$$

且 P 是一个闭子空间, 对于任意的 $u \in P$ 存在常数 $\delta > 0$ 且与 u 无关使得

$$\langle H_{\omega,v}u, u\rangle \geqslant \delta\|u\|_X^2, \quad \forall u \in P. \tag{10.44}$$

定义 $d(\omega, v):\mathbb{R}\times\mathbb{R}\to\mathbb{R}$ 如下

$$d(\omega,v)=E(\hat{a}_{\omega,v})-\omega Q_1(\hat{a}_{\omega,v})-vQ_2(\hat{a}_{\omega,v}). \tag{10.45}$$

定义 $d''(\omega,v)$ 为函数 d 的 Hessian 矩阵, 它是一个对称双线性形式. 另外, 用 $p(d'')$ 表示 d'' 正特征值的个数, $n(H_{\omega,v})$ 表示 $H_{\omega,v}$ 负特征值的个数.

[46] 证明了 Kundu 方程初值问题局部解的存在性. 根据以上讨论可知, 方程 (10.24) 有三个满足 (10.35) 和 (10.36) 的运动不变量. 此外, 我们证明了方程 (10.24) 的孤立波满足 (10.37). 给出算子 $H_{\omega,v}$ 的定义. 根据 [48] 引言中的"稳定性定理" 或 [48] 中定理 4.1, 可以得到方程 (10.24) 的孤立波的抽象轨道稳定性定理.

定理10.4 假设存在三个函数 $E(u),Q_1(u),Q_2(u)$, 满足 (10.35) 和 (10.36) 以及孤立波 $T_1(\omega t)T_2(vt)\hat{a}_{\omega,v}(x),(\omega,v)\in\Omega\equiv(\omega_1,\omega_2)\times(v_1,v_2)$ 满足 (10.37). 另外, 假设算子 $H_{\omega,v}$ 由 (10.37) 给出且满足假设 10.1. 若 $d(\omega,v)$ 是非退化的, 且 $p(d'')=n(H_{\omega,v})$, 则孤立波 $T_1(\omega t)T_2(vt)\hat{a}_{\omega,v}(x)$ 是轨道稳定的.

由定理 10.4 可得方程 (10.24) 的孤立波的轨道稳定性结果.

定理 10.5 对于任意固定的实数 $c_3,c_5,\alpha=2s_2+r,\beta=s_2+r$, 若 ω,v 满足 $4\omega+v<0$ 且下列条件之一成立:

(a) $16c_5+(\alpha+\beta)(3\alpha-5\beta)=0,\ 2c_3+(\alpha-\beta)v<0$;

(b) $16c_5+(\alpha+\beta)(3\alpha-5\beta)>0,\ 2c_3+(\alpha-\beta)v\geqslant 0$;

(c) $16c_5+(\alpha+\beta)(3\alpha-5\beta)<0,\ 2c_3+(\alpha-\beta)v>0$ 和 $3(2c_3+(\alpha-\beta)v)^2-(16c_5+(\alpha+\beta)(3\alpha-5\beta))(4\omega+v^2)>0$;

(d) $16c_5+(\alpha+\beta)(3\alpha-5\beta)>0,\ 2c_3+(\alpha-\beta)v<0$ 和 $3(\alpha-\beta)^2-(16c_5+(\alpha+\beta)(3\alpha-5\beta))\geqslant\dfrac{\sqrt{3}(\alpha-\beta)^2\sqrt{-(4\omega+v^2)(16c_5+(\alpha+\beta)(3\alpha-5\beta))}}{\pi(2c_3+(\alpha-\beta)v)}$,

则方程 (10.24) 的孤立波 $e^{-i\omega t}\hat{a}(x-vt)$ 是轨道稳定的.

因为当 $r=0$ 方程 (10.24) 退化为 (10.2), 所以有如下对于方程 (10.2) 的推论.

推论 10.6 对于任意固定的实数 c_3,c_5,s_2, 若 ω,v 满足 $4\omega+v<0$ 且下列条件之一成立:

(a) $16c_5+2s_2^2=0,\ 2c_3+s_2v>0$;

(b) $16c_5+2s_2^2>0,\ 2c_3+s_2v\geqslant 0$;

(c) $16c_5+2s_2^2<0,\ 2c_3+s_2v>0$ 和 $3(2c_3+s_2v)^2-(16c_5+2s_2^2)(4\omega+v^2)>0$;

(d) $16c_5+2s_2^2>0,\ 2c_3+s_2v<0$ 和 $16c_5\leqslant-\dfrac{\sqrt{3}s_2^2\sqrt{-(4\omega+v^2)(16c_5+2s_2^2)}}{\pi(2c_3+s_2v)}$,

则方程 (10.2) 的孤立波是轨道稳定的.

当 $c_3 = c_5 = 0,\ s_2 = -1, r = 0$ 时, 方程 (10.24) 退化为方程 (10.6), 则有如下推论.

推论 10.7 对于任意的波速 $v \neq 0$, 若 $v^2 < -4\omega$, 则方程 (10.6) 的孤立波是轨道稳定的.

证明 若 $v^2 < -4\omega$, 由定理 10.5(b) 易证只要 $v < 0$ 方程 (10.6) 的孤立波是轨道稳定的. 同样地, 由定理 10.5(d) 易证只要 $v > 0$ 方程 (10.6) 的孤立波是轨道稳定的.

类似地, 由定理 10.5 可得方程 (10.3)—(10.4) 的孤立波的轨道稳定性. □

推论 10.8 对于任意的波速 $v \neq 0$, 若 $v^2 < -4\omega$, 则方程 (10.3) 的孤立波是轨道稳定的.

推论 10.9 假设 $\delta \neq 0$, 对于任意的波速 $v \neq 0$, 若 $v^2 < -4\omega$, 则方程 (10.4) 的孤立波是轨道稳定的.

10.3 定理 10.5 的证明

由上面的讨论可知, 如果定理 2.7 的情况成立, 则方程 (10.24) 具有 $e^{-i\omega t}\hat{a}(x-vt)$ 形式的孤立波. 本节主要证明这些孤立波是轨道稳定的. 根据 (10.32)—(10.38), 只需证明假设 10.1 以及 $n(H_{\omega,v}) = p(d'')$ 成立. 因此, 根据定理 10.4 可知方程 (10.24) 的孤立波是轨道稳定的.

10.3.1 假设 10.1 的证明

首先, 研究 $H_{\omega,v}$ 的分解以及各部分的谱性质.

对于任意 $\phi(x) \in X$, 令

$$\phi(x) = e^{i\psi(x)}z(x), \quad z(x) = z_1(x) + iz_2(x), \quad z_1(x) = \operatorname{Re} z(x), \tag{10.46}$$

则有

$$H_{\omega,v}\phi = [L_{11}z_1 + L_{12}z_2 + i(L_{21}z_1 + L_{22}z_2)]\, e^{i\psi},$$

其中

$$\begin{aligned} L_{11} &= -\frac{\partial}{\partial x^2} + (\psi')^2 - g\left(a^2\right) - 2g'\left(a^2\right)a^2 - \omega - v\psi' \\ &\quad + \frac{5\beta(\alpha+\beta)}{2}a^4 - 3(\alpha+\beta)a^2\psi' + 3v\beta a^2, \\ L_{12} &= \psi'' - \frac{\alpha+\beta}{2}a^2\frac{\partial}{\partial x}, \\ L_{21} &= -\psi'' + \frac{\alpha+\beta}{2}a^2\frac{\partial}{\partial x} + 2(\alpha+\beta)aa', \end{aligned}$$

$$L_{22}=-\frac{\partial}{\partial x^2}+(\psi')^2-g\left(a^2\right)-\omega-v\psi'-\alpha a^2\psi'+\beta a^2\psi'.$$

此外, 有

$$\begin{aligned}\langle H_{\omega,r}\phi,\phi\rangle=&\left\langle \bar{L}_{11}z_1,z_1\right\rangle+\langle L_{22}z_2,z_2\rangle-\left\langle(\alpha+\beta)a^2z_2',z_1\right\rangle\\&-\left\langle\frac{(\alpha+\beta)^2}{4}a^4z_1+(\alpha+\beta)aa'z_2,z_1\right\rangle,\end{aligned}\tag{10.47}$$

其中

$$\begin{aligned}\bar{L}_{11}=&-\frac{\partial}{\partial x^2}+(\psi')^2-g\left(a^2\right)-2g'\left(a^2\right)a^2-\omega-v\psi'\\&-3\alpha a^2\psi'+3\beta a^2\psi'-\frac{(\alpha+\beta)}{2}a^2\left(v-2\psi'+\alpha a^2-\beta a^2\right),\end{aligned}\tag{10.48}$$

因为

$$\langle H_{\omega,v}\phi,\phi\rangle=\langle L_{11}z_1,z_1\rangle+\langle L_{12}z_2,z_1\rangle+\langle L_{21}z_1,z_2\rangle+\langle L_{22}z_2,z_2\rangle,$$

$$\begin{aligned}&\langle L_{11}z_1,z_1\rangle+\langle L_{12}z_2,z_1\rangle+\langle L_{21}z_1,z_2\rangle\\=&\langle L_{11}z_1,z_1\rangle+\left\langle-\frac{\alpha+\beta}{2}a^2z_2',z_1\right\rangle+\left\langle\frac{\alpha+\beta}{2}a^2z_1',z_2\right\rangle+\langle 2(\alpha+\beta)aa'z_1,z_2\rangle\end{aligned}$$

与

$$\begin{aligned}\left\langle\frac{\alpha+\beta}{2}a^2z_1',z_2\right\rangle=&\frac{\alpha+\beta}{2}\int_{\mathbb{R}}a^2z_2\mathrm{d}z_1=-\frac{\alpha+\beta}{2}\int_{\mathbb{R}}z_1\left(2aa'z_2+2a^2z_2'\right)\mathrm{d}x\\=&\langle-(\alpha+\beta)aa'z_2,z_1\rangle+\left\langle-\frac{\alpha+\beta}{2}a^2z_2',z_1\right\rangle.\end{aligned}$$

由方程 (10.10) 可得

$$L_{22}a(x)=0.\tag{10.49}$$

对方程 (10.10) 关于 x 求微分, 结合 (10.12), (10.48), 有

$$\bar{L}_{11}a'(x)=0.\tag{10.50}$$

由 (10.23) 可知, $a'(x)$ 在 $x=0$ 有一个简单零点且它只改变一次符号. 因此, 由 Sturm-Liouville 定理可知 0 是 $\bar{L}_{11}$ 的第二个特征值, $\bar{L}_{11}$ 有一个严格的负特征值 $-\lambda_{11}^2$ 且具有特征函数 χ_{11}, 即

$$\bar{L}_{11}\chi_{11}=-\lambda_{11}^2\chi_{11}.\tag{10.51}$$

另外, 重写 $\bar{L}_{11}$ 为

$$\bar{L}_{11} = -\frac{\partial^2}{\partial x^2} + d_1 + M_1(x), \tag{10.52}$$

其中

$$\begin{aligned} M_1(x) =& \frac{(\alpha+\beta)^2}{16}a^4 - g\left(a^2\right) - 2g'\left(a^2\right)a^2 - 3\alpha a^2\psi' + 3\beta a^2\psi' \\ & - \frac{(\alpha+\beta)}{2}a^2\left(\upsilon - 2\psi' + \alpha a^2 - \beta a^2\right). \end{aligned}$$

由 (10.23), 可以看出只要 $|x| \to \infty$, $a^2 \to 0$, 因此有

$$M_1(x) \to 0, \quad |x| \to \infty. \tag{10.53}$$

由 (10.52)—(10.53) 以及 Weyl 谱定理可得

$$\sigma_{\text{ess}}(\bar{L}_{11}) = [d_1, +\infty), \quad d_1 > 0. \tag{10.54}$$

因此, 有如下 $\bar{L}_{11}$ 的谱性质.

命题 10.10 *$\bar{L}_{11}$ 有一个严格的负单特征值, 由 $a'(x)$ 可得它的核, 其余的谱在远离零点处是正的且有界的.*

由命题 10.10 可知对于任意实函数 $z_1 \in H^1(\mathbb{R})$, 如果它满足

$$\langle z_1, a' \rangle = \langle z_1, \chi_{11} \rangle = 0, \tag{10.55}$$

则存在一个正数 $\bar{\delta_1} > 0$ 与 z_1 无关, 使得

$$\langle L_{11}z_1, z_1 \rangle \geqslant \bar{\delta_1} \|z_1\|_{L^2}^2. \tag{10.56}$$

此外, 根据 (10.52)—(10.56), 可得如下引理.

引理 10.11 *对于任意的实函数 $z_1 \in H^1(\mathbb{R})$ 满足 (10.55), 存在一个正数 $\delta_1 > 0$ 使得*

$$\langle \bar{L}_{11}z_1, z_1 \rangle \geqslant \delta_1 \|z_1\|_{L^2}^2, \tag{10.57}$$

其中 δ_1 与 z_1 无关.

接下来讨论 L_{22}.

由 (10.23) 与 (10.49) 易知 $a(x)$ 有一个固定的符号且 0 是 L_{22} 的第一个特征值. 注意到

$$L_{22} = -\frac{\partial^2}{\partial x^2} + d_1 + M_2(x), \tag{10.58}$$

其中 $M_2(x) = \dfrac{(\alpha+\beta)^2}{16}a^4 - g(a^2) - \alpha a^2\psi' + \beta a^2\psi'$.

因为当 $|x| \to \infty$ 时, $a^2 \to 0$, 有

$$M_2(x) \to 0, \quad |x| \to \infty. \tag{10.59}$$

另外

$$\sigma_{\text{ess}}(L_{22}) = [d_1, +\infty), \quad d_1 > 0. \tag{10.60}$$

因此, 有如下 L_{22} 的谱性质.

命题 10.12 L_{22} 的核由 $a(x)$ 张成. 其余的谱在远离零点处是正的且有界的.

类似地, 由 (10.58)—(10.60) 以及命题 10.12 有

引理 10.13 对于任意的实函数 $z_2 \in H^1(\mathbb{R})$ 满足

$$\langle z_2, a \rangle = 0, \tag{10.61}$$

存在一个正数 $\delta_2 > 0$ 使得

$$\langle L_{22} z_2, z_2 \rangle \geqslant \delta_2 \|z_2\|_{L^2}^2, \tag{10.62}$$

其中 δ_2 与 z_2 无关.

下面验证假设 10.1 成立以及 $n(H_{\omega,v}) = 1$.

对于任意的 $\phi(x) \in X$, 令

$$\phi(x) = e^{i\psi(x)}\left(z_1(x) + iz_2(x)\right), \quad z_2(x) = a(x) z_3(x), \tag{10.63}$$

其中 z_1, z_2, z_3 是实函数, $z_1, z_2 \in H^1(\mathbb{R})$. 注意到

$$\begin{aligned}
\langle L_{22} z_2(x), z_2(x) \rangle &= \langle -z_2'', z_2 \rangle + \langle d_1 z_2, z_2 \rangle + \langle M_2 z_2, z_2 \rangle \\
&= \langle -a'' z_3 + d_1 a z_3 + M_2 a z_3, a z_3 \rangle + \langle -2a' z_3' - a z_3'', a z_3 \rangle \\
&= \left\langle L_{22} a, a z_3^2 \right\rangle - \left\langle \left(a^2 z_3'\right)', z_3 \right\rangle \\
&= -\int_{\mathbb{R}} z_3 \mathrm{d}\left(a^2 z_3'\right) \\
&= \int_{\mathbb{R}} \left(a z_3'\right)\left(a z_3'\right) \mathrm{d}x \\
&= \langle a z_3', a z_3' \rangle .
\end{aligned} \tag{10.64}$$

由 (10.47) 以及 (10.63)—(10.64) 可得

$$\langle H_{\omega,v}\phi, \phi \rangle = \left\langle \bar{L}_{11} z_1, z_1 \right\rangle + \langle a z_3', a z_3' \rangle$$

$$
\begin{aligned}
&+\left\langle\frac{(\alpha+\beta)^2}{4}a^4z_1+(\alpha+\beta)aa'z_2,z_1\right\rangle-\langle(\alpha+\beta)a^2z_2',z_1\rangle\\
&=\langle\bar{L}_{11}z_1,z_1\rangle+\int_{\mathbb{R}}\left((az_3')^2+\left(\frac{\alpha+\beta}{2}a^2z_1\right)^2-2(az_3')\left(\frac{\alpha+\beta}{2}a^2z_1\right)\right)\mathrm{d}x\\
&=\langle\bar{L}_{11}z_1,z_1\rangle+\int_{\mathbb{R}}\left(\frac{\alpha+\beta}{2}a^2z_1-az_3'\right)^2\mathrm{d}x.
\end{aligned}
\tag{10.65}
$$

取

$$\chi_-=(\chi_{11}+i\chi_{12})e^{i\psi(x)},\tag{10.66}$$

以及

$$\chi_{12}=\alpha\chi_{13}=a\left(\frac{\alpha+\beta}{2}\int_{-\infty}^{x}a(s)\chi_{11}(s)\mathrm{d}s+k_1\right),\tag{10.67}$$

其中 k_1 是任意的实数. 由 (10.63), (10.65)—(10.67) 可得

$$\langle H_{\omega,v}\chi_-,\chi_-\rangle=\langle\bar{L}_{11}\chi_{11},\chi_{11}\rangle=-\lambda_{11}^2<0.\tag{10.68}$$

取 k_1 使得

$$\langle\chi_{12},a\rangle=0.\tag{10.69}$$

记

$$N=\{k\chi_-|k\in\mathbb{R}\},\tag{10.70}$$

故由 (10.68), (10.70) 可得 (10.43).

令

$$\chi_1=\left(a'(x)+ia(x)\left(k_2+\frac{\alpha+\beta}{4}a^2(x)\right)\right)e^{i\psi(x)},\tag{10.71}$$

$$\chi_2=ia(x)e^{i\psi(x)},\tag{10.72}$$

且取 k_2 使得

$$\left\langle\left(k_2+\frac{\alpha+\beta}{4}a^2\right)a,a\right\rangle=0,\tag{10.73}$$

所以可写 Z 为

$$Z=\{k_3\chi_1+k_4\chi_2|k_3,\ k_4\in\mathbb{R}\}.\tag{10.74}$$

定义子空间 P 为

$$P=\left\{p\in X|p=(p_1+ip_2)e^{i\psi},\langle p_1,\chi_{11}\rangle=0,\langle p_1,a'\rangle=0,\langle p_2,a\rangle=0\right\},\tag{10.75}$$

则由 [40] 中附录 1 的方法, 有如下引理.

引理 10.14　对于任意的 $p\in P$, 存在一个常数 $\delta>0$ 使得

$$\langle H_{\omega,v}p,p\rangle \geqslant \delta\|p\|_{H^1}^2, \tag{10.76}$$

其中 δ 与 p 无关.

令 $\phi(x)=e^{i\psi}(z_1+iz_2)\in X$, 取

$$a_1=\langle z_1,\chi_{11}\rangle,\quad b_1=\frac{\langle z_1,a'\rangle}{\|a'\|_{L^2}^2},\quad b_2=\frac{\langle z_2,a'\rangle}{\|a\|_{L^2}^2}, \tag{10.77}$$

$\phi(x)$ 可表示为

$$\phi(x)=a_1\chi_-+b_1\chi_1+b_2\chi_2+p. \tag{10.78}$$

由 (10.50)—(10.51) 以及 (10.69)—(10.73), 可得 $\phi(x)$ 可唯一地表示为 (10.78). 则由 (10.70) 以及 (10.74)—(10.78) 可得假设 10.1 成立以及 $n(H_{\omega,v})=1$.

10.3.2　证明 $p(d'')=n(H_{\omega,v})=1$

在本节, 将证明在定理 10.5 的条件下有 $p(d'')=1$. 于是, $p(d'')=n(H_{\omega,v})=1$.

由

$$d(\omega,v)=E(\hat a)-\omega Q_1(\hat a)-vQ_2(\hat a),$$

有

$$d_\omega=-Q_1(\hat a),\quad d_v=-Q_2(\hat a),$$

$$d_{\omega\omega}=-\left\langle Q_1'(\hat a),\frac{\partial\hat a}{\partial\omega}\right\rangle=-\left\langle \hat a,\frac{\partial\hat a}{\partial\omega}\right\rangle=-\frac{1}{2}\frac{\partial}{\partial\omega}\langle a,a\rangle,$$

$$d_{\omega v}=d_{v\omega}=-\left\langle Q_1'(\hat a),\frac{\partial\hat a}{\partial v}\right\rangle=-\left\langle \hat a,\frac{\partial\hat a}{\partial v}\right\rangle=-\frac{1}{2}\frac{\partial}{\partial v}\langle a,a\rangle,$$

$$\begin{aligned}
d_{vv}&=-\left\langle Q_2'(\hat a),\frac{\partial\hat a}{\partial v}\right\rangle=\left\langle i\hat a_x+\beta a^2\hat a,\frac{\partial\hat a}{\partial v}\right\rangle\\
&=\mathrm{Re}\int_{\mathbb R}\left(-\psi'a+ia'+\beta a^3\right)\left(\frac{\partial a}{\partial v}-i\frac{\partial\psi}{\partial v}\right)\mathrm dx\\
&=\int_{\mathbb R}\left[\left(-\psi'a+\beta a^3\right)\frac{\partial a}{\partial v}+a'a\frac{\partial\psi}{\partial v}\right]\mathrm dx\\
&=\int_{\mathbb R}\left(-\left(\frac{v}{2}+\frac{\alpha+\beta}{4}a^2\right)a+\beta a^3\right)\frac{\partial a}{\partial v}\mathrm dx+\frac12\int_{\mathbb R}\frac{\partial\psi}{\partial v}\mathrm da^2\\
&=\int_{\mathbb R}\left(-\frac{v}{2}a\frac{\partial a}{\partial v}\right)\mathrm dx-\int_{\mathbb R}\frac14 a^2\mathrm dx-\frac{\alpha-\beta}{2}\int_R a^3\frac{\partial a}{\partial v}\mathrm dx\\
&=-\frac{v}{4}\frac{\partial}{\partial v}\langle a,a\rangle-\frac14\langle a,a\rangle-\frac{\alpha-\beta}{8}\frac{\partial}{\partial v}\int_{\mathbb R}a^4\mathrm dx.
\end{aligned}$$

因此, 有

$$d'' = \begin{bmatrix} d_{\omega\omega} & d_{\omega\upsilon} \\ d_{\omega\upsilon} & d_{\upsilon\upsilon} \end{bmatrix} = \begin{bmatrix} -\frac{1}{2}\frac{\partial}{\partial\omega}\langle a,a\rangle & -\frac{1}{2}\frac{\partial}{\partial\upsilon}\langle a,a\rangle, \\ -\frac{1}{2}\frac{\partial}{\partial\upsilon}\langle a,a\rangle & d_{\upsilon\upsilon} \end{bmatrix}.$$

此外

$$\begin{aligned}\det(d'') = &\frac{\upsilon}{8}\frac{\partial}{\partial\omega}\langle a,a\rangle\frac{\partial}{\partial\upsilon}\langle a,a\rangle + \frac{1}{8}\langle a,a\rangle\frac{\partial}{\partial\omega}\langle a,a\rangle \\ &+\frac{\alpha-\beta}{16}\frac{\partial}{\partial\omega}\langle a,a\rangle\frac{\partial}{\partial\upsilon}\int_{\mathbb{R}} a^4\mathrm{d}x - \frac{1}{4}\left(\frac{\partial}{\partial\upsilon}\langle a,a\rangle\right)^2. \end{aligned} \tag{10.79}$$

注意到

$$a^2(x) = \frac{1}{d_3 + d_5\cosh d_6 x},$$

$$d_3 = -\frac{d_2}{2d_1}, \quad d_5^2 = \frac{d_2^2 - 4d_1d_4}{4d_1^2}, \quad d_6^2 = 4d_1,$$

$$d_1 = -\omega - \frac{\upsilon^2}{4}, \quad d_2 = -\frac{1}{2}c_3 - \frac{\alpha-\beta}{4}\upsilon,$$

$$d_4 = -\frac{1}{3}\left(c_5 + \frac{(\alpha+\beta)(3\alpha-5\beta)}{16}\right),$$

可以看出

$$\frac{\partial d_1}{\partial\omega} = -1, \quad \frac{\partial d_1}{\partial\upsilon} = -\frac{1}{2}\upsilon,$$

$$\frac{\partial d_2}{\partial\upsilon} = -\frac{1}{4}(\alpha+\beta), \quad \frac{\partial d_2}{\partial\omega} = 0, \quad \frac{\partial d_4}{\partial\omega} = \frac{\partial d_4}{\partial\upsilon} = 0.$$

我们将从以下四种情况证明 $p(d'') = 1$. 也就是说, 将证明 $\det(d'') < 0$.

情况 1　$d_4 = 0,\ d_2 < 0$.

在这个情况下, 有

$$a^2(x) = \frac{1}{d_3 + d_5\cosh d_6x} = -\frac{2d_1}{d_2}\frac{1}{1+\cosh d_6x},$$

$$\langle a,a\rangle = -\frac{2d_1}{d_2}\int_{\mathbb{R}}\frac{1}{1+\cosh d_6x}\mathrm{d}x = -\frac{2\sqrt{d_1}}{d_2},$$

$$\frac{\partial}{\partial\omega}\langle a,a\rangle = -\frac{2}{2d_2}\cdot\frac{1}{2\sqrt{d_1}}\cdot\frac{\partial d_1}{\partial\omega} = \frac{1}{d_2\sqrt{d_1}} < 0,$$

$$\frac{\partial}{\partial v}\langle a,a\rangle=\frac{-\sqrt{d_1}}{2d_2^2}\left((\alpha-\beta)-\frac{vd_2}{d_1}\right),$$

$$\int_{\mathbb{R}}a^4(x)\mathrm{d}x=\frac{4d_1^2}{d_2^2}\int_{\mathbb{R}}\left(\frac{1}{1+\cosh d_6x}\right)^2\mathrm{d}x=\frac{4d_1^2}{d_2^2}\int_{\mathbb{R}}\frac{4e^{2d_6x}}{\left(e^{2d_6x}+2e^{d_6x}+1\right)^2}\mathrm{d}x$$
$$=\frac{16d_1^2}{d_2^2d_6}\int_0^{+\infty}\frac{y}{(y+1)^4}\mathrm{d}y=\frac{4d_1\sqrt{d_1}}{3d_2^2},$$

$$\frac{\partial}{\partial v}\int_R a^4(x)\mathrm{d}x=\frac{d_1^{\frac{3}{2}}}{d_2^3}\left((\alpha-\beta)-\frac{vd_2}{d_1}\right)-\frac{1}{3}(\alpha-\beta)\frac{d_1^{\frac{3}{2}}}{d_2^3}.$$

此外, 由 (10.79) 有

$$\det(d'')=\frac{1}{8}\langle a,a\rangle\frac{\partial}{\partial\omega}\langle a,a\rangle+\frac{1}{8}\frac{\partial}{\partial v}\langle a,a\rangle\left(v\frac{\partial}{\partial\omega}\langle a,a\rangle-2\frac{\partial}{\partial v}\langle a,a\rangle\right)$$
$$+\frac{\alpha-\beta}{16}\frac{\partial}{\partial\omega}\langle a,a\rangle\frac{\partial}{\partial v}\int_{\mathbb{R}}a^4\mathrm{d}x$$
$$=-\frac{1}{4d_2^2}-\frac{(\alpha-\beta)^2d_1}{48d_2^4},$$

它是负的因为 $d_1>0,\ d_2\neq 0$.

于是, d'' 有一个严格的负特征值和一个严格的正特征值. 也就是说, 对于情况 1 $p(d'')=1$ 成立.

情况 2 $d_4<0,\ d_2\leqslant 0$.

在这个情况下, 有

$$d_5^2-d_3^2=\frac{d_2^2-4d_1d_4}{4d_1^2}-\frac{d_2^2}{4d_1^2}=\frac{-d_4}{d_1}>0,\quad d_5^2>d_3^2,$$

$$\langle a,a\rangle=\int_{\mathbb{R}}\frac{\mathrm{d}x}{d_3+d_5\cosh d_6x}=\frac{1}{\sqrt{-d_4}}\left(\frac{\pi}{2}-\arctan\frac{-d_2}{2\sqrt{-d_1d_4}}\right)>0,$$

$$\frac{\partial}{\partial\omega}\langle a,a\rangle=\frac{d_2}{\left(d_2^2-4d_1d_4\right)\sqrt{d_1}}\leqslant 0,$$

$$\frac{\partial}{\partial v}\langle a,a\rangle=\frac{-\sqrt{d_1}}{2\left(d_2^2-4d_1d_4\right)}\left((\alpha-\beta)-\frac{vd_2}{d_1}\right),$$

$$\int_{\mathbb{R}}a^4(x)\mathrm{d}x=\int_{\mathbb{R}}\left(\frac{1}{d_3+d_5\cosh d_6x}\right)^2\mathrm{d}x$$
$$=\frac{-\sqrt{d_1}}{d_4}-\frac{d_2}{2d_4\sqrt{-d_4}}\left(\frac{\pi}{2}-\arctan\frac{-d_2}{2\sqrt{-d_1d_4}}\right),$$

$$\frac{\partial}{\partial v}\int_{\mathbb{R}} a^4(x)\mathrm{d}x = \frac{v}{4d_4\sqrt{d_1}} + \frac{\alpha-\beta}{8d_4\sqrt{-d_4}}\left(\frac{\pi}{2} - \arctan\frac{-d_2}{2\sqrt{-d_1d_4}}\right)$$
$$+ \frac{d_2\sqrt{d_1}}{4d_4\left(d_2^2-4d_1d_4\right)}\left(\alpha-\beta-\frac{vd_2}{d_1}\right),$$

则有

$$\begin{aligned}\det\left(d''\right) &= \frac{1}{8}\langle a,a\rangle\frac{\partial}{\partial\omega}\langle a,a\rangle + \frac{1}{8}\frac{\partial}{\partial v}\langle a,a\rangle\left(v\frac{\partial}{\partial\omega}\langle a,a\rangle - 2\frac{\partial}{\partial v}\langle a,a\rangle\right)\\ &\quad + \frac{\alpha-\beta}{16}\frac{\partial}{\partial\omega}\langle a,a\rangle\frac{\partial}{\partial v}\int_{\mathbb{R}} a^4\mathrm{d}x\\ &= \frac{1}{8}\langle a,a\rangle\frac{\partial}{\partial\omega}\langle a,a\rangle + \frac{(\alpha-\beta)^2}{64d_4\left(d_2^2-4d_1d_4\right)}\\ &\quad \cdot\left[1+\frac{d_2}{2\sqrt{-d_1d_4}}\left(\frac{\pi}{2}-\arctan\frac{-d_2}{2\sqrt{-d_1d_4}}\right)\right]\\ &= \mathrm{I}+\mathrm{II}.\end{aligned}$$

明显地, $\mathrm{I}\leqslant 0$. 令 $y=\dfrac{-d_2}{2\sqrt{-d_1d_4}}$, 则有 $y\geqslant 0$. 此外, 有 $\mathrm{II}=\dfrac{(\alpha-\beta)^2}{64d_4(d_2^2-4d_1d_4)}Y_1(y)$, 其中 $Y_1(y)=1-y\left(\dfrac{\pi}{2}-\arctan y\right)$. 很明显 $Y_1(0)=1$. 由极限的洛必达法则可知

$$Y_1(+\infty) = 1-\lim_{y\to+\infty}\frac{\dfrac{\pi}{2}-\arctan y}{1/y} = 0. \tag{10.80}$$

此外, 有

$$Y_1'(y) = -\frac{\pi}{2}+\arctan y+\frac{y}{1+y^2},$$
$$Y_1'(0) = -\frac{\pi}{2},\quad Y_1'(+\infty)=0, \tag{10.81}$$
$$Y_1''(y) = \frac{1}{1+y^2}+\frac{1-y^2}{\left(1+y^2\right)^2} = \frac{2}{\left(1+y^2\right)^2} > 0. \tag{10.82}$$

由 (10.81) 和 (10.82), 很明显对于任意的 $y\in\mathbb{R}$ 有 $Y_1'(y)<0$. 由 (10.80) 可得 $Y_1(y)>0$. 因为 $d_4<0$, $\mathrm{II}<0$, 于是有 $p(d'')=1$.

情况 3 $d_4>0,\ d_2<0,\ d_2^2-4d_1d_4>0$.

在此情况下, 有

$$d_5^2-d_3^2 = \frac{d_2^2-4d_1d_4}{4d_1^2}-\frac{d_2^2}{4d_1^2} = -\frac{d_4}{d_1},\quad d_5^2<d_3^2,$$

$$\langle a,a\rangle=\int_{\mathbb{R}}\frac{\mathrm{d}x}{d_3+d_5\cosh d_6x}=\int_{\mathbb{R}}\frac{2e^{d_6x}}{d_5e^{2d_6x}+2d_3e^{d_6x}+d_5}\mathrm{d}x$$
$$=\frac{1}{2\sqrt{d_4}}\ln\left(\frac{-d_2+2\sqrt{d_1d_4}}{-d_2-2\sqrt{d_1d_4}}\right),$$
$$\frac{\partial}{\partial\omega}\langle a,a\rangle=\frac{d_2}{\sqrt{d_1}\left(d_2^2-4d_1d_4\right)},$$
$$\frac{\partial}{\partial v}\langle a,a\rangle=-\frac{\sqrt{d_1}}{2\left(d_2^2-4d_1d_4\right)}\left((\alpha-\beta)-\frac{vd_2}{d_1}\right).$$

由

$$\int_{\mathbb{R}}a^4(x)\mathrm{d}x=\int_{\mathbb{R}}\left(\frac{1}{d_3+d_5\cosh d_6x}\right)^2\mathrm{d}x=-\frac{\sqrt{d_1}}{d_4}-\frac{d_2}{4d_4\sqrt{d_4}}\ln\left(\frac{-d_2+2\sqrt{d_1d_4}}{-d_2-2\sqrt{d_1d_4}}\right),$$

有

$$\frac{\partial}{\partial v}\int_{\mathbb{R}}a^4(x)\mathrm{d}x=\frac{v}{4d_4\sqrt{d_1}}+\frac{(\alpha-\beta)}{16d_4\sqrt{d_4}}\ln\left(\frac{-d_2+2\sqrt{d_1d_4}}{-d_2-2\sqrt{d_1d_4}}\right)$$
$$+\frac{\sqrt{d_1}d_2}{4d_4\left(d_2^2-4d_1d_4\right)}\left((\alpha-\beta)-\frac{vd_2}{d_1}\right).$$

此外, 可得

$$\det\left(d''\right)=\frac{1}{8}\langle a,a\rangle\frac{\partial}{\partial\omega}\langle a,a\rangle+\frac{1}{8}\frac{\partial}{\partial v}\langle a,a\rangle\left(v\frac{\partial}{\partial\omega}\langle a,a\rangle-2\frac{\partial}{\partial v}\langle a,a\rangle\right)$$
$$+\frac{\alpha-\beta}{16}\frac{\partial}{\partial\omega}\langle a,a\rangle\frac{\partial}{\partial v}\int_{\mathbb{R}}a^4\mathrm{d}x$$
$$=\frac{1}{8}\langle a,a\rangle\frac{\partial}{\partial\omega}\langle a,a\rangle$$
$$+\frac{(\alpha-\beta)^2}{64d_4(d_2^2-4d_1d_4)}\left(1+\frac{d_2}{4\sqrt{d_1d_4}}\ln\left(\frac{-d_2+2\sqrt{d_1d_4}}{-d_2-2\sqrt{d_1d_4}}\right)\right)$$
$$=\mathrm{I}+\mathrm{II}.$$

明显有 $\mathrm{I}<0$. 下面将证 $\mathrm{II}<0$.

假设 $y=\dfrac{-d_2}{2\sqrt{-d_1d_4}}>0$, 则有 $y>1$. 此外, 有 $\mathrm{II}=\dfrac{(\alpha-\beta)^2}{64d_4(d_2^2-4d_1d_4)}Y_2(y)$, 其中 $Y_2(y)=1-\dfrac{y}{2}\ln\left(\dfrac{y+1}{y-1}\right)$. 明显地, $Y_2(1)=-\infty$. 由极限的洛必达法则, 有

$$\lim_{y\to\infty}Y_2(y)=1-\lim_{y\to\infty}\left(\frac{y-1}{y+1}\right)\left(\frac{y^2}{(y-1)^2}\right)=0. \tag{10.83}$$

注意到

$$Y_2'(y) = -\frac{1}{2}\ln\left(\frac{y+1}{y-1}\right) + \frac{y}{y^2-1}, \quad Y_2'(+\infty) = 0, \tag{10.84}$$

$$Y_2''(y) = -\frac{2}{(y^2-1)^2} < 0, \quad \forall 1 < y < +\infty. \tag{10.85}$$

由 (10.84) 和 (10.85) 可知 $Y_2'(y) > 0$, $\forall 1 < y < +\infty$, $\forall y \in \mathbb{R}$. 由 (10.83), 易得 $Y_2(y) < 0$, $\forall 1 < y < +\infty$. 因为 $d_4 > 0$, $d_2^2 - 4d_1d_4 > 0$, $\mathrm{II} < 0$, 有 $p(d'') = 1$.

情况 4 $d_4 < 0$, $d_2 > 0$.

基于上面的结果, 有

$$\frac{1}{8}\langle a,a\rangle\frac{\partial}{\partial\omega}\langle a,a\rangle = \frac{d_2}{8\left(d_2^2-4d_1d_4\right)\sqrt{-d_1d_4}}\left(\frac{\pi}{2} - \arctan\frac{-d_2}{2\sqrt{-d_1d_4}}\right),$$

$$\begin{aligned}\det\left(d''\right) &= \frac{1}{8}\langle a,a\rangle\frac{\partial}{\partial\omega}\langle a,a\rangle + \frac{(\alpha-\beta)^2}{64d_4\left(d_2^2-4d_1d_4\right)} \\ &\quad\cdot\left[1 + \frac{d_2}{2\sqrt{-d_1d_4}}\left(\frac{\pi}{2} - \arctan\frac{-d_2}{2\sqrt{-d_1d_4}}\right)\right] \\ &= \frac{1}{64d_4\left(d_2^2-4d_1d_4\right)}\left\{(\alpha-\beta)^2 + \left[(\alpha-\beta)^2+16d_4\right]\right. \\ &\quad\left.\cdot\frac{d_2}{2\sqrt{-d_1d_4}}\left(\frac{\pi}{2} + \arctan\frac{d_2}{2\sqrt{-d_1d_4}}\right)\right\}.\end{aligned}$$

为了证明 $\det\left(d''\right) < 0$, 只需证明

$$\left[(\alpha-\beta)^2+16d_4\right] \geqslant \frac{-(\alpha-\beta)^2}{\dfrac{d_2}{2\sqrt{-d_1d_4}}\left(\dfrac{\pi}{2} + \arctan\dfrac{d_2}{2\sqrt{-d_1d_4}}\right)}.$$

因为

$$\begin{aligned}\frac{-(\alpha-\beta)^2}{\dfrac{d_2}{2\sqrt{-d_1d_4}}\left(\dfrac{\pi}{2} + \arctan\dfrac{d_2}{2\sqrt{-d_1d_4}}\right)} &< -\frac{(\alpha-\beta)^2}{\dfrac{d_2}{2\sqrt{-d_1d_4}}\left(\dfrac{\pi}{2}+\dfrac{\pi}{2}\right)} \\ &= -\frac{(\alpha-\beta)^2 2\sqrt{-d_1d_4}}{\pi d_2},\end{aligned}$$

参数只需满足

$$(\alpha-\beta)^2 + 16d_4 \geqslant -\frac{(\alpha-\beta)^2 2\sqrt{-d_1d_4}}{\pi d_2}, \tag{10.86}$$

它等于

$$-2\left(4c_5 - s_2 r - r^2\right) \geqslant \frac{s_2^2\sqrt{-3\left(4\omega + v^2\right)\left(16c_5 + 3s_2^2 - 4s_2 r - 4r^2\right)}}{2\pi\left(2c_3 + s_2 v\right)}. \tag{10.87}$$

在 (10.86) 或 (10.87) 下, 有 $\det(d'') < 0$, 这就意味着 $p(d'') = 1$.

总结上面的结果, 在定理 10.5 的条件下有 $p(d'') = 1$. 此外, $n(H_{\omega,v}) = p(d'')$. 因此, 完整地证明了定理 10.5.

第 11 章　半直线上非线性 Schrödinger 方程的初边值问题

本章采用 Colliander-Kenig 方法[63] 证明低正则边界假设下一维非线性 Schrödinger 方程 $i\partial_t u+\partial_x^2 u+\lambda u|u|^{\alpha-1}=0$ 在半直线上初边值问题的局部适定性[96].

本章研究半直线上一维非线性 Schrödinger 方程 (1D NLS) 的初边值问题

$$\begin{cases} i\partial_t u+\partial_x^2 u+\lambda u|u|^{\alpha-1}=0, & (x,t)\in(0,+\infty)\times(0,T), \\ u(0,t)=f(t), & t\in(0,T), \\ u(x,0)=\phi(x), & x\in(0,+\infty), \end{cases} \tag{11.1}$$

其中 $\lambda\in\mathbb{C}$.

在 $\mathbb{R}$ 上定义齐次的 L^2 型 Sobolev 空间 $\dot{H}^s=\dot{H}^s(\mathbb{R})$, 范数为 $\|\phi\|_{\dot{H}^s}=\left\||\xi|^s\hat{\phi}(\xi)\right\|_{L^2_\xi}$ 以及非齐次 L^2 型 Sobolev 空间 $H^s=H^s(\mathbb{R})$, 范数为 $\|\phi\|_{H^s}=\left\||\xi|^s\hat{\phi}(\xi)\right\|_{L^2_\xi}$, 其中 $\langle\xi\rangle=(1+|\xi|^2)^{1/2}$. 此外, 记 $H^s(\mathbb{R}^+)$ 为半直线 $\mathbb{R}^+=(0,+\infty)$ 非齐次 L^2 型 Sobolev 空间. 设 $s\geqslant 0$ 时, 如果存在 $\phi\in H^s(R)$ 在 $(0,+\infty)$ 上满足 $\tilde{\phi}(x)=\phi(x)$, 则记为 $\phi\in H^s(\mathbb{R}^+)$, 相应有 $\|\phi\|_{H^s(\mathbb{R}^+)}=\inf_{\tilde{\phi}}\|\tilde{\phi}\|_{H^s(R)}$. 类似地, 如果存在 $\phi\in H^s(\mathbb{R})$ 在 $(0,L)$ 上满足 $\phi(x)=\tilde{\phi}(x)$, 则记为 $\phi\in H^s(0,L)$, 相应有 $\|\phi\|_{H^s(0,L)}=\inf_{\tilde{\phi}}\|\tilde{\phi}\|_{H^s}$.

一维 Schrödinger 群算子有局部光滑不等式[69]

$$\left\|e^{it\partial_x^2}\phi\right\|_{L_x^\infty \dot{H}_t^{\frac{2s+1}{4}}}\leqslant c\|\phi\|_{\dot{H}^s},$$

其中 $\dfrac{2s+1}{4}$ 为临界指标. 因此考虑初边值 $(\phi(x),f(t))\in H^s(\mathbb{R}_x^+)\times H^{\frac{2s+1}{4}}(\mathbb{R}_t^+)$, 并认为这种配置在 L^2 型 Sobolev 空间中是最优的.

注意到迹映射 $\phi\to\phi(0)$ 在 $H^s(\mathbb{R}^+)\left(s>\dfrac{1}{2}\right)$ 中有良定义. 因此当 $s>\dfrac{1}{2}$ 时, $\dfrac{2s+1}{4}>\dfrac{1}{2}$, 则 $\phi(0)$ 和 $f(0)$ 是两个好的定义量. 由于 $\phi(0)$ 和 $f(0)$ 都是用来表示 $u(0,0)$, 则必须保持一致.

因此, 我们研究当 $0 \leqslant s < \frac{3}{2}$ 时方程 (11.1) , 其中

$$\phi \in H^s\left(\mathbb{R}^+\right), \quad f \in H^{\frac{2s+1}{4}}\left(\mathbb{R}^+\right), \tag{11.2}$$

且当 $\frac{1}{2} < s < \frac{3}{2}$ 时, $\phi(0) = f(0)$.

我们构造的解具有以下性质.

定义 11.1 我们称 $u(x,t)$ 为方程 (11.1), (11.2) 在 $[0,T^*)$ 上具有强迹的分布解, 如果

(a) $u \in X$ 表示 $u|u|^{\alpha-1}$ 可定义为一个分布函数.

(b) 在分布意义下 $u(x,t)$ 为方程 (11.1) 的解, 其中 $(x,t) \in (0,+\infty)\times(0,T^*)$.

(c) 空间迹: $\forall T < T^*$, 在 $H^s\left(\mathbb{R}^+\right)$ 中有 $u \in C\left([0,T]; H^s_x\right), u(0,\cdot) = \phi$.

(d) 时间迹: $\forall T < T^*$, 在 $H^{\frac{2s+1}{4}}(0,T)$ 中有 $u \in C\left(\mathbb{R}_x; H^{\frac{2s+1}{4}}(0,T)\right)$ 及 $u(0,\cdot) = f$.

为了得到高正则指标 $s > \frac{1}{2}$ 时方程解的唯一性, 我们可以定义更弱意义的解.

定义 11.2 我们称 $u(x,t)$ 为方程 (11.1) (11.2) 在 $[0,T^*)$ 上的分布解, 如果它满足条件 (a), (b) (见定义 11.1) 以及

(c) 单侧空间迹: $\forall T < T^*$, 在 $H^s\left(\mathbb{R}^+\right)$ 中有 $u \in C\left([0,T]; H^s\left(\mathbb{R}^+_x\right)\right), u(\cdot,0) = \phi$.

(d) 边界值: $\forall T < T^*$, 有 $\lim\limits_{x\downarrow 0} \|u(x,\cdot) - f\|_{H^{\frac{2s+1}{4}}(0,T)} = 0$.

为了便于研究低正则性指标 $s < \frac{1}{2}$ 下的唯一性, 首先引入 [55] 中关于 mild 解的定义.

定义 11.3 我们称 $u(x,t)$ 为方程 (11.1) 在 $[0,T^*)$ 上的 mild 解, 如果 $\forall T < T^*$, 在 $C\left([0,T]; H^2\left(\mathbb{R}^+_x\right)\right) \cap C^1\left([0,T]; L^2\left(\mathbb{R}^+_x\right)\right)$ 存在序列 $\{u_n\}$ 满足下列条件:

(a) 在 $L^2\left(\mathbb{R}^+_x\right)$ 中 $u_n(x,t)$ $(0 < t < T)$ 为方程 (11.1) 的解.

(b) $\lim\limits_{n\to+\infty} \|u_n - u\|_{C\left([0,T]; H^s\left(\mathbb{R}^+_x\right)\right)} = 0$.

(c) $\lim\limits_{n\to+\infty} \|u_n(0,\cdot) - f\|_{H^{\frac{2s+1}{4}}(0,T)} = 0$.

[55] 中给出了证明 KdV 方程在半直线上 mild 解唯一性的方法 (在 [56] 中进行了进一步的深入讨论) 并且应用 [56] 中的技巧求解当 $0 \leqslant s < \frac{1}{2}$ 时唯一性问题.

命题 11.4 当 $s > \frac{1}{2}$ 时, u 为方程 (11.1), (11.2) 分布解当且仅当 u 为 mild 解, 此时 u 唯一.

下面给出存在性的结论.

定理 11.5　(a) 次临界: 假设 $0 \leqslant s < \dfrac{1}{2}$, $2 \leqslant \alpha < \dfrac{5-2s}{1-2s}$ 或者 $\dfrac{1}{2} < s < \dfrac{3}{2}$, $2 \leqslant \alpha < \infty$. 则存在 $T^* > 0$ 及 u, 对于 $[0,T^*)$ 上带有强迹的方程 (11.1), (11.2) u 既是 mild 解, 也是分布解. 如果 $T^* < \infty$, 则 $\lim\limits_{t\uparrow T^*} \|u(\cdot,t)\|_{H_x^s} = \infty$. 同时, $\forall T < T^*$, 存在 $\delta_0 = \delta_0(s,T,\phi,f) > 0$ 满足, 如果 $0 < \delta \leqslant \delta_0$, $\|\phi - \phi_1\|_{H^s(\mathbb{R}^+)} + \|f - f_1\|_{H^{\frac{2s+1}{4}}(\mathbb{R}^+)} < \delta$, 则存在对应于 (ϕ_1, f_1) 的解 u_1 满足 $\|u - u_1\|_{C([0,T];H_x^s)} + \|u - u_1\|_{C\left(\mathbb{R}_x;H^{\frac{2s+1}{4}}(0,T)\right)} \leqslant c\delta$, 其中 $c = c(s,T,f,\phi)$.

(b) 临界: 假设 $0 \leqslant s < \dfrac{1}{2}$ 且 $\alpha = \dfrac{5-2s}{1-2s}$. 则存在最大的 $T^* > 0$ 以及 u, 对于 $[0,T^*)$ 上带有强迹的方程 (11.1), (11.2) u 既是 mild 解, 也是分布解. 同时, 存在 $T = T(s,\phi,f) < T^*$ 及存在 $\delta_0 = \delta_0(s,\phi,f) > 0$ 满足, 如果 $0 < \delta \leqslant \delta_0$, $\|\phi - \phi_1\|_{H^s(\mathbb{R}^+)} + \|f - f_1\|_{H^{\frac{2s+1}{4}}(\mathbb{R}^+)} < \delta$, 则存在对应于 (ϕ_1, f_1) 的解 u_1 满足 $\|u - u_1\|_{C([0,T];H_x^s)} + \|u - u_1\|_{C\left(\mathbb{R}_x;H^{\frac{2s+1}{4}}(0,T)\right)} \leqslant c\delta$, 其中 $c = c(s,f,\phi)$.

注意到在条件 (b) 中, 当 $t \uparrow T^*$ 时在范数 $\|u(\cdot,t)\|$ 意义下解不会爆破.

定理 11.5 的证明需要引入一个边界强制算子, 它类似于 [63] 中处理半直线上广义 KdV 方程时引入的边界强制算子. 同时结合了 [61] 中基于 Strichartz 估计处理相应初边值问题局部适定性的标准证明技巧.

左半直线问题

$$
\begin{cases}
i\partial_t u + \partial_x^2 u + \lambda u|u|^{\alpha-1} = 0, & (x,t) \in (-\infty,0) \times (0,T), \\
u(0,t) = f(t), & t \in (0,T), \\
u(x,0) = \phi(x), & x \in (-\infty,0),
\end{cases}
$$

通过变换 $u(x,t) \to u(-x,t)$ 与右半直线问题 (11.1) 相同.

线段上初边值问题

$$
\begin{cases}
i\partial_t u + \partial_x^2 u + \lambda u|u|^{\alpha-1} = 0, & (x,t) \in (0,L) \times (0,T), \\
u(0,t) = f_1(t), & t \in (0,T), \\
u(L,t) = f_2(t), & t \in (0,T), \\
u(x,0) = \phi(x), & x \in (0,L).
\end{cases}
$$

接下来研究在半直线及线段上的整体存在性问题.

首先简单回顾一下关于这个问题以及相关问题的早期工作. 我们工作主要是对 ϕ 和 f 的正则性要求比较低. 在更高的正则性假设下, 已有很多更一般的结果. 文献 [72] 考虑带有光滑边界 $\partial\Omega$ 的有界区域或者无界区域 $\Omega \subset \mathbb{R}^n$, 证明方程 (11.3) 解的整体存在性,

$$\begin{cases} i\partial_t u + \Delta u + \lambda u|u|^{\alpha-1} = 0, & (x,t) \in \Omega \times (0,T), \\ u(x,t) = f(x,t), & x \in \partial\Omega, \\ u(x,0) = \phi(x), & x \in \Omega, \end{cases} \tag{11.3}$$

其中 $f \in C^3(\partial\Omega)$ 是紧支撑, $\phi \in H^1(\Omega)$ 以及 $\lambda < 0$. 建立先验不等式, 通过近似问题解的极限可得该方程的解. [59] 和 [60] 使用半群技巧与先验估计得到方程 (11.1) 的解, 其中 $\alpha > 3, \lambda < 0$ 或者 $\alpha = 3, \lambda \in \mathbb{R}$, $\phi \in H^2(\mathbb{R}^+)$, $f \in C^2(0,T)$. 文献 [58], [74]—[77] 研究了问题 (11.3), 其中 $f = 0$.

[64] 对于 ϕ 是 Schwartz 类以及 f 是充分光滑的情形下, 在 $\alpha = 3, \lambda = \pm 2$ 时通过重建问题作为一个 2×2 矩阵 Riemann-Hilbert 问题得到了 (11.1) 的解. 在此情形下, [57] 得到了 $\partial_x u(0,t)$ 的一个精确表达式.

本章结构如下: 11.1 节给出函数空间的概念以及相关性质. 11.2 节回顾 Riemann-Liouville 分数阶积分的定义和基本性质. 11.3 节和 11.4 节给出所需的群算子和非齐次解算子的估计. 11.5 节定义了边界强制算子 (类似于 [63]) 并且证明了相关估计. 11.6 节证明了定理 11.5. 11.7 节证明了命题 11.4.

11.1 符号与函数空间的一些性质

令 χ_S 为集合 S 上的特征函数, L_T^q 表示 $L^q([0,T])$, $\hat{\phi}(\xi) = \int_x e^{-ix\xi}\phi(x)\mathrm{d}x$. 定义 $(\tau - \mathrm{i}0)^{-\alpha}$ 为分布意义下当 $\gamma \uparrow 0$ 时 $(\tau + i\gamma)^{-\alpha}$ 的极限. 令 $\langle\xi\rangle^s = (1+|\xi|^2)^{s/2}$, 则 $\widehat{D^s f}(\xi) = |\xi|^s \hat{f}(\xi)$. 齐次 L^2 型 Sobolev 空间 $\dot{H}^s(\mathbb{R}) = (-\partial^2)^{-s/2} L^2(\mathbb{R})$, 非齐次 L^2 型 Sobolev 空间 $H^s(\mathbb{R}) = (1-\partial^2)^{-s/2} L^2(\mathbb{R})$, $W^{s,p} = (I-\partial^2)^{-s/2} L^p$. H^s 表示 $H^s(\mathbb{R})$. 当 $s > \dfrac{1}{2}$ 时, 对 $\phi \in H^s(\mathbb{R})$ 定义迹算子 $\phi \mapsto \phi(0)$. 当 $s \geqslant 0$ 时, 定义 $\phi \in H^s(\mathbb{R}^+)$ 为: 如果存在 $\tilde{\phi} \in H^s(\mathbb{R})$ 满足 $\tilde{\phi}(x) = \phi(x)(x > 0)$, 则此时 $\|\phi\|_{H^s(\mathbb{R}^+)} = \inf_{\tilde{\phi}} \|\tilde{\phi}\|_{H^s(\mathbb{R})}$. 当 $s \geqslant 0$ 时, 定义 $\phi \in H_0^s(\mathbb{R}^+)$ 为通过令 $\tilde{\phi}(x) = 0(x<0)$, 将 $\phi(x)$ 在 $\mathbb{R}$ 上延拓到 $\tilde{\phi}(x)$, 则 $\tilde{\phi} \in H^s(\mathbb{R})$, 此时 $\|\phi\|_{H_0^s(\mathbb{R}^+)} = \|\tilde{\phi}\|_{H^s(\mathbb{R})}$. 定义 $\phi \in C_0^\infty(\mathbb{R}^+)$ 为如果 $\phi \in C^\infty(\mathbb{R})$ 且 $\operatorname{supp}\phi \subset [0,+\infty)$, $C_{0,c}^\infty(\mathbb{R}^+)$ 由具有紧支撑的 $C_0^\infty(\mathbb{R}^+)$ 组成. 注意到 $C_{0,c}^\infty(\mathbb{R}^+)$ 在 $H_0^s(\mathbb{R}^+)(s \in \mathbb{R})$ 中稠密. 取定 $\theta \in C_c^\infty(\mathbb{R})$ 满足 $\theta(t) = 1$, $t \in [-1,1]$ 以及 $\operatorname{supp}\theta \subset [-2,2]$, 记 $\theta_T(t) = \theta(tT^{-1})$.

引理 11.6 ([63] 的引理 2.8) 如果 $0 \leqslant \alpha < \dfrac{1}{2}$, 则 $\|\theta_T h\|_{H^\alpha} \leqslant c\langle T\rangle^\alpha \|h\|_{\dot{H}^\alpha}$, 其中 $c = c(\alpha,\theta)$.

引理 11.7 ([67, 引理 3.5]) 如果 $-\dfrac{1}{2}<\alpha<\dfrac{1}{2}$, 则 $\|\chi_{(0,+\infty)}f\|_{H^\alpha}\leqslant c\|f\|_{H^\alpha}$, 其中 $c=c(\alpha)$.

引理 11.8 ([63, 命题 2.4] 和 [67, 引理 3.7 与引理 3.8]) 如果 $\dfrac{1}{2}<\alpha<\dfrac{3}{2}$, 则 $H_0^\alpha(\mathbb{R}^+)=\{f\in H^\alpha(\mathbb{R}^+)\mid f(0)=0\}$. 并且若 $f\in H^\alpha(\mathbb{R}^+)$ 及 $f(0)=0$, 则 $\left\|\chi_{(0,+\infty)}f\right\|_{H_0^\alpha(\mathbb{R}^+)}\leqslant c\|f\|_{H^\alpha(\mathbb{R}^+)}$, 其中 $c=c(\alpha)$.

应用 Hölder 不等式可得下列 Gronwall 型不等式.

引理 11.9 如果 $1\leqslant q_1<q\leqslant\infty$ 及对于任意 $t\geqslant 0$,

$$\left(\int_0^t|g(s)|^q\mathrm{d}s\right)^{1/q}\leqslant c\delta+c\left(\int_0^t|f(s)|^{q_1}\mathrm{d}s\right)^{1/q_1}.$$

再令 γ 满足 $2c\gamma^{\frac{1}{q_1}-\frac{1}{q}}=1$, 则对于任意 $t\geqslant 0$, 有

$$\left(\int_0^t|f(s)|^{q_1}\mathrm{d}s\right)^{1/q_1}\leqslant(\gamma t)^{\gamma t}\delta.$$

分数阶导数的链式法则如下.

引理 11.10 ([62, 命题 3.1]) 假设 $0<s<1, u:\mathbb{R}\to\mathbb{R}^2$, 且 $F:\mathbb{R}^2\to\mathbb{R}^2$, $F\in C^1$, 因此 $F'(u)$ 是一个 2×2 矩阵. 则

$$\|D^sF(u)\|_{L^r}\leqslant c\|F'(u)\|_{L^{r_1}}\|D^su\|_{L^{r_2}},$$

其中 $\dfrac{1}{r}=\dfrac{1}{r_1}+\dfrac{1}{r_2}$, $1<r,r_1,r_2<\infty$.

分数阶导数的乘积法则如下.

引理 11.11 ([62, 命题 3.3]) 设 $0<s<1$. 若 $u,v:\mathbb{R}\to\mathbb{R}$, 则

$$\|D^s(uv)\|_{L^r}\leqslant\|D^su\|_{L^{r_1}}\|v\|_{L^{r_2}}+\|u\|_{L^{r_3}}\|D^sv\|_{L^{r_4}},$$

其中 $1<r,r_1,r_2,r_3,r_4<\infty$ 且 $\dfrac{1}{r}=\dfrac{1}{r_1}+\dfrac{1}{r_2}$, $\dfrac{1}{r}=\dfrac{1}{r_3}+\dfrac{1}{r_4}$.

11.2 Riemann-Liouville 分数阶积分

缓增广义函数 $\dfrac{t_+^{\alpha-1}}{\Gamma(\alpha)}$ 定义为 $\mathrm{Re}\ \alpha>0$ 的局部可积函数, 即

$$\left\langle\frac{t_+^{\alpha-1}}{\Gamma(\alpha)},f\right\rangle=\frac{1}{\Gamma(\alpha)}\int_0^{+\infty}t^{\alpha-1}f(t)\mathrm{d}t.$$

分部积分可得, 当 $\operatorname{Re}\alpha > 0$ 时对所有 $k \in \mathbb{N}$ 有

$$\frac{t_+^{\alpha-1}}{\Gamma(\alpha)} = \partial_t^k \left[\frac{t_+^{\alpha+k-1}}{\Gamma(\alpha+k)}\right].$$

这个公式在分布意义下将 $\dfrac{t_+^{\alpha-1}}{\Gamma(\alpha)}$ 的定义扩充到所有 $\alpha \in \mathbb{C}$. 特别地, 有

$$\left.\frac{t_+^{\alpha-1}}{\Gamma(\alpha)}\right|_{\alpha=0} = \delta_0(t).$$

计算表明

$$\left[\frac{t_+^{\partial-1}}{\Gamma(\alpha)}\right]^{\wedge}(t) = e^{-\frac{1}{2}\pi\alpha}(\tau - i0)^{-\alpha},$$

$(\tau - i0)^{-\alpha}$ 为分布极限. 若 $f \in C_0^\infty(\mathbb{R}^+)$, 则定义

$$\mathcal{I}_\alpha f = \frac{t_+^{\alpha-1}}{\Gamma(\alpha)} * f.$$

因此, 当 $\operatorname{Re}\alpha > 0$ 时, 有

$$\mathcal{I}_\alpha f = \frac{1}{\Gamma(\alpha)} \int_0^t (t-s)^{\alpha-1} f(s)\mathrm{d}s,$$

$\mathcal{I}_0 f = f, \mathcal{I}_1 f(t) = \displaystyle\int_0^t f(s)\mathrm{d}s$, 以及 $\mathcal{I}_{-1} f = f'$. 由 Fourier 变换公式, 有 $\mathcal{I}_\alpha \mathcal{I}_\beta = \mathcal{I}_{\alpha+\beta}$. 关于分布 $\dfrac{t_+^{\alpha-1}}{\Gamma(\alpha)}$ 的更多讨论, 详见 [65].

引理 11.12　若 $h \in C_0^\infty(\mathbb{R}^+)$, 则对所有 $\alpha \in \mathbb{C}$, $\mathcal{I}_\alpha h \in C_0^\infty(\mathbb{R}^+)$.

引理 11.13[66]　若 $0 \leqslant \alpha < +\infty$, $s \in \mathbb{R}$, 则

$$\|\mathcal{I}_{-\alpha} h\|_{H_0^s(\mathbb{R}^+)} \leqslant c\|h\|_{H_0^{s+\alpha}(\mathbb{R}^+)}.$$

引理 11.14[66]　若 $0 \leqslant \alpha < +\infty, s \in \mathbb{R}, \mu \in C_0^\infty(\mathbb{R})$, 则

$$\|\mu \mathcal{I}_\alpha h\|_{H_0^s(\mathbb{R}^+)} \leqslant c\|h\|_{H_0^{s-\alpha}(\mathbb{R}^+)},$$

其中 $c = c(\mu)$.

11.3 群算子估计

假设

$$e^{it\partial_x^2}\phi(x)=\frac{1}{2\pi}\int_\xi e^{ix\xi}e^{-it\xi^2}\hat{\phi}(\xi)\mathrm{d}\xi, \tag{11.4}$$

满足

$$\begin{cases}(i\partial_t+\partial_x^2)\,e^{it\partial_x^2}\phi=0, & (x,t)\in\mathbb{R}\times\mathbb{R},\\ e^{it\partial_x^2}\phi(x)\Big|_{t=0}=\phi(x), & x\in\mathbb{R}.\end{cases}$$

引理 11.15 若 $\phi\in H^s(\mathbb{R})(s\in\mathbb{R})$, 则

(a) 空间迹: $\left\|e^{it\partial_x^2}\phi(x)\right\|_{C(\mathbb{R}_t;H_x^s)}\leqslant c\|\phi\|_{H^s}$.

(b) 时间迹: $\left\|\theta_T(t)e^{it\partial_x^2}\phi(x)\right\|_{C\left(\mathbb{R}_x;H_t^{\frac{2s+1}{4}}\right)}\leqslant c\langle T\rangle^{1/4}\|\phi\|_{H^s}$.

(c) 混合范数: 若 $2\leqslant q,r\leqslant\infty$, $\dfrac{1}{q}+\dfrac{1}{2r}=\dfrac{1}{4}$, 则

$$\left\|e^{it\partial_x^2}\phi(x)\right\|_{L_t^qW_x^{s,r}}\leqslant c\|\phi\|_{H^s}.$$

证明 由 (11.4) 式直接可得 (a); 根据文献 [69] 可得 (b); 根据文献 [68,73] 可得 (c). 证毕. □

11.4 关于 Duhamel 非齐次解算子的估计

假设

$$\mathcal{D}w(x,t)=-i\int_0^t e^{i(t-t')\partial_x^2}w\left(x,t'\right)\mathrm{d}t',$$

则

$$\begin{cases}(i\partial_t+\partial_x^2)\,\mathcal{D}w(x,t)=w(x,t), & (x,t)\in\mathbb{R}\times\mathbb{R},\\ \mathcal{D}w(x,0)=0, & x\in\mathbb{R}.\end{cases}$$

引理 11.16 假设 $2\leqslant q,r\leqslant\infty$, $\dfrac{1}{q}+\dfrac{1}{2r}=\dfrac{1}{4}$, 则有

(a) 空间迹: 若 $s\in\mathbb{R}$, 则 $\|\mathcal{D}w\|_{C(\mathbb{R}_t;H_x^s)}\leqslant c\|w\|_{L_t^{q'}W_x^{s,r'}}$.

(b) 时间迹: 若 $-\dfrac{3}{2}<s<\dfrac{1}{2}$, 则

$$\|\theta_T(t)\mathcal{D}w(x,t)\|_{C\left(\mathbb{R}_x;H_t^{\frac{2s+1}{4}}\right)}\leqslant c\langle T\rangle^{1/4}\|w\|_{L_t^{q'}W_x^{s,r'}}.$$

(c) 混合范数: 若 $s\in\mathbb{R}$, 则 $\|\mathcal{D}w\|_{L_t^qW_x^{s,r}}\leqslant c\|w\|_{L_t^{q'}W_x^{s,r'}}$.

证明 (a) 和 (c) 的证明直接见文献 [68] 或 [73]. 接下来应用 [70] 中定理 11.8 的技巧来证明 (b). 记

$$\begin{aligned}\mathcal{D}w(x,t)&=-\frac{i}{2}\int_{-\infty}^{+\infty}(\operatorname{sgn}t')\,e^{i(t-t')\partial_x^2}w\,(x,t')\,\mathrm{d}t'\\&\quad+\frac{1}{2\pi i}\int_\tau e^{it\tau}\left[\lim_{\varepsilon\to0^+}\frac{1}{2\pi}\int_{|\tau+\xi^2|>\varepsilon}e^{ix\xi}\frac{\hat{w}(\xi,\tau)}{\tau+\xi^2}\mathrm{d}\xi\right]\mathrm{d}\tau\\&=\mathrm{I}+\mathrm{II},\end{aligned}$$

第二项 II 可改写成

$$\mathrm{II}=\frac{1}{2\pi}\int_\tau e^{it\tau}\left[m(\cdot,\tau)*\hat{w}^t(\cdot,\tau)\right](x)\mathrm{d}\tau,$$

其中 $\hat{w}^t(\cdot,\tau)$ 表示 $w(x,t)$ 关于变量 t 的 Fourier 变换, $m(x,\tau)$ 表达式为

$$m(x,\tau)=-\frac{1}{2}\chi_{(0,+\infty)}(\tau)\frac{\exp\left(-|x||\tau|^{1/2}\right)}{|\tau|^{1/2}}+\frac{1}{2}\chi_{(-\infty,0)}(\tau)\frac{\sin\left(|x||\tau|^{1/2}\right)}{|\tau|^{1/2}}.$$

首先对所有 s 以及容许对 q,r 处理第一项 I. 配对第一项 I 和 $f(x,t)$ 使得 $\|f\|_{L_x^1H_t^{-\frac{2s+1}{4}}}\leqslant 1$, 可以证明

$$\left\|\int_{t'}(\operatorname{sgn}t')\,e^{-it'\partial_x^2}w\,(x,t')\,\mathrm{d}t'\right\|_{H_x^s}\leqslant c\|w\|_{L_t^{q'}W_x^{s,r'}}$$

及

$$\left\|\int_t\theta_T(t)e^{-it\partial_x^2}f(x,t)\mathrm{d}t\right\|_{H_x^{-s}}\leqslant c\|f\|_{L_x^1H_t^{-\frac{2s+1}{4}}}.$$

由 (a) 的证明直接可以得到第一个不等式, 第二个不等式可以通过对偶性以及定理 11.15 中 (b) 获得. 对于 $r'=2,q'=1$ 及 $r'=1,q'=\dfrac{4}{3}$ 分别讨论第二项, 通过

插值可得中间情形. 当 $r'=2, q'=1$ 时, 利用第二项 II 的第一种表示, 引理 11.6, 变量变换 $\eta=-\xi^2$ 以及 A_2 加权空间上 Hilbert 变换的 L^2 有界性, 可得

$$\begin{aligned}\|\theta_T(t)(\text{Term II})\|_{H_t^{\frac{2s+1}{4}}} &\leqslant c\left(\int_\xi |\xi|^s|\hat{w}(\xi,\tau)|^2\mathrm{d}\xi\right)^{1/2}\\ &\leqslant c\left(\int_\xi |\xi|^s\left(\int_t |\hat{w}^x(\xi,t)|\,\mathrm{d}t\right)^2\mathrm{d}\xi\right)^{1/2},\end{aligned}$$

其中 $\hat{w}^x(\cdot,\tau)$ 表示 $w(x,t)$ 关于变量 x 的 Fourier 变换. 应用 Minkowski 积分不等式与 Plancherel 定理完成有界性讨论. 这一步的有效性需要限制 $-\dfrac{3}{2}<s<\dfrac{1}{2}$. 下面仅证明 $s=0,\ r'=1, q'=\dfrac{4}{3}$ 的情形. 注意到由第二项 II 的第二种表示, $\|\mathrm{II}\|_{L_x^\infty H_t^{1/4}}$ 为

$$\int_\tau\int_y |\tau|^{-1/2}m(x-y,\tau)\hat{w}^t(y,\tau)\mathrm{d}y\overline{\int_z |\tau|^{-1/2}m(x-z,\tau)\hat{w}^t(z,\tau)\mathrm{d}z}\mathrm{d}\tau,$$

等价于

$$\int_{y,s,z,t} K(y,s,z,t)w(y,s)\overline{w(z,t)}\mathrm{d}y\mathrm{d}s\mathrm{d}z\mathrm{d}t,$$

其中

$$K(y,s,z,t)=\int_\tau |\tau|^{1/2}e^{-i(s-t)\tau}m(x-y,\tau)\overline{m(x-z,\tau)}\mathrm{d}\tau.$$

由 m 的定义可得 $|K(y,s,z,t)|\leqslant c|s-t|^{-1/2}$. 应用分数阶积分定理得到相应结论 (见文献 [71] 中第五部分定理 1). □

11.5 关于 Duhamel 边界强制算子的估计

设 $f\in C_0^\infty(\mathbb{R}^+)$, 定义边界强制算子为

$$\mathcal{L}f(x,t)=2e^{i\frac{1}{4}\pi}\int_0^t e^{i(t-t')\partial_x^2}\delta_0(x)\mathcal{I}_{-1/2}f(t')\,\mathrm{d}t' \tag{11.5}$$

$$=\frac{1}{\sqrt{\pi}}\int_0^t (t-t')^{-1/2}\exp\left(\frac{ix^2}{4(t-t')}\right)\mathcal{I}_{-1/2}f(t')\,\mathrm{d}t'. \tag{11.6}$$

由公式

$$\left[\frac{e^{-i\frac{\pi}{4}\operatorname{sgn}t}}{2\sqrt{\pi}}\frac{1}{|t|^{1/2}}\exp\left(\frac{ix^2}{4t}\right)\right]^\wedge(\xi)=e^{-it\xi^2},$$

可以看出这两个定义等价. 同时由这两个定义也可以得到

$$\begin{cases} (i\partial_t+\partial_x^2)\,\mathcal{L}f(x,t)=2e^{i\frac{3}{4}\pi}\delta_0(x)\mathcal{I}_{-1/2}f(t), & (x,t)\in\mathbb{R}\times\mathbb{R}, \\ \mathcal{L}f(x,0)=0, & x\in\mathbb{R}, \\ \mathcal{L}f(0,t)=f(t), & t\in\mathbb{R}. \end{cases}$$

当 f 合适时建立 $\mathcal{L}f(x,t)$ 的连续性.

引理 11.17 假设 $f\in C_{0,c}^{\infty}(\mathbb{R}^+)$.

(a) 给定 t, 对所有 $x\in\mathbb{R}$ 算子 $\mathcal{L}f(x,t)$ 连续, 并且当 $x\neq 0$ 时算子 $\partial_x\mathcal{L}f(x,t)$ 也连续, 同时有

$$\lim_{x\uparrow 0}\partial_x\mathcal{L}f(x,t)=e^{-\frac{1}{4}\pi i}\mathcal{I}_{-1/2}f(t),\quad \lim_{x\downarrow 0}\partial_x\mathcal{L}f(x,t)=-e^{-\frac{1}{4}\pi i}\mathcal{I}_{-1/2}f(t). \tag{11.7}$$

(b) $\forall k=0,1,2,\cdots$ 及给定 x, 对所有 $t\in\mathbb{R}$, $\partial_t^k\mathcal{L}f(x,t)$ 关于 t 连续. 同时, 对 $k=0,1,2,\cdots$ 在 $[0,T]$ 上有逐点估计

$$\left|\partial_t^k\mathcal{L}f(x,t)\right|+\left|\partial_x\mathcal{L}f(x,t)\right|\leqslant c\langle x\rangle^{-N},$$

其中 $c=c(f,N,k,T)$.

证明 根据 (11.6) 式以及控制收敛定理很容易得到, 给定 t, $\mathcal{L}f(x,t)$ 关于 x 连续以及给定 x, $\mathcal{L}f(x,t)$ 关于 t 连续. 令 $h=2e^{i\frac{1}{4}\pi}\mathcal{I}_{-1/2}f\in C_0^{\infty}(\mathbb{R}^+)$ 及 $\phi(\xi,t)=\int_0^t e^{-i(t-t')\xi}h(t')\,\mathrm{d}t'$. 关于 t' 分部积分得, $\left|\partial_\xi^k\phi(\xi,t)\right|\leqslant c\langle\xi\rangle^{-k-1}$, 其中 $c=c(h,k,T)$, 因此可得

$$\left|\partial_\xi^k\phi\left(\xi^2,t\right)\right|\leqslant c\langle\xi\rangle^{-k-2}. \tag{11.8}$$

又因为

$$\mathcal{L}f(x,t)=\int_\xi e^{ix\xi}\phi\left(\xi^2,t\right)\mathrm{d}\xi, \tag{11.9}$$

关于 ξ 分部积分以及 (11.8) 式可得 $|\mathcal{L}f(x,t)|\leqslant c\langle x\rangle^{-N}$. 由于 $\partial_t\left[e^{i(t-t')\partial_x^2}\delta_0(x)\right]=-\partial_{t'}\left[e^{i(t-t')\partial_x^2}\delta_0(x)\right]$ 且将 (11.5) 式关于 t' 分部积分, 可以得到 $\partial_x^2\mathcal{L}f(x,t)=2e^{i\frac{3}{4}\pi}\delta_0(x)\times\mathcal{I}_{-1/2}f(t)-i\mathcal{L}\left(\partial_t f\right)(x,t)$. 因此有

$$\partial_x\mathcal{L}f(x,t)=e^{i\frac{3}{4}\pi}(\operatorname{sgn}x)\mathcal{I}_{-1/2}f(t)-i\int_{x'=0}^{x}\mathcal{L}\left(\partial_t f\right)(x',t)\,\mathrm{d}x'+c(t).$$

因为除了 $c(t)$ 外其余项都是奇函数, 所以必有 $c(t)=0$. 由此可得 (11.7) 式以及 $|\partial_x\mathcal{L}f(x,t)|\leqslant c$. (11.9) 式关于 ξ 分部积分, 再结合 (11.8) 式可以获得 $|\partial_x\mathcal{L}f(x,t)|\leqslant c|x|^{-N}$. 综合前两个估计, 最终可得 $|\partial_x\mathcal{L}f(x,t)|\leqslant c\langle x\rangle^{-N}$. □

接下来给出 $\mathcal{L}f(x,t)$ 的另一种表达式.

引理 11.18 假设 $f\in C_{0,c}^{\infty}(\mathbb{R}^+)$, 则有

$$\mathcal{L}f(x,t)=\frac{1}{2\pi}\int_{\tau}e^{it\tau}e^{-|x|(\tau-i0)^{1/2}}\hat{f}(\tau)\mathrm{d}\tau, \tag{11.10}$$

其中

$$(\tau-i0)^{\frac{1}{2}}=\chi_{(0,+\infty)}(\tau)|\tau|^{1/2}-i\chi_{(-\infty,0)}(\tau)|\tau|^{1/2}.$$

证明 很容易验证以下结论成立:

(a) 在 $[0,T]$ 上, $|\mathcal{L}f(x,t)|+|\partial_t\mathcal{L}f(x,t)|\leqslant c\langle x\rangle^{-N}$, $c=c(f,N,T)$.

(b) $\mathcal{L}f(x,0)=0$.

(c) $(i\partial_t+\partial_x^2)\mathcal{L}f(x,t)=2\delta_0(x)e^{\frac{3}{4}\pi i}\mathcal{I}_{-1/2}f(t)$.

应用表达式 $-2(\tau-i0)^{1/2}|x|^{-1}\partial_\tau\left[e^{-|x|(\tau-i0)^{1/2}}\right]=e^{-|x|(\tau-i0)^{1/2}}$, 并将 (11.10) 式关于 τ 分部积分可得 (a). 因为 $f\in C_{0,c}^{\infty}(\mathbb{R}^+)$, $\hat{f}(\tau)$ 在 $\mathrm{Im}\,\tau<0$ 时可延拓成解析函数, 满足 $|\hat{f}(\tau)|\leqslant c\langle\tau\rangle^{-k}$, $c=c(f,k)$, 因此可得

$$\mathcal{L}f(x,0)=\frac{1}{2\pi}\lim_{\gamma\uparrow 0}\int_{\mathrm{Im}\,\tau=\gamma}e^{-|x|\tau^{1/2}}\hat{f}(\tau)\mathrm{d}\tau. \tag{11.11}$$

又因为当 $\mathrm{Im}\,\tau<0$ 时 $\left|e^{-|x|\tau^{1/2}}\right|\leqslant 1$, 由 Cauchy 定理有 (11.11) 式等于 0, 即可证得 (b). (c) 可由 (11.10) 式直接计算可以得到.

将 (11.10) 式定义的算子记为 $\mathcal{L}_2f(x,t)$, (11.5)—(11.6) 定义的算子记为 $\mathcal{L}_1f(x,t)$. 令 $w=\mathcal{L}_1f-\mathcal{L}_2f$, 则有 $w(x,0)=0$ 及 $(i\partial_t+\partial_x^2)w=0$. 计算 $\partial_t\int_x|w|^2\mathrm{d}x=0$ 可得 $w=0$. □

引理 11.19 假设 $q,r\geqslant 2$ 及 $\frac{1}{q}+\frac{1}{2r}=\frac{1}{4}$.

(a) 空间迹: 若 $-\frac{1}{2}<s<\frac{3}{2}$, 则有 $\|\theta_T(t)\mathcal{L}f(x,t)\|_{C(\mathbb{R}_t;H_x^s)}\leqslant c\langle T\rangle^{1/4}\|f\|_{H_0^{\frac{2s+1}{4}}(\mathbb{R}^+)}$.

(b) 时间迹: 若 $s\in\mathbb{R}$, 则有 $\|\mathcal{L}f\|_{C\left(\mathbb{R}_x;H_0^{\frac{2s+1}{4}}(\mathbb{R}_t^+)\right)}\leqslant c\|f\|_{H_0^{\frac{2s+1}{4}}(\mathbb{R}^+)}$.

(c) 混合范数: 若 $0\leqslant s\leqslant 1, r\neq\infty$, 则有 $\|\mathcal{L}f\|_{L_t^qW_x^{s,r}}\leqslant c\|f\|_{H_0^{\frac{2s+1}{4}}(\mathbb{R}^+)}$.

证明 根据稠密性, 对于 $f\in C_{0,c}^{\infty}(\mathbb{R}^{+})$ 足以可以得到相应结论. 通过与 (a) 对应的 $\phi(x)$ 满足 $\|\phi\|_{H^{-s}}\leqslant 1$, 可以得到

$$\int_{t'=0}^{t} f(t')\,\theta_T(t)e^{i(t-t')\partial_x^2}\phi\Big|_{x=0}\mathrm{d}t'\leqslant c\langle T\rangle^{1/4}\|f\|_{H^{\frac{2s+1}{4}}}.$$

然而根据引理 11.15 中的 (b) 以及引理 11.7, 有

$$\mathrm{LHS}\leqslant\left\|\chi_{(-\infty,t)}f(t')\right\|_{H_{t'}^{\frac{2s+1}{4}}}\left\|\theta_T(t)e^{i(t-t')\partial_x^2}\phi(x)\right\|_{H_{t'}^{\frac{-2s-1}{4}}}\leqslant\mathrm{RHS}.$$

为了得到连续性结论, 记 $\theta_T(t_2)\mathcal{L}f(x,t_2)-\theta_T(t_1)\mathcal{L}f(x,t_1)=\int_{t_1}^{t_2}\partial_t[\theta(t)\mathcal{L}f(x,t)]\mathrm{d}t$. 通过 $\partial_t\mathcal{L}=\mathcal{L}\partial_t$ 以及上面所得到的界, 则有 $\|\theta_T(t_2)\mathcal{L}f(x,t_2)-\theta_T(t_1)\mathcal{L}f(x,t_1)\|\leqslant c|t_2-t_1|\|f\|_{H_0^{\frac{2s+5}{4}}}$.

(b) 直接由引理 11.18 可得, 只是需要在假设 $f\in C_{0,c}^{\infty}(\mathbb{R}^{+})$ 下, 对所有的 $k=0,1,2,\cdots$ 有 $\partial_t^k\mathcal{L}f(x,0)=0$. 然而这可以由 $\partial_t\mathcal{L}=\mathcal{L}\partial_t$ 得到. 通过应用 $\mathcal{L}f(x_2,t)-\mathcal{L}f(x_1,t)=\int_{x_1}^{x_2}\partial_x\mathcal{L}f(x,t)\mathrm{d}x$ 可得连续性. 由引理 11.18, 有

$$\partial_x\mathcal{L}f(x,t)=e^{-\frac{1}{4}\pi i}(\operatorname{sgn}x)\frac{1}{2\pi}\int_{\tau}e^{it\tau}e^{-|x|(\tau-i0)^{1/2}}\left[\mathcal{I}_{-1/2}f\right]^{\wedge}(\tau)\mathrm{d}\tau,$$

因此可得

$$\|\mathcal{L}f(x_2,t)-\mathcal{L}f(x_1,t)\|_{H_0^{\frac{2s+1}{4}}(\mathbb{R}^{+})}\leqslant c\mid x_2-x_1\|f\|_{H_0^{\frac{2s+3}{4}}}.$$

为了证明 (c), 足以得到

$$\|\mathcal{L}f(x,t)\|_{L_t^4L_x^{\infty}}\leqslant c\|f\|_{\dot{H}^{1/4}},\tag{11.12}$$

以及

$$\|\partial_x\mathcal{L}f(x,t)\|_{L_t^4L_x^{\infty}}\leqslant c\|f\|_{\dot{H}^{3/4}}.\tag{11.13}$$

事实上, 当 $s=1$ 时 (a) 的证明说明了

$$\|\mathcal{L}f(x,t)\|_{L_t^{\infty}L_x^2}\leqslant c\|f\|_{\dot{H}^{1/4}},\quad\|\partial_x\mathcal{L}f(x,t)\|_{L_t^{\infty}L_x^2}\leqslant c\|f\|_{\dot{H}^{3/4}}.$$

用第一个不等式插值 (11.12), 第二个不等式插值 (11.13) 可以得到对可容许的 q,r 有

$$\|\mathcal{L}f(x,t)\|_{L_t^qL_x^r}\leqslant c\|f\|_{\dot{H}^{1/4}},\quad\|\partial_x\mathcal{L}f(x,t)\|_{L_t^qL_x^r}\leqslant c\|f\|_{\dot{H}^{3/4}}.$$

这就表明当 $s=0$ 以及 $s=1$ 时

$$\|\mathcal{L}f(x,t)\|_{L_t^q W_x^{s,r}} \leqslant c\|f\|_{H^{\frac{2s+1}{4}}}, \quad r \neq \infty.$$

现在在这两个端点之间对 s 进行插值以获得上述结论.

将 (11.12) 中 LHS 与 $w(x,t) \in L_t^{4/3} L_x^1$ 进行配对, 足以说明

$$\left\|\int_x \int_t e^{it\tau} e^{-|x|(\tau-i0)^{1/2}} w(x,t)\mathrm{d}x\mathrm{d}t\right\|_{\dot{H}^{-1/4}}.$$

写出 L_t^2 范数, 很容易证明

$$\int_{x,t,y,s} K(x,t,y,s)w(x,t)\overline{w(y,s)}\mathrm{d}x\mathrm{d}t\mathrm{d}y\mathrm{d}s \leqslant c\|w\|_{L_t^{4/3}L_x^1},$$

其中

$$K(x,t,y,s) = \int_\tau |\tau|^{-1/2} e^{i(t-s)\tau} e^{-|x|(\tau-i0)^{1/2}} e^{-|y|(\tau+i0)^{1/2}} \mathrm{d}\tau.$$

通过计算可得 $|K(x,t,y,s)| \leqslant c|t-s|^{-1/2}$, 因此由分数阶积分定理可得 (11.12). 对于 (11.13),

$$K(x,t,y,s) = (\operatorname{sgn} x)(\operatorname{sgn} y)\int_\tau |\tau|^{-1/2} e^{i(t-s)\tau} e^{-|x|(\tau-i0)^{1/2}} e^{-|y|(\tau+i0)^{1/2}} \mathrm{d}\tau,$$

因此 $|K|$ 的估计相同. □

11.6 存在性: 定理 11.5 的证明

首先证明在 $0 \leqslant s < \dfrac{1}{2}$ 情形下次临界推断 (a). 选取 ϕ 的一个延拓 $\tilde{\phi} \in H^s$, 满足 $\|\tilde{\phi}\|_{H^s} \leqslant 2\|\phi\|_{H^s(\mathbb{R}^+)}$. 令 $r = \dfrac{\alpha+1}{1+(\alpha-1)s}$ 和 $q = \dfrac{4(\alpha+1)}{(\alpha-1)(1-2s)}$. 当 $r \geqslant 2$ 与 $q \geqslant 2\left(\dfrac{2}{1-2s}+1\right)$ 时, 这是一个可容许对. 设

$$Z = C(\mathbb{R}_t; H_x^s) \cap C\left(\mathbb{R}_x; H_t^{\frac{2s+1}{4}}\right) \cap L_t^q W_x^{s,r},$$

取 $w \in Z$. 根据链式法则 (引理 11.10), 当 $\alpha \geqslant 1$ 时有

$$\left\|D^s\left(|w|^{\alpha-1}w\right)\right\|_{L_{4T}^{q'} L_x^{r'}} \leqslant cT^\sigma \|w\|_{L_{4T}^q W_x^{r,s}}^\alpha \quad (\sigma > 0). \tag{11.14}$$

由引理 11.15(b), 引理 11.16(b) 以及引理 11.7 可知, 如果 $w \in Z$, 则有 $f(t) - \theta_{2T}(t)e^{it\partial_x^2}\tilde{\phi}\Big|_{x=0} \in H_0^{\frac{2s+1}{4}}(\mathbb{R}_t^+)$ 以及 $\theta_{2T}(t)\mathcal{D}(w|w|^{\alpha-1})(0,t) \in H_0^{\frac{2s+1}{4}}(\mathbb{R}_t^+)$, 以上结果都是在 $C\left(\mathbb{R}_x; H_t^{\frac{2s+1}{4}}\right)$ 意义下对 $x=0$ 计算所得. 令

$$\begin{aligned}\Lambda w(t) = & \theta_T(t)e^{it\partial_x^2}\tilde{\phi} + \theta_T(t)\mathcal{L}\left(f - \theta_{2T}e^{i\cdot\partial_x^2}\tilde{\phi}\Big|_{x=0}\right)(t) \\ & - \lambda\theta_T(t)\mathcal{D}\left(w|w|^{\alpha-1}\right)(t) + \lambda\theta_T(t)\mathcal{L}\left(\theta_{2T}\mathcal{D}\left(w|w|^{\alpha-1}\right)\Big|_{x=0}\right)(t),\end{aligned} \tag{11.15}$$

使得在分布意义下当 $x \neq 0$ 时, $(i\partial_t + \partial_x^2)\Lambda w = -\lambda w|w|^{\alpha-1}$, $t \in [0,T]$. 结合引理 11.15, 引理11.16, 引理11.19 以及 (11.14) 式, 有

$$\|\Lambda w\|_Z \leqslant c\|\phi\|_{H^s(\mathbb{R}^+)} + c\|f\|_{H^{\frac{2s+1}{4}}(\mathbb{R}^+)} + cT^\sigma\|w\|_Z^\alpha. \tag{11.16}$$

在 $C(\mathbb{R}_t; H_x^s)$ 意义下, $\Lambda w(x,0) = \phi(x)$, $x \in \mathbb{R}$; 在 $C\left(\mathbb{R}_x; H_t^{\frac{2s+1}{4}}\right)$ 意义下, $\Lambda w(0,t) = f(t)$, $t \in [0,T]$. 因此对于某些选定的 T 寻求 $\Lambda w = w$ 的解. 根据链式法则和乘积法则 (后面会详细讨论), 有

$$\|\Lambda w_1 - \Lambda w_2\|_Z \leqslant cT^\sigma\left(\|w_1\|_{Z_T}^{\alpha-1} + \|w_2\|_Z^{\alpha-1}\right)\|w_1 - w_2\|_Z, \quad \alpha \geqslant 2. \tag{11.17}$$

根据 $\|\phi\|_{H^s(\mathbb{R}^+)}$ 和 $\|f\|_{H^{\frac{2s+1}{4}}(\mathbb{R}^+)}$ 选择适当小的 T, 由 (11.16) 式和 (11.17) 式可得 Λ 是压缩算子, 因此可得到一个唯一的不动点 u, 在 $[0,T]$ 上满足积分方程, 即

$$\begin{aligned}u(t) = & e^{it\partial_x^2}\tilde{\phi} + \mathcal{L}\left(f - e^{i\cdot\partial_x^2}\tilde{\phi}\Big|_{x=0}\right) \\ & - \lambda\mathcal{D}\left(u|u|^{\alpha-1}\right) + \lambda\mathcal{L}\left(\mathcal{D}\left(u|u|^{\alpha-1}\right)\Big|_{x=0}\right).\end{aligned} \tag{11.18}$$

设 S 为所有满足下列条件 $T>0$ 的集合, 即 ① 存在 $u \in Z$, 使得 u 是 (11.18) 在 $[0,T]$ 上的解; ② 对于每组 $u_1, u_2 \in Z$, 使得 u_1 是 (11.18) 在 $[0,T_1](T_1 \leqslant T)$ 上的解以及 u_2 是 (11.18) 在 $[0,T_2]$ $(T_2 \leqslant T)$ 上的解, 则在 $[0,\min\{T_1,T_2\}]$ 上 $u_1 = u_2$.

我们推断前面压缩映射讨论中给出的 T 属于集合 S, 则仅需要证明条件 (2). 通过压缩映射讨论, 引理 11.15(c)、引理 11.16(c)、引理 11.19(c) 以及 $\chi_{[0,T_m]}\mathcal{L}g = \chi_{[0,T_m]}\mathcal{L}(\theta_{T_m}g)$, $\chi_{[0,T_m]}\mathcal{D}w = \chi_{[0,T_m]}\mathcal{D}\chi_{[0,T_m]}w$ 可得, 积分方程 (11.18) 在空间 $L_{T_m}^q W_x^{s,r}$ 中有唯一解, 其中 $T_m = \min\{T_1,T_2\}$. 令 $T^* = \sup S$. 定义 $[0,T^*)$ 上 u^* 为: $t < T^*$, $u^*(t) = u(t)$, $u \in Z$ 的存在性由条件 ① 给出; 根据条件 ② 这是一个好的定义.

假设 $T^* < \infty$ 及 $\lim_{t\uparrow T^*} \|u(\cdot,t)\|_{H^s(\mathbb{R}^+)} \neq \infty$. 则存在 a 和序列 $t_n \to T^*$, 满足 $\|u^*(t_n)\|_{H^s(\mathbb{R}^+)} \leqslant a$. 对于充分大的 n 在 t_n 处, 根据前面的存在性讨论得到矛盾, 如下所示. 选择 $T = t_n$, n 充分大, 根据假设 $u_1 \in Z$ 在 $[0,T]$ 满足积分方程

$$
\begin{aligned}
u_1(t) = {} & e^{it\partial_x^2}\tilde{\phi} + \mathcal{L}\left(f - e^{i\cdot\partial_x^2}\tilde{\phi}\Big|_{x=0}\right) \\
& - \lambda\mathcal{D}\left(u_1|u_1|^{\alpha-1}\right) + \lambda\mathcal{L}\left(\mathcal{D}\left(u_1|u_1|^{\alpha-1}\right)\Big|_{x=0}\right).
\end{aligned} \tag{11.19}
$$

应用前面关于存在性讨论可得 $u_2 \in Z$ 在 $[T, T+\delta]$ 满足积分方程

$$
\begin{aligned}
u_2(t) = {} & e^{i(t-T)\partial_x^2}u(T) + \mathcal{L}^T\left(f - e^{i(-T)\partial_x^2}u(T)\Big|_{x=0}\right) \\
& - \lambda\mathcal{D}^T\left(u_2|u_2|^{\alpha-1}\right) + \lambda\mathcal{L}^T\left(\mathcal{D}^T\left(u_2|u_2|^{\alpha-1}\right)\Big|_{x=0}\right),
\end{aligned} \tag{11.20}
$$

其中

$$
\mathcal{L}^T g(t) = (g(\cdot+T))(t-T), \quad \mathcal{D}^T v(t) = \mathcal{D}(v(\cdot+T))(t-T).
$$

因为 $\delta = \delta\left(a, \|f\|_{H^{\frac{2s+1}{4}}(\mathbb{R}^+)}\right)$, 可以选取充分大 n 使得 $T+\delta = t_n+\delta > T^*$. 现在可以证明将这两个积分方程连接起来. 定义当 $-\infty < t \leqslant T$ 时 $u(t) = u_1(t)$, 当 $T \leqslant t < +\infty$ 时 $u(t) = u_2(t)$. 则显然 $u \in L_t^q W_x^{r,s} \cap C(\mathbb{R}_t; H_x^s)$. 在 $t=T$ 处计算 (11.19), 代入 (11.20), 再应用下列两个恒等式

$$
\begin{aligned}
&\mathcal{L}g(t) = e^{i(t-T)\partial_x^2}\mathcal{L}g(T) - \mathcal{L}^T\left(g - e^{i(\cdot-T)\partial_x^2}\mathcal{L}g(T)\Big|_{x=0}\right)(t), \quad && t \geqslant T. \\
&\mathcal{D}v(t) = e^{i(t-T)\partial_x^2}Dv(T) + \mathcal{D}^T v(t), && \forall t,
\end{aligned} \tag{11.21}
$$

其中 $0 \leqslant t \leqslant T+\delta$, $v(t) = -\lambda u|u|^{\alpha-1}(t)$, $g(t) = f(t) - e^{it\partial_x^2}\tilde{\phi}\Big|_{x=0} - \mathcal{D}v(0,t)$. 这就得到了 u 在 $[0, T+\delta]$ 上满足积分方程 (11.18). 接下来证明 $u \in C\left(\mathbb{R}_x; H^{\frac{2s+1}{4}}\right)$. 令 $\psi \in C^\infty$, 当 $t \leqslant 0$ 时 $\psi(t) = 0$; 当 $\dfrac{T}{2} \leqslant t \leqslant T + \dfrac{\delta}{2}$ 时 $\psi(t) = 1$; 当 $t > T+\delta$ 时 $\psi(t) = 0$. 根据 u 的定义很显然有 $(1-\psi)u \in C\left(\mathbb{R}_x; H_t^{\frac{2s+1}{4}}\right)$. 由 (11.18) 有

$$
\begin{aligned}
\psi(t)u(t) = {} & \psi(t)e^{it\partial_x^2}\tilde{\phi} + \psi(t)\mathcal{L}\left(f - \theta_{2(T+\delta)}e^{i\cdot\partial_x^2}\tilde{\phi}\Big|_{x=0}\right)(t) \\
& - \lambda\psi(t)\mathcal{D}\left(u|u|^{\alpha-1}\right)(t) + \lambda\psi(t)\mathcal{L}\left(\theta_{2(T+\delta)}\mathcal{D}\left(u|u|^{\alpha-1}\right)\Big|_{x=0}\right),
\end{aligned}
$$

结合引理 11.15(b)、引理 11.16(b) 以及引理 11.19(b) 可得 $\psi u \in C\left(\mathbb{R}_x; H_t^{\frac{2s+1}{4}}\right)$.

接下来验证 f 定义中的条件②. 假设 u 为 $[0,T_u]$ 上解, 其中 $T_u \leqslant T+\delta$ 以及 v 为 $[0,T_v]$ 上解, 其中 $T_v \leqslant T+\delta$, 并且假设 $\min(T_u,T_v) \geqslant T^*$. 则对所有 $t \leqslant T$, 因为 $T \in S$, 则有 $u(t)=v(t)$. 根据恒等式 (11.21), u 满足方程 (11.20), v 也满足方程 (11.20). 由 (11.20) 在空间 $L[T,T+\delta]^q W_x^{s,r}$ 中不动点的唯一性可得, $u(t)=v(t)$, $t \in [T,T+\delta]$. 因此可得 $\sup S \geqslant T+\delta > T^*$, 与假设矛盾, 所以当 $T^*<\infty$ 时, $\lim_{t\uparrow T^*}\|u(\cdot,t)\|_{H^s(\mathbb{R}+)}=\infty$.

假设 u 为 (11.18) 在 $[0,T^*)$ 上对应于 (ϕ,f) 的解, 考虑 (ϕ_1,f_1), $\|\phi-\phi_1\|_{H^s(\mathbb{R}+)}+\|f-f_1\|_{H^{\frac{2s+1}{4}}(\mathbb{R}+)}<\delta$. 给定 $T<T^*$, 令 u_1 为 $[0,T_1]$ 上对应于 (ϕ_1,f_1) 的解, 其中 T_1 满足 $\|u_1\|_{L[0,t]^q W_x^{s,r}}=2\|u\|_{L_T^q W_x^{s,r}}$. 如果取 δ 充分小, 则可以得到 $T_1>T$. 事实上, 对两个积分方程作差, 可得当 $t \leqslant \min\{T_1,T\}$ 时

$$\|u-u_1\|_{L[0,t]^q W_x^{s,r}} \leqslant c\delta + c\left(\|u\|_{L_T^q W_x^{s,r}}+\|u_1\|_{L_{T_1}^q W_x^{s,r}}\right)\|u-u_1\|_{L[0,t]^{q_1} W_x^{s,r}},$$

其中 $q_1<q$, c 仅依赖于算子范数. 由引理 11.9 可得

$$\|u-u_1\|_{L[0,t]^q W_x^{s,r}} \leqslant c\delta, \tag{11.22}$$

这里 c 依赖于 f,ϕ,T. 如果 $T_1<T$, 在 (11.22) 中取 $t=T_1$ 以及充分小的 δ, 可以得到矛盾. 根据不等式 (11.22) 以及两个积分方程关于 u 和 u_1 差的估计可得

$$\|u-u_1\|_{C([0,T];H_x^s)}+\|u-u_1\|_{C\left(\mathbb{R}_x;H^{\frac{2s+1}{4}}(0,T)\right)} \leqslant c\delta.$$

现在继续讨论当 $\frac{1}{2}<s<\frac{3}{2}$ 时次临界情形 (a) 的证明. 设

$$Z=C(\mathbb{R}_t;H_x^s)\cap C\left(\mathbb{R}_x;H_t^{\frac{2s+1}{4}}\right),$$

$r=2, q=\infty$. 需要注意: 要证明 $f(t)-\theta_{2T}(t)e^{it\partial_x^2}\tilde{\phi}\Big|_{x=0} \in H^{\frac{2s+1}{4}}(\mathbb{R}_t^+)$, 需要使用相容性条件 $f(0)=\phi(0)$ 和引理 11.8. 同时, 由引理 11.8 有

$$\theta_{2T}(t)\mathcal{D}\left(w|w|^{\alpha-1}\right)(0,t) \in H_0^{\frac{2s+1}{4}}\left(\mathbb{R}_t^+\right).$$

接下来讨论临界情形 (b). 令 $Z=L_t^q W_x^{s,r}$, 其中 $r=\dfrac{\alpha+1}{1+(\alpha-1)s}$, $q=\dfrac{4(\alpha+1)}{(\alpha-1)(1-2s)}$. 积分方程为

$$\Lambda w(t)=\theta_T(t)e^{it\partial_x^2}\tilde{\phi}+\theta_T(t)\mathcal{L}\left(f-\theta_{2T}e^{i\cdot\partial_x^2}\tilde{\phi}\Big|_{x=0}\right)(t)$$

$$- \lambda\theta_T(t)\mathcal{D}\left(w|w|^{\alpha-1}\right)(t) + \lambda\theta_T(t)\mathcal{L}\left(\theta_{2T}\mathcal{D}\left(w|w|^{\alpha-1}\right)\Big|_{x=0}\right)(t). \quad (11.23)$$

因为 $q \neq \infty$, 所以当 $T \to 0$ 时 $\left\|\theta_T(t)e^{it\partial_x^2}\tilde{\phi}\right\|_{L_t^q W_x^{s,r}} \to 0$ 以及 $\left\|\theta_T(t) \cdot \mathcal{L}\left(f - \theta_{2T}e^{i\cdot\partial_x^2}\tilde{\phi}\Big|_{x=0}\right)(t)\right\|_{L_t^q W_x^{s,r}} \to 0$. 因此存在 $T > 0$, 使得

$$\left\|\theta_T(t)e^{it\partial_x^2}\tilde{\phi}\right\|_{L_t^q W_x^{s,r}} + \left\|\theta_T(t)\mathcal{L}\left(f - \theta_{2T}e^{i\cdot\partial_x^2}\tilde{\phi}\Big|_{x=0}\right)(t)\right\|_{L_t^q W_x^{s,r}} < \delta$$

给出了

$$\|\Lambda w\|_Z \leqslant \delta + c\|w\|_Z^\alpha. \quad (11.24)$$

当 δ 充分小时, 在空间 $\{w \in Z \mid \|w\|_Z < 2\delta\}$ 一定存在不动点. 由 $\Lambda u = u$, (11.23) 以及引理 11.15(a), 引理 11.16(b), 引理 11.19(a) 可以得到空间 $C(\mathbb{R}_t; H_x^s)$ 中的界, 由引理 11.15(b), 引理 11.16(b), 引理 11.19(b) 可以得到空间 $C\left(\mathbb{R}_x; H_t^{\frac{2s+1}{4}}\right)$ 中的界. 记 T^* 为具有唯一性的解存在时间的上确界. 这种情形下我们无法证明存在爆破, 仅能对当 $T < T^*$ 时得到连续性推断.

应用链式法则和乘积法则的备注

应用链式法则 (引理 11.10) 和 $F(w) = |w|^{\alpha-1}w$, 其中 $w : \mathbb{R} \to \mathbb{C}$, $F : \mathbb{C} \to \mathbb{C}$, $\alpha \geqslant 1$, 则

$$F'(w) = \begin{bmatrix} (\alpha-1)|w|^{\alpha-3}(\operatorname{Re} w)^2 + |w|^{\alpha-1} & (\alpha-1)|w|^{\alpha-3}(\operatorname{Re} w)(\operatorname{Im} w) \\ (\alpha-1)|w|^{\alpha-3}(\operatorname{Re} w)(\operatorname{Im} w) & (\alpha-1)|w|^{\alpha-3}(\operatorname{Im} w)^2 + |w|^{\alpha-1} \end{bmatrix},$$

$F'(w)$ 中的每个分量均可由 $|w|^{\alpha-1}$ 控制. 因此

$$\left\|D^s|w|^{\alpha-1}w\right\|_{L_x^{r'}} \leqslant c\alpha\left\||w|^{\alpha-1}\right\|_{L_x^{r''}}\left\|D^s w\right\|_{L_x^r},$$

其中 $\dfrac{1}{r''} = \dfrac{1}{r'} - \dfrac{1}{r} = 1 - \dfrac{2}{r}$, $\dfrac{1}{q''} = \dfrac{1}{q'} - \dfrac{1}{q} = 1 - \dfrac{2}{q}$. 因为 r, q 满足 $\dfrac{1}{(\alpha-1)r''} = \dfrac{1}{r} - s$ 及 $\dfrac{1}{(\alpha-1)q''} > \dfrac{1}{q}$, 所以有

$$\left\|D^s|w|^{\alpha-1}w\right\|_{L_x^{r'}} \leqslant c\left\|D^s w\right\|_{L_x^r}^\alpha.$$

对于 $w_0, w_1 : \mathbb{R} \to \mathbb{C}$, 令 $w_\theta = \theta w_1 + (1-\theta)w_0$. 则 $|w_1|^{\alpha-1}w_1 - |w_0|^{\alpha-1}w_0 = \displaystyle\int_{\theta=0}^1 (\alpha-1)|w_\theta|^{\alpha-3}w_\theta(w_\theta \circ (w_1 - w_0)) + |w_\theta|^{\alpha-1}(w_1 - w_0)$, 其中 $z_1 \circ z_2 = (\operatorname{Re} z_1)\cdot(\operatorname{Re} z_2) + (\operatorname{Im} z_1)(\operatorname{Im} z_2)$. 对于上式, 可以应用 D^s 以及乘积法则 (引理 11.11) 和链式法则 (引理 11.10).

11.7 唯一性: 命题 11.4 的证明

首先建立当 $s \geqslant 0$ 时非线性问题具有弱迹的分布解的唯一性. 给定两个解 u_1, u_2, 令 $v = u_1 - u_2$. 我们可以假设

$$v \in C\left([0, T^*); L^2\left(\mathbb{R}^+\right)\right), \quad v(x, 0) = 0 \tag{11.25}$$

及

$$\lim_{x \to 0^+} \|v(x, \cdot)\|_{L(0,T)^2} = 0. \tag{11.26}$$

取 $T < T^*$ 且令 $\theta(t)$ 为支撑在 $[-2, -1]$ 上的非负光滑函数, $\int \theta = 1$. 设 $\theta_\delta(t) = \delta^{-1}\theta\left(\delta^{-1}t\right)$. 当 $\delta, \varepsilon > 0$ 时, 设

$$v_{\delta,\varepsilon}(x, t) = \iint v(y, s)\theta_\delta(x - y)\theta_\varepsilon(t - s)\mathrm{d}y\mathrm{d}s, \tag{11.27}$$

在分布意义下, 它定义了 $v_{\delta,\varepsilon}(x, t)$ 是 $-\delta < x < +\infty, -\varepsilon < t < T - 2\varepsilon$ 上光滑函数. 根据假设 (11.25) , 记

$$v_{\delta,\varepsilon}(x, t) = \int_s \theta_\varepsilon(t - s)\left[\int_y v(y, s)\theta_\delta(x - y)\mathrm{d}y\right]\mathrm{d}s,$$

这里就是通常意义的积分. 因此可以得到

$$\|v_{\delta,\varepsilon}(\cdot, t)\|_{L^2\left(\mathbb{R}_x^+\right)} \leqslant \sup_{t+\varepsilon \leqslant s \leqslant t+2\varepsilon} \|v(\cdot, s)\|_{L^2\left(\mathbb{R}_x^+\right)}.$$

根据假设 (11.26), 存在 $L > 0$ 使得 $\sup_{0<x\leqslant 2L} \|v(x, \cdot)\|_{L^2(0,T)} \leqslant 1$. 因此, 当 $x + 2\delta < 2L$ 时, (11.27) 式可改写成

$$v_{\delta,\varepsilon}(x, t) = \int_y \theta_\delta(x - y)\left[\int_s v(y, s)\theta_\varepsilon(t - s)\mathrm{d}s\right]\mathrm{d}y,$$

则可得到

$$\|v_{\delta,\varepsilon}(x, \cdot)\|_{L^2(0,T)} \leqslant \sup_{x+\delta<y<x+2\delta} \|v(y, \cdot)\|_{L^2(\varepsilon, T+2\varepsilon)}. \tag{11.28}$$

令

$$v_\varepsilon(x, t) = \int_s \theta_\varepsilon(t - s)v(x, s)\mathrm{d}s,$$

可理解为对每个 t, 关于 x 在 $(0,+\infty)$ 上的分布. 由假设 (11.25) 可得每个 t, 关于 x 的平方可积函数有 $\|v_\varepsilon(\cdot,t)\|_{L^2(\mathbb{R}^+)} \leqslant \sup_{t+\varepsilon<s<t+2\varepsilon}\|v(\cdot,s)\|_{L^2(\mathbb{R}^+)}$ 及

$$\lim_{\varepsilon\to 0^+}\|v_\varepsilon(\cdot,t)-v(\cdot,t)\|_{L^2(\mathbb{R}^+)}=0. \tag{11.29}$$

现在进行计算, 有等式

$$\int_0^{+\infty}|v_{\delta,\varepsilon}(x,T)|^2\,\mathrm{d}x=\int_{x=0}^{+\infty}|v_{\delta,\varepsilon}(x,0)|^2+2\,\mathrm{Im}\int_{t=0}^{T}\partial_x v_{\delta,\varepsilon}(0,t)\overline{v_{\delta,\varepsilon}(0,t)}\mathrm{d}t. \tag{11.30}$$

根据中值定理可得, 存在 $x_1\in(0,L)$ 使得 $\partial_x v_{\delta,\varepsilon}(x_1,t)=L^{-1}(v_{\delta,\varepsilon}(L,t)-v_{\delta,\varepsilon}(0,t))$. 再次使用中值定理可得, 存在 $x_2\in(0,x_1)$ 使得 $\partial_x v_{\delta,\varepsilon}(x_1,t)-\partial_x v_{\delta,\varepsilon}(0,t)=x_1\partial_x^2 v_{\delta,\varepsilon}(x_2,t)$. 两式相减,

$$\|\partial_x v_{\delta,\varepsilon}(0,\cdot)\|_{L^2(0,T)}\leqslant L\sup_{0\leqslant y\leqslant L}\left\|\partial_x^2 v_{\delta,\varepsilon}(y,\cdot)\right\|_{L^2(0,T)}+L^{-1}\sup_{0\leqslant y\leqslant L}\|v_{\delta,\varepsilon}(y,\cdot)\|_{L^2(0,T)}\cdot \tag{11.31}$$

考察 (11.31) 式右端项, 有

$$\sup_{0<x<L}\|v_{\delta,\varepsilon}(x,\cdot)\|_{L^2(0,T)}\leqslant\sup_{\delta<x<L+2\delta}\|v(x,\cdot)\|_{L(\varepsilon,T+2\varepsilon)^2}\leqslant 1,$$

同时也有

$$\partial_x^2 v_{\delta,\varepsilon}(x,t)=-i\partial_t v_{\delta,\varepsilon}(x,t)=i\varepsilon^{-1}\iint\theta_\delta(x-y)\,(\theta')_\varepsilon\,(t-s)v(y,s)\mathrm{d}y\mathrm{d}s,$$

则

$$\sup_{0<x<L}\left\|\partial_x^2 v_{\delta,\varepsilon}(x,\cdot)\right\|_{L^2(0,T)}\leqslant\varepsilon^{-1}\sup_{\delta<x<L+2\delta}\|v(x,\cdot)\|_{L^2(\varepsilon,T+2\varepsilon)}\leqslant\varepsilon^{-1}.$$

因此对于由 Cauchy-Schwarz 不等式给出的 $\varepsilon>0$, 根据 (11.31) 和 (11.28) 可得

$$\int_0^T v_{\delta,\varepsilon}(0,t)\overline{\partial_x v_{\delta,\varepsilon}(0,t)}\mathrm{d}t\to 0,\quad \delta\to 0.$$

在 (11.30) 式中令 $\delta\to 0$, 可得

$$\int_{x=0}^{+\infty}|v_\varepsilon(x,T)|^2=\int_{x=0}^{+\infty}|v_\varepsilon(x,0)|^2\,\mathrm{d}x,$$

在此基础上对 $\varepsilon\to 0$ 取极限, 最后再应用 (11.29), 即可得唯一性的相关结论.

接下来证明命题 11.4.

证明　假设 u_1,u_2 是命题中给出的, 并且具有光滑性和足够的衰减性. 令 $v=u_2-u_1$ 使得

$$i\partial_t v+\partial_x^2 v+\lambda\left(|u_2|^{\alpha-1}u_2-|u_1|^{\alpha-1}u_1\right),$$

以及 $v(x,0)=0, v(0,t)=0$. 则

$$\partial_t\int_0^{+\infty}|v|^2\mathrm{d}x=2\operatorname{Re}i\lambda\int_{x=0}^{+\infty}\left(u_2|u_2|^{\alpha-1}-u_1|u_1|^{\alpha-1}\right)\bar{v}\mathrm{d}x. \tag{11.32}$$

因此, 对任意 $t>0$,

$$\|v(t)\|_{L_x^2(\mathbb{R}^+)}^2\leqslant 2|\lambda|\left(\|u_1\|_{L^\infty[0,t]L_x^\infty(\mathbb{R}^+)}^{\alpha-1}+\|u_1\|_{L^\infty[0,t]L_x^\infty(\mathbb{R}^+)}^{\alpha-1}\right)\int_0^t\|v(s)\|_{L_x^2}^2\mathrm{d}s.$$

由 Sobolev 嵌入 $H^s(\mathbb{R}^+)\subset L^\infty(\mathbb{R}^+)$ 以及 Gronwall 不等式, 有 $v(t)=0$. 为了粗略处理 u_1,u_2, 类似于前面讨论在线性情形下对 v 光滑化得到 $v_{\delta,\varepsilon}$, 满足

$$\partial_t v_{\delta,\varepsilon}=i\partial_x^2 v_{\delta,\varepsilon}+i\lambda\left(u_2|u_2|^{\alpha-1}-u_1|u_1|^{\alpha-1}\right)_{\delta,\varepsilon}.$$

最后证明一个类似于 (11.30) 的恒等式, 同样先作估计再取极限可得结论 $v=0$. □

第 12 章 导数非线性 Schrödinger 方程的初边值问题

本章研究导数非线性 Schrödinger (DNLS) 方程在半直线上的初边值问题. 该方程在 $\mathbb{R}$ 上的 Cauchy 问题

$$\begin{cases} iq_t + q_{xx} - i\left(|q|^2 q\right)_x = 0, \quad x \in \mathbb{R}, t \in \mathbb{R}, \\ q(x,0) = G(x) \end{cases} \tag{12.1}$$

描述了各种物理现象, 并且在过去 20—30 年中得到了广泛的研究. 在文献 [211, 212] 中作为恒定磁场下磁化等离子体中圆极化 Alfvén 波传播的模型导出了 (12.1), 它还出现在光纤中波传播的研究中[179]. 该方程还出现在其他许多情形下, 可以查阅文献 [184, 214] 及其相关参考文献.

这里研究 $(0,\infty)$ 上 Dirichlet 边界条件下的初边值问题:

$$\begin{cases} iq_t + q_{xx} - i\left(|q|^2 q\right)_x = 0, \quad x \in \mathbb{R}^+, t \in \mathbb{R}^+, \\ q(x,0) = G(x), \quad q(0,t) = H(t), \end{cases} \tag{12.2}$$

其中 $G \in H^s\left(\mathbb{R}^+\right), H \in H^{\frac{2s+1}{4}}\left(\mathbb{R}^+\right), s > 1/2$, 附加相容性条件 $G(0) = H(0)$. 相容条件是必要的, 因为我们感兴趣的解是 $s > 1/2$ 的连续时空函数. 如 [184] 中所述, 该问题具有重要的物理意义:"DNLS 方程在消失的边界条件 (VBC) 和非消失的边界条件 (NVBC) 下的解都是热点问题. 非线性 Alfvén 波、磁介质中的弱非线性电磁波及严格平行于周围磁场传播的波等均可用消失边界条件 (VBC) 下的 DNLS 方程模拟, 那些非平行波可用非消失边界条件 (NVBC) 下的 DNLS 方程模拟. 对于光纤中亮背景波下的脉冲可由 NVBC 模拟."

文献 [215] 中给出了 $\mathbb{R}$ 上 DNLS 方程在 $H^s(s \geqslant 1/2)$ 中的局部适定性. 这个结果是显然的, 因为当 $s < 1/2$ 时解映射的数值非一致连续[181,215]. 关于光滑空间上的部分结果可参见文献 [197-199, 213]. 在假设小性条件 $\|G\|_{L^2} < \sqrt{2\pi}$ 下, 证明了能量空间 H^1 中解在时间上的全局存在唯一性[213]. 在能量空间中应用 Bourgain 高低频分解法改进该结果获得了全局适定性[183,216]. 在 [185, 186] 中, 使用守恒法 (也称为 I-方法) 得到对任意 $s > 1/2$ 的全局适定性. 在 [210] 中建立了端点 $s = 1/2$ 处的全局理论. 因为能量泛函非正定, 所以上述所有结果都需具有

相同的小性假设条件. 文献 [218] 和 [219] 中将小性条件减弱为 $\|G\|_{L^2}<\sqrt{4\pi}$. 对 $H^s(s\geqslant 1/2)$ 中初值也有类似的结果[196]. 小性条件常数 $\sqrt{4\pi}$ 的最优性仍是公开性问题, 特别是即使对于负能量也没有已知的爆破解. 对于加权 Sobolev 空间中的全局适定性, 可以用谱假设代替小性假设[208,209].

该方程在实轴上完全可积并且具有无穷多的守恒定律, 因此可以用逆散射变换进行分析, 参见 [201,204,205,208,209]. 对于初边值问题, [194] 中建立了逆散射法的一个变形并可应用于许多色散方程. 关于半直线上 DNLS 方程的光滑解的相关结论见 [206] 和 [207]. 本章的工作不依赖于方程的可积性结构.

采用 [192,193] 中提出的限制范数法 ($X^{s,b}$ 法) 的变形来研究半直线上 DNLS 方程的初边值问题. 该方法来自早期讨论半直线上色散方程特别是低正则空间中 NLS 和 KdV 方程的思想[182,200]. DNLS 方程理论中的一个众所周知的问题是双线性 $X^{s,b}$ 估计对方程 (12.1) 失效. 但是可以使用尺度变换用不含导数的五次项和在 Fourier 方面具有好的卷积结构的导数项替换问题项 $(|q|^2q)_x$, 见方程 (12.4). 这里采用相同的方法, 定义尺度变换为

$$\mathcal{G}_\alpha f(x)=f(x)\exp\left(-i\alpha\int_x^\infty |f(y)|^2\mathrm{d}y\right),\quad \alpha\in\mathbb{R}.$$

如果 q 是 (12.2) 的解, 则 $u=\mathcal{G}_\alpha q$ 满足

$$\begin{cases} iu_t+u_{xx}-i(2\alpha+1)u^2\bar{u}_x-i(2\alpha+2)|u|^2u_x+\dfrac{\alpha}{2}(2\alpha+1)|u|^4u=0, \quad x,t\in\mathbb{R}^+,\\ u(x,0)=g(x),\quad u(0,t)=h(t), \end{cases} \tag{12.3}$$

其中 $g(x)=\mathcal{G}_\alpha G(x)$, 以及

$$h(t)=H(t)\exp\left(-i\alpha\int_0^\infty |q(y,t)|^2\mathrm{d}y\right)=H(t)\exp\left(-i\alpha\int_0^\infty |u(y,t)|^2\mathrm{d}y\right).$$

因为尺度变换是单一的, 所以第二个等式成立. 方程 (12.3) 在 $\mathbb{R}$ 上有一个对应项, 它与没有边值 h 的情形相同.

第一步建立当 $\alpha=-1$ 时方程 (12.3) 的局部适定性, 此时方程为

$$\begin{cases} iu_t+u_{xx}+iu^2\bar{u}_x+\dfrac{1}{2}|u|^4u=0, \quad x,t\in\mathbb{R}^+,\\ u(x,0)=g(x),\quad u(0,t)=h(t). \end{cases} \tag{12.4}$$

第二步是建立适用于其他任意 α 值的相关理论. 对于实直线情形因为尺度变换是 Sobolev 空间之间的双 Lipschitz 映射, 则结论很显然, 见 [185] 和附录中的

引理 12.26. 由于尺度方程中解的 L^2 范数对边值的依赖性, 对于半直线上任意 α 值的局部理论需要附加不动点讨论, 当 $\alpha=-1$ 时选择合适的边值.

方程 (12.3) 或 (12.4) 的适定性是指分布解的局部存在性、唯一性以及依赖于初值的连续性. 更准确地说, 我们有以下定义.

定义 12.1　如果 (a) 对任意的 $g\in H^s(\mathbb{R}^+), h\in H^{\frac{2s+1}{4}}(\mathbb{R}^+)$ 以及相容性条件 $g(0)=h(0)$, 方程有一个分布解 $u\in C_t^0H_x^s([0,T]\times\mathbb{R})\cap C_x^0H_t^{\frac{2s+1}{4}}(\mathbb{R}\times[0,T])$, 其中 $T=T\left(\|g\|_{H^s(\mathbb{R}^+)},\|h\|_{H^{\frac{2s+1}{4}}(\mathbb{R}^+)}\right)$;

(b) 果在 $H^s(\mathbb{R}^+)$ 中 $g_n\to g$, 并且在 $H^{\frac{2s+1}{4}}(\mathbb{R}^+)$ 中 $h_n\to h$, 则 $u_n\to u$;

(c) u 是唯一的解,

则称方程在 $H^s(\mathbb{R}^+)$ 上是局部适定的.

第一个定理在几乎临界 (包括端点情形 $s=1/2$) 的情况下建立了局部存在性. 注意到, 由于泛函分析原因无法获得 s 的半整数值, 这是初边值问题的共性. [96,192] 中给出了三次 NLS 方程的相关结果. 因此接下来会排除 $s=1/2$, 而不是因为它是一个端点.

定理 12.2　假设 $s\in\left(\frac{1}{2},\frac{5}{2}\right), s\neq\frac{3}{2}$, 对于任意确定的 $\alpha\in\mathbb{R}$, 在定义 12.1 的意义下方程 (12.3) 在 $H^s(\mathbb{R}^+)$ 中是局部适定的.

如上所述, 我们从考虑 $\alpha=-1$ 的情形, 即方程 (12.4). 在这种特殊情况下, 得到一个光滑估计.

定理 12.3　假设 $s\in\left(\frac{1}{2},\frac{5}{2}\right), s\neq\frac{3}{2}, \alpha<\min\left(\frac{5}{2}-s,\frac{1}{4},2s-1\right)$, 则对于任意的 $g\in H^s(\mathbb{R}^+)$, $h\in H^{\frac{2s+1}{4}}(\mathbb{R}^+)$ 以及相容条件 $g(0)=h(0)$, 方程 (12.4) 的解满足

$$u(x,t)-W_0^t(g,h)(x)\in C_t^0H_x^{s+\alpha}\left([0,T]\times\mathbb{R}^+\right),$$

其中 T 是局部存在时间, $W_0^t(g,h)$ 为相应线性方程的解.

注意到, 定理 12.3 明确指出了解的非线性部分比初值和相应的线性解更光滑. 这种光滑估计在定理 12.2 的 $\alpha=-1$ 时唯一性讨论中起着核心作用, 因此对于任意的 α, 因为已经证明了如果用更光滑的解 (由能量方法已得唯一性) 逼近任意解, 所以这种逼近有效的时间间隔仅依赖于低正则解的范数. [187] 中给出了解存在的任何正则水平上的近似解的唯一性.

注记 12.4　为了证明定理 12.3, 特别是命题 12.13 和命题 12.14, 我们需要获得先验估计, 它表明了半直线上 L^2 临界五次 NLS 方程 $iu_t+u_{xx}\pm|u|^4u=0$ 在 $\alpha<\min\left(4s,\frac{1}{2},\frac{5}{2}-s\right)(s>0)$ 下几乎临界的局部适定性和光滑性. 这是一

个新的结果. 此外, 这些估计意味着 $\mathbb{R}$ 上关于 L^2 临界五次 NLS 方程在 $\alpha < \min\left(4s, \frac{1}{2}\right)$ 下的新的光滑估计, 它改进了 [188] 和 [202] 中给出的光滑估计.

接下来对于任何 α 建立方程 (12.3) 在能量空间中的整体适定性, 特别是方程 (12.2). 对非零边界的边值问题并不能得到局部理论的直接结果, 这是因为局部微分定律不能总是导致守恒定律. 为了将解延拓到所有时间, 仅需要解的 H^1 范数的先验界. 在半直线上确实如此, 因为已经证明了在能量空间中小初边值的界. 证明过程分为两步. 首先我们得到当 $\alpha = -1/2$ 时的界, 其中采用最简形式的微分定律, 然后对于任何 α 通过替换局部能量等式中的尺度得到了 DNLS 方程 (12.3) 的界.

定理 12.5 对于任意的 $\alpha \in \mathbb{R}$, 存在一个绝对常数 $c > 0$ 使得 $\|g\|_{H^1(\mathbb{R}^+)} + \|h\|_{H^1(\mathbb{R}^+)} \leqslant c$, 则方程 (12.3) 在 $H^1(\mathbb{R}^+)$ 中是全局适定的.

我们注意到定理 12.5 中的小性条件是自然的. 因为能量是非正定的, 所以在实轴上也需要小性条件假设.

文章的最后一部分, 在全直线上考虑可微 Schrödinger 方程. 结合 $X^{s,b}$ 理论与 [180] 和 [189] 中给出的关于周期 KdV 方程的标准理论, 得到以下光滑性定理.

定理 12.6 假设 $s > \frac{1}{2}, a < \min\left(\frac{1}{2}, 2s-1\right)$, 对于任意的 $g \in H^s(\mathbb{R})$, 方程

$$\begin{cases} iu_t + u_{xx} + iu^2\bar{u}_x + \frac{1}{2}|u|^4 u = 0, \quad x, t \in \mathbb{R}^+, \\ u(x,0) = g(x) \end{cases} \tag{12.5}$$

的解 u 满足

$$u - e^{it\Delta}g \in C_t^0 H_x^{s+a}([0,T] \times \mathbb{R}),$$

其中 T 是局部存在时间.

在保证全局存在性的小性 L^2 假设条件下, 这个结果可以通过迭代对所有时间成立[189]. 因为在 Sobolev 空间中尺度变换是连续的 (见附录引理 12.26), 由该定理直接可得

推论 12.7 假设 $s > \frac{1}{2}, a < \min\left(\frac{1}{2}, 2s-1\right)$, 对于任意的 $G \in H^s(\mathbb{R})$, 方程 (12.1) 的解 q 满足

$$q - \mathcal{G}_1(e^{it\Delta}(\mathcal{G}_{-1}G)) \in C_t^0 H_x^{s+a}([0,T] \times \mathbb{R}). \tag{12.6}$$

推论 12.7 改进了 [216] 中得到的关于方程 (12.1) 的光滑性结果.

本章结构如下: 12.1 节定义了解的记号, 讨论了线性方程的解以及得到一个用于进行不动点讨论的全直线的积分公式, 见方程 (12.14) . 因此, 可在空间

$$X^{s,b}(\mathbb{R}\times[0,T])\cap C_t^0H_x^s([0,T]\times\mathbb{R})\cap C_x^0H_t^{\frac{2s+1}{4}}(\mathbb{R}\times[0,T]) \tag{12.7}$$

中寻找一个不动点.

众所周知, 对于任意的 $b>1/2$ 有 $X^{s,b}(\mathbb{R}\times[0,T])\subset C_t^0H_x^s([0,T]\times\mathbb{R})$, $X^{s,b}$ 范数的定义见 (12.15) 式. 为了完备不动点讨论, 我们需要取 $b<1/2$, 并通过附加的估计直接证明解的连续性. 在 12.2 节证明研究半直线上可微 NLS 方程适定性需要的线性和非线性先验估计. 12.3 节建立对于一般 α 的局部适定性理论, 见定理 12.2. 12.4 节通过证明能量范数的先验界, 得到了具有小质量和小能量的全局适定性. 12.5 节研究实线上可微 NLS 方程. 特别使用了尺度变换和证明了用于获得改进的方程光滑界的多线性估计. 最后在 12.6 节附录中, 记录一个贯穿全章的引理, 并证明了一个在 Sobolev 空间中尺度变换的 Lipschitz 连续性的引理.

12.1 解的表达

定义 $\mathbb{R}$ 上 Fourier 变换为

$$\hat{g}(\xi)=\mathcal{F}g(\xi)=\int_{\mathbb{R}}e^{-ix\xi}g(x)\mathrm{d}x,$$

以及通过范数

$$\|g\|_{H^s}=\|g\|_{H^s(\mathbb{R})}=\left(\int_{\mathbb{R}}\langle\xi\rangle^{2s}|\hat{g}(\xi)|^2\mathrm{d}\xi\right)^{1/2}$$

定义 Sobolev 空间 $H^s(\mathbb{R})$, 其中 $\langle\xi\rangle:=\sqrt{1+|\xi|^2}$. 记线性 Schrödinger 传播算子 (对于 $g\in L^2(\mathbb{R})$) 为

$$W_{\mathbb{R}}g(x,t)=e^{it\Delta}g(x)=\mathcal{F}^{-1}\left[e^{-it|\cdot|^2}\hat{g}(\cdot)\right](x).$$

对于时空函数 f, 有 $D_0f(t)=f(0,t)$. 最后用符号 η 表示关于时间的光滑紧支撑函数, 即在 $[-1,1]$ 上等于 1.

假设 $s\in\left(0,\dfrac{5}{2}\right), s\neq\dfrac{1}{2},\dfrac{3}{2}$. 定义 $H^s(\mathbb{R}^+)$ 范数为

$$\|g\|_{H^s(\mathbb{R}^+)}:=\inf\left\{\|\tilde{g}\|_{H^s(\mathbb{R}^+)}:\tilde{g}(x)=g(x),x>0\right\}.$$

如果有 $\tilde{g}(x)=g(x)(x>0)$ 且 $\|\tilde{g}\|_{H^s}\leqslant 2\|g\|_{H^s(\mathbb{R}^+)}$, 则称 $\tilde{g}$ 是 $g\in H^s(\mathbb{R}^+)$ 在 $H^s(\mathbb{R})$ 上的延拓. 由 Sobolev 嵌入可得对于某些 $s>\frac{1}{2}, g\in H^s(\mathbb{R}^+)$ 的任意 H^s 延拓在 $\mathbb{R}$ 上连续, 因此 $g(0)$ 有很好的定义. 关于 $H^s(\mathbb{R}^+)$ 函数延拓有以下的引理, 见 [88] 和 [192].

引理 12.8 令 $h\in H^s(\mathbb{R}^+)$, 其中 $-\frac{1}{2}<s<\frac{3}{2}$.

(a) 如果 $-\frac{1}{2}<s<\frac{1}{2}$, 那么 $\left\|\chi_{(0,\infty)}h\right\|_{H^s(\mathbb{R})}\lesssim\|h\|_{H^s(\mathbb{R}^+)}$.

(b) 如果 $\frac{1}{2}<s<\frac{3}{2}$ 并且 $h(0)=0$, 那么 $\left\|\chi_{(0,\infty)}h\right\|_{H^s(\mathbb{R})}\lesssim\|h\|_{H^s(\mathbb{R}^+)}$.

为了构造方程 (12.4) 的解, 我们首先考虑线性问题:

$$\begin{cases} iu_t+u_{xx}=0, & x\in\mathbb{R}^+,\ t\in\mathbb{R}^+, \\ u(x,0)=g(x)\in H^s(\mathbb{R}^+), & u(0,t)=h(t)\in H^{\frac{2s+1}{4}}(\mathbb{R}^+), \end{cases}\tag{12.8}$$

附加相容条件 $h(0)=g(0)\left(s>\frac{1}{2}\right)$. 注意到, 用奇延拓法考虑当 $h=g=0$ 时的方程 (12.8), 可以得到方程 (12.8) 解的唯一性.

读者可以查阅 [84] 和 [192] 来推导方程 (12.8) 的解, 其中 $t\in[0,1]$. 记

$$u(t)=W_0^t(g,h)=W_0^t(0,h-p)+W_{\mathbb{R}}(t)g_e,$$

其中 g_e 是 g 在 $\mathbb{R}$ 上的一个 H^s 延拓, 满足 $\|g_e\|_{H^s(\mathbb{R})}\lesssim\|g\|_{H^s(\mathbb{R}^+)}$.

记 $p(t)=\eta(t)D_0(W_{\mathbb{R}}g_e)=\eta(t)\left[W_{\mathbb{R}}(t)g_e\right]\big|_{x=0}$. 由下面的引理 12.9, $p(t)$ 有定义并且 $p(t)\in H^{\frac{2s+1}{4}}(\mathbb{R}^+)$. 同样参照文献 [84] 和 [192], 记 $W_0^t(0,h)=W_1h+W_2h$, 其中

$$W_1h(x,t)=\frac{1}{\pi}\int_0^\infty e^{-i\beta^2t+i\beta x}\beta\hat{h}\left(-\beta^2\right)\mathrm{d}\beta,\tag{12.9}$$

$$W_2h(x,t)=\frac{1}{\pi}\int_0^\infty e^{i\beta^2t-\beta x}\beta\hat{h}\left(\beta^2\right)\mathrm{d}\beta,\tag{12.10}$$

$$\hat{h}(\xi)=\mathcal{F}\left(\chi_{(0,\infty)}h\right)(\xi)=\int_0^\infty e^{-i\xi t}h(t)\mathrm{d}t.\tag{12.11}$$

通过变量变换, 有

$$\sqrt{\int_0^\infty\langle\beta\rangle^{2s}\left|\beta\hat{h}\left(\pm\beta^2\right)\right|^2\mathrm{d}\beta}\lesssim\left\|\chi_{(0,\infty)}h\right\|_{H^{\frac{2s+1}{4}}(\mathbb{R})}\lesssim\|h\|_{H^{\frac{2s+1}{4}}(\mathbb{R}^+)},\tag{12.12}$$

其中最后一个不等式在满足相容条件 $h(0)=0$ 下可由引理 12.8 得到. 注意到由 (12.9) 式可以很好地定义 $W_1(x,t\in\mathbb{R})$. 类似于 [192] 中处理方法对所有 x 延拓, 记

$$W_2h(x,t)=\frac{1}{\pi}\int_0^{\infty}e^{i\beta^2t-\beta x}\rho(\beta x)\beta\hat{h}\left(\beta^2\right)\mathrm{d}\beta, \tag{12.13}$$

其中 $\rho(x)$ 是支撑在 $(-2,\infty)$ 上的光滑函数, 并且当 $x>0$ 时 $\rho(x)=1$. 因此对所有 $x,t\in\mathbb{R}$ 可以定义方程 (12.8) 的解 $W_0^t(g,h)$, 并且它在 $\mathbb{R}^+\times[0,1]$ 上的限制不依赖于延拓 g_e.

现在考虑积分方程

$$u(t)=\eta(t)W_0^t(g,h)+\eta(t)\int_0^t W_{\mathbb{R}}\left(t-t'\right)F(u)\mathrm{d}t'-\eta(t)W_0^t(0,q)(t), \tag{12.14}$$

其中

$$F(u)=\eta(t/T)\left(iu^2\bar{u}_x+\frac{1}{2}|u|^4u\right),\quad q(t)=\eta(t)D_0\left(\int_0^t W_{\mathbb{R}}\left(t-t'\right)F(u)\mathrm{d}t'\right),$$

这里 $D_0f(t)=f(0,t)$. 接下来证明积分方程 (12.14) 在 $\mathbb{R}\times\mathbb{R}$ 上的 Banach 空间 (12.7) 中对于某个 $T<1$ 存在唯一解. 利用边界算子的定义, 很显然 u 限制在 $\mathbb{R}^+\times[0,T]$ 上在分布意义下满足方程 (12.4). 同时, 在经典意义下光滑解 (12.14) 满足方程 (12.4) .

我们将使用空间 $X^{s,b}(\mathbb{R}\times\mathbb{R})$ (见 [85,86]):

$$\|u\|_{X^{s,b}}=\left\|\hat{u}(\tau,\xi)\langle\xi\rangle^s\left\langle\tau+\xi^2\right\rangle^b\right\|_{L_\tau^2L_\xi^2}, \tag{12.15}$$

嵌入 $X^{s,b}\subset C_t^0H_x^s\left(b>\dfrac{1}{2}\right)$ 以及 [85,191,195] 中相关不等式来讨论问题.

对任意的 s,b, 有

$$\|\eta(t)W_{\mathbb{R}}g\|_{X^{s,b}}\lesssim\|g\|_{H^s}. \tag{12.16}$$

对任意的 $s\in\mathbb{R},0\leqslant b_1<\dfrac{1}{2},\ 0\leqslant b_2\leqslant 1-b_1$, 有

$$\left\|\eta(t)\int_0^t W_{\mathbb{R}}\left(t-t'\right)F\left(t'\right)\mathrm{d}t'\right\|_{X^{s,b_2}}\lesssim\|F\|_{X^{s,-b_1}}. \tag{12.17}$$

对于 $T<1,\ -\dfrac{1}{2}<b_1<b_2<\dfrac{1}{2}$, 我们有

$$\|\eta(t/T)F\|_{X^{s,b_1}}\lesssim T^{b_2-b_1}\|F\|_{X^{s,b_2}}. \tag{12.18}$$

最后见 [220, 引理 2.9], 对于 $\mathbb{R}\times\mathbb{R}$ 上的任何平移不变 Banach 函数空间 B, 先验估计 $\|W_{\mathbb{R}}g\|_{\mathcal{B}}\lesssim\|g\|_{H^s}$, 意味着当 $b>1/2$ 时,

$$\|u\|_{\mathcal{B}}\lesssim\|u\|_{X^{s,b}}. \tag{12.19}$$

12.2 先验估计

12.2.1 线性项估计

首先讨论将空间导数转换为时间导数的 Kato 光滑型估计, 这些估计验证了定义 12.1 中关于 g,h 空间选择的正确性.

引理 12.9 (Kato 光滑不等式) 假设 $s\geqslant 0$, 对任意 $g\in H^s(\mathbb{R})$, 有

$$\eta(t)W_{\mathbb{R}}g\in C_x^0H_t^{\frac{2s+1}{4}}(\mathbb{R}\times\mathbb{R}) \quad 及 \quad \|\eta W_{\mathbb{R}}g\|_{L_x^\infty H_t^{\frac{2s+1}{4}}}\lesssim\|g\|_{H^s(\mathbb{R})}.$$

并且当 $s\geqslant 1/2$ 时, 对于任意 $g\in H^s(\mathbb{R})$, 有

$$\eta(t)\partial_xW_{\mathbb{R}}g\in C_x^0H_t^{\frac{2(s-1)+1}{4}}(\mathbb{R}\times\mathbb{R}) \quad 及 \quad \|\eta\partial_xW_{\mathbb{R}}g\|_{L_x^\infty H_t^{\frac{2(s-1)+1}{4}}}\lesssim\|g\|_{H^s(\mathbb{R})}.$$

证明 第一部分是著名的 Kato 光滑定理 [192]. 因为 ∂_x 与 $W_{\mathbb{R}}$ 可交换, 当 $s\geqslant 1$ 时由第一部分直接可得第二部分. 当 $s\in\left[\dfrac{1}{2},1\right)$ 时,

$$\begin{aligned}
\mathcal{F}_t\left(\eta\partial_xW_{\mathbb{R}}g\right)(\tau)&=i\int\hat{\eta}\left(\tau+\xi^2\right)e^{ix\xi}\xi\hat{g}(\xi)\mathrm{d}\xi\\
&=i\int_{|\xi|<1}\hat{\eta}\left(\tau+\xi^2\right)e^{ix\xi}\xi\hat{g}(\xi)\mathrm{d}\xi+i\int_{|\xi|\geqslant 1}\hat{\eta}\left(\tau+\xi^2\right)e^{ix\xi}\xi\hat{g}(\xi)\mathrm{d}\xi.
\end{aligned}$$

估计第一项的 $H_t^{\frac{2s-1}{4}}$ 范数为

$$\int_{|\xi<1}\left\|\langle\tau\rangle^{\frac{2s-1}{4}}\hat{\eta}\left(\tau+\xi^2\right)\right\|_{L_\tau^2}|\hat{g}(\xi)|\mathrm{d}\xi\lesssim\int_{|\xi|<1}|\hat{g}(\xi)|\mathrm{d}\xi\lesssim\|\hat{g}\|_{L^2}\lesssim\|g\|_{H^s}.$$

通过变量变换可得第二项有界, 即

$$\begin{aligned}
&\left\|\int_1^\infty\langle\tau\rangle^{\frac{2s-1}{4}}|\hat{\eta}(\tau+\rho)||\hat{g}(\pm\sqrt{\rho})|\mathrm{d}\rho\right\|_{L_\tau^2}\\
\lesssim&\left\|\int_1^\infty\langle\tau+\rho\rangle^{\frac{2s-1}{4}}|\hat{\eta}(\tau+\rho)|\rho^{\frac{2s-1}{4}}|\hat{g}(\pm\sqrt{\rho})|\mathrm{d}\rho\right\|_{L_\tau^2}.
\end{aligned}$$

由 Young 不等式, 可得

$$\left\|\langle\cdot\rangle^{\frac{2s-1}{4}}\hat{\eta}\right\|_{L^1}\left\|\rho^{\frac{2s-1}{4}}\hat{g}(\pm\sqrt{\rho})\right\|_{L^2_{\rho>1}}\lesssim\|g\|_{H^s}.$$

由上述估计和控制收敛定理可得连续性. □

引理 12.10 和命题 12.11 表示边界算子属于空间 (12.7) .

引理 12.10 令 $s\geqslant 0$, 如果 h 满足 $\chi_{(0,\infty)}h\in H^{\frac{2s+1}{4}}(\mathbb{R})$, 则有 $W_0^t(0,h)\in C_t^0H_x^s(\mathbb{R}\times\mathbb{R})$ 及 $\eta(t)W_0^t(0,h)\in C_x^0H_t^{\frac{2s+1}{4}}(\mathbb{R}\times\mathbb{R})$. 并且当 $s\geqslant 1/2$ 时, 如果 h 满足 $\chi_{(0,\infty)}h\in H^{\frac{2s+1}{4}}(\mathbb{R})$, 则有

$$\eta(t)\partial_xW_0^t(0,h)\in C_x^0H_t^{\frac{2(s-1)+1}{4}}(\mathbb{R}\times\mathbb{R}).$$

证明 关于第一部分的证明见 [192]. 要证明 $\eta(t)\partial_xW_2h\in C_x^0H_t^{\frac{2s-1}{4}}(\mathbb{R}\times\mathbb{R})$, 记

$$\begin{aligned}W_2h&=\int_{\mathbb{R}}f(\beta x)\mathcal{F}\left(e^{-it\Delta}\psi\right)(\beta)\mathrm{d}\beta=\int_{\mathbb{R}}\frac{1}{x}\hat{f}(\xi/x)\left(e^{-it\Delta}\psi\right)(\xi)\mathrm{d}\xi\\&=\int_{\mathbb{R}}\hat{f}(\xi)\left(e^{-it\Delta}\psi\right)(x\xi)\mathrm{d}\xi,\end{aligned}$$

其中 $f(x)=e^{-x}\rho(x)$ 且 $\hat{\psi}(\beta)=\beta\hat{h}\left(\beta^2\right)\chi_{[0,\infty)}(\beta)$. 因此有

$$\partial_xW_2h=\int_{\mathbb{R}}\xi\hat{f}(\xi)\left(e^{-it\Delta}\psi'\right)(x\xi)\mathrm{d}\xi.$$

注意到 $\xi\hat{f}(\xi)\in L^1$, 由 Kato 光滑引理 12.9 和控制收敛定理可以得到结论.

最后, 因为 $W_1h=W_{\mathbb{R}}\psi$, 其中 $\hat{\psi}(\beta)=\beta\hat{h}\left(-\beta^2\right)\chi_{[0,\infty)}(\beta)$, 则由 (12.11) 式、(12.12) 式、$W_{\mathbb{R}}(t)$ 的连续性以及 Kato 光滑引理 12.9 可得 $\eta(t)\partial_xW_1h\in C_x^0H_t^{\frac{2s-1}{4}}(\mathbb{R}\times\mathbb{R})$. □

命题 12.11 设 $b\leqslant\dfrac{1}{2}, s\geqslant 0$, 则当 h 满足 $\chi_{(0,\infty)}h\in H^{\frac{2s+1}{4}}$ 时, 有

$$\left\|\eta(t)W_0^t(0,h)\right\|_{X^{s,b}}\lesssim\left\|\chi_{(0,\infty)}h\right\|_{H_t^{\frac{2s+1}{4}}(\mathbb{R})}.$$

下面给出一个关于非线性 Duhamel 项的 Kato 光滑型估计.

命题 12.12 假设 $b<\dfrac{1}{2}, \eta$ 为任意光滑紧支撑函数, 则有

$$\left\|\eta\int_0^tW_{\mathbb{R}}\left(t-t'\right)F\mathrm{d}t'\right\|_{C_x^0H_t^{\frac{2s+1}{4}}(\mathbb{R}\times\mathbb{R})}$$

$$\lesssim \begin{cases} \|F\|_{X^{s,-b}}, & 0 \leqslant s \leqslant \dfrac{1}{2}, \\ \|F\|_{X^{\frac{1}{2},\frac{2s-1-4b}{4}}} + \|F\|_{X^{s,-b}}, & \dfrac{1}{2} \leqslant s \leqslant \dfrac{5}{2}, \end{cases}$$

以及

$$\left\| \eta\partial_x \int_0^t W_{\mathbb{R}}(t-t') F \mathrm{d}t' \right\|_{C_x^0 H_t^{\frac{2s-1}{4}}(\mathbb{R}\times\mathbb{R})}$$

$$\lesssim \begin{cases} \|F\|_{X^{s,-b}}, & \dfrac{1}{2} \leqslant s \leqslant \dfrac{3}{2}, \\ \|F\|_{X^{\frac{1}{2},\frac{2s-1-4b}{4}}} + \|F\|_{X^{s,-b}}, & \dfrac{3}{2} \leqslant s \leqslant \dfrac{5}{2}. \end{cases}$$

证明 第一部分证明见 [192]. 关于第二部分的证明, 因为 ∂_x 与 $W_{\mathbb{R}}$ 可交换, 当 $s \geqslant 1$ 时由第一部分直接可得; 当 $\dfrac{1}{2} \leqslant s < 1$ 时, 基于 [88] 中讨论基础上可得 (见 [192]).

因为 $X^{s,b}$ 范数不依赖于空间平移, 只需要证明 $\eta D_0 \left(\int_0^t W_{\mathbb{R}}(t-t') \partial_x F \mathrm{d}t' \right)$ 存在上述控制界即可. 类似于引理 12.9 的证明, 通过控制收敛定理可得关于 x 的连续性. 注意到

$$D_0 \left(\int_0^t W_{\mathbb{R}}(t-t') \partial_x F \mathrm{d}t' \right) = i \int_{\mathbb{R}} \int_0^t e^{-i(t-t')\xi^2} \xi F\left(\hat{\xi}, t'\right) \mathrm{d}t' \mathrm{d}\xi.$$

由

$$F\left(\hat{\xi}, t'\right) = \int_{\mathbb{R}} e^{it'\lambda} \hat{F}(\xi, \lambda) \mathrm{d}\lambda \quad 和 \quad \int_0^t e^{it'(\xi^2+\lambda)} \mathrm{d}t' = \frac{e^{it(\xi^2+\lambda)} - 1}{i(\lambda+\xi^2)},$$

可得

$$D_0 \left(\int_0^t W_{\mathbb{R}}(t-t') \partial_x F \mathrm{d}t' \right) = i \int_{\mathbb{R}^2} \frac{e^{it\lambda} - e^{-it\xi^2}}{i(\lambda+\xi^2)} \xi \hat{F}(\xi, \lambda) \mathrm{d}\xi \mathrm{d}\lambda.$$

设 ψ 是 $[-1,1]$ 上一个光滑截断及 $\psi^c = 1 - \psi$, 则

$$\begin{aligned} \eta(t) D_0 \left(\int_0^t W_{\mathbb{R}}(t-t') \partial_x F \mathrm{d}t' \right) = {} & \eta(t) \int_{\mathbb{R}^2} \frac{e^{it\lambda} - e^{-it\xi^2}}{i(\lambda+\xi^2)} \psi\left(\lambda+\xi^2\right) \xi \hat{F}(\xi, \lambda) \mathrm{d}\xi \mathrm{d}\lambda \\ & + \eta(t) \int_{\mathbb{R}^2} \frac{e^{it\lambda}}{i(\lambda+\xi^2)} \psi^c\left(\lambda+\xi^2\right) \xi \hat{F}(\xi, \lambda) \mathrm{d}\xi \mathrm{d}\lambda \end{aligned}$$

$$
\begin{aligned}
&-\eta(t)\int_{\mathbb{R}^2}\frac{e^{-it\xi^2}}{i(\lambda+\xi^2)}\psi^c\left(\lambda+\xi^2\right)\xi\hat{F}(\xi,\lambda)\mathrm{d}\xi\mathrm{d}\lambda\\
=:&\ \mathrm{I}+\mathrm{II}+\mathrm{III}.
\end{aligned}
$$

通过 Taylor 展开,

$$
\frac{e^{it\lambda}-e^{-it\xi^2}}{i(\lambda+\xi^2)}=ie^{it\lambda}\sum_{k=1}^{\infty}\frac{(-it)^k}{k!}\left(\lambda+\xi^2\right)^{k-1},
$$

则

$$
\begin{aligned}
&\|\mathrm{I}\|_{H^{\frac{2s-1}{4}}(\mathbb{R})}\\
\lesssim&\sum_{k=1}^{\infty}\frac{\|\eta(t)t^k\|_{H^1}}{k!}\left\|\int_{\mathbb{R}^2}e^{it\lambda}\left(\lambda+\xi^2\right)^{k-1}\psi\left(\lambda+\xi^2\right)\xi\hat{F}(\xi,\lambda)\mathrm{d}\xi\mathrm{d}\lambda\right\|_{H_t^{\frac{2s-1}{4}}(\mathbb{R})}\\
\lesssim&\sum_{k=1}^{\infty}\frac{1}{(k-1)!}\left\|\langle\lambda\rangle^{\frac{2s-1}{4}}\int_{\mathbb{R}}\left(\lambda+\xi^2\right)^{k-1}\psi\left(\lambda+\xi^2\right)\xi\hat{F}(\xi,\lambda)\mathrm{d}\xi\right\|_{L^2_\lambda}\\
\lesssim&\left\|\langle\lambda\rangle^{\frac{2s-1}{4}}\int_{\mathbb{R}}\psi\left(\lambda+\xi^2\right)|\xi||\hat{F}(\xi,\lambda)|\mathrm{d}\xi\right\|_{L^2_\lambda}.
\end{aligned}
$$

由 Cauchy-Schwarz 不等式, 可得估计

$$
\begin{aligned}
&\left[\int_{\mathbb{R}}\langle\lambda\rangle^{\frac{2s-1}{2}}\left(\int_{|\lambda+\xi^2|<1}\langle\xi\rangle^{2-2s}\mathrm{d}\xi\right)\left(\int_{|\lambda+\xi^2|<1}\langle\xi\rangle^{2s}|\hat{F}(\xi,\lambda)|^2\mathrm{d}\xi\right)\mathrm{d}\lambda\right]^{1/2}\\
\lesssim&\|F\|_{X^{s,-b}}\sup_{\lambda}\left(\langle\lambda\rangle^{\frac{2s-1}{2}}\int_{|\lambda+\xi^2|<1}\langle\xi\rangle^{2-2s}\mathrm{d}\xi\right)^{1/2}\lesssim\|F\|_{X^{s,-b}}.
\end{aligned}
$$

将 $\rho=\xi^2$ 代入计算, 则可得最后一个不等式.

对于第二项, 有

$$
\begin{aligned}
\|\mathrm{II}\|_{H^{\frac{2s-1}{4}}(\mathbb{R})}\lesssim&\|\eta\|_{H^1}\left\|\langle\lambda\rangle^{\frac{2s-1}{4}}\int_{\mathbb{R}}\frac{1}{\lambda+\xi^2}\psi^c\left(\lambda+\xi^2\right)\xi\hat{F}(\xi,\lambda)\mathrm{d}\xi\right\|_{L^2_\lambda}\\
\lesssim&\left\|\langle\lambda\rangle^{\frac{2s-1}{4}}\int_{\mathbb{R}}\frac{1}{\langle\lambda+\xi^2\rangle}|\xi\hat{F}(\xi,\lambda)|\mathrm{d}\xi\right\|_{L^2_\lambda}.
\end{aligned}
$$

根据 Cauchy-Schwarz 不等式, 有

$$
\left[\int_{\mathbb{R}}\langle\lambda\rangle^{\frac{2s-1}{2}}\left(\int\frac{\langle\xi\rangle^{2-2s}}{\langle\lambda+\xi^2\rangle^{2-2b}}\mathrm{d}\xi\right)\left(\int\frac{\langle\xi\rangle^{2s}}{\langle\lambda+\xi^2\rangle^{2b}}|\widehat{F}(\xi,\lambda)|^2\mathrm{d}\xi\right)\mathrm{d}\lambda\right]^{1/2}
$$

$$\lesssim \|F\|_{X^{s,-b}} \sup_{\lambda} \left(\langle \lambda \rangle^{\frac{2s-1}{2}} \int \frac{\langle \xi \rangle^{2-2s}}{\langle \lambda + \xi^2 \rangle^{2-2b}} \mathrm{d}\xi \right)^{1/2} \lesssim \|F\|_{X^{s,-b}}.$$

要得到最后一个不等式, 需要令 $\frac{1}{2} \leqslant s \leqslant 1$ 以及 $b < \frac{1}{2}$, 同时分别考虑 $|\xi| < 1$ 和 $|\xi| \geqslant 1$ 两种情形. 在第一种情形中使用 $\langle \lambda + \xi^2 \rangle \approx \langle \lambda \rangle$, 在第二种情形中先使用变量代换 $\rho = \xi^2$ 再使用引理 12.25.

为了估计 $\|\mathrm{III}\|_{H^{\frac{2s-1}{4}}(\mathbb{R})}$, 将对 ξ 积分拆成两部分 $|\xi| \geqslant 1$ 和 $|\xi| < 1$ 进行计算. 对第一部分采用前面的方法进行估计 (在变量代换 $\rho = \xi^2$ 后),

$$\begin{aligned} &\left\| \langle \rho \rangle^{\frac{2s-1}{4}} \int_{\mathbb{R}} \frac{1}{\lambda + \rho} \psi^c(\lambda + \rho) \hat{F}(\sqrt{\rho}, \lambda) \mathrm{d}\lambda \right\|_{L^2_{|\rho| \geqslant 1}} \\ \lesssim{}& s \left\| \langle \rho \rangle^{\frac{2s-1}{4}} \int_{\mathbb{R}} \frac{1}{\langle \lambda + \rho \rangle} |\hat{F}(\sqrt{\rho}, \lambda)| \mathrm{d}\lambda \right\|_{L^2_{|\rho| \geqslant 1}}. \end{aligned}$$

对 λ 积分使用 Cauchy-Schwarz 不等式, 同时注意到 $b < \frac{1}{2}$, 再使用下式进行控制

$$\left[\int_{|\rho|>1} \int_{\mathbb{R}} \frac{\langle \rho \rangle^{\frac{2s-1}{2}}}{\langle \lambda + \rho \rangle^{2b}} |\hat{F}(\sqrt{\rho}, \lambda)|^2 \mathrm{d}\lambda \mathrm{d}\rho \right]^{1/2} \lesssim \|F\|_{X^{s,-b}}.$$

对后一项使用下面不等式进行估计

$$\begin{aligned} &\int_{\mathbb{R}^2} \frac{\left\| \eta(t) e^{-it\xi^2} \right\|_{H^{\frac{2s-1}{4}}} \chi_{[-1,1]}(\xi)}{|\lambda + \xi^2|} \psi^c\left(\lambda + \xi^2\right) |\xi \hat{F}(\xi, \lambda)| \mathrm{d}\xi \mathrm{d}\lambda \\ \lesssim{}& \int_{\mathbb{R}^2} \frac{\chi_{[-1,1]}(\xi)}{\langle \lambda + \xi^2 \rangle} |\hat{F}(\xi, \lambda)| \mathrm{d}\xi \mathrm{d}\lambda. \end{aligned}$$

因此可得: 当 $b < \frac{1}{2}$ 时, 通过对 ξ 和 λ 积分使用 Cauchy-Schwarz 不等式可得有界性. □

12.2.2 非线性项估计

为了完善不动点讨论以及获得光滑定理, 下面对方程 (12.14) 中的非线性项进行估计. 首先回顾从 (12.19) 式得到的先验估计以及关于非线性 Schrödinger 方程的色散估计[203, 215, 216],

$$\left\| \left(\frac{\langle \xi \rangle^{\frac{1}{2}} f(\xi, \tau)}{\langle \tau + \xi^2 \rangle^{\frac{1}{2}+}} \right)^{\vee} \right\|_{L^\infty_x L^2_t} \lesssim \|f\|_{L^2_{\xi,\tau}} \text{ (Kato 光滑不等式)}, \tag{12.20}$$

$$\left\| \left(\frac{f(\xi,\tau)}{\langle\xi\rangle^{\frac{1}{4}} \langle\tau+\xi^2\rangle^{\frac{1}{2}+}} \right)^{\vee} \right\|_{L_x^4 L_t^\infty} \lesssim \|f\|_{L^2_{\xi,\tau}} (\text{极大函数不等式}), \tag{12.21}$$

对不等式 (12.20) 和 (12.21) 使用 Plancherel 等式插值, 可得

$$\left\| \left(\frac{\langle\xi\rangle^{\frac{1}{2}-} f(\xi,\tau)}{\langle\tau+\xi^2\rangle^{\frac{1}{2}-}} \right)^{\vee} \right\|_{L_x^{\infty-} L_t^2} \lesssim \|f\|_{L^2_{\xi,\tau}}, \tag{12.22}$$

$$\left\| \left(\frac{f(\xi,\tau)}{\langle\xi\rangle^{\frac{1}{4}-} \langle\tau+\xi^2\rangle^{\frac{1}{2}-}} \right)^{\vee} \right\|_{L_x^{4-} L_t^{\infty-}} \lesssim \|f\|_{L^2_{\xi,\tau}}. \tag{12.23}$$

使用 Sobolev 嵌入, 有

$$\left\| \left(\frac{f(\xi,\tau)}{\langle\xi\rangle^{\frac{1}{2}-\frac{1}{p}+} \langle\tau+\xi^2\rangle^{\frac{1}{2}-\frac{1}{p}+}} \right)^{\vee} \right\|_{L_x^p L_t^p} \lesssim \|f\|_{L^2_{\xi,\tau}}, \quad 2 \leqslant p < \infty. \tag{12.24}$$

用 Strichartz 估计

$$\left\| \left(\frac{f(\xi,\tau)}{\langle\tau+\xi^2\rangle^{\frac{1}{2}+}} \right)^{\vee} \right\|_{L_x^6 L_t^6} \lesssim \|f\|_{L^2_{\xi,\tau}} \tag{12.25}$$

对 (12.25) 式使用 Plancherel 等式插值, 有

$$\left\| \left(\frac{f(\xi,\tau)}{\langle\tau+\xi^2\rangle^{\frac{3}{4}-\frac{3}{2p}+}} \right)^{\vee} \right\|_{L_x^p L_t^p} \lesssim \|f\|_{L^2_{\xi,\tau}}, \quad 2 < p < 6. \tag{12.26}$$

对 (12.25) 式用 (12.24) 式插值, 有

$$\left\| \left(\frac{f(\xi,\tau)}{\langle\xi\rangle^{\frac{p-6}{2p}+} \langle\tau+\xi^2\rangle^{\frac{1}{2}-}} \right)^{\vee} \right\|_{L_x^p L_t^p} \lesssim \|f\|_{L^2_{\xi,\tau}}, \quad 6 < p < \infty. \tag{12.27}$$

由 (12.26), (12.27) 式以及 Hölder 不等式, 可得

$$\left\| \left(\frac{f(\xi,\tau)}{\langle\tau+\xi^2\rangle^{c+}} \right)^{\vee} \left[\left(\frac{f(\xi,\tau)}{\langle\xi\rangle^{\frac{1}{2}-c+} \langle\tau+\xi^2\rangle^{\frac{1}{2}-}} \right)^{\vee} \right]^2 \right\|_{L^{2+}_{x,t}} \lesssim \|f\|^3_{L^2_{\xi,\tau}}, \quad 0 \leqslant c \leqslant \frac{1}{2}. \tag{12.28}$$

类似地, 由 (12.22), (12.23) 以及 Hölder 不等式, 可得

$$\left\|\left(\frac{\langle\xi\rangle^{\frac{1}{2}-}f(\xi,\tau)}{\langle\tau+\xi^2\rangle^{\frac{1}{2}-}}\right)^{\vee}\left[\left(\frac{f(\xi,\tau)}{\langle\xi\rangle^{\frac{1}{4}-}\langle\tau+\xi^2\rangle^{\frac{1}{2}-}}\right)^{\vee}\right]^2\right\|_{L^{2-}_{x,t}}\lesssim\|f\|^3_{L^2_{\xi,\tau}}. \tag{12.29}$$

接下来讨论方程 (12.14) 中五次项的光滑估计.

命题 12.13 给定 $s>0$ 和 $a<\min\left(4s,\dfrac{1}{2}\right)$, 存在 $\varepsilon>0$ 使得 $\dfrac{1}{2}-\varepsilon<b<\dfrac{1}{2}$, 则有

$$\left\||u|^4u\right\|_{X^{s+a,-b}}\lesssim\|u\|^5_{X^{s,b}}.$$

证明 将 $|u|^4u=u\bar{u}u\bar{u}u$ 的 Fourier 变换写成卷积形式, 即

$$\widehat{|u|^4u}(\xi_0,\tau_0)=\int_{\substack{\xi_0-\xi_1+\xi_2-\xi_3+\xi_4-\xi_5=0\\ \tau_0-\tau_1+\tau_2-\tau_3+\tau_4-\tau_5=0}}\hat{u}(\xi_1,\tau_1)\overline{\hat{u}(\xi_2,\tau_2)}\hat{u}(\xi_3,\tau_3)\overline{\hat{u}(\xi_4,\tau_4)}\hat{u}(\xi_5,\tau_5).$$

定义

$$f(\xi,\tau)=|\hat{u}(\xi,\tau)|\langle\xi\rangle^s\left\langle\tau+\xi^2\right\rangle^b,$$

通过对偶法, 可以证得

$$I:=\int_{\substack{\xi_0-\xi_1+\xi_2-\xi_3+\xi_4-\xi_5=0\\ \tau_0-\tau_1+\tau_2-\tau_3+\tau_4-\tau_5=0}}\frac{\langle\xi_0\rangle^{s+a}g(\xi_0,\tau_0)\prod\limits_{j=1}^{5}f(\xi_j,\tau_j)}{\prod\limits_{j=1}^{5}\langle\xi_j\rangle^s\prod\limits_{j=0}^{5}\left\langle\tau_j+\xi_j^2\right\rangle^b}\lesssim\|f\|^5_{L^2_{\xi,\tau}}\|g\|_{L^2_{\xi,\tau}}.$$

根据对称性, 可以限制 $|\xi_1|\geqslant|\xi_2|\geqslant|\xi_3|\geqslant|\xi_4|\geqslant|\xi_5|$, 这意味着 $|\xi_0|\lesssim|\xi_1|$. 记

$$\begin{aligned}I\lesssim&\sup\frac{\langle\xi_2\rangle^{0+}\langle\xi_3\rangle^{0+}\langle\xi_4\rangle^{\frac{1}{4}-}\langle\xi_5\rangle^{\frac{1}{4}-}}{\langle\xi_1\rangle^{\frac{1}{2}-}}\frac{\langle\xi_0\rangle^{s+a}}{\prod\limits_{j=1}^{5}\langle\xi_j\rangle^s}\\&\times\int_{\substack{\xi_0-\xi_1+\xi_2-\xi_3+\xi_4-\xi_5=0\\ \tau_0-\tau_1+\tau_2-\tau_3+\tau_4-\tau_5=0}}\left(\frac{g(\xi_0,\tau_0)f(\xi_2,\tau_2)f(\xi_3,\tau_3)}{\langle\xi_2\rangle^{0+}\langle\xi_3\rangle^{0+}\langle\tau_0+\xi_0^2\rangle^b\langle\tau_2+\xi_2^2\rangle^b\langle\tau_3+\xi_3^2\rangle^b}\right.\\&\left.\times\frac{\langle\xi_1\rangle^{\frac{1}{2}-}f(\xi_1,\tau_1)f(\xi_4,\tau_4)f(\xi_5,\tau_5)}{\langle\xi_4\rangle^{\frac{1}{4}-}\langle\xi_5\rangle^{\frac{1}{4}-}\langle\tau_1+\xi_1^2\rangle^b\langle\tau_4+\xi_4^2\rangle^b\langle\tau_5+\xi_5^2\rangle^b}\right).\end{aligned}$$

注意到, 当 $s>0$ 时, 如果 $a<\min(1/2,4s)$, 则上确界是有限的. 因此, 利用 (12.28) 式 $\left(\text{其中 } c=\dfrac{1}{2}-\right)$ 与 (12.29) 式, 以及 Plancherel 等式和卷积结构, 可得 $I\lesssim\|f\|^5_{L^2_{\xi,\tau}}\|g\|_{L^2_{\xi,\tau}}$. □

命题 12.14 对于给定的 $0<s<\dfrac{5}{2}$ 及 $\dfrac{1}{2}-s<a<\min\left(4s,\dfrac{1}{2},\dfrac{5}{2}-s\right)$, 则存在 $\varepsilon>0$ 使得 $\dfrac{1}{2}-\varepsilon<b<\dfrac{1}{2}$, 从而有

$$\left\||u|^4 u\right\|_{X^{\frac{1}{2},\frac{2s+2a-1-4b}{4}}}\lesssim\|u\|_{X^{s,b}}^5.$$

证明 类似于命题 12.13 的证明, 通过对偶性有

$$I:=\int_{\substack{\xi_0-\xi_1+\xi_2-\xi_3+\xi_4-\xi_5=0\\ \tau_0-\tau_1+\tau_2-\tau_3+\tau_4-\tau_5=0}}\frac{\langle\xi_0\rangle^{\frac{1}{2}}\left\langle\tau_0+\xi_0^2\right\rangle^{\frac{2s+2a-1-4b}{4}}g(\xi_0,\tau_0)\prod\limits_{j=1}^{5}f(\xi_j,\tau_j)}{\prod\limits_{j=1}^{5}\langle\xi_j\rangle^s\left\langle\tau_j+\xi_j^2\right\rangle^b}$$

$$\lesssim\|f\|_{L^2_{\xi,\tau}}^5\|g\|_{L^2_{\xi,\tau}}.$$

考虑以下三种情形:

情形 1 $\dfrac{3}{2}\leqslant s+a<\dfrac{5}{2}$. 因为 $a<\dfrac{1}{2}$, 所以 $s>1$, 注意到

$$\left\langle\tau_0+\xi_0^2\right\rangle\lesssim\langle\xi_{\max}\rangle^2\max_{j=1,\cdots,5}\left\langle\tau_j+\xi_j^2\right\rangle.$$

不失一般性, 设 $\max\limits_{j=1,\cdots,5}\left\langle\tau_j+\xi_j^2\right\rangle=\left\langle\tau_5+\xi_5^2\right\rangle$, 则有

$$\frac{\left\langle\tau_0+\xi_0^2\right\rangle^{\frac{2s+2a-1-4b}{4}}}{\prod\limits_{j=1}^{5}\left\langle\tau_j+\xi_j^2\right\rangle^b}\lesssim\frac{\langle\xi_{\max}\rangle^{s+a-\frac{1}{2}-2b}}{\prod\limits_{j=1}^{4}\left\langle\tau_j+\xi_j^2\right\rangle^{\frac{1}{2}+}}.$$

利用上式 Cauchy-Schwarz 不等式, 并对变量 τ 积分, 用下式的平方根来约束 I

$$\|f\|_{L^2_{\xi,\tau}}^{10}\|g\|_{L^2_{\xi,\tau}}^2\sup_{\xi_0}\int_{\xi_0-\xi_1+\xi_2-\xi_3+\xi_4-\xi_5=0}\frac{\langle\xi_0\rangle\langle\xi_{\max}\rangle^{2s+2a-1-4b}}{\prod\limits_{j=1}^{5}\langle\xi_j\rangle^{2s}}.$$

上确界可用 $\sup\langle\xi_0\rangle\langle\xi_{\max}\rangle^{2a-1-4b}$ 控制, 且当 $a\leqslant 2b$ 时它是有限的. 这样完成了情形 1 的讨论.

现在考虑其余情形 $\dfrac{1}{2}<s+a<\dfrac{3}{2}$. 根据对称性, 可以限定 $|\xi_1|\geqslant|\xi_2|\geqslant|\xi_3|\geqslant|\xi_4|\geqslant|\xi_5|$, 这意味着 $|\xi_0|\lesssim|\xi_1|$. 接下来分别讨论情形 $s+a<1$ 和 $s+a\geqslant 1$. 在

这两种情形下, 如果 $\sum_{j=1}^{n} b_j \geqslant 0$, 则通过简单观察有 $a_1 \geqslant a_2 \geqslant \cdots \geqslant a_n \geqslant 1$ 和 $b_1 \geqslant b_2 \geqslant \cdots \geqslant b_n$, 即意味着 $\prod_{j=1}^{n} a_j^{-b_j} \leqslant 1$.

情形 2 $\dfrac{1}{2} < s+a < 1$. 类似于命题 12.13 的证明, 对 $f(\xi_1,\tau_1), f(\xi_4,\tau_4)$ 和 $f(\xi_5,\tau_5)$ 使用 (12.29) 式以及对 $g(\xi_0,\tau_0), f(\xi_2,\tau_2)$ 和 $f(\xi_3,\tau_3)$ 使用 (12.28) 式 $\left(\text{其中 } c := \dfrac{3-2s-2a}{4} - \in \left(\dfrac{1}{4},\dfrac{1}{2}\right)\right)$, 则很容易得到当 $a < \min\left(4s,\dfrac{1}{2}\right)$ 时,

$$\sup \frac{\langle\xi_2\rangle^{\frac{1}{2}-c+}\langle\xi_3\rangle^{\frac{1}{2}-c+}\langle\xi_4\rangle^{\frac{1}{4}-}\langle\xi_5\rangle^{\frac{1}{4}-}}{\langle\xi_1\rangle^{\frac{1}{2}-}}\frac{\langle\xi_0\rangle^{\frac{1}{2}}}{\prod\limits_{j=1}^{5}\langle\xi_j\rangle^{s}} < \infty$$

成立.

情形 3 $1 \leqslant s+a < \dfrac{3}{2}$. 对 $f(\xi_1,\tau_1), f(\xi_2,\tau_2)$ 和 $f(\xi_3,\tau_3)$ 使用 (12.29) 式以及对 $g(\xi_0,\tau_0), f(\xi_4,\tau_4)$ 和 $f(\xi_5,\tau_5)$ 使用 (12.28) 式 $\left(\text{其中 } c := \dfrac{3-2s-2a}{4} - \in \left(0,\dfrac{1}{4}\right)\right)$, 又因为 $a < \min\left(4s,\dfrac{1}{2}\right)$, 则有

$$\sup \frac{\langle\xi_2\rangle^{\frac{1}{4}-}\langle\xi_3\rangle^{\frac{1}{4}-}\langle\xi_4\rangle^{\frac{1}{2}-c+}\langle\xi_5\rangle^{\frac{1}{2}-c+}}{\langle\xi_1\rangle^{\frac{1}{2}-}}\frac{\langle\xi_0\rangle^{\frac{1}{2}}}{\prod\limits_{j=1}^{5}\langle\xi_j\rangle^{s}} < \infty. \qquad \square$$

下面命题是 [215] 中估计的一个变形.

命题 12.15 给定 $s > \dfrac{1}{2}$, 且 $a < \min\left(2s-1,\dfrac{1}{4}\right)$ 则存在 $\varepsilon > 0$, 使得 $\dfrac{1}{2}-\varepsilon < b < \dfrac{1}{2}$, 则有

$$\left\|u^2\overline{u_x}\right\|_{X^{s+a,-b}} \lesssim \|u\|_{X^{s,b}}^3.$$

证明 类似于命题 12.13 的证明, 由对偶性可得

$$\int_{\substack{\xi_0-\xi_1+\xi_2-\xi_3=0\\ \tau_0-\tau_1+\tau_2-\tau_3=0}} \frac{\langle\xi_0\rangle^{s+a}\langle\xi_2\rangle g(\xi_0,\tau_0)\prod\limits_{j=1}^{3} f(\xi_j,\tau_j)}{\prod\limits_{j=1}^{3}\langle\xi_j\rangle^{s}\prod\limits_{j=0}^{3}\left\langle\tau_j+\xi_j^2\right\rangle^{b}} \lesssim \|f\|_{L^2_{\xi,\tau}}^3\|g\|_{L^2_{\xi,\tau}}.$$

注意到

$$\prod_{j=0}^{3}\left\langle\tau_j+\xi_j^2\right\rangle^{b} \gtrsim \langle(\xi_0-\xi_1)(\xi_0-\xi_3)\rangle^{\frac{1}{2}-}\frac{\prod\limits_{j=0}^{3}\left\langle\tau_j+\xi_j^2\right\rangle^{\frac{1}{2}+}}{\max\limits_{0\leqslant j\leqslant 3}\left\langle\tau_j+\xi_j^2\right\rangle^{\frac{1}{2}+}},$$

使用 (12.20) 式和 (12.21) 式, 观察可得

$$\min\left(\frac{\langle\xi_i\rangle^{\frac14}\langle\xi_j\rangle^{\frac14}}{\langle\xi_k\rangle^{\frac12}},\frac{\langle\xi_i\rangle^{\frac14}\langle\xi_k\rangle^{\frac14}}{\langle\xi_j\rangle^{\frac12}},\frac{\langle\xi_j\rangle^{\frac14}\langle\xi_k\rangle^{\frac14}}{\langle\xi_i\rangle^{\frac12}}\right)\lesssim\frac{\langle\xi_i\rangle^{\frac14}\langle\xi_j\rangle^{\frac14}\langle\xi_k\rangle^{\frac14}}{\langle\xi_i\rangle^{\frac34}+\langle\xi_j\rangle^{\frac34}+\langle\xi_k\rangle^{\frac34}},$$

足以证明

$$\sup_{\xi_0-\xi_1+\xi_2-\xi_3=0}\left(\frac{\langle\xi_0\rangle^{s+a}\langle\xi_1\rangle^{-s}\langle\xi_2\rangle^{1-s}\langle\xi_3\rangle^{-s}}{\langle(\xi_0-\xi_1)(\xi_0-\xi_1)\rangle^{\frac12-}}\max_{0\leqslant i,j,k\leqslant 3}\frac{\langle\xi_i\rangle^{\frac14}\langle\xi_j\rangle^{\frac14}\langle\xi_k\rangle^{\frac14}}{\langle\xi_i\rangle^{\frac34}+\langle\xi_j\rangle^{\frac34}+\langle\xi_k\rangle^{\frac34}}\right)\lesssim 1.$$

根据大小 $|\xi_{\min}|\leqslant|\xi_{\text{mid}}|\leqslant|\xi_{\max 1}|\approx|\xi_{\max}|$ 重新命名变量为 $\xi_0,\cdots,\xi_3$, 则

$$\max_{0\leqslant i,j,k\leqslant 3}\frac{\langle\xi_i\rangle^{\frac14}\langle\xi_j\rangle^{\frac14}\langle\xi_k\rangle^{\frac14}}{\langle\xi_i\rangle^{\frac34}+\langle\xi_j\rangle^{\frac34}+\langle\xi_k\rangle^{\frac34}}\approx\frac{\langle\xi_{\text{mid}}\rangle^{\frac14}}{\langle\xi_{\max}\rangle^{\frac14}}.$$

因此, 我们需要控制

$$\sup_{\xi_0-\xi_1+\xi_2-\xi_3=0}\frac{\langle\xi_0\rangle^{s+a}\langle\xi_1\rangle^{-s}\langle\xi_2\rangle^{1-s}\langle\xi_3\rangle^{-s}}{\langle(\xi_0-\xi_1)(\xi_0-\xi_3)\rangle^{\frac12-}}\frac{\langle\xi_{\text{mid}}\rangle^{\frac14}}{\langle\xi_{\max}\rangle^{\frac14}}.$$

这两种情形 $|\xi_0-\xi_1|\lesssim 1$ 或 $|\xi_0-\xi_3|\lesssim 1$ 直接可以得到结论. 因此足以证明当 $\xi_0-\xi_1+\xi_2-\xi_3=0$ 和 $|\xi_1|\leqslant|\xi_3|$ 时, 由对称性可得

$$\frac{\langle\xi_0\rangle^{s+a}\langle\xi_1\rangle^{-s}\langle\xi_2\rangle^{1-s}\langle\xi_3\rangle^{-s}}{\langle\xi_0-\xi_1\rangle^{\frac12-}\langle\xi_0-\xi_3\rangle^{\frac12-}}\frac{\langle\xi_{\text{mid}}\rangle^{\frac14}}{\langle\xi_{\max}\rangle^{\frac14}}\lesssim 1. \tag{12.30}$$

在情形 $|\xi_1|\leqslant|\xi_3|\lesssim|\xi_2|\approx|\xi_0|$ 下, 有

$$(12.30)\lesssim\frac{\langle\xi_0\rangle^{\frac34+a}}{\langle\xi_1\rangle^{s}\langle\xi_0-\xi_1\rangle^{\frac12-}\langle\xi_0-\xi_3\rangle^{\frac12-}\langle\xi_3\rangle^{s-\frac14}}.$$

当 $s\geqslant\dfrac34$ 时, 如果 $a<\dfrac14$, 则可以由 $\langle\xi_0\rangle^{a-\frac14+}\lesssim 1$ 进行限制; 当 $\dfrac12<s<\dfrac34$ 时, 如果 $a<\min\left(\dfrac14,2s-1\right)$, 则可以用下面不等式进行控制:

$$\begin{aligned}\frac{\langle\xi_0\rangle^{\frac34+a}}{\langle\xi_1\rangle^{s-\frac12}\langle\xi_0\rangle^{\frac12-}\langle\xi_0-\xi_3\rangle^{\frac34-s-}\langle\xi_0\rangle^{s-\frac14}}&\lesssim\frac{\langle\xi_0\rangle^{\frac12+a-s+}}{\langle\xi_2\rangle^{\min\left(s-\frac12,\frac34-s\right)-}}\\&\lesssim\langle\xi_0\rangle^{\frac12+a-s-\min\left(s-\frac12,\frac34-s\right)+}\lesssim 1,\end{aligned}$$

在上面第一个不等式中使用了 $\xi_0-\xi_3=\xi_1-\xi_2$.

在情形 $|\xi_1|\leqslant|\xi_3|\approx|\xi_0|$ 和 $|\xi_3|\gg|\xi_2|$ 下, 如果 $a<\frac{1}{2}$, 则

$$(12.30)\lesssim\frac{\langle\xi_0\rangle^{a-\frac14}\langle\xi_1\rangle^{-s}\langle\xi_2\rangle^{1-s}\left(\langle\xi_1\rangle^{\frac14}+\langle\xi_2\rangle^{\frac14}\right)}{\langle\xi_0\rangle^{\frac12-}\langle\xi_1-\xi_2\rangle^{\frac12-}}\lesssim\langle\xi_0\rangle^{a-\frac12+}\langle\xi_2\rangle^{\frac12-s+}\lesssim1.$$

在情形 $|\xi_1|\leqslant|\xi_3|\approx|\xi_2|$ 和 $|\xi_3|\gg|\xi_0|$ 下, 如果 $a<s$, 则

$$(12.30)\lesssim\frac{\langle\xi_0\rangle^{s+a}\langle\xi_3\rangle^{\frac14-2s+}\left(\langle\xi_0\rangle^{\frac14}+\langle\xi_1\rangle^{\frac14}\right)}{\langle\xi_1\rangle^{s}\langle\xi_0-\xi_1\rangle^{\frac12-}}\lesssim\langle\xi_0\rangle^{s+a-\frac14+}\langle\xi_3\rangle^{\frac14-2s+}\lesssim1.$$

在情形 $|\xi_0|,|\xi_2|\ll|\xi_1|\approx|\xi_3|$ 下, 如果 $a\leqslant1$, 则

$$(12.30)\lesssim\langle\xi_0\rangle^{s+a}\langle\xi_2\rangle^{1-s}\langle\xi_3\rangle^{-2s-\frac54+}\left(\langle\xi_0\rangle^{\frac14}+\langle\xi_2\rangle^{\frac14}\right)\lesssim\langle\xi_0\rangle^{a-1}\langle\xi_2\rangle^{1-2s+}\lesssim1.$$

□

命题 12.16　给定 $\frac{1}{2}<s<\frac{5}{2}$, 且 $a<\min\left(2s-1,\frac{1}{4},\frac{5}{2}-s\right)$, 存在 $\varepsilon>0$ 使得 $\frac{1}{2}-\varepsilon<b<\frac{1}{2}$, 则有

$$\left\|u^2\overline{u_x}\right\|_{X^{\frac12,\frac{2s+2a-1-4b}{4}}}\lesssim\|u\|_{X^{s,b}}^3.$$

证明　类似于命题 12.13 证明, 由对偶性以及令 $b=\frac{1}{2}-$, 可得

$$\int_{\substack{\xi_0-\xi_1+\xi_2-\xi_3=0\\ \tau_0-\tau_1+\tau_2-\tau_3=0}}\frac{\langle\xi_0\rangle^{\frac12}\langle\xi_2\rangle g(\xi_0,\tau_0)\prod_{j=1}^{3}f(\xi_j,\tau_j)}{\left\langle\tau_0+\xi_0^2\right\rangle^{\frac{3-2s-2a}{4}-}\prod_{j=1}^{3}\langle\xi_j\rangle^{s}\left\langle\tau_j+\xi_j^2\right\rangle^{\frac12-}}\lesssim\|f\|_{L^2_{\xi,\tau}}^3\|g\|_{L^2_{\xi,\tau}}.$$

首先考虑情况 $s+a<\frac{3}{2}$, 如命题 12.15 证明, 有

$$\begin{aligned}&\left\langle\tau_0+\xi_0^2\right\rangle^{\frac{3-2s-2a}{4}-}\prod_{j=1}^{3}\left\langle\tau_j+\xi_j^2\right\rangle^{\frac12-}\\ &\gtrsim\langle(\xi_0-\xi_1)(\xi_0-\xi_3)\rangle^{\frac{3-2s-2a}{4}-}\frac{\prod_{j=0}^{3}\left\langle\tau_j+\xi_j^2\right\rangle^{\frac12+}}{\max\limits_{0\leqslant j\leqslant3}\left\langle\tau_j+\xi_j^2\right\rangle^{\frac12+}}.\end{aligned}$$

使用 (12.20) 式, (12.21) 式, 同时 ξ_{mid} 和 $\xi_{\max}$ 定义见命题 12.15 证明过程, 则可得

$$\sup_{\xi_0-\xi_1+\xi_2-\xi_3=0}\frac{\langle\xi_0\rangle^{\frac{1}{2}}\langle\xi_1\rangle^{-s}\langle\xi_2\rangle^{1-s}\langle\xi_3\rangle^{-s}}{\langle(\xi_0-\xi_1)(\xi_0-\xi_3)\rangle^{\frac{3-2s-2a}{4}-}}\frac{\langle\xi_{\mathrm{mid}}\rangle^{\frac{1}{4}}}{\langle\xi_{\mathrm{mid}}\rangle^{\frac{1}{4}}}\lesssim 1.$$

这两种情形 $|\xi_0-\xi_1|\lesssim 1$ 或 $|\xi_0-\xi_3|\lesssim 1$ 直接可以得到. 因此足以证明当 $\xi_0-\xi_1+\xi_2-\xi_3=0$ 和 $|\xi_1|\leqslant|\xi_3|$ 时, 由于对称性有

$$\frac{\langle\xi_0\rangle^{\frac{1}{2}}\langle\xi_1\rangle^{-s}\langle\xi_2\rangle^{1-s}\langle\xi_3\rangle^{-s}}{\langle\xi_0-\xi_1\rangle^{\frac{3-2s-2a}{4}-}\langle\xi_0-\xi_3\rangle^{\frac{3-2s-2a}{4}-}}\frac{\langle\xi_{\mathrm{mid}}\rangle^{\frac{1}{4}}}{\langle\xi_{\mathrm{mid}}\rangle^{\frac{1}{4}}}\lesssim 1. \tag{12.31}$$

在 $|\xi_1|\leqslant|\xi_3|\lesssim|\xi_2|\approx|\xi_0|$ 情形下, 只要 $a\leqslant\min\left(\frac{1}{4},2s-1\right)$, 则有

$$(12.31)\lesssim\frac{\langle\xi_0\rangle^{\frac{5}{4}-s}}{\langle\xi_0\rangle^{\frac{3-2s-2a}{4}-}\langle\xi_0\rangle^{\min\left(s-\frac{1}{4},\frac{3-2s-2a}{4}\right)-}}\lesssim 1.$$

在 $|\xi_1|\leqslant|\xi_3|\approx|\xi_0|$ 及 $|\xi_3|\gg|\xi_2|$ 情形下, 则当 $a<s$ 时, 有

$$\begin{aligned}(12.31)&\lesssim\frac{\langle\xi_0\rangle^{\frac{1}{4}-s}\langle\xi_1\rangle^{-s}\langle\xi_2\rangle^{1-s}\langle|\xi_1|+|\xi_2|\rangle^{\frac{1}{4}}}{\langle\xi_0\rangle^{\frac{3-2s-2a}{4}-}\langle\xi_1-\xi_2\rangle^{\frac{3-2s-2a}{4}-}}\lesssim\frac{\langle\xi_0\rangle^{-\frac{1}{4}-\frac{s}{2}+\frac{a}{2}+}\langle\xi_2\rangle^{1-s}}{\langle\xi_1\rangle^{s}\langle\xi_1-\xi_2\rangle^{\frac{3-2s-2a}{4}-}}\\&\lesssim\langle\xi_0\rangle^{-\frac{1}{4}-\frac{s}{2}+\frac{a}{2}+}\langle\xi_2\rangle^{\frac{1}{4}-\frac{s}{2}+\frac{a}{2}}\end{aligned}\tag{12.32}$$

有界.

在情形 $|\xi_1|\leqslant|\xi_3|\approx|\xi_2|$ 及 $|\xi_3|\gg|\xi_0|$ 下, 如果 $a<s$, 则

$$(12.31)\lesssim\frac{\langle\xi_0\rangle^{\frac{1}{2}}\langle\xi_1\rangle^{-s}\langle\xi_2\rangle^{-\frac{3s}{2}+\frac{a}{2}+}\langle|\xi_1|+|\xi_0|\rangle^{\frac{1}{4}}}{\langle\xi_0-\xi_1\rangle^{\frac{3-2s-2a}{4}-}}\lesssim\langle\xi_0\rangle^{-\frac{1}{4}+\frac{s+a}{2}+}\langle\xi_2\rangle^{-\frac{3s}{2}+\frac{a}{2}+\frac{1}{4}+}\lesssim 1.$$

在情形 $|\xi_0|,|\xi_2|\ll|\xi_1|\approx|\xi_3|$ 下, 如果 $a<s$, 则

$$(12.31)\lesssim\langle\xi_0\rangle^{\frac{1}{2}}\langle\xi_2\rangle^{1-s}\langle\xi_3\rangle^{a-s-\frac{7}{4}+}\langle|\xi_0|+|\xi_2|\rangle^{\frac{1}{4}}\lesssim 1.$$

当 $\frac{3}{2}\leqslant s+a<\frac{5}{2}$ 时, 始终有 $s>1$. 根据大小 $|\xi_{\min}|\leqslant|\xi_{\mathrm{mid}}|\leqslant|\xi_{\max}|$ 重新命名为 ξ_1,ξ_2,ξ_3, 则

$$\langle\tau_0+\xi_0^2\rangle\lesssim\max\left(\langle\xi_{\max}\rangle^2,\langle\tau_1+\xi_1^2\rangle,\langle\tau_2+\xi_2^2\rangle,\langle\tau_3+\xi_3^2\rangle\right).$$

当最大值为 $\langle\tau_j+\xi_j^2\rangle$ 其中之一时, 称为 $\langle\tau_3+\xi_3^2\rangle$, 有

$$
\begin{aligned}
\langle\tau_0+\xi_0^2\rangle^{\frac{3-2s-2a}{4}-}\prod_{j=1}^{3}\langle\tau_j+\xi_j^2\rangle^{\frac12-} &\gtrsim \langle\tau_1+\xi_1^2\rangle^{\frac12-}\langle\tau_2+\xi_2^2\rangle^{\frac12-}\langle\tau_3+\xi_3^2\rangle^{\frac12+\frac{3-2s-2a}{4}-}\\
&\gtrsim \langle\tau_1+\xi_1^2\rangle^{\frac12+}\langle\tau_2+\xi_2^2\rangle^{\frac12+}\langle\xi_{\max}\rangle^{\frac52-s-a-}.
\end{aligned}
$$

因此, 由 Cauchy-Schwarz 不等式 (类似于命题 12.14 的证明), 则有

$$
\sup_{\xi_0}\int_{\xi_0-\xi_1+\xi_2-\xi_3=0}\frac{\langle\xi_0\rangle\langle\xi_2\rangle^2}{\langle\xi_{\max}\rangle^{5-2s-2a-}\prod_{j=1}^{3}\langle\xi_j\rangle^{2s}}\lesssim 1.
$$

使用引理 12.25 和 $|\xi_{\max}|\gtrsim|\xi_0|$, 如果 $a<1$, 则用下面不等式限制积分,

$$
\int\frac{\langle\xi_0\rangle^{2s+2a-4+}\mathrm{d}\xi_1\mathrm{d}\xi_3}{\langle\xi_1\rangle^{2s}\langle\xi_0-\xi_1-\xi_3\rangle^{2s-2}\langle\xi_3\rangle^{2s}}\lesssim\langle\xi_0\rangle^{2s+2a-4+}\langle\xi_0\rangle^{2-2s}=\langle\xi_0\rangle^{2a-2+}\lesssim 1.
$$

当最大值为 $\langle\xi_{\max}\rangle^2$ 时, 有

$$
\langle\tau_0+\xi_0^2\rangle^{\frac{3-2s-2a}{4}-}\prod_{j=1}^{3}\langle\tau_j+\xi_j^2\rangle^{\frac12-}\gtrsim\langle\xi_{\max}\rangle^{\frac{3-2s-2a}{2}-}\prod_{j=1}^{3}\langle\tau_j+\xi_j^2\rangle^{\frac12+}.
$$

因此, 由 (12.20) 式和 (12.21) 式, 即可证明

$$
\langle\xi_0\rangle^{\frac12}\langle\xi_1\rangle^{-s}\langle\xi_2\rangle^{1-s}\langle\xi_3\rangle^{-s}\langle\xi_{\max}\rangle^{s+a-\frac32+}\frac{\langle\xi_{\mathrm{mid}}\rangle^{\frac14}}{\langle\xi_{\max}\rangle^{\frac14}}\lesssim 1.
$$

如果 $a<\dfrac14$, 可用下式控制乘数, 即

$$
\frac{\langle\xi_{\max}\rangle^{s+a-\frac14+}\langle\xi_{\mathrm{mid}}\rangle^{\frac14}}{\langle\xi_1\rangle^{s}\langle\xi_2\rangle^{s}\langle\xi_3\rangle^{s}}\lesssim\frac{\langle\xi_{\max}\rangle^{s+a-\frac14+}\langle\xi_{\mathrm{mid}}\rangle^{\frac14}}{\langle\xi_{\max}\rangle^{s}\langle\xi_{\mathrm{mid}}\rangle^{s}}\lesssim 1. \qquad\square
$$

12.3 局部理论: 定理 12.2 和定理 12.3 的证明

首先对于方程 (12.4) (其中 $\alpha=-1$) 证明定理 12.2. 对于积分方程 (12.14), 证明

$$
\Gamma u(t):=\eta(t)W_0^t(g,h)+i\eta(t)\int_0^t W_{\mathbb{R}}(t-t')F(u)\mathrm{d}t'-\eta(t)W_0^t(0,q) \tag{12.33}
$$

在 $X^{s,b}$ 中存在一个不动点. 这里 $s\in\left(\frac{1}{2},\frac{5}{2}\right), s\neq\frac{3}{2}, b<\frac{1}{2}$ 且充分接近于 $\frac{1}{2}$,

$$F(u)=\eta(t/T)\left(iu^2\bar{u}_x+\frac{1}{2}|u|^4u\right)\quad 和\quad q(t)=\eta(t)D_0\left(\int_0^t W_{\mathbb{R}}(t-t')F(u)\mathrm{d}t'\right),$$

$$W_0^t(g,h)=W_{\mathbb{R}}(t)g_e+W_0^t(0,h-p),\quad p(t)=\eta(t)D_0\left(W_{\mathbb{R}}(t)g_e\right).$$

由 (12.16) 式可得

$$\|\eta W_{\mathbb{R}}(t)g_e\|_{X^{s,b}}\lesssim\|g_e\|_{H^s}\lesssim\|g\|_{H^s(\mathbb{R}^+)}.$$

结合不等式 (12.17), (12.18), 命题 12.13 以及命题 12.15, 可得

$$\begin{aligned}&\left\|\eta(t)\int_0^t W_{\mathbb{R}}(t-t')F(u)\mathrm{d}t'\right\|_{X^{s+a,\frac{1}{2}+}}\lesssim\|F(u)\|_{X^{s+a,-\frac{1}{2}+}}\\&\lesssim T^{\frac{1}{2}-b-}\left(\|u^2\bar{u}_x\|_{X^{s+a,-b}}+\||u|^4u\|_{X^{s+a,-b}}\right)\lesssim T^{\frac{1}{2}-b-}\left(\|u\|_{X^{s,b}}^3+\|u\|_{X^{s,b}}^5\right).\end{aligned}\tag{12.34}$$

由命题 12.11、引理 12.8 以及相容性条件, 有

$$\begin{aligned}\|\eta(t)W_0^t(0,h-p)(t)\|_{X^{s,b}}&\lesssim\|(h-p)\chi_{(0,\infty)}\|_{H_t^{\frac{2s+1}{4}}(\mathbb{R})}\lesssim\|h-p\|_{H_t^{\frac{2s+1}{4}}(\mathbb{R}^+)}\\&\lesssim\|h\|_{H_t^{\frac{2s+1}{4}}(\mathbb{R}^+)}+\|p\|_{H_t^{\frac{2s+1}{4}}(\mathbb{R})}\\&\lesssim\|h\|_{H_t^{\frac{2s+1}{4}}(\mathbb{R}^+)}+\|g\|_{H^s(\mathbb{R}^+)}.\end{aligned}$$

在最后一个不等式中, 使用了引理 12.9. 最后有

$$\|\eta(t)W_0^t(0,q)(t)\|_{X^{s+a,b}}\lesssim\|q\chi_{(0,\infty)}\|_{H_t^{\frac{2(s+a)+1}{4}}(\mathbb{R})}\lesssim\|q\|_{H_t^{\frac{2(s+a)+1}{4}}(\mathbb{R})}.$$

结合命题 12.12—命题 12.16 以及不等式 (12.18) , 有

$$\|q\|_{H_t^{\frac{2(s+a)+1}{4}}(\mathbb{R})}\lesssim\|F\|_{X^{\frac{1}{2},\frac{2(s+a)-3+}{4}}}+\|F\|_{X^{s+a,-\frac{1}{2}+}}\lesssim T^{\frac{1}{2}-b-}\left(\|u\|_{X^{s,b}}^3+\|u\|_{X^{s,b}}^5\right).\tag{12.35}$$

综合以上所得估计, 有

$$\|\Gamma u\|_{X^{s,b}}\lesssim\|g\|_{H^s(\mathbb{R}^+)}+\|h\|_{H_t^{\frac{2s+1}{4}}(\mathbb{R}^+)}+T^{\frac{1}{2}-b-}\left(\|u\|_{X^{s,b}}^3+\|u\|_{X^{s,b}}^5\right).$$

这就得到了 Γ 在 $X^{s,b}$ 中不动点 u 的存在性. 接下来证明 $u\in C_t^0H_x^s([0,T)\times\mathbb{R})$. 注意到关于 Γ 定义中第一项在 H^s 中是连续的, 则由引理 12.10 和 (12.35) 式

可得第三项的连续性. 根据嵌入 $X^{s,\frac{1}{2}+} \subset C_t^0 H_x^s$, (12.17) 式以及命题 12.13 可以得到第二项的连续性. 事实上与引理 12.9、命题 12.12、引理 12.10 类似, 有 $u \in C_x^0 H_t^{\frac{2s+1}{4}}(\mathbb{R}\times[0,T])$.

通过不动点讨论以及前面一系列先验估计可以得到解对于初边值的连续依赖性. 为了证明这个结论需要用到下面的引理 12.17, 即在 $H^s(\mathbb{R}^+)$ 中给定 $g_n \to g$ 以及 g 的一个 H^s 延拓 g_e, 则在 $H^s(\mathbb{R})$ 中存在 g_n 的延拓 $g_{n,e}$ 满足 $g_{n,e} \to g_e$.

接下来还有定理唯一性部分有待证明. 首先证明定理 12.3. 回顾

$$u - W_0^t(g,h) = -\eta(t)W_0^t(0,q)(t) + i\eta(t)\int_0^t W_{\mathbb{R}}(t-t')F(u)\mathrm{d}t'.$$

由 (12.34) 式和嵌入 $X^{s+a,\frac{1}{2}+} \subset C_t^0 H_x^{s+a}$ 可得第二项是在 $C_t^0 H_x^{s+a}$ 中, 由引理 12.10 和 (12.35) 式可得第一项也属于 $C_t^0 H_x^{s+a}$ 中.

12.3.1 解的唯一性

我们现在讨论方程 (12.4) 解的唯一性. 前面构造的解是 (12.33) 式的不动点. 但是不确定是否没有其他分布解或者在 $\mathbb{R}^+$ 上不同初值产生相同的解. 首先来解决 $s \geqslant 2$ 的问题. 令 u_1, u_2 为两个 H^s 局部解, 则有

$$\begin{cases} i(u_1-u_2)_t + (u_1-u_2)_{xx} + iu_1^2\bar{u}_{1x} + \dfrac{1}{2}|u_1|^4 u_1 - iu_2^2\bar{u}_{2x} - \dfrac{1}{2}|u_2|^4 u_2 = 0, \\ (u_1-u_2)(x,0) = 0, \quad (u_1-u_2)(0,t) = 0, \quad x\in\mathbb{R}^+, t\in\mathbb{R}^+. \end{cases} \tag{12.36}$$

将方程乘以 $\overline{u_1-u_2}$ 再积分可得, 在局部存在区间内

$$\partial_t \|u_1-u_2\|_2^2 \lesssim \|u_1-u_2\|_2^2\left(1+\|u_1\|_{H^2}^3+\|u_2\|_{H^2}^3\right) \lesssim \|u_1-u_2\|_2^2,$$

这意味着 $s \geqslant 2$ 时解是唯一的.

得到定理 12.3 中的光滑界现在来证明 $\dfrac{7}{4} < s < 2$ 时解的唯一性, 并且经过反复讨论可得到对所有 $s \in \left(\dfrac{1}{2}, 2\right), s \neq \dfrac{3}{2}$ 时解的唯一性. 设 u, v 为两个 $H^s(\mathbb{R}^+)$ 解 (见定义 12.1), 对应初值为 g, h. 取序列 $\{g_n\} \subset H^2(\mathbb{R}^+)$ 在 $H^s(\mathbb{R}^+)$ 中收敛于 g, $\{h_n\} \subset H^{\frac{5}{4}}(\mathbb{R}^+)$ 在 $H^{\frac{2s+1}{4}}(\mathbb{R}^+)$ 中收敛于 h. 令 u_n 为 $[0,T_n]$ 上唯一的 $H^2(\mathbb{R}^+)$ 解. 由连续依赖性可知只要存在时间 T_n 不趋于零, 则 $u = v = \lim u_n$. 注意到 u_n 与我们得到的解一致, 可以用光滑估计证明 $T_n = T_n\left(\|g\|_{H^s}, \|h\|_{H^{\frac{2s+1}{4}}}\right)$. 记

$$\|\Gamma(u_n)\|_{X^{2,b}} \lesssim \|g_n\|_{H^2} + \|h_n\|_{H^{\frac{5}{4}}} + T_n^{0+}\left(\|u_n\|_{X^{s,b}}^5 + 1\right)$$

$$
\begin{aligned}
&\lesssim \|g_n\|_{H^2} + \|h_n\|_{H^{\frac{5}{4}}} + T_n^{0+}\left(\|g_n\|_{H^s} + \|h_n\|_{H^{\frac{2s+1}{4}}} + 1\right)^5 \\
&\lesssim \|g_n\|_{H^2} + \|h_n\|_{H^{\frac{5}{4}}} + T_n^{0+}\left(\|g\|_{H^s} + \|h\|_{H^{\frac{2s+1}{4}}} + 1\right)^5.
\end{aligned}
$$

因为 $\|g_n\|_{H^2} \geqslant \|g_n\|_{H^s} \gtrsim \|g\|_{H^s}$, 同理 h_n 也有类似结论, 则 T_n 仅依赖于 $\|g\|_{H^s}$ 和 $\|h\|_{H^{\frac{2s+1}{4}}}$.

最后给出引理 12.17, 它表明所构造的解是 $H^{\frac{5}{2}-}$ 解的极限.

引理 12.17 给定 $s \geqslant 0$ 和 $k \geqslant s$, 令 $g \in H^s(\mathbb{R}^+), f \in H^k(\mathbb{R}^+), g_e$ 是 g 在 $\mathbb{R}$ 上的 H^s 延拓, 则存在一个 f 在 $\mathbb{R}$ 上的 H^k 延拓 f_e, 满足

$$
\|g_e - f_e\|_{H^s(\mathbb{R})} \lesssim \|g - f\|_{H^s(\mathbb{R}^+)}.
$$

证明 给定支撑在 $(-\infty, 0]$ 上函数 $\psi \in H^s(\mathbb{R})$, 则可以推断对任意 $\varepsilon > 0$, 存在支撑在 $(-\infty, 0)$ 上函数 $\phi \in H^k(\mathbb{R})$ 满足 $\|\phi - \psi\|_{H^s(\mathbb{R})} < \varepsilon$. 事实上, 在 $H^s(\mathbb{R})$ 中当 $\delta \to 0^+$ 时 $\tau_{-\delta}\psi(\cdot) = \psi(\cdot + \delta) \to \psi(\cdot)$, 对于足够小 δ 取一个支撑在 $\left(-\dfrac{\delta}{2}, \dfrac{\delta}{2}\right)$ 上光滑近似恒等式 k_n, 并且令 $\phi = (\tau_{-\delta}\psi) * k_n$, 其中 n 足够大, 则上述推断成立.

为了根据上述推断得到引理 12.17, 令 $\tilde{f}$ 为 f 在 $\mathbb{R}$ 上的一个 H^k 延拓, h 为 $g - f$ 在 $\mathbb{R}$ 上的一个 H^s 延拓并且满足 $\|h\|_{H^s(\mathbb{R})} \lesssim \|g - f\|_{H^s(\mathbb{R}^+)}$. 再取 $\varepsilon = \|g - f\|_{H^s(\mathbb{R}^+)}$, 函数 $\psi = g_e - \tilde{f} - h$, 则 $f_e = \tilde{f} + \phi$ 满足推断. □

12.3.2 定理 12.2 的证明 ($\alpha \in \mathbb{R}$)

在这一节中, 讨论 NLS 方程在 $\mathbb{R}^+$ 上的局部适定性

$$
\begin{cases}
iq_t + q_{xx} - i\left(|q|^2 q\right)_x = 0, & x \in \mathbb{R}^+, t \in \mathbb{R}^+, \\
q(x, 0) = G(x), & q(0, t) = H(t).
\end{cases}
\tag{12.37}
$$

令

$$
u(x,t) = e^{i\int_x^\infty |q(y,t)|^2 \mathrm{d}y} q(x,t) = e^{i\int_x^\infty |u(y,t)|^2 \mathrm{d}y} q(x,t), \quad t, x \in \mathbb{R}^+.
$$

如果 u 是方程 (12.4) 的解, 其中 $g(x) = e^{i\int_x^\infty |G(y)|^2 \mathrm{d}y} G(x)$ 且 $h(t) = e^{i\int_0^\infty |u(y,t)|^2 \mathrm{d}y}\cdot H(t)$, 则 q 为方程 (12.37) 的解. 这是一个不同于方程 (12.4) 的边值问题, 因为这里的边值依赖于区域内部的函数值. 因此, 接下来主要就是找到形如 $e^{i\gamma(t)}H(t)$ 的 h, 使得方程 (12.4) 关于初值 g, h 的解 u 满足

$$
\int_0^\infty |u(y,t)|^2 \mathrm{d}y = \gamma(t), \quad t \in [0, T].
$$

根据下面的引理可以获得方程 (12.37) 的局部适定性.

引理 12.18　给定 $G \in H^s(\mathbb{R}^+)$ 和 $H \in H^{\frac{2s+1}{4}}(\mathbb{R}^+)$, 存在唯一的实值函数 $\gamma \in H^{\frac{2s+1}{4}}([0,T])$ 使得方程 (12.4) 的解 u, 其中 $g(x) = e^{i\int_x^\infty |G(y)|^2 \mathrm{d}y} G(x), h(t) = e^{i\gamma(t)}H(t)$, 满足

$$\gamma(t) = \int_0^\infty |u(y,t)|^2 \mathrm{d}y, \quad t \in [0,T],$$

这里 $T = T\left(\|G\|_{H^s}, \|H\|_{H^{\frac{2+1}{4}}}\right)$, 并且 γ 连续依赖于 G 和 H. 进一步来说当 $s \in \left(\frac{1}{2}, \frac{3}{2}\right)$ 时 $\gamma \in H^1([0,T])$; 当 $s \in \left(\frac{3}{2}, \frac{5}{2}\right)$ 时 $\gamma \in H^{\frac{3}{2}}([0,T])$.

证明　给定实值函数 $\gamma \in H^{\frac{2s+1}{4}}([0,T])$, 用 u^γ 来表示解 u. 对于充分小的 T, 通过讨论映射 $f(\gamma) = \|u^\gamma\|_{L^2(\mathbb{R}^+)}^2$ 的不动点来证明这个定理.

令 $K_{r,T} = \left\{\phi \in H^r([0,T]) : \|\phi\|_{H^r([0,T])} \leqslant 1, \phi(0) = \|g\|_{L^2(\mathbb{R}^+)}^2\right\}$, 由下面的推断可以完善定理的证明. □

推论 12.19　对于 $s \in \left(\frac{1}{2}, \frac{3}{2}\right)$, 存在 $T > 0$ 使得映射 $f : K_{\frac{2s+1}{4},T} \to K_{1,T}$ 在 $K_{1,T}$ 上是压缩的. 类似地, 对于 $s \in \left(\frac{3}{2}, \frac{5}{2}\right)$, 映射 $f : K_{\frac{2s+1}{4},T} \to K_{\frac{3}{2},T}$ 在 $K_{\frac{3}{2},T}$ 上是压缩的.

证明　给定 $s \in \left(\frac{1}{2}, \frac{3}{2}\right)$, 根据局部理论有

$$\|f(\gamma)\|_{L^2([0,T])} \lesssim T^{\frac{1}{2}} C_{\|G\|_{H^s}, \|H\|_{H^{\frac{2s+1}{4}}}, \|\gamma\|_{H^{\frac{2s+1}{4}}}}.$$

因此只需考虑 $\|\partial_t f(\gamma)\|_{L^2([0,T])}$ 即可. 通过计算可得

$$\partial_t f(\gamma) = 2\Im\left(\overline{h(t)} u_x^\gamma(0,t)\right) - \frac{1}{2}|h(t)|^4. \tag{12.38}$$

又因为 u^γ 是方程的解, 即

$$u^\gamma(t) = W_0^t(g,h) + \eta(t)\int_0^t W_{\mathbb{R}}(t-t')\eta(t'/T)N(u^\gamma)\mathrm{d}t' - \eta(t)W_0^t(0,q^\gamma),$$

其中 $q^\gamma(t) = \eta(t)D_0\left(\int_0^t W_{\mathbb{R}}(t-t')\eta(t'/T)N(u^\gamma)\mathrm{d}t'\right)$. 因此

$$u_x^\gamma(0,t) = D_0\partial_x\left(W_0^t(g,h) + \eta(t)\int_0^t W_{\mathbb{R}}(t-t')\eta(t'/T)N(u^\gamma)\mathrm{d}t' - \eta(t)W_0^t(0,q^\gamma)\right).$$

限制 H^{ε} 范数 $\left(0<\varepsilon<\dfrac{2s-1}{4}\right)$ 如下:

$$\begin{aligned}\|u_x^\gamma(0,t)\|_{H^\varepsilon} &\lesssim \|g\|_{H^{\frac{1}{2}+2\varepsilon}}+\|h\|_{H^{\frac{1}{2}+2\varepsilon}}+\|\eta(t/T)N(u^\gamma)\|_{X^{\frac{1}{2}+2\varepsilon,-\frac{1}{2}+}}+\|q^\gamma\|_{H^{\frac{1}{2}+\varepsilon}}\\ &\lesssim \|g\|_{H^s}+\|h\|_{H^{\frac{2s+1}{4}}}+\|\eta(t/T)N(u^\gamma)\|_{X^{s,-\frac{1}{2}+}}\lesssim C_{\|g\|_{H^s},\|h\|_{H^{\frac{2s+1}{4}}}}.\end{aligned}$$

在第一个不等式中用到了引理 12.9、引理 12.10 和命题 12.12, 最后一个不等式来自局部理论.

在 (12.38) 中使用该估计, 可得

$$\begin{aligned}&\|\partial_t f(\gamma)\|_{L^2([0,T])}\lesssim \|h\|_{L^{\infty-}([0,T])}\|u_x^\gamma(0,t)\|_{L^{2+}}+\left\|h^4\right\|_{L^2([0,T])}\\ &\lesssim T^{0+}\|H\|_{L^\infty}\|u_x^\gamma(0,t)\|_{H^\varepsilon}+T^{\frac{1}{2}}\|H\|_{L^\infty}^4\lesssim T^{0+}C_{\|G\|_{H^s},\|H\|_{H^{\frac{2s+1}{4}}},\|\gamma\|_{H^{\frac{2s+1}{4}}}}.\end{aligned}$$

最后一步使用了 $\|g\|_{H^s}\lesssim\|G\|_{H^s}$ 和

$$\begin{aligned}\|h\|_{H^{\frac{2s+1}{4}}([0,T])}&\lesssim\left\|e^{i\gamma}\right\|_{H^{\frac{2s+1}{4}}([0,T])}\|H\|_{H^{\frac{2s+1}{4}}([0,T])}\\ &\lesssim\exp\left(\|\gamma\|_{H^{\frac{2s+1}{4}}([0,T])}\right)\|H\|_{H^{\frac{2s+1}{4}}([0,T])}.\end{aligned}$$

再结合差分的类似上界以及选择合适的小 T, 即可完成 $s\in\left(\dfrac{1}{2},\dfrac{3}{2}\right)$ 时的证明.

当 $s\in\left(\dfrac{3}{2},\dfrac{5}{2}\right)$ 时只需要考虑 $\|\partial_t f(\gamma)\|_{H^{\frac{1}{2}}([0,T])}$ 即可. 用上面的 L^2 插值以及类似于引理 12.9、引理 12.10、命题 12.12 和局部理论的讨论, 可以证明 $\|\partial_t f(\gamma)\|_{H^{\frac{1}{2}+\varepsilon}([0,T])}\leqslant C_{\|G\|_{H^s},\|H\|_{H^{\frac{2s+1}{4}}},\|\gamma\|_{H^{\frac{2s+1}{4}}}}$. □

注记 12.20 对于 $s\in\left(\dfrac{1}{2},\dfrac{3}{2}\right)$, 利用分数阶 Leibniz 法则和 Sobolev 嵌入定理对上面的证明做微小的改变即可得到对于某个 $\varepsilon=\varepsilon(s)>0,\gamma\in H^{1+\varepsilon}$.

引理 12.21 给定 $s\in\left(\dfrac{1}{2},\dfrac{5}{2}\right),s\neq\dfrac{3}{2}$. 设 u 为方程 (12.4) 的 H^s 解, 则对任意 $\alpha\in\mathbb{R}$, 有

$$e^{i\alpha\int_x^\infty|u(y,t)|^2\mathrm{d}y}u(x,t)\in C_t^0H_x^s([0,T]\times\mathbb{R})\cap C_x^0H_t^{\frac{2s+1}{4}}(\mathbb{R}\times[0,T]).$$

证明 因为 $u\in C_t^0H_x^s([0,T]\times\mathbb{R})\cap C_x^0H_t^{\frac{2s+1}{4}}(\mathbb{R}\times[0,T])$, 前一个结论直接由尺度变换的 Lipschitz 连续性可得, 见 [185] 附录中引理 12.26. 对于后一个结

论, 注意到当 $x=0$ 时由引理 12.18 有 $\int_x^\infty |u(y,t)|^2\mathrm{d}y \in H_t^{\frac{2s+1}{4}}$; 对于 $x\neq 0$ 可同样证明. 通过 Taylor 展开和 Sobolev 空间的代数性质, 可以得到对所有 x 有 $e^{i\alpha\int_x^\infty |u(y,t)|^2\mathrm{d}y}u(x,t)\in H_t^{\frac{2s+1}{4}}$ 成立. 通过考虑作差来讨论关于 x 的连续性. 结合 Sobolev 空间的代数性质和指数函数的 Taylor 展开, 可以得到当 $x'\to x$ 时,

$$
\begin{aligned}
\left\|\int_x^\infty |u(y,t)|^2\mathrm{d}y-\int_{x'}^\infty |u(y,t)|^2\mathrm{d}y\right\|_{H_t^{\frac{2s+1}{4}}} &\lesssim \int_x^{x'}\left\||u(y,t)|^2\right\|_{H_t^{\frac{2s+1}{4}}}\mathrm{d}y\\
&\lesssim \int_x^{x'}\|u(y,t)\|^2_{H_t^{\frac{2s+1}{4}}}\mathrm{d}y\to 0.
\end{aligned}
$$

显而易见利用引理 12.18 和引理 12.21 可以在 $C_t^0H_x^s([0,T]\times\mathbb{R})\cap C_x^0H_t^{\frac{2s+1}{4}}(\mathbb{R}\times[0,T])$ 中构造方程 (12.37) 的解, 它连续依赖于初值并且局部存在时间依赖于引理 12.18 中的 T, 这里的 T 仅与 $\|G\|_{H^s},\|H\|_{H^{\frac{2s+1}{4}}}$ 相关.

接下来需要建立解的唯一性. 当 $s\geqslant 2$ 时, 根据方程 (12.36) 的讨论可得; 当 $s<2$ 时, 对于 12.3 节的光滑逼近的讨论需要在 $H^s, H^{\frac{2s+1}{4}}$ 中 G_n,H_n 分别收敛于 G,H, 可以在区间 $[0,T_n]$ 找到引理 12.18 中的 γ_n, 其中 $T_n=T_n\left(\|G\|_{H^s},\|H\|_{H^{\frac{2s+1}{4}}}\right)$. 这可以由引理 12.18 及其证明的注释得到. 因为 $s\in\left(\frac{3}{2},\frac{5}{2}\right)$, 我们可以在 $[0,T_n]$ 上构造 $\gamma_n\in H^{\frac{3}{2}}$, 且 T_n 只依赖于 $\|G_n\|_{H^s},\|H_n\|_{H^{\frac{2s+1}{4}}}$. □

12.4　能量空间中全局适定性

在这一节中, 我们将证明定理 12.5. 首先考虑 $\alpha=-\frac{1}{2}$ 时方程 (12.3) 的全局适定性,

$$
\begin{cases}
iu_t+u_{xx}-i|u|^2u_x=0, & x\in\mathbb{R}^+, t\in\mathbb{R}^+,\\
u(x,0)=g(x), & u(0,t)=h(t).
\end{cases}
\tag{12.39}
$$

由等式

$$
4\Im\left(|u|^2u_x\bar{u}_t\right)=\partial_t\Im\left(\bar{u}u_x|u|^2\right)-\partial_x\Im\left(\bar{u}u_t|u|^2\right),
\tag{12.40}
$$

很容易证明相应能量泛函 $E_{-\frac{1}{2}}(u)=\|u_x\|^2_{L^2(\mathbb{R})}+\frac{1}{2}\Im\int_{\mathbb{R}}u\bar{u}_x|u|^2$ 在 $\mathbb{R}$ 上是守恒的.

将 $u=\mathcal{G}_{-\frac{1}{2}}q$ 代入, 得到 $\mathbb{R}$ 上 NLS 能量泛函为

$$
E(q)=\|q_x\|^2_{L^2(\mathbb{R})}+\frac{3}{2}\Im\int_{\mathbb{R}}q\bar{q}_x|q|^2+\frac{1}{2}\|q\|^6_{L^6(\mathbb{R})}.
$$

接下来, 当 $\mathbb{R}$ 变成 $\mathbb{R}^+$ 时, 仍然使用记号 $E_{-\frac{1}{2}}$ 和 E 表示泛函.

为了证明能量空间中方程 (12.39) 的全局适定性, 需要找到解的 H^1 范数的一个先验界. 为此, 需要使用下列恒等式:

$$\partial_t|u|^2 = -2\Im\left(u_x\bar{u}\right)_x + \frac{1}{2}\left(|u|^4\right)_x, \tag{12.41}$$

$$\partial_t\left(|u_x|^2 + \frac{1}{2}\Im\left(\bar{u}_x u|u|^2\right)\right) = 2\Re\left(u_x\bar{u}_t\right)_x - \frac{1}{2}\Im\left(\bar{u}u_t|u|^2\right)_x, \tag{12.42}$$

$$\partial_x\left(|u_x|^2\right) = -i\left[(u\overline{u_x})_t - (u\overline{u_t})_x\right]. \tag{12.43}$$

这些恒等式可由 (12.40) 式导出, 并可由方程 (12.39) 的 H^2 解近似证明.

文献 [84, 192] 中使用类似的恒等式讨论半直线上的 NLS 方程. 将这些恒等式在 $[0,t]\times[0,\infty)$ 上积分, 可得

$$\|u(t)\|_2^2 - \|g\|_2^2 = 2\Im\int_0^t u_x(0,s)\bar{h}(s)\mathrm{d}s - \frac{1}{2}\int_0^t |h(s)|^4\mathrm{d}s,$$

$$E_{-\frac{1}{2}}(u(t)) - E_{-\frac{1}{2}}(g) = -2\Re\int_0^t u_x(0,s)\overline{h'}(s)\mathrm{d}s + \frac{1}{2}\Im\int_0^t \overline{h(s)}h'(s)|h(s)|^2\mathrm{d}s,$$

$$I_t := \int_0^t |u_x(0,s)|^2\,\mathrm{d}s = i\int_0^\infty u\bar{u}_x\mathrm{d}x - i\int_0^\infty g\overline{g'}\mathrm{d}x + i\int_0^t h(s)\overline{h'}(s)\mathrm{d}s.$$

通过 Gagliardo-Nirenberg 不等式可得, 存在绝对常数 C 使得

$$E_{-\frac{1}{2}}(u) \geqslant \|u_x\|_{L^2}^2\left(1 - C\|u\|_{L^2}^2\right).$$

因此, 当 $\|u\|_{L^2}^2 \leqslant \dfrac{1}{2C}$ 时, 有

$$\|u\|_{L^2}^2 \leqslant c\left(1+\sqrt{I_t}\right), \quad \|u_x\|_{L^2}^2 \leqslant c\left(1+\sqrt{I_t}\right), \quad I_t \leqslant \|u\|_{L^2}\|u_x\|_{L^2} + c,$$

其中 $c = c(C) \leqslant 1$ 依赖于 $\|g\|_{H^1} + \|h\|_{H^1}$. 结合这些不等式, 可以得到 $I_t \leqslant 2c + c\sqrt{I_t}$. 最终可以得出 $I_t \leqslant 4c$, 因此 $\|u\|_2^2 \leqslant 2c, \|u_x\|_2^2 \leqslant 2c$. 这意味着存在一个绝对常数 $c>0$, 只要 $\|g\|_{H^1(\mathbb{R}^+)} + \|h\|_{H^1(\mathbb{R}^+)} \leqslant c$, 则方程 (12.39) 在 $H^1(\mathbb{R}^+)$ 中是全局适定的. 这就得到了当 $\alpha = -\dfrac{1}{2}$ 时定理 12.5.

为了得到 NLS 方程的全局适定性, 在恒等式 (12.41)—(12.43) 中令 $u = \mathcal{G}_{-\frac{1}{2}}q$ 并且在 $[0,t]\times[0,\infty)$ 积分, 则可得

$$\|q(t)\|_2^2 - \|G\|_2^2 = 2\Im\int_0^t \left(\mathcal{G}_{-\frac{1}{2}}q\right)_x(0,s)\overline{\left(\mathcal{G}_{-\frac{1}{2}}q\right)}(0,s)\mathrm{d}s - \frac{1}{2}\int_0^t |H(s)|^4\mathrm{d}s,$$

$$E(q(t))-E(G)=-2\Re\int_0^t\left(\mathcal{G}_{-\frac{1}{2}}q\right)_x(0,s)\overline{\left(\mathcal{G}_{-\frac{1}{2}}q\right)_s}(0,s)\mathrm{d}s$$
$$+\frac{1}{2}\Im\int_0^t\overline{\left(\mathcal{G}_{-\frac{1}{2}}q\right)}(0,s)\left(\mathcal{G}_{-\frac{1}{2}}q\right)_s(0,s)|H(s)|^2\mathrm{d}s,$$

$$\begin{aligned}I_t:=&\int_0^t\left|\left(\mathcal{G}_{-\frac{1}{2}}q\right)_x(0,s)\right|^2\mathrm{d}s\\=&\,i\int_0^\infty\left(\mathcal{G}_{-\frac{1}{2}}q\right)\overline{\left(\mathcal{G}_{-\frac{1}{2}}q\right)_x}\mathrm{d}x-i\int_0^\infty\mathcal{G}_{-\frac{1}{2}}G\overline{\left(\mathcal{G}_{-\frac{1}{2}}G\right)'}\mathrm{d}x\\&+i\int_0^t\left(\mathcal{G}_{-\frac{1}{2}}q\right)(0,s)\overline{\left(\mathcal{G}_{-\frac{1}{2}}q\right)_s}(0,s)\mathrm{d}s.\end{aligned}$$

同时, 尺度变换的定义和方程 (12.41) 的 x 积分还给出

$$\left|\left(\mathcal{G}_{-\frac{1}{2}}q\right)_s(0,s)\right|\lesssim|H'(s)|+|H(s)|^5+|H(s)|^2\left|\left(\mathcal{G}_{-\frac{1}{2}}q\right)_x(0,s)\right|.$$

此外, 由 H^1 和 L^2 中的尺度变换的有界性以及 Gagliardo-Nirenberg 不等式, 可以得到前面讨论的能量泛函的下界. 因此对于小初值, 有

$$\|q\|_{L^2}^2\leqslant c\left(1+\sqrt{I_t}\right),\quad\|q_x\|_{L^2}^2\leqslant c\left(1+\sqrt{I_t}+I_t\right),\quad I_t\lesssim c\left(1+\sqrt{I_t}+I_t^{\frac{3}{4}}\right).$$

这就完成了当 $\alpha=0$ 时定理 12.5 的证明.

12.5 实线上 NLS 方程

这里我们将证明定理 12.6, 即对方程 (12.5) 应用正规变换得到实线上的一个改进的光滑估计. 根据文献 [180] 中分部微分法 (也可参见 [188]) 可得下面的命题 12.22.

命题 12.22 方程 (12.5) 的解 u 满足

$$i\partial_t\left(e^{-it\Delta}u-e^{-it\Delta}B(u)\right)=-e^{-it\Delta}\left(R(u)+\frac{1}{2}|u|^4u+NR_1(u)+NR_2(u)\right),\tag{12.44}$$

其中

$$\widehat{B(u)}(\xi)=\int_{\substack{\xi-\xi_1+\xi_2-\xi_3=0\\|\xi-\xi_1|\geqslant1,|\xi-\xi_3|\geqslant1}}\frac{\xi_2u_{\xi_1}\overline{u_{\xi_2}}u_{\xi_3}}{\xi^2-\xi_1^2+\xi_2^2-\xi_3^2},$$

$$\widehat{R(u)}(\xi)=\int_{\substack{\xi-\xi_1+\xi_2-\xi_3=0\\|\xi-\xi_1|<1,|\xi-\xi_3|<1}}\xi_2u_{\xi_1}\overline{u_{\xi_2}}u_{\xi_3},$$

$$\widehat{NR_1u}(\xi) = 2\int_{\substack{\xi-\xi_1+\xi_2-\xi_3=0\\ |\xi-\xi_1|\geqslant 1, |\xi-\xi_3|\geqslant 1}} \frac{\xi_2 u_{\xi_1}\overline{u_{\xi_2}}\omega_{\xi_3}}{\xi^2-\xi_1^2+\xi_2^2-\xi_3^2},$$

$$\widehat{NR_2(u)}(\xi) = -\int_{\substack{\xi-\xi_1+\xi_2-\xi_3=0\\ |\xi-\xi_1|\geqslant 1, |\xi-\xi_3|\geqslant 1}} \frac{\xi_2 u_{\xi_1}\overline{\omega_{\xi_2}}u_{\xi_3}}{\xi^2-\xi_1^2+\xi_2^2-\xi_3^2},$$

这里 $u_\xi(t) := u(\hat{\xi}, t), \omega_\xi(t) := \omega(\hat{\xi}, t)$ 且 $\omega = ie^{it\Delta}\left[\partial_t\left(e^{-it\Delta}u\right)\right] = -iu^2\overline{u_x} - \frac{1}{2}|u|^4u$.

证明 下面的计算可以用光滑近似来证明. 首先通过观察方程 (12.5) 可得

$$i\partial_t\left(e^{-it\Delta}u\right) = e^{-it\Delta}(iu_t+u_{xx}) = -ie^{-it\Delta}\left(u^2\overline{u_x}\right) - \frac{1}{2}e^{-it\Delta}\left(|u|^4u\right).$$

根据 Fourier 变换, 有

$$\begin{aligned}
&-i\mathcal{F}\left(e^{-it\Delta}\left(u^2\bar{u}_x\right)\right)(\xi) = -\int_{\xi-\xi_1+\xi_2-\xi_3=0} e^{it\xi^2}\xi_2 u_{\xi_1}\overline{u_{\xi_2}}u_{\xi_3}\\
&= -e^{it\xi^2}\widehat{R(u)}(\xi) - \int_{\substack{\xi-\xi_1+\xi_2-\xi_3=0\\ |\xi-\xi_1|\geqslant 1, |\xi-\xi_3|\geqslant 1}} e^{it\xi^2}\xi_2 u_{\xi_1}\overline{u_{\xi_2}}u_{\xi_3}.
\end{aligned}$$

由 ω 的定义以及变量 ξ_1, ξ_3 的对称性, 可将上面的积分改写成

$$\begin{aligned}
&-i\partial_t\left(e^{it\xi^2}\widehat{B(u)}(\xi)\right)\\
&+i\int_{\substack{\xi-\xi_1+\xi_2-\xi_3=0\\ |\xi-\xi_1|\geqslant 1, |\xi-\xi_3|\geqslant 1}} \frac{e^{it\left(\xi^2-\xi_1^2+\xi_2^2-\xi_3^2\right)}\xi_2\partial_t\left(e^{it\xi_1^2}u_{\xi_1}\overline{e^{it\xi_2^2}u_{\xi_2}}e^{it\xi_3^2}u_{\xi_3}\right)}{\xi^2-\xi_1^2+\xi_2^2-\xi_3^2}\\
&= -i\partial_t\left(e^{it\xi^2}\widehat{B(u)}(\xi)\right) + e^{it\xi^2}\widehat{NR_1(u)}(\xi) + e^{it\xi^2}\widehat{NR_2(u)}(\xi).
\end{aligned}$$

□

下面的命题 12.23 给出了 (12.44) 中对应项的估计.

命题 12.23 给定 $s > \frac{1}{2}$, 并且 $a < \min\left(2s-1, \frac{1}{2}\right)$, 我们有

$$\|B(u)\|_{H^{s+a}} \lesssim \|u\|_{H^s}^3,$$

$$\|R(u)\|_{X^{s+a,-\frac{1}{2}+}} \lesssim \|u\|_{H^s}^3,$$

$$\left\||u|^4u\right\|_{X^{s+a,-\frac{1}{2}+}} \lesssim \|u\|_{X^{s,\frac{1}{2}+}}^5,$$

$$\|NR_1(u)+NR_2(u)\|_{X^{s+a,-\frac{1}{2}+}} \lesssim \|u\|_{X^{s,\frac{1}{2}+}}^2\|\omega\|_{X^{s,-\frac{3}{8}}},$$

其中 $\omega = -iu^2\overline{u_x} - \frac{1}{2}|u|^4u$.

证明　首先由命题 12.13 知 $|u|^4u$ 的界. 记 $f(\xi)=\langle\xi\rangle^s|u_\xi|$, 下面的不等式意味着给出 B 的界:

$$\left\|\int_{\xi-\xi_1+\xi_2-\xi_3=0}\frac{\langle\xi\rangle^{s+a}\langle\xi_2\rangle^{1-s}f(\xi_1)f(\xi_2)f(\xi_3)}{\langle\xi-\xi_1\rangle\langle\xi-\xi_3\rangle\langle\xi_1\rangle^s\langle\xi_3\rangle^s}\right\|_{L^2_\xi}\lesssim\|f\|^3_{L^2}.$$

根据 Cauchy-Schwarz 不等式和对称性, 分别考虑情形 $|\xi_1|\gtrsim|\xi_2|\gg|\xi|,|\xi_2|\approx|\xi|,|\xi_1|\gtrsim|\xi|\gg|\xi_2|$ 可得上确界是有限的, 即

$$\sup_\xi\int_{\substack{\xi-\xi_1+\xi_2-\xi_3=0\\|\xi_3|\leqslant|\xi_1|}}\frac{\langle\xi\rangle^{2s+2a}\langle\xi_2\rangle^{2-2s}}{\langle\xi-\xi_1\rangle^2\langle\xi-\xi_3\rangle^2\langle\xi_1\rangle^{2s}\langle\xi_3\rangle^{2s}}<\infty.$$

通过对偶性, 重新命名函数和对称性, 下面不等式可以给出 R 的界, 即

$$\int_{\substack{\xi_0-\xi_1+\xi_2-\xi_3=0,|\xi_0-\xi_1|<1\\\tau_0-\tau_1+\tau_2-\tau_3=0}}\frac{\langle\xi_0\rangle^{s+a}\langle\xi_2\rangle^{1-s}\prod\limits_{j=0}^{3}f(\xi_j,\tau_j)}{\langle\xi_1\rangle^s\langle\xi_3\rangle^s\langle\tau_0+\xi_0^2\rangle^{\frac12-}\prod\limits_{j=1}^{3}\left\langle\tau_j+\xi_j^2\right\rangle^{\frac12+}}\lesssim\|f\|^4_{L^2_{\xi,\tau}}.$$

假设 $\langle\tau_0+\xi_0^2\rangle=\max\limits_{j=0,\cdots,3}\langle\tau_j+\xi_j^2\rangle$, 其他情况也类似讨论. 这意味着

$$\left\langle\tau_0+\xi_0^2\right\rangle\gtrsim\langle(\xi_0-\xi_1)(\xi_0-\xi_3)\rangle=\langle(\xi_0-\xi_1)(\xi_1-\xi_2)\rangle.$$

通过使用 $\langle\xi_0\rangle\approx\langle\xi_1\rangle,\langle\xi_3\rangle\approx\langle\xi_2\rangle$ 并且对 ξ_0 积分后令 $\rho=\xi_0-\xi_1$, 则上面不等式的左侧可用下式控制

$$\int_{|\rho|<1}\frac{\langle\xi_1\rangle^a\langle\xi_2\rangle^{1-2s}f(\rho+\xi_1,\tau_1-\tau_2+\tau_3)f(\xi_1,\tau_1)f(\xi_2,\tau_2)f(\rho+\xi_2,\tau_3)}{\langle\rho(\xi_1-\xi_2)\rangle^{\frac12-}\langle\tau_1+\xi_1^2\rangle^{\frac12+}\langle\tau_2+\xi_2^2\rangle^{\frac12+}\left\langle\tau_3+(\rho+\xi_2)^2\right\rangle^{\frac12+}}\mathrm{d}\rho\mathrm{d}\xi_1\mathrm{d}\xi_2\mathrm{d}\tau_1\mathrm{d}\tau_2\mathrm{d}\tau_3.$$

注意到当 $a<\min\left(2s-1,\dfrac12\right)$ 和 $|\rho|<1$ 时有 $\dfrac{\langle\xi_1\rangle^a\langle\xi_2\rangle^{1-2s}}{\langle\rho(\xi_1-\xi_2)\rangle^{\frac12-}}\lesssim\rho^{-\frac12+}$, 对 ρ 积分, 可得控制界为

$$\sup_\rho\int\frac{f(\rho+\xi_1,\tau_1-\tau_2+\tau_3)f(\xi_1,\tau_1)f(\xi_2,\tau_2)f(\rho+\xi_2,\tau_3)}{\langle\tau_2+\xi_2^2\rangle^{\frac12+}\left\langle\tau_3+(\rho+\xi_2)^2\right\rangle^{\frac12+}}\mathrm{d}\xi_1\mathrm{d}\xi_2\mathrm{d}\tau_1\mathrm{d}\tau_2\mathrm{d}\tau_3.$$

根据 Cauchy-Schwarz 不等式和 Fubini 定理, 上面的积分可以用下式的平方根控制

$$\int\frac{f^2(\rho+\xi_1,\tau_1-\tau_2+\tau_3)f^2(\xi_2,\tau_2)}{\langle\tau_3+(\rho+\xi_2^2)\rangle^{1+}}\mathrm{d}\xi_1\mathrm{d}\tau_1\mathrm{d}\tau_3\mathrm{d}\xi_2\mathrm{d}\tau_2$$

$$\times \int \frac{f^2(\xi_1,\tau_1) f^2(\rho+\xi_2,\tau_3)}{\langle \tau_2+\xi_2^2\rangle^{1+}} \mathrm{d}\xi_1 \mathrm{d}\tau_1 \mathrm{d}\tau_2 \mathrm{d}\xi_2 \mathrm{d}\tau_3 \lesssim \|f\|_{L^2_{\xi,\tau}}^8.$$

现在来考虑 NR_1. 根据对偶性及重新命名函数, 足以证明

$$\int_{\substack{\xi_0-\xi_1+\xi_2-\xi_3=0\\ \tau_0-\tau_1+\tau_2-\tau_3=0}} \frac{\langle \xi_0\rangle^{s+a}\langle \xi_2\rangle^{1-s}\langle \tau_3+\xi_3^2\rangle^{\frac{3}{8}}\prod_{j=0}^{3} f(\xi_j,\tau_j)}{\langle \xi_0-\xi_1\rangle\langle \xi_0-\xi_3\rangle\langle \xi_1\rangle^s\langle \xi_3\rangle^s\langle \tau_0+\xi_0^2\rangle^{\frac{1}{2}-}\langle \tau_1+\xi_1^2\rangle^{\frac{1}{2}+}\langle \tau_2+\xi_2^2\rangle^{\frac{1}{2}}}$$
$$\lesssim \|f\|_{L^2_{\xi,\tau}}^4.$$

我们会考虑以下的情形:

$$\langle \tau_3+\xi_3^2\rangle \lesssim \langle \tau_0+\xi_0^2\rangle \quad \text{和} \quad \max_{j=0,\cdots,3}\langle \tau_j+\xi_j^2\rangle \lesssim \langle \xi_0-\xi_1\rangle\langle \xi_0-\xi_3\rangle.$$

其余的情形也类似. 在前一种情形下使用 Cauchy-Schwarz 不等式可以用下式的平方根来控制上式的左边部分,

$$\int_{\substack{\xi_0-\xi_1+\xi_2-\xi_3=0\\ \tau_0-\tau_1+\tau_2-\tau_3=0}} \frac{M^2 f^2(\xi_0,\tau_0)}{\langle \tau_1+\xi_1^2\rangle^{1+}\langle \tau_2+\xi_2^2\rangle^{1+}} \times \int_{\substack{\xi_0-\xi_1+\xi_2-\xi_3=0\\ \tau_0-\tau_1+\tau_2-\tau_3=0}} \prod_{j=1}^{3} f^2(\xi_j,\tau_j)$$
$$\lesssim \|f\|_{L^2_{\xi,\tau}}^8 \sup_{\xi_0}\int_{\xi_0-\xi_1+\xi_2-\xi_3=0} M^2,$$

其中 $M=\dfrac{\langle \xi_0\rangle^{s+a}\langle \xi_2\rangle^{1-s}}{\langle \xi_0-\xi_1\rangle\langle \xi_0-\xi_3\rangle\langle \xi_1\rangle^s\langle \xi_3\rangle^s}$. 如同前面对于 $B(u)$ 的讨论可知该上确界是有限的.

对于后一种情形, 即 $\langle \xi_0-\xi_1\rangle\langle \xi_0-\xi_3\rangle \gtrsim \max_{j=0,\cdots,3}\langle \tau_j+\xi_j^2\rangle$, 则有

$$\frac{\langle \tau_3+\xi_3^2\rangle^{\frac{3}{8}}}{\langle \xi_0-\xi_1\rangle\langle \xi_0-\xi_3\rangle\langle \tau_0+\xi_0^2\rangle^{\frac{1}{2}-}\langle \tau_1+\xi_1^2\rangle^{\frac{1}{2}+}\langle \tau_2+\xi_2^2\rangle^{\frac{1}{2}+}}$$
$$\lesssim \frac{1}{\langle \xi_0-\xi_1\rangle^{\frac{5}{8}-}\langle \xi_0-\xi_3\rangle^{\frac{5}{8}-}\langle \tau_0+\xi_0^2\rangle^{\frac{1}{2}+}\langle \tau_1+\xi_1^2\rangle^{\frac{1}{2}+}\langle \tau_2+\xi_2^2\rangle^{\frac{1}{2}+}}.$$

使用 (12.20) 和 (12.21) 以及定义 $\xi_{\min}$ 和 $\xi_{\max}$ (见命题 12.15 的证明), 足以证明

$$\sup_{\xi_0-\xi_1+\xi_2-\xi_3=0} \frac{\langle \xi_0\rangle^{s+a}\langle \xi_2\rangle^{1-s}}{\langle \xi_0-\xi_1\rangle^{\frac{5}{8}-}\langle \xi_0-\xi_3\rangle^{\frac{5}{8}-}\langle \xi_1\rangle^s\langle \xi_3\rangle^s} \frac{\langle \xi_{\mathrm{mid}}\rangle^{\frac{1}{4}}}{\langle \xi_{\max}\rangle^{\frac{1}{4}}} < \infty.$$

前面讨论的 (12.30) 式在各种情形下都可以得到上式, 除了情形 $|\xi_1| \leqslant |\xi_3| \lesssim |\xi_2| \approx |\xi_0|$. 在这种情形下上确界可用下式来控制, 即

$$\sup_{\substack{\xi_0-\xi_1+\xi_2-\xi_3=0\\|\xi_2|\approx|\xi_0|}} \frac{\langle\xi_0\rangle^{\frac{3}{4}+a}}{\langle\xi_0-\xi_1\rangle^{\frac{5}{8}-}\langle\xi_0-\xi_3\rangle^{\frac{5}{8}-}\langle\xi_1\rangle^{s}\langle\xi_3\rangle^{s-\frac{1}{4}}}. \tag{12.45}$$

当 $s \geqslant \dfrac{7}{8}$ 时可用 $\langle\xi_0\rangle^{a-\frac{1}{2}+}$ 控制 (12.45) , 只要 $a < \dfrac{1}{2}$ 它就是有界的. 当 $\dfrac{5}{8} \leqslant s < \dfrac{7}{8}$ 时, 只要 $a < \min\left(2s-1, \dfrac{1}{2}\right)$, 可以得到下面的控制不等式

$$\begin{aligned}(12.45) &\lesssim \sup_{\substack{\xi_0-\xi_1+\xi_2-\xi_3=0\\|\xi_2|\approx|\xi_0|}} \frac{\langle\xi_0\rangle^{\frac{3}{4}+a}}{\langle\xi_0\rangle^{\frac{5}{8}-}\langle\xi_0\rangle^{s-\frac{1}{4}}\langle\xi_1-\xi_2\rangle^{\frac{7}{8}-s-}\langle\xi_1\rangle^{s-\frac{5}{8}}}\\ &\lesssim \sup_{\xi_0}\langle\xi_0\rangle^{\frac{3}{8}+a-s-\min\left(\frac{7}{8}-s,s-\frac{5}{8}\right)+}.\end{aligned}$$

当 $\dfrac{1}{2} < s < \dfrac{5}{8}$ 时, 只要 $a < 2s-1$, 有

$$(12.45) \lesssim \sup_{\xi_0}\langle\xi_0\rangle^{a-2s+1+} < \infty.$$

对 NR_2 的证明过程与 NR_1 相同. □

下面的引理给出了 $\|\omega\|_{X^{s,-\frac{3}{8}}}$ 的界, $\|\omega\|_{X^{s,-\frac{3}{8}}}$ 出现在命题 12.23 中对于 $NR_1(u)$ 和 $NR_2(u)$ 的估计中.

引理 12.24　当 $s > \dfrac{1}{2}$ 时, 有 $\|\omega\|_{X^{s,-\frac{3}{8}}} \lesssim \|u\|^3_{X^{s,\frac{1}{2}+}} + \|u\|^5_{X^{s,\frac{1}{2}+}}$ 成立.

证明　这里只给出关于三次项部分的界, 由 Sobolev 嵌入很容易得到五次项部分的界. 类似于命题 12.15 的证明很容易得到

$$\sup_{\xi_0-\xi_1+\xi_2-\xi_3=0} \frac{\langle\xi_0\rangle^{s}\langle\xi_1\rangle^{-s}\langle\xi_2\rangle^{1-s}\langle\xi_3\rangle^{-s}}{\langle(\xi_0-\xi_1)(\xi_0-\xi_3)\rangle^{\frac{3}{8}}}\frac{\langle\xi_{\text{mid}}\rangle^{\frac{1}{4}}}{\langle\xi_{\max}\rangle^{\frac{1}{4}}} < \infty,$$

其中 $|\xi_0-\xi_1| \lesssim 1$ 或者 $|\xi_0-\xi_3| \lesssim 1$ 两种情形直接可得. 因此当 $\xi_0-\xi_1+\xi_2-\xi_3=0$ 和 $|\xi_1| \leqslant |\xi_3|$ 时, 由对称性很容易证明

$$\frac{\langle\xi_0\rangle^{s}\langle\xi_1\rangle^{-s}\langle\xi_2\rangle^{1-s}\langle\xi_3\rangle^{-s}}{\langle\xi_0-\xi_1\rangle^{\frac{3}{8}}\langle\xi_0-\xi_3\rangle^{\frac{3}{8}}}\frac{\langle\xi_{\text{mid}}\rangle^{\frac{1}{4}}}{\langle\xi_{\max}\rangle^{\frac{1}{4}}} \tag{12.46}$$

有界.

在情形 $|\xi_1| \leqslant |\xi_3| \lesssim |\xi_2| \approx |\xi_0|$ 下, 当 $s \geqslant \frac{5}{8}$ 时,

$$(12.46) \lesssim \frac{\langle\xi_0\rangle^{\frac{3}{4}}}{\langle\xi_1\rangle^{s}\langle\xi_0-\xi_1\rangle^{\frac{3}{8}}\langle\xi_0-\xi_3\rangle^{\frac{3}{8}}\langle\xi_3\rangle^{s-\frac{1}{4}}} \lesssim 1.$$

当 $\frac{1}{2} < s < \frac{5}{8}$ 时,

$$(12.46) \lesssim \frac{\langle\xi_0\rangle^{\frac{3}{4}}}{\langle\xi_1\rangle^{s-\frac{3}{8}}\langle\xi_0\rangle^{\frac{3}{8}}\langle\xi_1-\xi_2\rangle^{\frac{5}{8}-s}\langle\xi_0\rangle^{s-\frac{1}{4}}} \lesssim \frac{\langle\xi_0\rangle^{\frac{5}{8}-s}}{\langle\xi_2\rangle^{\frac{5}{8}-s}} \lesssim 1.$$

在情形 $|\xi_1| \leqslant |\xi_3| \approx |\xi_0|$ 且 $|\xi_3| \gg |\xi_2|$ 下,

$$(12.46) \lesssim \frac{\langle\xi_1\rangle^{-s}\langle\xi_2\rangle^{1-s}}{\langle\xi_3\rangle^{\frac{3}{8}}\langle\xi_1-\xi_2\rangle^{\frac{3}{8}}} \lesssim \frac{\langle\xi_2\rangle^{1-s}}{\langle\xi_3\rangle^{\frac{3}{8}}\langle\xi_2\rangle^{\frac{3}{8}}} \lesssim 1.$$

在情形 $|\xi_1| \leqslant |\xi_3| \approx |\xi_2|$ 且 $|\xi_3| \gg |\xi_0|$ 下,

$$\begin{aligned}(12.46) &\lesssim \frac{\langle\xi_0\rangle^{s}\langle\xi_1\rangle^{-s}\langle\xi_3\rangle^{\frac{3}{8}-2s}\left(\langle\xi_0\rangle^{\frac{1}{4}}+\langle\xi_1\rangle^{\frac{1}{4}}\right)}{\langle\xi_0-\xi_1\rangle^{\frac{3}{8}}}\\ &\lesssim \langle\xi_0\rangle^{s-\frac{3}{8}}\langle\xi_3\rangle^{\frac{3}{8}-2s}\left(\langle\xi_0\rangle^{\frac{1}{4}}+\langle\xi_1\rangle^{\frac{1}{4}}\right) \lesssim 1.\end{aligned}$$

在情形 $|\xi_0|, |\xi_2| \ll |\xi_1| \approx |\xi_3|$ 下,

$$(12.46) \lesssim \langle\xi_0\rangle^{s}\langle\xi_2\rangle^{1-s}\left(\langle\xi_0\rangle^{\frac{1}{4}}+\langle\xi_2\rangle^{\frac{1}{4}}\right) \lesssim 1.$$

这就完成了引理的证明. □

定理 12.6 的证明

对 (12.44) 式在 $[0,t]$ 上积分可得

$$\begin{aligned}u(t)-e^{it\Delta}g &= B(u(t))-e^{it\Delta}B(g)\\ &\quad + i\int_0^t e^{i(t-s)\Delta}\left(R(u)+\frac{1}{2}|u|^4u+NR_1(u)+NR_2(u)\right)\mathrm{d}s.\end{aligned}$$

根据命题 12.23 中的控制界, 不等式 (12.17) 以及嵌入 $X^{s,b} \subset C_t^0H_x^s\left(b > \frac{1}{2}\right)$, 可以得出结论.

12.6 附 录

在本附录中讨论两个引理. 关于第一个引理的证明见文献 [190]. 对于第二个引理 (见文献 [185]) 给出完整的证明过程.

引理 12.25 如果 $\beta \geqslant \gamma \geqslant 0$ 且 $\beta+\gamma>1$, 则

$$\int \frac{1}{\langle x-a_1\rangle^{\beta}\langle x-a_2\rangle^{\gamma}}\mathrm{d}x \lesssim \langle a_1-a_2\rangle^{-\gamma}\phi_\beta(a_1-a_2),$$

其中

$$\phi_\beta(a) \sim \begin{cases} 1, & \beta>1, \\ \log(1+\langle a\rangle), & \beta=1, \\ \langle a\rangle^{1-\beta}, & \beta<1. \end{cases}$$

引理 12.26 当 $s>\frac{1}{2}$ 时, 尺度 $\mathcal{G}_\alpha f(x)=f(x)\exp\left(-i\alpha\int_x^\infty |f(y)|^2\mathrm{d}y\right)$ 在 H^s 的有界子集上 Lipschitz 连续.

证明 令 $\|g\|_{\mathrm{Lip}} := \|g\|_{L^\infty}+\|g'\|_{L^\infty}$. 由 Sobolev 嵌入有

$$\left\|\exp\left(-i\alpha\int_x^\infty |f(y)|^2\mathrm{d}y\right)\right\|_{\mathrm{Lip}} \lesssim 1+\|f\|_{H^s}^2, \quad s>\frac{1}{2}.$$

另外, 在 L^2 和 H^1 中插值, 有 $\|fg\|_{H^s}\lesssim \|f\|_{H^s}\|g\|_{\mathrm{Lip}}, s\in[0,1]$, 则完成当 $s\in(1/2,1]$ 时的证明. 当 $s\in(1,2]$ 时, 令 $g=\exp\left(-i\alpha\int_x^\infty |f(y)|^2\mathrm{d}y\right)$, 并且有

$$\begin{aligned}\|fg\|_{H^s} &\lesssim \|fg\|_{L^2}+\|f'g\|_{H^{s-1}}+\left\|f^3g\right\|_{H^{s-1}} \\ &\lesssim \|g\|_{\mathrm{Lip}}\left(\|f\|_{L^2}+\|f'\|_{H^{s-1}}+\left\|f^3\right\|_{H^{s-1}}\right) \\ &\lesssim 1+\|f\|_{H^s}^5.\end{aligned}$$

因此对于 $s>2$ 的情形同样可以归纳完成. □

第 13 章 非线性 Schrödinger 方程在 H^s 空间的渐近稳定性

本章我们考虑非线性 Schrödinger 方程

$$i\psi_t = -\Delta\psi + F\left(|\psi|^2\right)\psi, \quad (t,x) \in \mathbb{R} \times \mathbb{R}^d,\ d \geqslant 3. \tag{13.1}$$

对于合适的 F, 它具有特殊形式的重要解——孤立波:

$$e^{i\Phi}\varphi(x - b(t), E),$$
$$\Phi = \omega t + \gamma + \frac{1}{2}x \cdot v, \quad b(t) = vt + c, \quad E = \omega + \frac{|v|^2}{4} > 0,$$

其中 $\omega, \gamma \in \mathbb{R}, v, c \in \mathbb{R}^d$ 是常数且 φ 是一个基态, 它是如下方程的光滑的正球对称的指数递减解,

$$-\Delta\varphi + E\varphi + F\left(\varphi^2\right)\varphi = 0. \tag{13.2}$$

孤立波解具有特殊的重要性, 不仅因为它们是演化方程的简单解, 有时是显式解, 而且还因为它们似乎在初值问题的求解中起着重要的作用. 这是最著名的完全可积方程, 如三次 Schrödinger 方程

$$i\psi_t = -\psi_{xx} - |\psi|^2\psi. \tag{13.3}$$

在一般情况下, 该方程具有快速递减的光滑初值的 Cauchy 问题的解在 $L^2(\mathbb{R})$ 中有如下渐近性

$$\psi \sim \sum_{j=1}^{N} e^{i\Phi_j}\varphi\left(x - b_j(t), E_j\right) + e^{il_0 t}f_+, \quad \Phi_j = \omega_j t + \gamma_j + \frac{xv_j}{2}, \quad b_j = v_j t + c_j,$$

其中 $l_0 = -\partial_x^2, f_+$ 为 $L^2(\mathbb{R})$ 空间函数. 数 N、函数 f_+ 以及孤立子参数 $(\gamma_j, E_j, v_j, c_j)$ 依赖于初值. 由于显式积分方程的可能性, 方程 (13.3) 利用逆散射方法, 可以用有效公式描述初始条件. 例如, 参见 [222] 的结果.

数值试验表明, 即使没有反向散射理论, 一般情况下, 解会最终分解成弱相互作用的孤立波和衰减的色散波的近似叠加 (例如, 见 Grikurov 的相关结论). 虽然确定孤立波作为非线性基础的特殊精确理论, 在大时间极限下观察解是自然的,

但这种波的稳定性理论提供了部分指示. 在 Benjamin[102] 的工作之后, 大量文献专门讨论了孤立子的轨道稳定性问题, 另见 Cazenave, Lions[27] Grillakis 等[47,48], C. Sulem 和 P. L. Sulem[214] 以及 Weinstein[126,127] 的相关结论. 这个问题与方程 (13.1) 的 Cauchy 问题有关, 方程的初值为

$$\psi|_{t=0} = \varphi(x, E_0) + \chi_0(x), \tag{13.4}$$

其中 χ_0 属于 $H^1(\mathbb{R}^d)$. 在附加条件下, 解 $\psi(x,t), t \geqslant 0$ 仍然接近 (同样在空间 $H^1(\mathbb{R}^d)$) 于平面

$$\left\{e^{\dot{r}_\gamma}\varphi(x-c, E_0), \gamma \in \mathbb{R}, c \in \mathbb{R}^d\right\}.$$

这种稳定性概念确立了波的形状是稳定的, 但并没有完全解决方程的渐近行为问题. 在如下方程的背景下, 由 Sofer 和 Weinst 得到第一个渐近稳定性结果,

$$i\psi_t = -\Delta\psi + \left[V(x) + \lambda|\psi|^{m-1}\right]\psi. \tag{13.5}$$

(13.5) 的孤立子是由算符 $-\Delta + V(x)$ 的特征函数的扰动而产生的, 与之相反在 (13.1) 的情况下, 它们有一个固定的中心, 这在一定程度上简化了分析.

对于一维方程

$$i\psi_t = -\psi_{xx} + F\left(|\psi|^2\right)\psi, \tag{13.6}$$

我们考虑了 Cauchy 问题 (13.6), (13.4), 并证明了在方程线性化的谱的情况下, (13.6) 在初始孤立子具有某种自然意义上最简单的可能结构, 解 ψ 具有形式的渐近行为

$$\begin{aligned}
&\psi = e^{i\Phi_+}\varphi(x - b_+(t), E_+) + e^{-il_0t}f_+ + o(1),\\
&\Phi_+ = \omega_+t + \gamma_+ + \frac{xv_+}{2}, \quad b_+ = v_+t + c_+,
\end{aligned}$$

其中极限孤立子的参数 $(\gamma_+, E_+, v_+, c_+)$ 接近于 $(0, E_0, 0, 0)$ 且 f_+ 是小的.

作为上述情况的自然推广, 我们可以考虑几个弱相互作用孤立子的情况. 假设有孤立子集合 $e^{i\gamma_{0j}+i\frac{1}{2}x\cdot v_{0j}}\varphi(x-c_{0j}, E_{0j})$, $\gamma_{0j}, E_{0j} \in \mathbb{R}$, c_{0j}, $v_{0j} \in \mathbb{R}^d$, $j = 1, \cdots, N$, 它们无论是在原始空间还是在 Fourier 空间中都有很好的分离: 对于 $j \neq k$, 要么 $|v_{jk}^0|$ 充分大, 要么 $\min_{t\geqslant 0}\left|b_{jk}^0(t)\right|$ 充分大, 其中 $v_{jk}^0 = v_{0j} - v_{0k}, b_{jk}^0(t) = c_{jk}^0 + v_{jk}^0 t, c_{jk}^0 = c_{0j} - c_{0k}$. 在第二种情况下, 假设碰撞次数 $t_{jk}^0 = -\dfrac{c_k^0 \cdot v_{\mu k}^0}{\left|v_\mu^0\right|^2}$ 是有界的.

考虑方程 (13.1) 的 Cauchy 问题且初值接近于

$$\sum_{j=1}^{N} e^{i\gamma_{0j}+i\frac{1}{2}x\cdot v_{0j}}\varphi(x-c_{0j}, E_{0j}).$$

13.1 结果的背景和陈述

13.1.1 关于 F 的假设

考虑线性 Schrödinger 方程

$$i\psi_t = -\Delta\psi + F\left(|\psi|^2\right)\psi, \quad (t,x) \in \mathbb{R}\times\mathbb{R}^d,\ d \geqslant 3. \tag{13.7}$$

有如下假设.

假设 13.1 F 是一个光滑函数, $F(0)=0, F$ 满足估计

$$F(\xi) \geqslant -C\xi^q, \quad \left|F^{(\alpha)}(\xi)\right| \leqslant C\xi^{p-\alpha}, \quad \alpha = 0,1,2,$$

其中 $C>0, \xi \geqslant 1, q<\dfrac{2}{d}, p<\dfrac{2}{d-2}$.

假设 $g(\xi) = E\xi + F\left(\xi^2\right)\xi$.

假设 13.2 (i) 存在 $\xi_0>0$, 使得对于 $\xi<\xi_0, g(\xi)>0$, 对于 $\xi>\xi_0, g(\xi)<0$ 且 $g'\left(\xi_0\right)<0$.

(ii) 存在 $\xi_1>0$ 使得 $\displaystyle\int_0^{\xi_1} g(s)\mathrm{d}s = 0$.

在函数方面给出了进一步的假设

$$I(\xi,\lambda) = -\lambda\xi g'(\xi) + (\lambda+2)g(\xi).$$

考虑假设 13.2 的 ξ_0 且有如下假设.

假设 13.3 对于任意 $\xi>\xi_0$, 存在 $\lambda(\xi)>0$, 连续依赖于 ξ, 使得对于 $0<t<\xi$, $I(t,\lambda)\geqslant 0$ 且对于 $t>\xi$, $I(t,\lambda)\leqslant 0$.

对于 E, 假设 13.2、假设13.3 在区间 $\mathscr{A}\subset\mathbb{R}_+$ 是正确的. 在这些假设下对于 $E\in\mathscr{A}$, 方程 (13.2) 有唯一的正球对称光滑指数递减解 $\varphi(x,E)$. 更确切地说, 当 $|x|\to\infty$ 时,

$$\varphi(x,E) \sim Ce^{-\sqrt{E}|x|}|x|^{-\frac{d-1}{2}}.$$

这个渐近估计可以相对于 x 和 E 区分任意次数. 由孤立子态可知 $w(x,\sigma) = \exp(i\beta + iv\cdot x/2)\varphi(x-b,E), \sigma = (\beta,E,b,v)\in\mathbb{R}^{2d+2}$. $w(x,\sigma(t))$ 是一个孤立子解当且仅当 $\sigma(t)$ 满足

$$\beta' = E - \frac{|v|^2}{4}, \quad E'=0, \quad b'=v, \quad v'=0. \tag{13.8}$$

13.1.2 孤立子线性化

考虑方程 (13.7) 关于孤立子 $w(x,\sigma(t))$ 的线性化

$$\psi \sim w+\chi,$$
$$i\chi_t=\left(-\Delta+F\left(|w|^2\right)\right)\chi+F'\left(|w|^2\right)\left(|w|^2\chi+w^2\bar{\chi}\right).$$

引入函数 $\vec{f}$:

$$\vec{f}=\begin{pmatrix} f \\ \bar{f} \end{pmatrix},\quad \chi(x,t)=\exp(i\Phi)f(y,t),\quad \Phi=\beta(t)+\frac{v\cdot x}{2},\quad y=x-b(t),$$

则有

$$i\vec{f}_t=L(E)\vec{f},\quad L(E)=L_0(E)+V(E),\quad L_0(E)=(-\Delta+E)\hat{\sigma}_3,$$
$$V(E)=V_1(E)\hat{\sigma}_3+iV_2(E)\hat{\sigma}_2,\quad V_1=F\left(\varphi^2\right)+F'\left(\varphi^2\right)\varphi^2,\quad V_2(E)=F'\left(\varphi^2\right)\varphi^2.$$

其中 $\hat{\sigma}_2,\hat{\sigma}_3$ 是标准的 Pauli 矩阵

$$\hat{\sigma}_2=\begin{pmatrix} 0 & -i \\ i & 0 \end{pmatrix},\quad \hat{\sigma}_3=\begin{pmatrix} 1 & 0 \\ 0 & -1 \end{pmatrix}.$$

考虑 L 在 $L^2\left(\mathbb{R}^d\to\mathbb{C}^2\right)$ 中的算子, 其中 L_0 是自伴的. L 满足

$$\hat{\sigma}_3 L\hat{\sigma}_3=L^*,\quad \hat{\sigma}_1 L\hat{\sigma}_1=-L,$$

其中 $\hat{\sigma}_1=\begin{pmatrix} 0 & 1 \\ 1 & 0 \end{pmatrix}$. $L(E)$ 的连续谱填充了半轴 $(-\infty,E]$ 和 $[E,\infty)$. 另外 $L(E)$ 在实轴和虚轴上可能有有限维点谱.

零总是离散谱的一个点. 可指出 $d+1$ 特征函数

$$\vec{\xi}_0=\varphi\begin{pmatrix} 1 \\ -1 \end{pmatrix},\quad \vec{\xi}_j=\varphi_{y_j}\begin{pmatrix} 1 \\ 1 \end{pmatrix},\quad j=1,\cdots,d,$$

以及 $d+1$ 广义特征函数

$$\vec{\xi}_{d+1}=-\varphi_E\begin{pmatrix} 1 \\ 1 \end{pmatrix},\quad \vec{\xi}_{d+1+j}=-\frac{1}{2}y_j\varphi\begin{pmatrix} 1 \\ -1 \end{pmatrix},\quad j=1,\cdots,d,$$
$$L\vec{\xi}_j=0,\quad L\vec{\xi}_{d+1+j}=\vec{\xi}_j,\quad j=0,\cdots,d.$$

令 M 是算子 L 的广义零空间. 在假设 13.1 —假设13.3 下, 向量 $\vec{\xi}_i, j=0,\cdots,2d+1$ 张成子空间 M 当且仅当

$$\frac{\mathrm{d}}{\mathrm{d}E}\|\varphi(E)\|_2^2 \neq 0.$$

假设 13.4 $E \in \mathscr{A}$ 的集合 $\mathscr{A}_0$ 使得

(i) 零是算子 $L(E)$ 的唯一特征值, 且相关广义零空间的维数为 $2d+2$;

(ii) $\pm E$ 不是 $L(E)$ 的共振,

则 $\mathscr{A}_0$ 是非空的.

明显地, $\mathscr{A}_0$ 是一个开集.

注记 $\pm E$ 是 $L(E)$ 的共振. 若存在 $(L(E)\mp E)\psi=0$ 的一个解 ψ 使得对于 $s>1/2$, $\langle x\rangle^{-s}\psi \in L^2$, 但是对于 $s=0$ 不成立. 若 $d\geqslant 5$, $\pm E$ 不是一个共振.

考虑算子 e^{-itL}. 其有如下结论.

命题 13.1 对于 $E\in\mathscr{A}_0$ 和任意的 $x_0, x_1 \in \mathbb{R}^d$,

$$\begin{aligned}
&\left\|\langle x-x_0\rangle^{-\nu_0} e^{-iL(E)t}\widehat{\boldsymbol{P}}(E)f\right\|_2\\
\leqslant & C\langle t\rangle^{-d/2}\left\|\langle x-x_1\rangle^{\nu_0} f\right\|_2, \quad \nu_0>\frac{d}{2},
\end{aligned}\tag{13.9}$$

其中 $\widehat{\boldsymbol{P}}(E)$ 是 $L(E)$ 连续谱的子空间上的谱投影:

$$\operatorname{Ker}\widehat{\boldsymbol{P}}=M, \quad \operatorname{Ran}\widehat{\boldsymbol{P}}=(\hat{\boldsymbol{\sigma}}_3 M)^{\perp}.$$

常数 C 相对于 $x_0, x_1\in\mathbb{R}^d$ 是一致的且 E 是 $\mathscr{A}_0$ 的紧支集.

13.1.3 非线性方程

这里给出了方程 (13.7) 的 Cauchy 问题且初值属于 $H^1(\mathbb{R}^d)$.

命题 13.2 假设 F 满足假设 13.1. 方程 (13.7) 的 Cauchy 问题有初值 $\psi(x,0)=\psi_0(x), \psi_0\in H^1(\mathbb{R}^d)$, 则有唯一解 $\psi\in C(\mathbb{R}\to H^1)$, 且 ψ 满足守恒定律

$$\int \mathrm{d}x|\psi|^2 = \text{常数}, \quad H(\psi)\equiv\int \mathrm{d}x\left[|\nabla\psi|^2+U\left(|\psi|^2\right)\right]=\text{常数},$$

其中 $U(\xi)=\int_0^{\xi}\mathrm{d}sF(s)$. 此外, 对于所有 $t\in\mathbb{R}$,

$$\|\psi(t)\|_{H^1}\leqslant c\left(\|\psi_0\|_{H^1}\right)\|\psi_0\|_{H^1},$$

其中 $c:\mathbb{R}^+\to\mathbb{R}^+$ 是一个光滑函数.

13.1.4 描述问题

考虑方程 (13.7) 的 Cauchy 问题且有初值

$$\psi|_{t=0} = \psi_0 \in H^1 \cap L_1, \quad \psi_0 = \sum_{j=1}^{N} w(\cdot, \sigma_{0j}) + \chi_0, \tag{13.10}$$

$$\sigma_{0j} = (\gamma_{0j}, E_{0j}, c_{0j}, v_{0j}), \quad \min_{j\neq k} \left|v_{jk}^0\right| \geqslant v_0 > 0, \tag{13.11}$$

其中 $v_{jk}^0 = v_{0j} - v_{0k}$. 设 $c_{jk}^0 = c_{0j} - c_{0k}, j \neq k$. 写 c_{jk}^0 为

$$c_{jk}^0 = r_{jk}^0 - t_{jk}^0 v_{jk}^0, \quad r_{jk}^0 \cdot v_{jk}^0 = 0, \quad t_{jk}^0 = -\frac{c_{jk}^0 \cdot v_{jk}^0}{\left|v_{jk}^0\right|^2}. \tag{13.12}$$

对于 $j \neq k$, 可定义充分小的参数 ε_{jk}:

$$\varepsilon_{jk} = \begin{cases} \left(\min\limits_{t\geqslant 0} \left|b_{jk}^0(t)\right| + \left|v_{jk}^0\right|\right)^{-1}, & t_{jk}^0 \leqslant \kappa \left\langle r_{jk}^0 \right\rangle, \\ \left|v_{jk}^0\right|^{-1}, & \text{其他}, \end{cases} \tag{13.13}$$

其中 $b_{ik}^0(t) = c_{ik}^0 + t v_{ik}^0, \kappa$ 是固定的正常数.

假设

(T1) $\varepsilon \equiv \max\limits_{j\neq k} \varepsilon_{jk}$ 充分小.

(T2) $E_{0j} \in \mathscr{A}_0, j = 1, \cdots, N$.

(T3) 对于 $m', \dfrac{1}{m} + \dfrac{1}{m'} = 1, m \geqslant 2p+2$. 当 $d \geqslant 4$ 时, $\dfrac{4}{d} + 2 < m < \dfrac{4}{d-2} + 2$; 当 $d = 3$ 时, $4 \leqslant m < \dfrac{4}{d-2} + 2$, 模

$$\mathcal{N} = \|\chi_0\|_1 + \|\hat{\chi}_0\|_{m'}$$

充分小.

定理 13.3 对于 $t \geqslant 0$, (13.7), (13.10) 的解 ψ 有如下表示

$$\psi(t) = \sum_{j=1}^{N} w(\cdot, \sigma_j(t)) + \chi(t), \quad \sigma_j(t) = (\beta_j(t), E_j(t), b_j(t), v_j(t)),$$

其中 $|E_j(t) - E_{0j}|, |v_j(t) - v_{0j}|, j = 1, \cdots, N, \|\chi(t)\|_{L^2 \cap L^m}$ 关于 $t \geqslant 0$ 是一致小且当 $t \to +\infty$ 时,

$$\|\chi(t)\|_m = O\left(t^{-d\left(\frac{1}{2} - \frac{1}{m}\right)}\right).$$

此外, 存在向量 $\sigma_{+j}=(\gamma_{+j},E_{+j},c_{+j},v_{+j})$, 使得当 $t\to+\infty$ 时,

$$|\sigma_j(t)-\sigma_{+j}(t)|=O\left(t^{-\delta}\right),$$

其中 $\delta>0$. $\sigma_{+j}(t)$ 是 (13.8) 与初值 $\sigma_{+j}(0)=\sigma_{+j}$ 的轨道.

13.2 定理的证明

13.2.1 运动的分解

将解分解如下

$$\psi(x,t)=\sum_{j=1}^{N}w\left(x,\sigma_j(t)\right)+\chi(x,t). \tag{13.14}$$

这里 $\sigma_j(t)=(\beta_j(t),E_j(t),b_j(t),v_j(t))$ 是参数集可容许值中的任意轨迹, 一般不是 (13.8) 的解.

我们通过施加正交条件来修改分解 (13.14)

$$\left\langle\vec{f}_j(t),\hat{\sigma}_3\vec{\xi}_k\left(E_j(t)\right)\right\rangle=0,\quad j=1,\cdots,N,\quad k=0,\cdots,2d+1, \tag{13.15}$$

其中

$$\vec{f}_j=\begin{pmatrix}f_j\\ \bar{f}_j\end{pmatrix},\quad \chi(x,t)=\exp\left(i\Phi_j\right)f_j\left(y_j,t\right),\Phi_j=\beta_j(t)+v_j\cdot x/2,\quad y_j=x-b_j(t),$$

$\langle\cdot,\cdot\rangle$ 是 $L^2\left(\mathbb{R}^d\to\mathbb{C}^2\right)$ 的内积.

几何上, 这些条件意味着对于每个 t, 向量 $\vec{f}_j(t)$ 属于算子 $L(E_j(t))$ 的连续谱的子空间.

对于 (13.10) 的形式 ψ 且 $\min\limits_{\substack{j,k\\ j\neq k}}\left(\left|v_{jk}^0\right|+\left|c_{jk}^0\right|\right)$ 充分大, L_p 模下 χ_0 充分小, (13.15) 的可解性是由相应的 Jacobi 矩阵的非退化保证. 则初始分解 (13.10) 服从 (13.15). 对于 $t>0$, 为了证明分解 (13.14), (13.15) 的存在性, 可以利用标准连续性论断.

重写 (13.14) 作为 χ 的方程

$$i\vec{\chi}_t=H(\vec{\sigma}(t))\vec{\chi}+N, \tag{13.16}$$

其中

$$\vec{\chi}=\begin{pmatrix}\chi\\ \bar{\chi}\end{pmatrix},\quad \vec{\sigma}=(\sigma_1,\cdots,\sigma_N)\in\mathbb{R}^{(2d+2)N},$$

$$
\begin{aligned}
&H(\vec{\sigma}) = -\Delta\hat{\sigma}_3 + \sum_{j=1}^{N} \mathscr{V}(w_j), \\
&\mathscr{V}(w) = \left(F\left(|w|^2\right) + F'\left(|w|^2\right)|w|^2\right)\hat{\sigma}_3 + F'\left(|w|^2\right)\begin{pmatrix} 0 & w^2 \\ -\bar{w}^2 & 0 \end{pmatrix}, \\
&\qquad w_j = w(x, \sigma_j),
\end{aligned}
$$

且 N 有如下表示

$$
\begin{aligned}
&N = N_0 + \sum_{j=1}^{N} e^{i\hat{\sigma}_3\Phi_j} l(\sigma_j)\vec{\xi}_0(y_j, E_j), \\
&N_0 = F\left(|\psi_s+\chi|^2\right)\begin{pmatrix} \psi_s+\chi \\ -\bar{\psi}_s-\bar{\chi} \end{pmatrix} - \sum_{j=1}^{N}\left(F\left(|w_j|^2\right)\begin{pmatrix} w_j \\ -\bar{w}_j \end{pmatrix} + \mathscr{V}(w_j)\vec{\chi}\right), \\
&\psi_s = \sum_{j=1}^{N} w_j, \quad l(\sigma_j) = \gamma_j' + \frac{1}{2}v_j'\cdot y_j + ic_j'\cdot\nabla\hat{\sigma}_3 - iE_j'\partial_E\sigma_3,
\end{aligned}
$$

其中 γ_j, c_j 定义如下

$$
\begin{aligned}
\beta_j(t) &= \int_0^t \mathrm{d}s\left(E_j(s) - \frac{|v_j(s)|^2}{4} - \frac{v_j'(s)\cdot b_j(s)}{2}\right) + \gamma_j(t), \\
b_j(t) &= \int_0^t \mathrm{d}s v_j(s) + c_j(t).
\end{aligned}
$$

就参数 (γ, E, c, v) 而言, (13.8) 有如下形式

$$
\gamma' = 0, \quad E' = 0, \quad c' = 0, \quad v' = 0.
$$

将 χ_t 的表达式从 (13.16) 替换为正交条件的导数, 则对于 $j = 1, \cdots, N$, 有

$$
\begin{aligned}
&(E_j)\,E_j' = \left\langle N_j, \sigma_3 e^{i\Phi_j}\vec{\xi}_0(\cdot - b_j, E_j)\right\rangle + \left\langle \vec{f}_j, l(\sigma_j)\vec{\xi}_0(E_j)\right\rangle, \\
&n(E_j)\,v_j' = \left(\left\langle N_j, \sigma_3 e^{i\Phi_j}\vec{\xi}_k(\cdot - b_j, E_j)\right\rangle + \left\langle \vec{f}_j, l(\sigma_j)\vec{\xi}_k(E_j)\right\rangle\right)_{k=1,\cdots,d}, \\
&e(E_j)\,\gamma_j' = \left\langle N_j, \sigma_3 e^{i\Phi_j}\vec{\xi}_{d+1}(\cdot - b_j, E_j)\right\rangle + \left\langle \vec{f}_j, l(\sigma_j)\vec{\xi}_{d+1}(E_j)\right\rangle, \\
&in(E_j)\,c_j' = -\left(\left\langle N_j, \sigma_3 e^{i\Phi_j}\vec{\xi}_{d+1+k}(\cdot - b_j, E_j)\right\rangle + \left\langle \vec{f}_j, l(\sigma_j)\vec{\xi}_{d+1+k}(E_j)\right\rangle\right)_{k=1,\cdots,d},
\end{aligned}
\tag{13.17}
$$

其中

$$N_j = N_0 + \sum_{k,k\neq j} \mathscr{V}(w_k)\vec{\chi} + \sum_{k,k\neq j} e^{i\sigma_3\Phi_k} l(\sigma_k)\vec{\xi}_0(y_k, E_k), \quad j = 1, \cdots, N,$$

$$e = \frac{\mathrm{d}}{\mathrm{d}E}\|\varphi\|_2^2, \quad n = \frac{1}{2}\|\varphi\|_2^2.$$

原则上, (13.17) 可就导数求解, 并与 (13.16) 一起构成 $\vec{\sigma}$ 和 χ 的完整方程组:

$$\begin{aligned} &i\vec{\chi}_t = H(\vec{\sigma}(t))\vec{\chi} + N(\vec{\sigma}, \vec{\chi}), \\ &\vec{\sigma}' = G(\vec{\sigma}, \vec{\chi}), \quad \chi|_{t=0} = \chi_0, \quad \sigma_j(0) = \sigma_{0j}. \end{aligned} \tag{13.18}$$

13.2.2 χ 的积分表示

首先描述了下面构造的基本思想. 作为 (13.18) 的主项, 可知

$$i\vec{\chi}_t = H(\vec{\sigma}_1(t))\vec{\chi}, \tag{13.19}$$

其中 $\vec{\sigma}_1(t) = (\tilde{\sigma}_1(t), \cdots, \tilde{\sigma}_N(t)), \tilde{\sigma}_j(t) = \left(\tilde{\beta}_j(t), E_{0j}, \tilde{b}_j(t), v_{0j}\right), j = 1, \cdots, N,$

$$\tilde{\beta}_j(t) = \beta_{0j}(t) + \theta_j(t), \quad \tilde{b}_j(t) = b_{0j}(t) + a_j(t),$$

$$\theta_j = \int_0^t \mathrm{d}s \left(E_j(s) - E_{0j} + \frac{|v_j(s) - v_{0j}|^2}{4}\right), \quad a_j = \int_0^t \mathrm{d}s\,(v_j(s) - v_{0j}),$$

$\sigma_{0j}(t) = (\beta_{0j}(t), E_{0j}, b_{0j}(t), v_{0j})$ 是 (13.8) 与初值 $\sigma_{0j}(0) = \sigma_{0j}$ 的解:

$$\beta_{0j}(t) = \gamma_{0j} + \left(E_{0j} - \frac{|v_{0j}|^2}{4}\right)t, \quad b_{0j}(t) = c_{0j} + v_{0j}t.$$

$H(\vec{\sigma}(t)) - H(\vec{\sigma}_1(t))$ 为

$$\sum_j \mathscr{V}(w_j(t)) - \mathscr{V}(\tilde{w}_j(t)), \quad w_j(t) = w(x, \sigma_j(t)), \quad \tilde{w}_j(t) = w(x, \tilde{\sigma}_j(t)).$$

下面可证对于所有 $t \geqslant 0$, 轨道 $\tilde{\sigma}_j(t)$ 接近于 $\sigma_j(t)$, 这就意味着 $H(\vec{\sigma}(t)) - H(\vec{\sigma}_1(t))$ 是小的. 另一方面, 因为导数 $\theta_j'(t), a_j'(t)$ 同样小, 所以路线 $\tilde{\sigma}_j(t)$ 具有明显的优点, 即满足 (13.8) 的线性函数和缓慢变化的函数之和. 这可将 (13.19) 一个绝热扰动电荷转移模型. 为了处理这个模型, 我们密切关注 Hagedorn[223] 给出的结构, 它允许控制 (13.19) 的一个孤立子线性化.

首先将 (13.18) 写为积分方程

$$\vec{\chi}(t)=\mathscr{U}_0(t,0)\chi_0-i\int_0^t\mathscr{U}_0(t,s)\left[\sum_{j=1}^N\mathscr{V}\left(w_j(s)\right)\vec{\chi}(s)+N\right]\mathrm{d}s, \tag{13.20}$$

其中 $\mathscr{U}_0(t,\tau)=e^{i(t-\tau)\Delta\hat{\sigma}_3}$.

引入一个孤立子绝热传播算子 $\mathscr{U}_j^A(t,\tau)$:

$$\begin{aligned}
&i\mathscr{U}_{jt}^A(t,\tau)=L_j(t)\mathscr{U}_j^A(t,\tau),\quad \mathscr{U}_j^A(t,\tau)\big|_{t=\tau}=I,\\
&L_j(t)=-\Delta\hat{\sigma}_3+\mathscr{V}\left(\tilde{w}_j(t)\right)+R_j(t),\\
&R_j(t)=iT_{0j}(t)\left[P_j'(t),P_j(t)\right]T_{0j}^*(t),\quad P_j(t)=T_j(t)\widehat{P}\left(E_{0j}\right)T_j^*(t),
\end{aligned}$$

其中 $P_j'(t)$ 是 $P_j(t)$ 关于 t 的导数且算子 $T_{0j}(t),T_j(t)$ 有如下形式:

$$T_{0j}(t)=B_{\beta_{0j}(t),b_{0j}(t),v_{0j}},\quad T_j(t)=B_{\theta_j(t),a_j(t),0},\quad \left(B_{\beta,b,v}f\right)(x)=e^{i\beta\hat{\sigma}_3+i\frac{v\cdot x}{2}\hat{\sigma}_3}f(x-b).$$

算子 $T_{0j}(t),T_j(t)$ 的几何意义是清楚的: 算子 $T_j^*(t)T_{0j}^*(t)$ 去除分别对应于轨迹 $\tilde{\sigma}_j(t)$ 的线性部分和缓慢变化部分的孤立子 $\tilde{w}_j(t),T_{0j}(t)$ 和 $T_j(t)$ 的相和空间位移. 注意到利用算子 $T_{0j}(t),T_j(t)$ 可以表示 $\mathscr{V}\left(\tilde{w}_j(t)\right)$ 为

$$\mathscr{V}\left(\tilde{w}_j(t)\right)=T_{0j}(t)T_j(t)V\left(E_{0j}\right)T_j^*(t)T_{0j}^*(t).$$

使用算子 $L_j(t)$ 代替标准的一孤立子线性化 $-\Delta+\mathscr{V}\left(\tilde{w}_j(t)\right)$ 有如下好处. 绝热传播算子 $\mathscr{U}_j^A(t,\tau)$ 与 $P_j^A(t),P_j^A(t)=T_{0j}(t)P_j(t)T_{0j}^*(t)$ 可交换:

$$P_j^A(t)\mathscr{U}_j^A(t,\tau)=\mathscr{U}_j^A(t,\tau)P_j^A(\tau). \tag{13.21}$$

因为 $\sigma_{0j}(t)$ 解 (13.8), 所以有

$$\mathscr{U}_j^A(t,\tau)=T_{0j}(t)U_j(t,\tau)T_{0j}^*(\tau),$$

其中 $U_j(t,\tau)$ 是关于如下方程的传播算子

$$\begin{aligned}
&iU_{jt}(t,\tau)=\mathscr{L}_j(t)U_j(t,\tau),\\
&\mathscr{L}_j(t)=\left(-\Delta+E_{0j}\right)\hat{\sigma}_3+T_j(t)V\left(E_{0j}\right)T_j^*(t)+i\left[P_j'(t),P_j(t)\right].
\end{aligned}$$

注意到 $P_j(t)$ 是与如下算子对应的谱投影

$$\left(-\Delta+E_{0j}\right)\hat{\sigma}_3+T_j(t)V\left(E_{0j}\right)T_j^*(t)=T_j(t)L\left(E_{0j}\right)T_j^*(t).$$

标准绝热理论可得

$$P_j(t)U_j(t,\tau) = U_j(t,\tau)P_j^*(\tau).$$

写 χ 为一个和

$$\vec{\chi}(t) = \vec{h}_j(t) + \vec{k}_j(t), \quad \vec{h}_j(t) = P_j^A(t)\vec{\chi}(t).$$

利用 $\mathscr{U}_j^A(t,\tau)$ 可知 $h_j(t)$ 有如下表示

$$\vec{h}_j(t)=\mathscr{U}_j^A(t,0)P_j^A(0)\vec{\chi}_0-i\int_0^t\mathscr{U}_j^A(t,s)P_j^A(s)\left[\sum_{m,m\neq j}\mathscr{V}\left(w_m(s)\right)\vec{\chi}(s)+D_j(s)\right]\mathrm{d}s, \tag{13.22}$$

其中

$$D_j = N + \left(\mathscr{V}\left(w_j\right) - \mathscr{V}\left(\tilde{w}_j\right)\right)\vec{\chi} - R_j\vec{\chi}. \tag{13.23}$$

结合 (13.20), (13.22) 可得

$$\vec{\chi} = (\mathrm{I}) + (\mathrm{II}) + (\mathrm{III}) + (\mathrm{IV}), \tag{13.24}$$

其中

$$(\mathrm{I}) = \mathscr{U}_0(t,0)\vec{\chi}_0 - i\sum_j K_j(t,0)\vec{\chi}_0,$$

$$(\mathrm{II}) = -\sum_{\substack{j,m\\ j\neq m}}\int_0^t \mathrm{d}sK_j(t,s)\mathscr{V}\left(w_m(s)\right)\vec{\chi}(s),$$

$$(\mathrm{III}) = -i\int_0^t \mathrm{d}s\mathscr{U}_0(t,s)D,$$

$$(\mathrm{IV}) = -\sum_j\int_0^t \mathrm{d}sK_j(t,s)D_j(s).$$

这里

$$D = N + \sum_j\left(\left(\tilde{w}_j\right)\vec{k}_j + \left(\mathscr{V}\left(w_j\right) - \mathscr{V}\left(\tilde{w}_j\right)\right)\vec{\chi}\right), \tag{13.25}$$

$$K_j(t,s) = \int_s^t \mathrm{d}\rho\mathscr{U}_0(t,\rho)\mathscr{V}\left(\tilde{w}_j(\rho)\right)\mathscr{U}_j^A(\rho,s)P_j^A(s).$$

在上述形式中重写 (13.18) 的要点是, 不仅可以扰动地处理 (III), (IV), 而且可以扰动地处理线性部分 (III). 可以这样做, 因为算子 $K_j(t,\tau)\mathscr{V}(w_m)(\tau), j\neq m$ 在某种适当的意义下是小的. (13.17), (13.20), (13.24) 构成了用来证明定理 13.3 的方程的最终形式.

13.2.3 孤立子参数的估计

在这里我们研究孤立子参数 $\sigma_j(t), \tilde{\sigma}_j(t)$ 的基本估计. 在有限区间 $[0,t_1]$ 上, 引入解 ψ 的分量的模的自然分类.

$$M_0(t)=\sum_{j=1}^{N}|\gamma_j(t)-\gamma_{0j}|+|E_j(t)-E_{j0}|+|c_j(t)-c_{0j}|+|\,v_j(t)-v_0|,$$

$$M_1(t)=\sum_{j=1}^{N}\left\|\langle y_j\rangle^{-\nu}\chi(t)\right\|_2,\quad M_2(t)=\|\chi(t)\|_{2p+2},\quad \nu>\frac{d+2}{2},$$

不失一般性, 可假设 $m=2p+2$.

由这些模可得

$$\mathbb{M}_0(t)=\sup_{0\leqslant\tau\leqslant t}M_0(\tau),\quad \mathbb{M}_l(t)=\sup_{0\leqslant\tau\leqslant t}M_l(\tau)\rho^{-\mu_l}(\tau),\ l=1,2, \widehat{\mathbb{M}}_k=\mathbb{M}_k(t_1).$$

其中若 $d=3$, $1<\mu_1<\dfrac{3}{2}$, 以及对于 $d\geqslant 4$, $1<\mu_1=\dfrac{dp}{2}$, $\mu_2=d\left(\dfrac{1}{2}-\dfrac{1}{2p+2}\right)$,

$$\rho(t)=\langle t\rangle^{-1}+\sum_{\substack{j,k\\ j\neq k}}\langle t-t_{jk}\rangle^{-1},$$

t_{jk} 为 “碰撞时间”, 定义如下. 若 $t_{jk}^0\leqslant 0$, 设 $t_{jk}=0$. 对于 (j,k) 使得 $t_{jk}^0>0$, 由如下关系可定义 t_{jk},

$$\int_0^{t_{jk}}\mathrm{d}s\omega_{jk}(s)=t_{jk}^0,\quad \omega_{jk}(t)=\frac{\tilde{v}_{jk}(t)\cdot v_{jk}^0}{\left|v_{jk}^0\right|^2},$$

其中

$$\tilde{v}_{jk}(t)=\begin{cases} v_{jk}(t), & t\leqslant t_1,\\ v_{jk}(t_1), & t>t_1,\end{cases}\quad v_{jk}(t)=v_j(t)-v_k(t).$$

提到这一点:

(i) 若 $\left|v_{jk}(t)-v_{jk}^0\right|<v_0, 0\leqslant t\leqslant t_1$, 则 t_{jk} 是良定的.

(ii) 碰撞时间 t_{jk} 属于区间 $[0,t_1]$ 不依赖于 t_1.

由 M_0 的定义可得

$$\left|\theta_j'(t)\right|,\left|a_j'(t)\right|\leqslant M_0(t)+M_0^2(t),\quad \left|b_j(t)-\tilde{b}_j(t)\right|\leqslant M_0(t), \tag{13.26}$$

$$\left|\Phi_j(x,t)-\tilde{\Phi}_j(x,t)\right|\leqslant M_0(t)\left\langle x-b_j(t)\right\rangle+\mathbb{M}_0(t)\int_0^t \mathrm{d}s\left|c_j'(s)\right|, \tag{13.27}$$

其中

$$\widetilde{\Phi}_j(x,t)=\tilde{\beta}_j(t)+v_{0j}\cdot x/2$$

是关于 $\tilde{\sigma}_j(t)$ 的相位.

在下一个引理中, 我们给出空间位移的一些基本性质.

引理 13.4 对于 $0\leqslant t\leqslant t_1$, 有

$$\left|\tilde{b}_{jk}(t)\right|\geqslant c\left|v_{jk}^0\right|\left|t-t_{jk}\right|, \tag{13.28}$$

$$\left|\tilde{b}_{jk}(t)\right|\geqslant c\left(\min_{s\geqslant 0}\left|b_{jk}^0(s)\right|+\left|v_{jk}^0\right|\left|t-t_{jk}\right|\right)-c,\quad t_{jk}^0\leqslant\kappa\left\langle r_{jk}^0\right\rangle, \tag{13.29}$$

只要 $\widehat{\mathbb{M}}_0$ 充分小: $\widehat{\mathbb{M}}_0\leqslant c$.

引理 13.4 的证明 (13.28) 直接由如下不等式可得.

$$\left|b_{jk}(t)\right|\geqslant\frac{\left|b_{jk}(t)\cdot v_{jk}^0\right|}{\left|v_{jk}^0\right|}=\left|v_{jk}^0\right|\left|\int_0^t \mathrm{d}\rho\,\omega_{jk}(\rho)-t_{jk}^0\right|. \tag{13.30}$$

对于 $0\leqslant t\leqslant t_1$, $\omega_{jk}(t)$ 满足

$$\left|\omega_{jk}(t)-1\right|\leqslant\frac{2\widehat{\mathbb{M}}_0}{v_0}.$$

对于 $\widehat{\mathbb{M}}_0$ 充分小, (13.30) 给出

$$\left|\tilde{b}_{jk}(t)\right|\geqslant\left|v_{jk}^0\right|\int_0^t \mathrm{d}\rho\,\omega_{jk}(\rho)\geqslant\left(1-c\widehat{\mathbb{M}}_0\right)\left|v_{jk}^0\right|t\geqslant c\left|t-t_{jk}\right|,\quad t_{jk}^0\leqslant 0,$$

$$\left|\tilde{b}_{jk}(t)\right|\geqslant\left|v_{jk}^0\right|\left|\int_{t_{jk}}^t \mathrm{d}\rho\,\omega_{jk}(\rho)\right|\geqslant c\left|t-t_{jk}\right|,\quad t_{jk}^0>0.$$

为了证明 (13.29), 可估计 $\tilde{b}_{jk}$

$$\begin{aligned}\left|\tilde{b}_{jk}(t)\right|&\geqslant\left|v_{jk}^0\int_0^t \mathrm{d}\rho\,\omega_{jk}(\rho)+c_{jk}^0\right|-4\widehat{\mathbb{M}}_0 t\\&\geqslant\frac{1}{2}\left|v_{jk}^0\right|\left|\int_0^t \mathrm{d}\rho\,\omega_{jk}(\rho)-t_{jk}^0\right|+\frac{1}{2}\left|r_{jk}^0\right|-4\widehat{\mathbb{M}}_0 t.\end{aligned} \tag{13.31}$$

考虑两种情况:

(1) $t_{jk}^0 \leqslant 0$;

(2) $t_{jk}^0 > 0$.

在第一种情况下, 由 (13.31) 有

$$\left|\tilde{b}_{jk}(t)\right| \geqslant c\left(\left|v_{jk}^0\right|\left(1-\widehat{\mathbb{M}}_0\right)t-\left|v_{jk}^0\right|t_{jk}^0+\left|r_{jk}^0\right|\right)$$
$$\geqslant c\left(\left|v_{jk}^0\right|t+\left|c_{jk}^0\right|\right)=c\left(\left|v_{jk}^0\right|t+\min_{s\geqslant 0}\left|b_{jk}^0(s)\right|\right).$$

在第二种情况下, 由 (13.31) 有

$$\left|\tilde{b}_{jk}(t)\right| \geqslant c\left(\left|v_{jk}^0\right|\left(1-\widehat{\mathbb{M}}_0\right)\left|t-t_{jk}\right|+\left|r_{jk}^0\right|-\widehat{\mathbb{M}}_0 t\right). \tag{13.32}$$

由 t_{jk} 的定义可得

$$t_{jk} \leqslant \left(1+c\widehat{\mathbb{M}}_0\right)t_{jk}^0 \leqslant c\left\langle r_{jk}^0\right\rangle.$$

结合这个不等式和 (13.32) 可得

$$\left|\tilde{b}_{jk}(t)\right| \geqslant c\left(\left|v_{jk}^0\right|\left|t-t_{jk}\right|+\left|r_{jk}^0\right|-1\right)=c\left(\left|v_{jk}^0\right|\left|t-t_{jk}\right|+\min_{s\geqslant 0}\left|b_{jk}^0(s)\right|-1\right).$$

利用 (13.17) 去估计导数 $\lambda_j=\left(\gamma_j',E_j',c_j',v_j'\right)$. 因为

$$|N_0| \leqslant c\left(\sum_{\substack{j,k\\ j\neq k}}|w_j||w_k|\left(1+|\chi|\right)+\begin{cases}|\chi|^2+|\chi|^{2p+1}, & p>\dfrac{1}{2}\\ |\chi|^2, & p\leqslant\dfrac{1}{2}\end{cases}\right)$$

以及对于任意正数 K,

$$\left|\left\langle e^{i\hat{\sigma}_3\Phi_j}l\left(\sigma_j\right)\vec{\xi}_0\left(\cdot-b_j,E_j\right),\hat{\sigma}_3 e^{i\hat{\sigma}_3\Phi_k}\vec{\xi}_l\left(\cdot-b_k,E_k\right)\right\rangle\right| \leqslant c_K\left|\lambda_j\right|e^{-c\left|b_{jk}\right|}\left|v_{jk}\right|^{-K},$$

$j\neq k, b_{jk}=b_j-b_k$, 由 (13.17) 可得

$$\left|\lambda_j(t)\right| \leqslant W(\mathbb{M}(t))\left[\sum_{\substack{i,k\\ i\neq k}}e^{-c\left|b_{ik}(t)\right|}+\left(\mathbb{M}_1^2(t)+\mathbb{M}_2^2(t)\right)\rho^{2\mu_1}(t)\right]. \tag{13.33}$$

这里和下面的 $W(\mathbb{M})$ 被用作 $\mathbb{M}_0,\mathbb{M}_1,\mathbb{M}_2$ 函数的一般表示法, 它们在点 $\mathbb{M}_l=0, l=0,1,2$ 的有限附近有界并且在一些较大的附近可能得到 $+\infty$. 它们只依赖于 $v_0,\kappa_0,E_{j0},j=1,\cdots,N$ 且是球对称和单调的. 在 W 出现的所有公式中, 用一些显式表达式来替换它们并不难, 但是这样的表达式对我们的目标是无用的.

对 (13.33) 积分且考虑 (13.27)—(13.29) 可得如下结果.

引理 13.5 我们有

(i) 相位差的估计,

$$\left|\Phi_j(x,t)-\widetilde{\Phi}_j(x,t)\right| \leqslant W(\mathbb{M}(t))\mathbb{M}_0(t)\left\langle x-b_j(t)\right\rangle. \tag{13.34}$$

(ii) $\mathbb{M}_0(t)$ 的控制,

$$\mathbb{M}_0(t) \leqslant W(\widehat{\mathbb{M}})\left[\varepsilon+\mathbb{M}_1^2(t)+\mathbb{M}_2^2(t)\right]. \tag{13.35}$$

下面对向量 $\vec{k}_j(t)=\left(I-P_j^A(t)\right)\vec{\chi}(t)$ 估计. 有

$$\vec{k}_j(x,t)=\sum_{l=0}^{2d+1} k_{jl}(t)e^{i\tilde{\Phi}_j\hat{\sigma}_3}\vec{\xi}_l\left(x-\tilde{b}_j(t),E_{0j}\right).$$

正交性条件 (13.15) 连同 (13.26), (13.34) 可得估计

$$|k_{jl}(t)| \leqslant W(\mathbb{M}(t))\mathbb{M}_0(t)\left\|e^{-c|x-b_j(t)|}\chi(t)\right\|_2 \leqslant W(\mathbb{M}(t))\mathbb{M}_0(t)\mathbb{M}_1(t)\rho^{\mu_1}(t). \tag{13.36}$$

13.2.4 线性估计

为了研究方程 (13.24) 的解的行为, 我们需要算子 $\mathscr{U}_j^A(t,\tau)P_j^A(\tau)$ 的估计.

引理 13.6 对于任意 $x_0,x_1\in\mathbb{R}^d, 0\leqslant\tau\leqslant t\leqslant t_1$,

$$\left\|\langle x-x_0\rangle^{-\nu_0}\mathscr{U}_j^A(t,\tau)P_j^A(\tau)f\right\|_2 \leqslant W(\widehat{\mathbb{M}})\langle t-\tau\rangle^{-d/2}\left\|\langle x-x_1\rangle^{\nu_0}f\right\|_2.$$

函数 W 与 x_0,x_1 和 t_1 无关.

这个引理的一个简单结果是下面的 $L^p\to L^2$ 加权衰减估计.

推论 13.7 令 $2\leqslant p_1<\dfrac{2d}{d-2}<p_2\leqslant\infty, \dfrac{1}{p_i}+\dfrac{1}{p_i'}=1, i=1,2$. 则对于 $x_0\in\mathbb{R}^d, 0\leqslant\tau\leqslant t\leqslant t_1$, 有

$$\left\|\langle x-x_0\rangle^{-\nu_0}\mathscr{U}_j^A(t,\tau)P_j^A(\tau)f\right\|_2 \leqslant \frac{W(\widehat{\mathbb{M}})\left(\|f\|_{p_1'}+\|f\|_{p_2'}\right)}{|t-\tau|^{d\left(\frac{1}{2}-\frac{1}{p_1}\right)}\langle t-\tau\rangle^{d\left(\frac{1}{p_1}-\frac{1}{p_2}\right)}}. \tag{13.37}$$

证明 传播算子 $\mathscr{U}_0(t,\tau)$ 满足 (13.37). 则可写 $\mathscr{U}_i^A(t,\tau)P_i^A(\tau)f$ 为

$$\begin{aligned}&\mathscr{U}_j^A(t,\tau)P_j^A(\tau)f\\ &=P_j^A(t)\mathscr{U}_0(t,\tau)f-i\int_\tau^t \mathrm{d}s\mathscr{U}_j^A(t,s)P_j^A(s)\left(\mathscr{V}\left(\tilde{w}_j(s)\right)+R_j(s)\right)\mathscr{U}_0(s,\tau)f,\end{aligned}$$

利用引理 13.6 可得

$$\begin{aligned}
&\left\|\langle x-x_0\rangle^{-\nu_0}\mathscr{U}_j^A(t,\tau)P_j^A(\tau)f\right\|_2\\
\leqslant&W(\widehat{\mathbb{M}})\left(\|f\|_{p_1'}+\|f\|_{p_2'}\right)\left(\frac{1}{|t-\tau|^{d\left(\frac{1}{2}-\frac{1}{p_1}\right)}\langle t-\tau\rangle^{d\left(\frac{1}{p_1}-\frac{1}{p_2}\right)}}\right.\\
&\left.+\int_\tau^t\mathrm{d}s\frac{\left\|\left\langle x-\tilde{b}_j(s)\right\rangle^\nu\left(\mathscr{V}\left(\tilde{w}_j(s)\right)+R_j(s)\right)\left\langle x-\tilde{b}_j(s)\right\rangle^\nu\right\|}{\langle t-s\rangle^{d/2}|s-\tau|^{d\left(\frac{1}{2}-\frac{1}{p_1}\right)}\langle s-\tau\rangle^{d\left(\frac{1}{p_1}-\frac{1}{p_2}\right)}}\right).
\end{aligned}\tag{13.38}$$

这里也用到如下估计:

$$\left\|\left(I-P_j^A(t)\right)\left\langle x-\tilde{b}_j(t)\right\rangle^\nu\right\|\leqslant c.$$

这里和下面的 $\|\cdot\|$ 表示 $L^2\to L^2$ 算子模.

在 (13.38) 势 $\mathscr{V}\left(\tilde{w}_j(t)\right)$ 在孤立子 $\tilde{w}_j$ 周围指数局域化:

$$\left|\mathscr{V}\left(\tilde{w}_j(x,t)\right)\right|\leqslant ce^{-c\left|x-\tilde{b}_j(t)\right|},$$

R_j 是有限秩算子且有如下形式

$$R_j(t)=iT_{0j}(t)\left[P_j'(t),P_j(t)\right]T_{0j}^*(t)=iT_{0j}(t)\left[Q_j'(t),Q_j(t)\right]T_{0j}^*(t).$$

$Q_j(t)=I-P_j(t)=T_j(t)\widehat{Q}\left(E_{0j}\right)T_j^*(t)$, $\widehat{Q}(E)$ 是 $L(E)$ 的根空间 M 的谱投影. $\widehat{Q}(E)$ 有如下形式:

$$\widehat{Q}f=\sum_{l=0}^d\frac{1}{n_l}\left(\vec{\xi}_l\left\langle f,\hat{\sigma}_3\vec{\xi}_{l+1+d}\right\rangle+\vec{\xi}_{l+d+1}\left\langle f,\hat{\sigma}_3\vec{\xi}_l\right\rangle\right),\quad n_l=\left\langle\vec{\xi}_l,\hat{\sigma}_3\vec{\xi}_{l+1+d}\right\rangle.$$

明显有

$$T_j'(t)=T_j(t)\left(i\theta_j'(t)\hat{\sigma}_3-a_j'(t)\cdot\nabla\right).$$

因此, 我们有

$$R_j(t)=T_{0j}(t)T_j(t)\left[\left[i\theta_j'(t)\hat{\sigma}_3-a_j'(t)\cdot\nabla,\widehat{Q}\left(E_{0j}\right)\right],\widehat{Q}\left(E_{0j}\right)\right]T_j^*(t)T_{0j}^*(t).$$

因为特征函数 $\vec{\xi}_l$ 以及它的导数 $\nabla\vec{\xi}_l$ 指数衰减, 这就意味着

$$\begin{aligned}
\left|\left(R_j(t)f\right)(x)\right|&\leqslant ce^{-c\left|x-\tilde{b}_j(t)\right|}\left(\left|\theta_j'\right|+\left|a_j'\right|\right)\left\|e^{-c\left|x-\tilde{b}_j(t)\right|}f\right\|_2\\
&\leqslant W(\mathbb{M}(t))e^{-c|x-b_j(t)|}\mathbb{M}_0(t)\left\|e^{-c|x-b_j(t)|}f\right\|_2.
\end{aligned}\tag{13.39}$$

特别有

$$\left\|\left\langle x-\tilde{b}_j(s)\right\rangle^{\nu}\left(\mathscr{V}\left(\tilde{w}_j(s)\right)+R_j(s)\right)\left\langle x-\tilde{b}_j(s)\right\rangle^{\nu}\right\| \leqslant W(\mathbb{M}(t)),$$

结合上式与 (13.38) 可得 (13.37). □

明显地, 类似于 (13.37) 有 $K_j(t,\tau)$. 更确切地说,

$$\begin{aligned}\left\|\langle x-x_0\rangle^{-\nu_0}K_j(t,\tau)f\right\|_2 &\leqslant c\int_\tau^t \mathrm{d}s\frac{\left\|\left\langle x-\tilde{b}_j(s)\right\rangle^{-\nu_0}\mathscr{U}_j^A(s,\tau)P_j^A(s)f\right\|_2}{\langle t-s\rangle^{d/2}} \\ &\leqslant W(\widehat{\mathbb{M}})\left(\|f\|_{p_1'}+\|f\|_{p_2'}\right)\langle t-\tau\rangle^{-d\left(\frac{1}{2}-\frac{1}{p_2}\right)}.\end{aligned} \tag{13.40}$$

由引理 13.6 与不等式 (13.40) 可控制方程 (13.24) 的 (I), (III), (IV), 线性项 (II) 通过以下引理来处理.

引理 13.8 引入算子 $T_{jki}(t,\tau), j,k,i=1,\cdots,N, i\neq k$,

$$T_{jki}(t,\tau)=A_j(t)K_k(t,\tau)A_i(\tau),$$

其中 $A_j(t)$ 是 $\langle x-b_j(t)\rangle^{-\nu}$ 的乘法. 则对于 $0\leqslant t\leqslant t_1$,

$$\int_0^t \mathrm{d}\tau\left\|T_{jki}(t,\tau)\right\|\leqslant W(\widehat{\mathbb{M}})\left(\varepsilon_{ik}^{\nu_1}+\mathbb{M}_0(t)\right),$$

这里 $\nu_1>0$.

13.2.5 非线性项的估计

这里得到 D, D_j 的估计. 写 D 为一个和:

$$D=D^0+D^1+D^2,$$

其中

$$D^0=N_{00}+\sum_j\Big(\left(\mathscr{V}\left(w_j\right)-\mathscr{V}\left(\tilde{w}_j\right)\right)\vec{\chi}+\mathscr{V}\left(\tilde{w}_j\right)\vec{k}_j+e^{i\Phi_j\hat{\sigma}_3}l\left(\sigma_j\right)\vec{\xi}_0\left(\cdot-b_j,E_j\right)\Big),$$

$$N_{00}=F\left(|\psi_s|^2\right)\begin{pmatrix}\psi_s\\-\bar{\psi}_s\end{pmatrix}-\sum_j F\left(|w_j|^2\right)\begin{pmatrix}w_j\\-\bar{w}_j\end{pmatrix}+\mathscr{V}\left(\psi_s\right)\vec{\chi}-\sum_j\mathscr{V}_j\vec{\chi},$$

$$D^1=F\left(|\psi_s+\chi|^2\right)\begin{pmatrix}\psi_s+\chi\\-\bar{\psi}_s-\bar{\chi}\end{pmatrix}-F\left(|\psi_s|^2\right)\begin{pmatrix}\psi_s\\-\bar{\psi}_s\end{pmatrix}$$

$$- \mathscr{V}(\psi_s)\vec{\chi} - F(|\chi|^2)\begin{pmatrix} \chi \\ -\bar{\chi} \end{pmatrix},$$

$$D^2 = F(|\chi|^2)\begin{pmatrix} \chi \\ -\bar{\chi} \end{pmatrix}.$$

类似地,

$$D_j = D_j^0 + D^1 + D^2, \quad j = 1, \cdots, N,$$

其中

$$D_j^0 = N_{00} + (\mathscr{V}(w_j) - \mathscr{V}(\tilde{w}_j))\vec{\chi} - R_j\vec{\chi} + \sum_k e^{i\Phi_k\hat{\sigma}_3} l(\sigma_k)\vec{\xi}_0(\cdot - b_k, E_k).$$

估计 N_{00},

$$|N_{00}| \leqslant c(1+|\chi|)\sum_{\substack{j,k\\k\neq j}} |w_j||w_k|, \tag{13.41}$$

且利用 (13.26), (13.34), (13.36), (13.39), 有

$$\left|D^0\right|, \left|D_j^0\right| \leqslant W(\mathbb{M})\Big[(1+|\chi|)\sum_{\substack{i,k\\i\neq k}} e^{-c(|x-b_i|+|x-b_k|)} + \sum_i e^{-c|x-b_i|}(|\lambda_i| + \mathbb{M}_0(t)|\chi| + \mathbb{M}_0(t)M_1(t))\Big],$$

上式结合 (13.33) 可得

$$\left\|D^0\right\|_{L^1\cap L^2}, \left\|D_j^0\right\|_{L^1\cap L^2} \leqslant W(\mathbb{M})\left[e^{-c|b_{jk}(t)|} + \left(\mathbb{M}_0\mathbb{M}_1 + \mathbb{M}_1^2 + \mathbb{M}_2^2\right)\rho^{\mu_1}(t)\right]. \tag{13.42}$$

下面估计 D^1, D^2,

$$\left|D^1 + D^2\right| \leqslant W(\mathbb{M})\left[|\psi_s||\chi|^2 + |\chi|^3 + |\chi|^{2p+1}\right], \quad 若 d = 3,$$

$$\left|D^1\right| \leqslant W(\mathbb{M})|\psi_s||\chi|^2, \quad \left|D^2\right| \leqslant |\chi|^{2p+1}, \quad 若 \frac{1}{2} < p < 1, \tag{13.43}$$

$$\left|D^1 + D^2\right| \leqslant W(\mathbb{M})|\chi|^{2p+1}, \quad 若 p \leqslant \frac{1}{2}. \tag{13.44}$$

对于 $r' = \dfrac{2}{1+p}$, 这些不等式意味着

$$\left\|D^1 + D^2\right\|_{L^1\cap L_{m'}} \leqslant W(\mathbb{M})\left[\mathbb{M}_1^2 + \mathbb{M}_1^{2-\frac{1}{p}}\mathbb{M}_2^{\frac{1}{p}} + \mathbb{M}_2^{1+\frac{1}{p}}\right]\rho^{\mu_1}(t), \quad 若 d = 3,$$

$$\left\|D^1\right\|_{L^1\cap L_{m'}}+\left\|D^2\right\|_{L^{r'}\cap L_{m'}}\leqslant W(\mathbb{M})\left[\mathbb{M}_1^2+\mathbb{M}_1^{2-\frac{1}{p}}\mathbb{M}_2^{\frac{1}{p}}+\mathbb{M}_2^{1+p}\right]\rho^{\mu_1}(t),\quad(13.45)$$

若 $\frac{1}{2}<p<1$, 且

$$\left\|D^1+D^2\right\|_{L^{r'}\cap L^{m'}}\leqslant W(\mathbb{M})\mathbb{M}_2^{1+p}\rho^{\mu_1}(t),\quad p\leqslant\frac{1}{2}.$$

13.2.6 在 $L^2_{\rm loc}$ 中估计 χ

为了估计 $M_1(t)$ 用 (13.24). 由 (13.40), 对于第一项 (I) 有

$$\left\|\langle y_j\rangle^{-\nu}(\mathrm{I})\right\|_2\leqslant W(\widehat{\mathbb{M}})\mathcal{N}\langle t\rangle^{-d/2}.\quad(13.46)$$

考虑 (II):

$$\left\|\langle y_j\rangle^{-\nu}(\mathrm{II})\right\|_2\leqslant W(\mathbb{M})\mathbb{M}_1(t)\sum_{\substack{k,i\\k\neq i}}\int_0^t\mathrm{d}s\left\|T_{jki}(t,s)\right\|\rho^{\mu_1}(s).\quad(13.47)$$

由引理 13.6,

$$\|T_{jki}(t,s)\|\leqslant W(\widehat{\mathbb{M}})\langle t-s\rangle^{-d/2}.$$

因此, 可估计 (13.47) 右边的积分:

$$\begin{aligned}\int_0^t\mathrm{d}s\left\|T_{jki}(t,s)\right\|\rho^{\mu_1}(s)&\leqslant\left(\int_0^t\mathrm{d}s\left\|T_{jki}(t,s)\right\|\rho^{d/2}(s)\right)^{\frac{2\mu_1}{d}}\\&\quad\times\left(\int_0^t\mathrm{d}s\left\|T_{jki}(t,s)\right\|\right)^{1-\frac{2\mu_1}{d}}\\&\leqslant W(\widehat{\mathbb{M}})\left(\mathbb{M}_0^\theta(t)+\varepsilon_{ik}^{\nu_2}\right)\left(\int_0^t\mathrm{d}s\frac{\rho^{d/2}(s)}{\langle t-s\rangle^{d/2}}\right)^{\frac{2\mu_1}{d}}\\&\leqslant W(\widehat{\mathbb{M}})\left(\mathbb{M}_0^\theta(t)+\varepsilon_{ik}^{\nu_2}\right)\rho^{\mu_1}(t),\end{aligned}$$

$0<\theta=1-\dfrac{2\mu_1}{d},\nu_2=\theta\nu_1$. 在第二步用到引理 13.8. 因此

$$\left\|\langle y_j\rangle^{-\nu}(\mathrm{II})\right\|_2\leqslant W(\widehat{\mathbb{M}})\left(\mathbb{M}_0^\theta(t)+\varepsilon_{ik}^{\nu_2}\right)\mathbb{M}_1(t)\rho^{\mu_1}(t)\quad(13.48)$$

考虑 (13.24) 右边最后两项. 由 (13.42), (13.40) $(p_1=2,p_2=\infty)$ 有

$$\left\|\langle y_j\rangle^{-\nu}\mathscr{U}_0(t,s)D^0(s)\right\|_2,\left\|\langle y_j\rangle^{-\nu}K_m(t,s)D_m^0(s)\right\|_2$$

$$\leqslant W(\widehat{\mathbb{M}})\langle t-s\rangle^{-\frac{d}{2}}\left[\sum_{\substack{i,k\\ i\neq k}} e^{-|b_{ik}(s)|}+\left(\mathbb{M}_0(t)\mathbb{M}_1(t)+\mathbb{M}_1^2(t)+\mathbb{M}_2^2(t)\right)\rho^{\mu_1}(s)\right]. \tag{13.49}$$

利用 (13.45), (13.40) 可估计 D^1, D^2.

$$\begin{aligned}&\left\|\langle y_j\rangle^{-\nu}\mathscr{U}_0(t,s)\left(D^1(s)+D^2(s)\right)\right\|_2, \left\|\langle y_j\rangle^{-\nu}K_m(t,s)\left(D^1(s)+D^2(s)\right)\right\|_2\\ \leqslant{}& W(\widehat{\mathbb{M}})\left[\mathbb{M}_1^2(t)+\mathbb{M}_2^{r_1}(t)\right]|t-s|^{-\mu_2}\langle t-s\rangle^{-\mu_1+\mu_2}\rho^{\mu_1}(s).\end{aligned} \tag{13.50}$$

其中 $1<r_1=1+\min\{p,p^{-1}\}<2$. 结合 (13.49), (13.50) 以及关于 s 的积分可得

$$\begin{aligned}&\left\|\langle y_j\rangle^{-\nu}(\mathrm{III})\right\|_2, \left\|\langle y_j\rangle^{-\nu}(\mathrm{IV})\right\|_2\\ \leqslant{}& W(\widehat{\mathbb{M}})\left[\sum_{\substack{i,k\\ i\neq k}}\int_0^t \mathrm{d}s\frac{e^{-|b_{ik}(s)|}}{\langle t-s\rangle^{d/2}}+\left(\mathbb{M}_0(t)\mathbb{M}_1(t)+\mathbb{M}_1^2(t)+\mathbb{M}_2^{r_1}(t)\right)\rho^{\mu_1}(t)\right],\end{aligned}$$

或者考虑 (13.28), (13.29)

$$\begin{aligned}&\left\|\langle y_j\rangle^{-\nu}(\mathrm{III})\right\|_2, \left\|\langle y_j\rangle^{-\nu}(\mathrm{IV})\right\|_2\\ \leqslant{}& W(\widehat{\mathbb{M}})\left[\varepsilon+\mathbb{M}_0(t)\mathbb{M}_1(t)+\mathbb{M}_1^2(t)+\mathbb{M}_2^{r_1}(t)\right]\rho^{\mu_1}(t).\end{aligned} \tag{13.51}$$

结合 (13.46), (13.48), (13.51) 有

$$\mathbb{M}_1\leqslant W(\widehat{\mathbb{M}})\left[\mathcal{N}+\varepsilon^{\nu_2}+\mathbb{M}_0^{\theta}\mathbb{M}_1+\mathbb{M}_1^2+\mathbb{M}_2^{r_1}\right].$$

必要时改变系数函数 W 可以简化这个不等式:

$$\mathbb{M}_1\leqslant W(\widehat{\mathbb{M}})\left[\mathcal{N}+\varepsilon^{\nu_2}+\mathbb{M}_2^{r_1}\right]. \tag{13.52}$$

13.2.7 完成估计

可推导出 χ 的 L^m 估计. 为了估计 χ 的 L^m-模, 我们利用 (13.20). 由 (13.41), (13.45),

$$\|N\|_{m'}\leqslant W(\mathbb{M})\left[\left(\sum_{\substack{k,i\\ k\neq i}} e^{-c|b_{ik}(t)|}+\mathbb{M}_1^2(t)+\mathbb{M}_2^{r_1}(t)\right)\rho^{\mu_1}(t)\right].$$

因此

$$\mathbb{M}_2 \leqslant W(\widehat{\mathbb{M}}) \left[\mathcal{N} + \varepsilon^{1-\mu_2} + \mathbb{M}_1\right]. \tag{13.53}$$

这里我们利用不等式

$$\int_0^t \mathrm{d}s \frac{e^{-c|b_{ik}(s)|}}{|t-s|^{\mu_2}} \leqslant W(\widehat{\mathbb{M}}) \frac{\varepsilon_{ik}^{1-\mu_2}}{\langle t - t_{ik}\rangle^{\mu_2}},$$

它由 (13.27), (13.28) 直接可得.

结合 (13.35), (13.52), (13.53) 可得

$$\widehat{\mathbb{M}}_1, \widehat{\mathbb{M}}_2 \leqslant W(\widehat{\mathbb{M}}) \left(\mathcal{N} + \varepsilon^{\nu_3}\right), \quad \widehat{\mathbb{M}}_0 \leqslant W(\widehat{\mathbb{M}}) \left(\mathcal{N}^2 + \varepsilon^{2\nu_3}\right), \tag{13.54}$$

$\nu_3 = \min\left\{\frac{1}{2}, \nu_2, 1-\mu_2\right\} > 0$, 参数函数 $W(\mathbb{M})$ 与 t_1 无关. 这些不等式意味着对于 $\mathcal{N}$ 和 ε 充分小, $\mathbb{M}$ 属于零的小邻域或者属于一个域, 这个域与零的距离是有界的. 因为 $\widehat{\mathbb{M}}_l$ 是 t_1 的连续函数且对于 $t_1 = 0$ 是小的只有第一种可能实现. 这意味着对于 $\mathcal{N}$ 和 ε 在零附近,

$$\mathbb{M}_1(t), \mathbb{M}_2(t) \leqslant c\left(\mathcal{N} + \varepsilon^{\nu_3}\right), \quad \mathbb{M}_0(t) \leqslant c\left(\mathcal{N}^2 + \varepsilon^{2\nu_3}\right), \quad 0 \leqslant t \leqslant t_1.$$

常数 c 与 $\mathcal{N}, \varepsilon, t_1$ 无关. 因为 t_1 是任意的, 对于 $t \geqslant 0$ 这些估计有效. 更确切地说, 有

$$\begin{aligned} &M_0(t) \leqslant c\left(\mathcal{N}^2 + \varepsilon^{2\nu_3}\right), \quad M_1(t) \leqslant c\left(\mathcal{N} + \varepsilon^{\nu_3}\right) \rho_\infty^{\mu_1}(t), \\ &M_2(t) \leqslant c\left(\mathcal{N} + \varepsilon^{\nu_3}\right) \rho_\infty^{\mu_2}(t), \end{aligned} \tag{13.55}$$

其中 $\rho_\infty(t)$ 是关于 $t_1 = \infty$ 的权函数:

$$\rho_\infty(t) = \langle t\rangle^{-1} + \sum_{\substack{j,k \\ j\neq k}} \left\langle t - t_{jk}^\infty\right\rangle^{-1},$$

若 $t_{jk}^0 \leqslant 0$, 则 $t_{jk}^\infty = 0$ 且若 $t_{jk}^0 > 0$, 则有

$$\int_0^{t_{jk}^\infty} \mathrm{d}s \frac{v_{jk}(s) \cdot v_{jk}^0}{\left|v_{jk}^0\right|^2} = t_{jk}^0.$$

由 (13.29), (13.33), 估计 (13.54) 意味着极限轨道 $\sigma_{+j}(t) = (\beta_{+j}(t), E_{+j}, b_{+j}(t), v_{+j}), j = 1, \cdots, N$ 存在,

$$b_{+j}(t) = v_{+j}t + c_{+j}, \quad v_{+j} = v_{0j} + \int_0^\infty \mathrm{d}s v_j'(s),$$

$$c_{+j}=c_{0j}+\int_0^\infty \mathrm{d}s\left(c_j'(s)+v_j(s)-v_{+j}\right),$$

$$\beta_{+j}(t)=\left(E_{+j}-\frac{|v_{+j}|^2}{4}\right)t+\gamma_{+j},\quad E_{+j}=E_{0j}+\int_0^\infty \mathrm{d}sE_j'(s),$$

$$\gamma_{+j}=\gamma_{0j}+\int_0^\infty \mathrm{d}s\left(E_j-E_{+j}+\frac{|v_j-v_{+j}|^2}{4}+\gamma_j'-\frac{1}{2}v_j'\cdot c_j\right).$$

明显地, 当 $t\to+\infty$ 时,

$$|E_j(t)-E_{+j}|,|v_j(t)-v_{+j}|=O\left(t^{-2\mu_1+1}\right),$$

$$|b_j(t)-b_{+j}(t)|,|\beta_j(t)-\beta_{+j}(t)|=O\left(t^{-2\mu_1+2}\right).$$

13.3 附 录 1

在这里, 对于 $t\geqslant 0$ 概述满足 (13.15) 的分解 (13.14) 存在性证明所需的论断. 给定 N 孤立子 $w(\sigma_{0j}),\sigma_{0j}=(\beta_{0j},E_{0j},b_{0j},v_{0j}),j=1,\cdots,N$, 定义有效耦合参数 $\delta(\vec{\sigma}_0),\vec{\sigma}_0=(\sigma_{01},\cdots,\sigma_{0N})$,

$$\delta(\vec{\sigma}_0)=\max_{j\neq k}\left(\left|v_{jk}^0\right|+\left|b_{jk}^0\right|\right)^{-1}.$$

对于 $\chi\in L^p\left(\mathbb{R}^d\right),\vec{\sigma}=(\sigma_1,\cdots,\sigma_N),\sigma_j=(\beta_j,E_j,b_j,v_j)\in\mathbb{R}\times\mathscr{A}\times\mathbb{R}^d\times\mathbb{R}^d,j=1,\cdots,N$, 考虑泛函 $F_{j,l}(\vec{\sigma},\chi;\vec{\sigma}_0),j=1,\cdots,N,l=0,\cdots,2d+1$,

$$F_{j,l}(\vec{\sigma},\chi;\vec{\sigma}_0)=\left\langle\vec{\chi}+\sum_{k=1}^N\vec{w}(\sigma_{0k})-\vec{w}(\sigma_k),\hat{\sigma}_3\vec{\zeta}_l(\sigma_j)\right\rangle,$$

其中

$$\vec{w}=\begin{pmatrix}w\\ \bar{w}\end{pmatrix},\quad \vec{\zeta}_l(x,\sigma)=e^{i\beta\hat{\sigma}_3+i\frac{x\cdot v}{2}\hat{\sigma}_3}\vec{\xi}_l(x-b,E),\quad \sigma=(\beta,E,b,v).$$

设 $F_j=(F_{j,0},\cdots,F_{j,2d+1}),F=(F_1,\cdots,F_N)$.

引理 13.9 令 $E_{0j}\in\mathscr{A}_0,j=1,\cdots,N$. 存在常数 $n_0>0,\delta_0>0\ K>0$, 依赖于 $E_{0j},j=1,\cdots,N$ 使得如果 $\delta(\vec{\sigma}_0)\leqslant\delta_0$ 和 $\|\chi\|_p\leqslant n_0$, 则方程

$$F(\vec{\sigma},\chi;\vec{\sigma}_0)=0$$

有唯一解 $\vec{\sigma}=(\sigma_1,\cdots,\sigma_N),\vec{\sigma}$ 为 χ 的 C^1 函数且满足

$$\left|\beta_j - b_{0j} + \frac{1}{2}(v_j - v_{0j}) \cdot b_{0j}\right| + |E_j - E_{0j}| + |b_j - b_{0j}| + |v_j - v_{0j}| \leqslant K\|\chi\|_p. \tag{13.56}$$

注记 13.10 由 (13.56) 可得

(i) 对于常数 K_1

$$\left\|\chi + \sum_{k=1}^{N} w(\sigma_{0k}) - w(\sigma_k)\right\|_p \leqslant K_1\|\chi\|_p.$$

(ii) 若对于 $(j,k), t_{jk}^0 \leqslant \kappa_0 \langle r_{jk}^0 \rangle$, 则新的碰撞时间 $t_{jk} = -\dfrac{b_{jk} \cdot v_{jk}}{|v_{jk}|^2}$ 满足关于 $\kappa = \kappa_0(1 + O(\|\chi\|_p))$ 的估计.

引理 13.9 的证明 把 $\vec{\sigma}$ 替换为一个新的参数系统 $\vec{\lambda} = (\lambda_1, \cdots, \lambda_N)$,

$$\lambda_j = \left(\beta_j - \beta_{0j} + \frac{1}{2}(v_j - v_{0j}) \cdot b_{0j}, E_j, b_j - b_{0j}, v_j - v_{0j}\right)$$

表示 $F(\vec{\sigma}, \chi; \vec{\sigma}_0)$ 为一个和

$$F = F^0 + F^1 + F^2,$$

$$F_j^0 = \Phi(\lambda_j, E_{0j}), \quad \Phi = (\Phi_0, \cdots, \Phi_{2d+1}),$$

$$\Phi_l(\lambda, E) = \left\langle \vec{\xi}_0(E) - \vec{\zeta}_0(\lambda), \vec{\zeta}_l(\lambda) \right\rangle, \quad F_{j,l}^1 = \sum_{k, k \neq j} \left\langle \vec{\zeta}_0(\sigma_{0k}) - \vec{\zeta}_0(\sigma_k), \vec{\zeta}_l(\sigma_j) \right\rangle.$$

最后

$$F_{j,l}^2 = G_l(\lambda_j, f_j), \quad \chi(x) = e^{i\beta_{0j} + i\frac{v_{0j}^j}{2}} f_j(x - b_{0j}),$$

$G_l(\lambda, f) = \left\langle \vec{f}, \hat{\sigma}_3 \vec{\zeta}_l(\lambda) \right\rangle$ 是 f 和 λ 的 C^1 函数.

由计算可得

$$|\det \nabla_\lambda \Phi(\lambda, E)| \Big|_{\lambda = (0, E, 0, 0)} = e^2(E) n^{2d}(E). \tag{13.57}$$

设 $\vec{\lambda}_0 = (\lambda_{01}, \cdots, \lambda_{0N}), \lambda_{0j} = (0, E_{0j}, 0, 0)$. 由 (13.57) 可得

$$\left|\det \nabla_{\vec{\lambda}} F^0\right| \Big|_{\vec{\lambda} = \vec{\lambda}_0} = \prod_{j=1}^{N} e^2(E_{0j}) n^{2d}(E_{0j}), \tag{13.58}$$

若 $E_{0j} \in \mathscr{A}_0, j = 1, \cdots, N$, 则上式是非零的.

考虑 F^1. 不难检验对于 $\vec{\lambda}_0$ 附近的 $\vec{\lambda}$, 导数 $\nabla_{\vec{\lambda}} F^1$ 满足不等式

$$\left|\nabla_{\vec{\lambda}} F^1\right| \leqslant C\delta\left(\vec{\sigma}_0\right), \tag{13.59}$$

常数 C 只依赖于 E_{0j}. 由隐函数定理可知, 想要的结果由 (13.58), (13.59) 可得. □

为了证明 (13.14) 的存在性, 我们利用连续性论断. 因为 $\psi \in C\left(\mathbb{R} \rightarrow H^1\right)$ 存在小区间 $\left[0, t_1\right]$, 这里可用引理 13.9 的连续论断. 可知对于 $t \in\left[0, t_1\right]$, (13.14) 满足正交条件. 由 (13.28), (13.54) 可得

$$\left|E_{0j}-E\right| \leqslant C\left(\mathcal{N}^2+\varepsilon^{2\nu_3}\right), \quad\left(\left|v_{jk}\right|+\left|b_{jk}\right|\right)^{-1} \leqslant C\varepsilon, \quad\|\chi(t)\|_m \leqslant C\left(\mathcal{N}+\varepsilon^{\nu_3}\right),$$

这就允许延拓分解 (13.14), (13.15) 到一个大区间 $\left[0, t_1+t_2\right]$, 这里 $t_2>0$. 在这个区间上相同的估计成立, 则我们可以以相同的长度 t_2 继续这个过程. 因此, 对于 $t \geqslant 0$ 可知 (13.14) 满足 (13.15).

13.4 附 录 2

这里我们证明引理 13.6. 考虑方程

$$\begin{aligned} i\chi_t=\mathscr{L}(t)\chi, \quad \mathscr{L}(t)=(-\Delta+E)\hat{\sigma}_3+\mathscr{V}(t)+i\left[P'(t), P(t)\right], \\ \mathscr{V}(t)=T(t)V(E)T^*(t), \quad P(t)=T(t)\widehat{P}(E)T^*(t), \end{aligned} \tag{13.60}$$

其中 $T(t)=B_{\theta(t), a(t), 0}, \theta(t), a(t)$ 属于 $C^2\left(\mathbb{R}_{+}\right)$. 记相关的传播算子为 $U(t, \tau)$. 这个演化与引理 13.6 的算子 $\mathscr{U}_j^A(t, \tau)$ 的关系为

$$\mathscr{U}_j^A(t, \tau)=T_{0j}(t)U(t, \tau)\big|_{\theta=\theta_j, a=a_j, E=E_{0j}} T_{0j}^*(\tau).$$

假设对于正常数 n, R, δ_1,

$$\left|\theta'(t)\right|+\left|a'(t)\right| \leqslant n, \tag{13.61}$$

$$\left|\theta''(t)\right|+\left|a''(t)\right| \leqslant \sum_{l=0}^L\left\langle R\left(t-t_l\right)\right\rangle^{-2-\delta_1}, \tag{13.62}$$

$t \in \mathbb{R}_{+}$. 这里 $L \in \mathbb{N}, 0=t_0<t_1<\cdots<t_L$, 有如下引理.

引理 13.11 对于任意 $x_0, x_1 \in \mathbb{R}^d, t \geqslant 0, \tau \geqslant 0$,

$$\left\|\left\langle x-b_0\right\rangle^{-\nu_0} U(t, \tau)P(\tau)f\right\|_2 \leqslant C\langle t-\tau\rangle^{-d/2}\left\|\left\langle x-x_1\right\rangle^{\nu_0} f\right\|_2,$$

只要 n 足够小且 R 足够大: $n+R^{-1} \leqslant C$.

在本节我们使用 C 作为常量的一般表示法, 它依赖于 L,δ,E 且在 $\mathscr{A}_0$ 的紧子集中可关于 E 一致选取. 特别地, 它们不依赖于 $t_l, l=0,\cdots,L$.

由 (13.26), (13.28), (13.29), (13.33) 可得对于 $\widehat{\mathbb{M}}$ 在零附近函数 θ_j, a_j 满足假设 (13.61), (13.62) 其中 $\delta_1=2\mu_1-2, t_l$, $l=1,\cdots,L$ 为碰撞时间 $t_{ik}, i,k=1,\cdots,N, i\neq k$. 则由引理 13.11 可得引理 13.6.

引理 13.11 的证明 由一个扰动参数可知, 由命题 13.1 可得引理 13.11. 在区间 $[t_l,t_{l+1}], l=0,\cdots,L-1$ 引入如下 $\theta(t),a(t)$ 的线性近似 $\theta^l(t),a^l(t)$:

$$
\begin{aligned}
\theta^l(t)=&\theta(t)-\int_{t_l}^{t}\mathrm{d}s\int_{t_l}^{s}\mathrm{d}s_1\left(1-\eta\left(\frac{s_1-t_l}{t_{l+1}-t_l}\right)\right)\theta''(s_1)\\
&-\int_{t}^{t_{l+1}}\mathrm{d}s\int_{s}^{t_{l+1}}\mathrm{d}s_1\eta\left(\frac{s_1-t_l}{t_{l+1}-t_l}\right)\theta''(s_1),\\
a^l(t)=&a(t)-\int_{t_l}^{t}\mathrm{d}s\int_{t_l}^{s}\mathrm{d}s_1\left(1-\eta\left(\frac{s_1-t_l}{t_{l+1}-t_l}\right)\right)a''(s_1)\\
&-\int_{t}^{t_{l+1}}\mathrm{d}s\int_{s}^{t_{l+1}}\mathrm{d}s_1\eta\left(\frac{s_1-t_l}{t_{l+1}-t_l}\right)a''(s_1).
\end{aligned}
$$

这里 $\eta\in C^\infty(\mathbb{R}),\eta(\xi)=\begin{cases}1, & |\xi|\leqslant\dfrac{1}{4},\\[2mm] 0, & |\xi|\geqslant\dfrac{3}{4}.\end{cases}$

对于 $t\in[t_L,\infty]$, 定义 $\theta^{L+1}(t),a^{L+1}(t)$:

$$
\begin{aligned}
\theta^{L+1}(t)&=\theta(t)-\int_t^\infty\mathrm{d}s\int_s^\infty\mathrm{d}s_1\theta''(s_1),\\
a^{L+1}(t)&=a(t)-\int_t^\infty\mathrm{d}s\int_s^\infty\mathrm{d}s_1a''(s_1).
\end{aligned}
$$

对于 $t\in[t_l,t_{l+1}], l=0,\cdots,L, t_{L+1}=\infty$, 有

$$
\left|\theta(t)-\theta^l(t)\right|,\left|a(t)-a^l(t)\right|\leqslant CR^{-2}, \tag{13.63}
$$

$$
\left|\frac{\mathrm{d}\theta^l}{\mathrm{d}t}\right|,\left|\frac{\mathrm{d}a^l}{\mathrm{d}t}\right|\leqslant C\left(n+R^{-1}\right). \tag{13.64}
$$

在区间 $[t_l,t_{l+1}]$, 可取 (13.60) 的首项为

$$
\begin{aligned}
&i\chi_t=\mathscr{L}^l(t)\chi,\quad \mathscr{L}^l(t)=(-\Delta+E)\hat{\sigma}_3+\mathscr{V}^l(t),\\
&\mathscr{V}^l(t)=T^l(t)V\left(E^l\right)T^{l^*},\quad T^l(t)=B_{\Delta^l(t),a^l(t),r^l},
\end{aligned}
$$

$$\Delta^l(t)=\theta^l(t)-\frac{r^l\cdot a^l(t)}{2},\quad r^l=\frac{da^l}{dt},\quad E^l=E+\frac{\mathrm{d}\theta^l}{\mathrm{d}t}-\frac{\left|r^l\right|^2}{4}. \tag{13.65}$$

可记关于 (13.65) 的传播算子为 $U^l(t,\tau)$.

$$U^l(t,\tau)=T^l(t)e^{-i(t-\tau)L\left(E^l\right)}T^{l^*}(\tau),\quad P^l(t)U^l(t,\tau)=U^l(t,\tau)P^l(\tau),$$

其中 $P^l(t)=T^l(t)\widehat{P}\left(E^l\right)T^{l^*}(t)$.

考虑 $\chi(t)\equiv U(t,\tau)P(\tau)f,t_l\leqslant\tau<t_{l+1}$.

对于 $t_l\leqslant t\leqslant t_{l+1}$, 可写 $\chi(t)$ 为一个和 $\chi=h+k,h(t)=P^l(t)\chi(t)$. 因为 $\chi(t)=P(t)\chi(t)$, $2d+2$ 维分量 k 由 h 控制:

$$\begin{aligned}\left\|e^{\gamma|x-a(t)|}k(t)\right\|_2&\leqslant C\left(\left|\theta(t)-\theta^l(t)\right|+\left|a(t)-a^l(t)\right|+\left|r^l\right|+\left|E-E^l\right|\right)\\&\quad\times\left\|e^{-\gamma|x-a(t)|}\chi(t)\right\|_2\\&\leqslant C\left(R^{-1}+n\right)\left\|e^{-\gamma|x-a(t)|}\chi(t)\right\|_2,\end{aligned} \tag{13.66}$$

对于 $\gamma>0$, 只要 n,R^{-1} 充分小上式成立. 最后的不等式我们用到了 (13.63), (13.64). 对于 h, 有如下的积分表示

$$h(t)=P^l(t)h_0(t)-i\int_\tau^t\mathrm{d}sP^l(t)U^l(t,s)\left[\mathscr{V}^l(s)h_0(s)+R^l(s)\chi(s)\right], \tag{13.67}$$

其中

$$\begin{aligned}&h_0(t)=e^{i(\Delta-E)(t-\tau)\hat{\sigma}_3}P(\tau)f,\\&R^l(t)=\mathscr{V}(t)-\mathscr{V}^l(t)+i\left[P'(t),P(t)\right].\end{aligned}$$

明显有

$$\begin{aligned}\left|\mathscr{V}(x,t)-\mathscr{V}^l(x,t)\right|&\leqslant C\left(\left|\theta(t)-\theta^l(t)\right|+\left|a(t)-a^l(t)\right|\right.\\&\quad\left.+\left|r^l\right|+\left|E-E^l\right|\right)e^{-\gamma|x-a(t)|}\\&\leqslant C\left(R^{-1}+n\right)e^{-\gamma|x-a(t)|},\end{aligned} \tag{13.68}$$

$$\left|\left[P'(t),P(t)\right]f\right|\leqslant Cne^{-\gamma|x-a(t)|}\left\|e^{-\gamma|x-a(t)|}f\right\|_2. \tag{13.69}$$

估计 (13.66), (13.68), (13.69), (13.67) 以及命题 13.1 可知对于 $t_l\leqslant\tau\leqslant t\leqslant t_{l+1}$ 和 $\xi\in\mathbb{R}$ 如下不等式成立:

$$\begin{aligned}&\left\|\langle x-a(t)\rangle^{-\nu_0}\chi(t)\right\|_2\langle t-\tau+\xi\rangle^{d/2},\\&\leqslant C\sup_{\tau\leqslant s\leqslant t}\left(\left\|\langle x-a(s)\rangle^{-\nu_0}e^{it\Delta\hat{\sigma}_3(s-\tau)}P(\tau)f\right\|_2\langle s-\tau+\xi\rangle^{d/2}\right),\end{aligned} \tag{13.70}$$

其中 C 不依赖于 ξ. (13.70) 意味着

$$\left\|\langle x-a(t)\rangle^{-\nu_0}U(t,\tau)P(\tau)f\right\|_2 \leqslant C\langle t-\tau\rangle^{-d/2}\left\|\langle x-x_0\rangle^{\nu_0}f\right\|_2, \tag{13.71}$$

$x_0\in\mathbb{R}^d, t_l\leqslant\tau\leqslant t\leqslant t_{l+1}, l=0,\cdots,L$.

为了证明对于 $0\leqslant\pi\leqslant t$ 估计是正确的, 我们使用了归纳法. 对于 $\tau\leqslant t\leqslant t_l<\infty$, (13.71) 成立. 我们需要证明对于 $\tau\leqslant t_l<t\leqslant t_{l+1}$ 也是正确的. 对于 $t\in(t_l,t_{l+1}]$ 有 $U(t,\tau)P(\tau)f=U(t,t_l)U(t_l,\tau)P(\tau)f$. 利用 (13.71) 和

$$\begin{aligned}U(t,\tau)P(\tau)f=&e^{i(t-\tau)(\Delta-E)\hat{\sigma}_3}P(\tau)f\\&-i\int_\tau^t \mathrm{d}se^{i(t-s)(\Delta-E)\hat{\sigma}_3}\left(\mathscr{V}(s)+i\left[P'(s),P(s)\right]\right)U(s,\tau)P(\tau)f,\end{aligned} \tag{13.72}$$

易知

$$\left\|\langle x-a(t)\rangle^{-\nu_0}e^{i\Delta\hat{\sigma}_3(t-t_l)}U(t_l,\tau)P(\tau)f\right\|_2 \leqslant C\langle t-\tau\rangle^{-d/2}\left\|\langle x-x_0\rangle^{\nu_0}f\right\|_2.$$

由 (13.70) 可知对于 $0\leqslant\tau\leqslant t\leqslant t_{l+1}$, (13.71) 成立且对于任意 $0\leqslant\tau\leqslant t$ 亦然. 此外, 由 (13.72) 可将 $a(t)$ 代入 (13.71) 右边:

$$\left\|\langle x-x_1\rangle^{-\nu_0}U(t,\tau)P(\tau)f\right\|_2 \leqslant C\left\|\langle x-x_0\rangle^{\nu_0}f\right\|_2, \quad 0\leqslant\tau\leqslant t.$$

13.5 附 录 3

本节我们证明引理 13.8. 首先证明 “free” 算子 $T^0_{jkl}(t,\tau)$ 的一个类似结果:

$$T^0_{jkl}(t,\tau)=A_j(t)\int_\tau^t \mathrm{d}s\mathscr{U}_0(t,s)\mathscr{V}(\tilde{w}_k)(s)\mathscr{U}_0(s,\tau)A_i(\tau).$$

引理 13.12 对于 $i\neq k, t\geqslant 0$, 有

$$\int_0^t \mathrm{d}\tau\left\|T^0_{jki}(t,\tau)\right\|\leqslant W(\mathbb{M}(t))\varepsilon_{ik}^{\nu_1}, \tag{13.73}$$

其中 $\nu_1>0$.

证明 因为

$$\left\|T^0_{jkl}(t,\tau)\right\|\leqslant C\langle t-\tau\rangle^{-d/2},$$

有

$$I(t) = \int_0^t \mathrm{d}\tau \left\| T_{jki}^0(t,\tau) \right\| \leqslant C \frac{t}{\langle t \rangle}. \tag{13.74}$$

在本节常数 C 只依赖于 E_{0k}.

对于 $t \geqslant 2\delta$, 其中 δ 是一个小的正数, 可写积分 $I(t)$ 为一个和 $I(t) = I_0(t) + I_1(t)$,

$$I_0(t) = \int_0^{t-2\delta} \mathrm{d}\tau \left\| T_{jki}^\delta(t,\tau) \right\|,$$

$$T_{jki}^\delta(t,\tau) = A_j(t) \int_{\tau+\delta}^{t-\delta} \mathrm{d}s \mathscr{U}_0(t,s) \mathscr{V}\left(\tilde{w}_k(s)\right) \mathscr{U}_0(s,\tau) A_i(\tau).$$

明显有

$$I_1(t) \leqslant C\delta. \tag{13.75}$$

考虑 $I_0(t)$. 为了估计这一项, 可写 $T_{jki}^\delta(t,\tau)$ 为

$$T_{jki}^\delta = \begin{pmatrix} \mathscr{T}_{jki}^{11} & \mathscr{T}_{jki}^{12} \\ -\mathscr{T}_{jki}^{21} & -\mathscr{T}_{jki}^{22} \end{pmatrix},$$

其中

$$\begin{aligned}
&\mathscr{T}_{jki}^{11}(t,\tau) = A_j(t) \int_{\tau+\delta}^{t-\delta} \mathrm{d}s e^{i(t-s)\Delta} \mathscr{V}_k^1(s) e^{i(s-\tau)\Delta} A_i(\tau), \\
&\mathscr{T}_{jki}^{12}(t,\tau) = A_j(t) \int_{\tau+\delta}^{t-\delta} \mathrm{d}s e^{i(t-s)\Delta} \mathscr{V}_k^2(s) e^{-i(s-\tau)\Delta} A_i(\tau), \\
&\mathscr{V}_k^1(x,t) = V_1\left(x - \tilde{b}_k(t), E_{0k}\right), \quad \mathscr{V}_k^2(x,t) = e^{2i\tilde{\Phi}_k(x,t)} V_2\left(x - \tilde{b}_k(t), E_{0k}\right), \\
&\mathscr{T}_{jki}^{22}(t,\tau) f = \overline{\mathscr{T}_{jki}^{11}(t,\tau)\bar{f}}, \quad \mathscr{T}_{jki}^{21}(t,\tau) f = \overline{\mathscr{T}_{jki}^{12}(t,\tau)\bar{f}}.
\end{aligned} \tag{13.76}$$

考虑 $\mathscr{T}_{jki}^{11}(t,\tau)$. 因为 Hilbert-Schmidt 主导算子模, 有

$$\left\| \mathscr{T}_{jki}^{11}(t,\tau) \right\|^2 \leqslant C \int_{\mathbb{R}^{2d}} \mathrm{d}x \mathrm{d}y \langle x \rangle^{-2\nu} \langle y \rangle^{-2\nu} \left| \mathscr{B}_{jki}^1(t,\tau) \right|^2,$$

其中

$$\mathscr{B}_{jki}^1(t,\tau) = \int_{\tau+\delta}^{t-\delta} \mathrm{d}s (t-s)^{-d/2} (s-\tau)^{-d/2}$$

$$\times \int_{\mathbb{R}^d} \mathrm{d}z e^{\frac{i|x-z+b_j(t)-\tilde{b}_k(s)|^2}{4(t-s)}} V_1(z) e^{\frac{i|z-y+\tilde{b}_k(s)-b_i(\tau)|^2}{4(s-\tau)}}.$$

明显地,

$$\left|\mathscr{B}^1_{jki}(t,\tau)\right| \leqslant \int_{\tau+\delta}^{t-\delta} \mathrm{d}s(t-s)^{-d/2}(s-\tau)^{-d/2}\left|\mathscr{K}^1_{jki}\right|,$$

其中

$$\begin{aligned} \mathscr{K}^1_{jki} &= \int_{\mathbb{R}^d} \mathrm{d}z V_1(z) e^{i\frac{|z|^2}{4}\left(\frac{1}{t-s}+\frac{1}{s-\tau}\right)-i\frac{1}{2}z\cdot p_{jki}}, \\ p_{jki} &= \frac{x+b_j(t)-\tilde{b}_k(s)}{t-s} + \frac{y+b_i(\tau)-\tilde{b}_k(s)}{s-\tau}. \end{aligned} \tag{13.77}$$

明显有

$$\left|\mathscr{K}^1_{jki}\right| \leqslant C\left\|V_1\right\|_1 \leqslant C. \tag{13.78}$$

把 p_{jki} 写为一个和:

$$p_{jki} = p^0_{jki} + p^1_{jki},$$

其中

$$p^0_{jki} = \frac{\tilde{b}_{jk}(t)}{t-s} + \frac{\tilde{b}_{ik}(\tau)}{s-\tau},$$

考虑 p^1_{jki}:

$$p^1_{jki} = \frac{x+b_j(t)-\tilde{b}_j(t)}{t-s} + \frac{y+b_i(\tau)-\tilde{b}_i(\tau)}{s-\tau} + \frac{\tilde{b}_k(t)-\tilde{b}_k(s)}{t-s} + \frac{\tilde{b}_k(\tau)-\tilde{b}_k(s)}{s-\tau}. \tag{13.79}$$

(13.79) 有如下表示

$$(13.79) = \frac{1}{t-s}\int_s^t \mathrm{d}\rho\left(v_k(\rho)-v_{0k}\right) - \frac{1}{s-\tau}\int_\tau^s \mathrm{d}\rho\left(v_k(\rho)-v_{0k}\right),$$

上式结合 (13.26) 去估计 p^1_{jki}.

$$\left|p^1_{jki}\right| \leqslant \frac{4}{\delta}(\langle x\rangle + \langle y\rangle)\left(1+\mathbb{M}_0(t)\right), \tag{13.80}$$

只要 $\tau+\delta \leqslant s \leqslant t-\delta, 0<\delta\leqslant 1$. 对 (13.77) 分部积分可得

$$\mathscr{K}^1_{jki} = -\frac{2i}{\left|p^0_{jki}\right|^2}\int_{\mathbb{R}^d} \mathrm{d}z e^{-i\frac{1}{2}z\cdot p^0_{jki}} p^0_{jki}\cdot\nabla_z\left(V_1(z)e^{i\frac{|z^2|}{4}\left(\frac{1}{t-s}+\frac{1}{s-\tau}\right)-i\frac{1}{2}z\cdot p^1_{jki}}\right), \tag{13.81}$$

这可得不等式

$$\left|\mathscr{K}_{jki}^1\right| \leqslant \frac{C}{\left|p_{jki}^0\right|}\left(1+\frac{1}{t-s}+\frac{1}{s-\tau}+\left|p_{jki}^1\right|\right). \tag{13.82}$$

结合 (13.78) 和 (13.82) 可得

$$\left|\mathscr{K}_{jki}^1\right| \leqslant \delta^{-1} W(\mathbb{M}(t)) \frac{\langle x\rangle+\langle y\rangle}{\left|p_{jki}^0\right|^\alpha},$$

其中 $0 \leqslant \alpha \leqslant 1$. 这里函数 W 不依赖于 δ.

回到 $\mathscr{T}_{jki}^{11}$, 对于 $0 \leqslant \alpha<\min \left\{1, \frac{d}{4}-\frac{1}{2}\right\}$ 可得

$$\begin{aligned}
&\left\|\mathscr{T}_{jki}^{11}(t, \tau)\right\| \\
\leqslant & W(\mathbb{M}(t)) \delta^{-1-d+2 \alpha} \int_\tau^t \mathrm{d} s\langle t-s\rangle^{-d / 2+\alpha}\langle s-\tau\rangle^{-d / 2+\alpha} \\
& \times\left|\tilde{b}_{jk}(t)(s-\tau)+\tilde{b}_{ik}(\tau)(t-s)\right|^{-\alpha} \\
= & W(\mathbb{M}(t)) \delta^{-1-d+2 \alpha} \int_0^{t-\tau} \mathrm{d} s\langle s\rangle^{-d / 2+\alpha} \\
& \times\langle t-\tau-s\rangle^{-d / 2+\alpha}\left|\left(\tilde{b}_{ik}(\tau)-\tilde{b}_{jk}(t)\right) s+\tilde{b}_{jk}(t)(t-\tau)\right|^{-\alpha} \\
\leqslant & W(\mathbb{M}(t)) \delta^{-1-d+2 \alpha}\langle t-\tau\rangle^{-d / 2+2 \alpha}\left(\left|\tilde{b}_{jk}(t)-\tilde{b}_{ik}(\tau)\right|+(t-\tau)\left|\tilde{b}_{jk}(t)\right|\right)^{-\alpha} .
\end{aligned} \tag{13.83}$$

这里用到了不等式

$$\int_{\mathbb{R}} \mathrm{d} s\langle s\rangle^{-a}\langle s-\rho\rangle^{-a}\left|d_1 s+d_2\right|^{-\alpha} \leqslant C\langle\rho\rangle^{-a+\alpha}\left(\left|d_1\right|+\left|d_2\right|\right)^{-\alpha},$$

只要 $a>1, 0 \leqslant \alpha<1, d_1, d_2 \in \mathbb{R}^d, C$ 与 d_1, d_2 无关.

考虑积分

$$\int_0^t \mathrm{d} \tau\langle t-\tau\rangle^{-d / 2+2 \alpha}\left(\left|\tilde{b}_{jk}(t)-\tilde{b}_{ik}(\tau)\right|+(t-\tau)\left|\tilde{b}_{jk}(t)\right|\right)^{-\alpha} . \tag{13.84}$$

有两个可能:

(1) $\left|v_{ik}^0\right| \geqslant \frac{1}{2} \varepsilon_{ik}^{-1}$;

(2) $|v_{ik}^0| < \frac{1}{2}\varepsilon_{ik}^{-1}$.

对于第一种可能我们估计 (13.84),

$$
\begin{aligned}
(13.84) &\leqslant \int_0^t \mathrm{d}\tau \langle t-\tau\rangle^{-d/2+2\alpha} \left|\tilde{b}_{ik}(\tau) - \tilde{b}_{jk}(t)\right|^{-\alpha} \\
&\leqslant \int_0^t \mathrm{d}\tau \langle t-\tau\rangle^{-d/2+2\alpha} \left|\left(\tilde{b}_{ik}(\tau) - \tilde{b}_{jk}(t)\right)\cdot \hat{v}_{ik}^0\right|^{-\alpha},
\end{aligned}
$$

其中 $\hat{v}_{ik}^0 = \frac{v_{ik}^0}{|v_{ik}^0|}$.

因为

$$
\left|\tilde{b}'_{ik}(\tau)\cdot \hat{v}_{ik}^0 - |v_{ik}^0|\right| = \left|\left(v_{ik}(\tau) - v_{ik}^0\right)\cdot \hat{v}_{ik}^0\right| \leqslant M_0(\tau),
$$

$$
\left|\left(\tilde{b}_{ik}(\tau) - \tilde{b}_{jk}(t)\right)\cdot \hat{v}_{ik}^0\right| \geqslant \frac{1}{2}\left|v_{ik}^0\right| |\tau - T|, \quad 0 \leqslant \tau \leqslant t,
$$

对于 $T\in\mathbb{R}$, 只要 $\mathbb{M}_0(t)$ 充分小: $\mathbb{M}_0(t) \leqslant c$. 因此

$$
(13.84) \leqslant C\left|v_{ik}^0\right|^{-\alpha} \int_0^t \mathrm{d}\tau \langle t-\tau\rangle^{-d/2+2\alpha} |\tau - T|^{-\alpha} \leqslant C\varepsilon_{ik}^{\alpha}. \tag{13.85}
$$

对于第二种情况 $|v_{ik}^0| \leqslant \frac{1}{2}\varepsilon_{ik}^{-1}$, (13.29) 表明了

$$
\begin{aligned}
(13.84) \leqslant & C\int_0^t \mathrm{d}\tau \langle t-\tau\rangle^{-d/2+2\alpha} \\
& \times \begin{cases} \left|\tilde{b}_{ik}(\tau)\right|^{-\alpha}, & \left|\tilde{b}_{jk}(t)\right| \leqslant \frac{1}{2}\inf\limits_{\tau\leqslant t}\left|\tilde{b}_{ik}(\tau)\right| \\ |t-\tau|^{-\alpha}\left|\tilde{b}_{ik}(t)\right|^{-\alpha}, & \left|\tilde{b}_{jk}(t)\right| \geqslant \frac{1}{2}\inf\limits_{\tau\leqslant t}\left|\tilde{b}_{ik}(\tau)\right| \end{cases} \\
\leqslant & C\varepsilon_{ik}^{\alpha}.
\end{aligned} \tag{13.86}
$$

结合 (13.83), (13.85), (13.86) 可得

$$
\int_0^{t-2\delta} \left\|\mathscr{T}_{jki}^{11}(t,\tau)\right\| \leqslant W(\mathbb{M})\delta^{-1-d+2\alpha}\varepsilon_{ik}^{\alpha}. \tag{13.87}
$$

类似地, 对于 $\mathscr{T}_{jki}^{12}(t,\tau)$ 有

$$
\left\|\mathscr{T}_{jki}^{12}(t,\tau)\right\|^2 \leqslant C\int_{\mathbb{R}^{2d}} \mathrm{d}x\mathrm{d}y \langle x\rangle^{-2\nu}\langle y\rangle^{-2\nu}\left|\mathscr{B}_{jki}^{2}(t,\tau)\right|^2,
$$

$$\mathscr{B}^2_{jki}(t,\tau) = \int_{\tau+\delta}^{t-\delta} \mathrm{d}s (t-s)^{-d/2}(s-\tau)^{-d/2} \times \int_{\mathbb{R}^d} \mathrm{d}z e^{\frac{i|x-z+b_j(t)-\tilde{b}_k(s)|^2}{4(t-s)}} e^{2i\tilde{\Phi}\left(z+\tilde{b}_k(s),s\right)} V_2(z) e^{-\frac{i|z-y+\tilde{b}_k(s)-b_i(\tau)|^2}{4(s-\tau)}},$$

有

$$\left|\mathscr{B}^2_{jki}\right| \leqslant \int_{\tau+\delta}^{t-\delta} \mathrm{d}s (t-s)^{-d/2}(s-\tau)^{-d/2} \left|\mathscr{K}^2_{jki}\right|,$$

其中

$$\begin{aligned} \mathscr{K}^2_{jki} &= \int_{\mathbb{R}^d} \mathrm{d}z V_2(z) e^{i\frac{|z|^2}{4}\left(\frac{1}{t-s}-\frac{1}{s-\tau}\right)-i\frac{1}{2}z\cdot\left(q^0_{jki}+q^1_{jki}\right)}, \\ q^0_{jki} &= \frac{\tilde{b}_{jk}(t)}{t-s} - \frac{\tilde{b}_{ik}(\tau)}{s-\tau}, \\ q^1_{jki} &= \frac{x+b_j(t)-\tilde{b}_j(t)}{t-s} - \frac{y+b_i(\tau)-\tilde{b}_i(\tau)}{s-\tau} \\ &\quad + \frac{1}{t-s}\int_s^t \mathrm{d}\rho\left(v_k(\rho)-v_{0k}\right) + \frac{1}{s-\tau}\int_\tau^s \mathrm{d}\rho\left(v_k(\rho)-v_{0k}\right). \end{aligned} \tag{13.88}$$

如以前

$$\left|\mathscr{K}^1_{jki}\right| \leqslant C \tag{13.89}$$

与

$$\left|q^1_{jki}\right| \leqslant \frac{4}{\delta}(\langle x\rangle + \langle y\rangle)\left(1+\mathbb{M}_0(t)\right),$$

只要 $\tau+\delta \leqslant s \leqslant t-\delta, 0<\delta\leqslant 1$. 如 (13.77), 对 (13.88) 分部积分可得

$$\left|\mathscr{K}^2_{jki}\right| \leqslant \frac{C}{\left|q^0_{jki}\right|}\left(1+\frac{1}{t-s}+\frac{1}{s-\tau}+\left|q^1_{jki}\right|\right) \leqslant \delta^{-1}W(\mathbb{M}(t))\frac{\langle x\rangle+\langle y\rangle}{\left|q^0_{jki}\right|},$$

或者考虑 (13.89)

$$\left|\mathscr{K}^2_{jki}\right| \leqslant \delta^{-1}W(\mathbb{M}(t))\frac{\langle x\rangle+\langle y\rangle}{\left|q^0_{jki}\right|^\alpha}, \quad 0\leqslant\alpha\leqslant 1.$$

于是对于 $\mathscr{T}^{12}_{jki}$ 有

$$\int_0^{t-2\delta} \mathrm{d}\tau \left\|\mathscr{T}^{12}_{jki}\right\| \leqslant \delta^{-1-d+2\alpha} W(\mathbb{M}(t)) \int_0^t \mathrm{d}\tau \int_\tau^t \mathrm{d}s \langle t-s\rangle^{-d/2+\alpha}$$

$$\times \langle s-\tau\rangle^{-d/2+\alpha}\left|\tilde{b}_{jk}(t)(s-\tau)-\tilde{b}_{ik}(\tau)(t-s)\right|^{-\alpha}$$

$$\leqslant \delta^{-1-d+2\alpha}W(\mathbb{M}(t))\int_0^t \mathrm{d}\tau\langle t-\tau\rangle^{-d/2+2\alpha}$$

$$\times\left(\left|\tilde{b}_{jk}(t)+\tilde{b}_{ik}(\tau)\right|+(t-\tau)\left|\tilde{b}_{jk}(t)\right|\right)^{-\alpha}. \tag{13.90}$$

(13.90) 的积分与 (13.84) 不同之处在于 $\tilde{b}_{ik}(\tau)$ 的符号, 则有

$$\int_0^t \mathrm{d}\tau\langle t-\tau\rangle^{-d/2+2\alpha}\left(\left|\tilde{b}_{jk}(t)+\tilde{b}_{ik}(\tau)\right|+(t-\tau)\left|\tilde{b}_{jk}(t)\right|\right)^{-\alpha}\leqslant C\varepsilon_{ik}^{\alpha}. \tag{13.91}$$

结合 (13.74)—(13.76), (13.87), (13.90), (13.91) 可得

$$I^0(t)\leqslant W(\mathbb{M}(t))\left(\delta+\delta^{-1-d+2\alpha}\varepsilon_{ik}^{\alpha}\right),$$

这就直接可得 (13.73) 且 $\nu_1\leqslant\dfrac{\alpha}{2+d-2\alpha}$.

□

引入 $T_{jki}^1(t,\tau)$: $T_{jkl}^1(t,\tau) = A_j(t)\int_\tau^t \mathrm{d}s\mathscr{U}_0(t,s)\mathscr{V}\left(\tilde{w}_k(s)\right)\left(I-P_k^A(s)\right)\cdot$ $\mathscr{U}_0(s,\tau)A_i(\tau)$. 则有估计

引理 13.13 对于 $i\neq k, t\geqslant 0$, 有

$$\int_0^t \mathrm{d}\tau\left\|T_{jki}^1(t,\tau)\right\|\leqslant W(\mathbb{M}(t))\varepsilon_{ik}^{\nu_1},\quad \nu_1>0. \tag{13.92}$$

证明 类似于引理 13.12, 有

$$\left\|T_{jkl}^1(t,\tau)\right\|\leqslant C\langle t-\tau\rangle^{-d/2},$$

这表明了

$$I^1(t)\equiv\int_0^t \mathrm{d}\tau\left\|T_{jki}^1(t,\tau)\right\|\leqslant C\frac{t}{\langle t\rangle}. \tag{13.93}$$

对于 $t\geqslant\delta$, 有

$$I^1(t)\leqslant I_0^1(t)+C\delta, \tag{13.94}$$

其中

$$I_0^1(t)=\int_0^{t-\delta}\mathrm{d}\tau\left\|T_{jki}^{1,\delta}(t,\tau)\right\|,$$

$$T_{jki}^{1,\delta}(t,\tau)=A_j(t)\int_{\tau+\delta}^t \mathrm{d}s\mathscr{U}_0(t,s)\mathscr{V}\left(\tilde{w}_k(s)\right)\left(I-P_k^A(s)\right)\mathscr{U}_0(s,\tau)A_i(\tau).$$

为了估计 $T_{jki}^{1,\delta}$ 可写 $I-P_k^A(t)$:

$$\begin{aligned}\left(I-P_k^A(t)\right)f &= T_{0k}(t)T_k(t)\widehat{Q}\left(E_{0k}\right)T_k^*(t)T_{0k}^*(t)f\\ &=\sum_{l=0}^{d}\frac{1}{n_l\left(E_{0k}\right)}\left(\zeta_l^k(t)\left\langle f,\hat{\sigma}_3\zeta_{l+1+d}^k(t)\right\rangle+\zeta_{l+1+d}^k(t)\left\langle f,\hat{\sigma}_3\zeta_l^k(t)\right\rangle\right),\end{aligned}$$

$$\zeta_l^k(x,t)=e^{i\tilde{\Phi}_k}\hat{\sigma}_3\vec{\xi}_l\left(x-\tilde{b}_k(t),E_{0k}\right),\quad l=0,\cdots,2d+1.$$

于是有

$$\left\|T_{jki}^{1,\delta}(t,\tau)\right\|\leqslant C\sum_{l=0}^{2d+1}\int_{\tau+\delta}^{t}\mathrm{d}s\langle t-s\rangle^{-d/2}\left\|A_i(\tau)U_0(\tau,s)\zeta_l^k(s)\right\|_2.\tag{13.95}$$

对于 $A_i(\tau)U_0(\tau,s)\zeta_l^k(s)$ 有

$$\left\|A_i(\tau)U_0(\tau,s)\zeta_l^k(s)\right\|_2^2=\frac{C}{(s-\tau)^d}\int_{\mathbb{R}^d}\mathrm{d}x\langle x\rangle^{-2\nu}\left|\eta_{ki}(x,s,\tau)\right|^2,\tag{13.96}$$

其中

$$\begin{aligned}\eta_{ki}(x,s,\tau)&=\int_{\mathbb{R}}\mathrm{d}ze^{i\frac{|z|^2}{4(\tau-s)}\hat{\sigma}_3-\frac{1}{2}z\cdot d_{ki}\hat{\sigma}_3}\vec{\xi}_l(z),\\ d_{ki}&=\frac{x+b_i(\tau)-b_k(s)}{\tau-s}-v_{0k}.\end{aligned}\tag{13.97}$$

明显有

$$\left|\eta_{ki}(x,s,\tau)\right|\leqslant C.\tag{13.98}$$

表示 d_{ki} 为一个和

$$\begin{aligned}d_{ki}&=d_{ki}^0+d_{ki}^1,\quad d_{ki}^0=\frac{\tilde{b}_{ik}(\tau)}{\tau-s},\\ d_{ki}^1&=\frac{x+b_i(\tau)-\tilde{b}_i(\tau)}{\tau-s}+\frac{1}{s-\tau}\int_{\tau}^{s}\mathrm{d}\rho\left(v_k(\rho)-v_{0k}\right).\end{aligned}\tag{13.99}$$

(13.99) 与 (13.26) 表明

$$\left|d_{ki}^1\right|\leqslant\delta^{-1}W(\mathbb{M}(t))\langle x\rangle,$$

只要 $\tau+\delta\leqslant s\leqslant t,0<\delta\leqslant 1$.

对 (13.97) 分部积分可得

$$\eta_{ki}=-\frac{2i}{\left|d_{ki}^0\right|^2}\hat{\sigma}_3\int_{\mathbb{R}^d}\mathrm{d}ze^{-\frac{1}{2}z\cdot d_{ki}^0\hat{\sigma}_3}d_{ki}^0\cdot\nabla_z\left(e^{i\frac{|z|^2}{4(\tau-s)}\hat{\sigma}_3-\frac{1}{2}z\cdot d_{ki}^1\hat{\sigma}_3}\vec{\xi}_l(z)\right).$$

于是

$$|\eta_{ki}(x,s,\tau)| \leqslant \frac{C}{|d_{ki}^0|}\left(1+\frac{1}{s-\tau}+\left|d_{ki}^1\right|\right) \leqslant \delta^{-1}W(\mathbb{M}(t))\langle x\rangle \frac{1}{|d_{ki}^0|},$$

上式结合 (13.98), (13.96) 可得

$$\left\|A_i(\tau)U_0(\tau,s)\zeta_l^k(s)\right\|_2 \leqslant \delta^{-1}W(\mathbb{M}(t))(s-\tau)^{-d/2+\alpha}\left|b_{ik}(\tau)\right|^{-\alpha}, \tag{13.100}$$

$0 \leqslant \alpha \leqslant 1$.

结合 (13.95) 和 (13.100) 然后关于 τ 积分, 则对于 $\alpha < \min\left\{1, \frac{d}{2}-1\right\}$ 可得

$$\begin{aligned}
&\int_0^{t-\delta} \mathrm{d}\tau \|T_{jki}^{1,\delta}(t,\tau)\| \\
&\leqslant \delta^{-1}W(\mathbb{M}(t))\int_0^{t-\delta}\mathrm{d}\tau\int_{\tau+\delta}^t \mathrm{d}s\langle t-s\rangle^{-d/2}(s-\tau)^{-d/2+\alpha}\left|b_{ik}(\tau)\right|^{-\alpha} \\
&\leqslant \delta^{-1-d/2+\alpha}W(\mathbb{M}(t))\int_0^t \mathrm{d}\tau\langle t-\tau\rangle^{-d/2+\alpha}\left|b_{ik}(\tau)\right|^{-\alpha}.
\end{aligned} \tag{13.101}$$

对于 (13.101) 中最后的积分, 有

$$\int_0^t \mathrm{d}\tau\langle t-\tau\rangle^{-d/2+\alpha}\left|b_{ik}(\tau)\right|^{-\alpha} \leqslant W(\mathbb{M}(t))\varepsilon_{ki}^{\alpha}.$$

由 (13.93), (13.94), (13.101), 有

$$I^1(t) \leqslant W(\mathbb{M}(t))\left(\delta+\delta^{-1-d/2+\alpha}\varepsilon_{ik}^{\alpha}\right),$$

于是 (13.92) 成立且 $\nu_1 \leqslant \dfrac{\alpha}{2+d/2-\alpha}$. □

引理 13.8 的证明 由 (13.73), (13.92) 以及如下表示可得这个引理.

$$\begin{aligned}
T_{jkl}(t,\tau) =& T_{jki}^0(t,\tau) - T_{jki}^1(t,\tau) \\
&- i\int_\tau^t \mathrm{d}\rho\int_\tau^\rho \mathrm{d}s\mathscr{P}_{jk}(t,\rho)\mathscr{U}_k^A(\rho,s)R_k(s)\mathscr{U}_0(s,\tau)A_i(\tau) \qquad (13.102)\\
&- i\int_\tau^t \mathrm{d}\rho\mathscr{P}_{jk}(t,\rho)A_k^{-1}(\rho)T_{kki}^0(\rho,\tau) - \int_\tau^t \mathrm{d}\rho\int_\tau^\rho \mathrm{d}s\mathscr{P}_{jk}(t,\rho)
\end{aligned}$$

(13.103)

$$\cdot \mathscr{U}_k^A(\rho,s)\left[\mathscr{V}\left(\tilde{w}_k(s)\right)+R_k(s)\right]A_k^{-1}(s)T_{kki}^0(s,\tau), \tag{13.104}$$

其中

$$\mathscr{P}_{jk}(t,\rho)=A_j(t)\mathscr{U}_0(t,\rho)\mathscr{V}\left(\tilde{w}_k(\rho)\right)P_k^A(\rho).$$

我们按项估计这个表示项的右边. 用引理 13.6 和不等式 (13.39) 得

$$\int_0^t \mathrm{d}\tau \left\|(13.102)\right\| \leqslant W(\widehat{\mathbb{M}})\mathbb{M}_0(t). \tag{13.105}$$

可估计 (13.103)

$$\int_0^t \mathrm{d}\tau \left\|(13.103)\right\| \leqslant W(\mathbb{M})\int_0^t \mathrm{d}\tau \int_\tau^t \mathrm{d}\rho\langle t-\rho\rangle^{-d/2}\left\|T_{kki}^0(\rho,\tau)\right\| \leqslant W(\mathbb{M})\varepsilon_{ik}^\alpha. \tag{13.106}$$

类似地有

$$\begin{aligned}\int_0^t \mathrm{d}\tau \left\|(13.104)\right\| \leqslant W(\widehat{\mathbb{M}}) &\int_0^t \mathrm{d}\tau \int_\tau^t \mathrm{d}\rho \int_\tau^\rho \mathrm{d}s\langle t-\rho\rangle^{-d/2} \\ &\times \langle\rho-s\rangle^{-d/2}\left\|T_{kki}^0(s,\tau)\right\| \leqslant W(\widehat{\mathbb{M}})\varepsilon_{ik}^\alpha. \end{aligned} \tag{13.107}$$

结合 (13.73), (13.92), (13.105), (13.106), 可得引理 13.8. □

13.6 附 录 4

这里我们证明命题 13.1. 开始简要回顾预解式的一些基本性质.

$$R_0(\lambda)=\begin{pmatrix}(-\Delta+E-\lambda)^{-1} & 0\\ 0 & -(-\Delta+E+\lambda)^{-1}\end{pmatrix}.$$

$H^{t,s}$ 为加权 Sobolev 空间:

$$H^{t,s}=\left\{f,\|f\|_{H^{t,s}}\equiv\left\|\langle x\rangle^s(1-\Delta)^{t/2}f\right\|_2<\infty\right\}.$$

记 $B\left(H^{s,t},H^{s_1,t_1}\right)$ 为 $H^{s,t}$ 到 $H^{s_1t_1}$ 的有界算子的空间. 设 $L_2^s=H^{0,s}, B\left(H^{s,t}\right)=B\left(H^{s,t},H^{s,t}\right)$. 若 $s>1$ 和 $t\in\mathbb{R}$ 最初定义为 $\lambda\in\mathbb{C}\backslash(-\infty,-E]\cup[E,\infty)$ 的 $B\left(L^2\right)$ 值解析函数的预解式 $R_0(\lambda)$ 可连续延拓到 $\overline{\mathbb{C}^+}=\{\operatorname{Im}\lambda\geqslant 0\}$, 主要考虑其为 $B\left(H^{s,t},H^{-s,t+2}\right)$ 值函数. $R_0(\lambda)$ 的性质众所周知.

引理13.14 令 $k=0,1,\cdots$. 若 $s>k+1/2$, 则导数 $R_0^{(k)}(\lambda)\in B\left(H^{s,0},H^{-s,0}\right)$ 在 $\lambda\in\overline{\mathbb{C}^+}\backslash\{E,-E\}$ 中连续且在 $\overline{\mathbb{C}^+}$ 中当 $\lambda\to\infty$ 时,

$$R_0^{(k)}(\lambda)=O\left(|\lambda|^{-(k+1)/2}\right). \tag{13.108}$$

引理 13.15 $\lambda \to E, R_0(\lambda)$ 在 $B\left(H^{s,t}, H^{-s,t+2}\right)$ 中有如下渐近展开.

当 d 为奇数时:

$$R_0(\lambda)=\sum_{j=0}^{l} G_{j,0}(\lambda-E)^j+\sum_{j=0}^{l} G_{j,1}(\lambda-E)^{j+\frac{1}{2}}+O\left((\lambda-E)^{l+1}\right); \quad (13.109)$$

当 d 为偶数时:

$$R_0(\lambda)=\sum_{j=0}^{l} G_{j,0}(\lambda-E)^j+\ln(\lambda-E)\sum_{j=0}^{l} G_{j,1}(\lambda-E)^j+O\left((\lambda-E)^{l}\right), \quad (13.110)$$

其中 $l=0,1,\cdots, s>C(l,d)$, 参数 $G_{j,k}$ 属于 $B\left(H^{s,t}, H^{-s,t+2}\right)$, 对于 $j<(d-3)/2$ 如果 d 是奇数且对于 $j<(d-2)/2$ 如果 d 是偶数时, $G_{j,1}=0$. (13.109), (13.110) 可关于 λ 区分.

这里 $(\lambda-E)^{1/2}$ 和 $\ln(\lambda-E)$ 沿着 $[E,\infty)$ 定义在复平面上. 对于常数 $C(l,d)$ 的表达式易知, 当 $\lambda \to -E$ 时, 类似的表达成立.

对于 $\lambda \in [E,\infty)$, 考虑算子

$$I+R_0(\lambda+i0)V: L_2^{-s} \to L_2^{-s},$$

$s>1$.

引理 13.16 令 $E \in \mathscr{A}_0$. 则 $\operatorname{Ker}\left(I+R_0(\lambda+i0)V\right)$ 是平凡的.

证明 首先考虑 $\lambda=E$. 令 $\psi \in \operatorname{Ker}\left(I+G_0V\right)$. 这表明了 ψ 属于 $L^2\left(\mathbb{R}^d\right)+\langle x\rangle^{-(d-2)}L^\infty\left(\mathbb{R}^d\right)$ 且满足

$$L\psi=E\psi.$$

由假设 13.4 可知 $\psi=0$. 下面考虑 $\lambda>E$. 令 $\psi \in \operatorname{Ker}\left(I+R_0(\lambda+i0)V\right)$. 因为 V 是球对称的, 假设 $\psi(x)=f(r)Y(\omega), r=|x|, \omega=\dfrac{x}{|x|}$ $f \in L^2\left(\mathbb{R}_+; r^{d-1}\langle r\rangle^{-2s}\mathrm{d}r\right)$ 和 $Y \in L^2\left(S^{d-1}\right)$,

$$\Delta_{S^{d-1}}Y=\mu_n Y, \quad \mu_n=n(d-2+n),$$

其中 $n \in \{0,1,\cdots\}$. 则 f 满足

$$\begin{aligned} &l_n f \equiv \left[\left(-\frac{\mathrm{d}^2}{\mathrm{d}r^2}-\frac{d-1}{r}\frac{\mathrm{d}}{\mathrm{d}r}+E+\frac{\mu_n}{r^2}\right)\hat{\sigma}_3+V\right]f=\lambda f, \\ &f'(0)=0, \quad 若 n=0; \quad f(0)=0, \quad 若 n>0, \end{aligned} \quad (13.111)$$

当 $r\to\infty$ 时,

$$f=cr^{-\frac{d-2}{2}}H_\nu^{(1)}(kr)\begin{pmatrix}1\\0\end{pmatrix}+O\left(e^{-\gamma r}\right),\quad \gamma>0, \tag{13.112}$$

其中 c 为常数. 这里 $k=(\lambda-E)^{1/2}>0,\nu=n+(d-2)/2,H_\nu^{(1)}$ 是第一 Hankel 函数. (13.112) 可以关于 r 任何次数进行区分.

朗斯基行列式

$$w(f,g)=r^{d-1}\left(\langle f',g\rangle_{\mathbb{R}^2}-\langle f,g'\rangle_{\mathbb{R}^2}\right),$$

如果 f 和 g 是 (13.111) 的解, 则上述行列式与 r 无关. 计算 $w(f,\bar f)$ 得

$$2ik|c|^2=0,$$

这表明 $\psi\in L^2$. 因为 $E\in\mathscr{A}_0$, 所以可知 $\psi=0$. □

考虑预解式 $R(\lambda)=(L-\lambda)^{-1}$. $R(\lambda)\widehat{P}(R(\lambda))$ 是 $\lambda\in\mathbb{C}\backslash\ (-\infty,-E]\cup[E,\infty)$ 的 $B\left(L^2\right)$ 值全纯函数. $R(\lambda)$ 满足

$$\hat\sigma_1R(\lambda)\hat\sigma_1=-R(-\lambda). \tag{13.113}$$

$R(\lambda)$ 临近 $(-\infty,-E],[E,\infty)$ 的解析性质有如下两个引理. 可假设 $E\in\mathscr{A}_0$.

引理 13.17 对于 $s>1,R(\lambda)\widehat{P}$ 作为 $B\left(L_2^s,L_2^{-s}\right)$ 值函数可连续延拓到 $\overline{\mathbb{C}^+}$. 此外, 若 $s>k+1/2$, 则 $R^{(k)}(\lambda)\widehat{P}$ 对于 $\lambda\in\overline{\mathbb{C}}^+\backslash\{E,-E\}$ 存在且连续, 当 $\lambda\to\infty$ 属于 $\overline{\mathbb{C}^+}$ 时,

$$R^{(k)}(\lambda)\widehat{P}=O\left(|\lambda|^{-(k+1)/2}\right) \tag{13.114}$$

属于 $B\left(L_2^s,L_2^{-s}\right)$.

引理 13.18 $\lambda\to E,R(\lambda)$ 在 $B\left(L_2^s,L_2^{-s}\right)$ 中有如下渐近展开.

当 d 为奇数时,

$$R(\lambda)=\sum_{j=0}^{l}B_{j,0}(\lambda-E)^j+\sum_{j=0}^{l-1}B_{j,1}(\lambda-E)^{j+\frac12}+O\left((\lambda-E)^l\right); \tag{13.115}$$

当 d 为偶数时,

$$R(\lambda)=\sum_{j=0}^{l}\sum_{k=0}^{\infty}B_{j,k}(\lambda-E)^j(\ln(\lambda-E))^k+O\left((\lambda-E)^l\right), \tag{13.116}$$

其中 $l=0,1,\cdots,s>C(l,d),B_{j,k}\in B\left(L_2^s,L_2^{-s}\right)$, 对于 $k=1,j<(d-3)/2$ 若 d 是奇数且对于 $k>(2j)/(d-2)$ 若 d 是偶数, $B_{j,k}=0$. (13.115), (13.116) 可以关于 λ 任何次数进行区分.

考虑 e^{-itL}. 引理 13.17 结合 (13.113), (13.115), (13.116) 可得 $\left\langle e^{-itL}\widehat{P}f,g\right\rangle$, f, $g\in C_0^\infty\left(\mathbb{R}^d\right)$ 有

$$\left\langle e^{-itL}\widehat{P}f,g\right\rangle=\int_E^\infty \mathrm{d}\lambda\left[e^{-i\lambda t}\langle\mathscr{E}(\lambda)f,g\rangle-e^{i\lambda t}\left\langle\mathscr{E}(\lambda)\hat{\sigma}_1 f,\hat{\sigma}_1 g\right\rangle\right], \tag{13.117}$$

其中

$$\mathscr{E}(\lambda)=\frac{1}{2\pi i}(R(\lambda+i0)-R(\lambda-i0)).$$

由 (13.115), (13.116) 可知当 $\lambda\to E$ 时, $\mathscr{E}(\lambda)$ 在 $B\left(L_2^s,L_2^{-s}\right)$ 中有如下渐近展开且 s 充分大. 当 d 是奇数时:

$$\mathscr{E}(\lambda)=\mathscr{E}_0(\lambda-E)^{\frac{d-2}{2}}+O\left((\lambda-E)^{\frac{d}{2}}\right); \tag{13.118}$$

当 d 是偶数时:

$$\mathscr{E}(\lambda)=\mathscr{E}_0(\lambda-E)^{\frac{d-2}{2}}+\begin{cases}O\left(\ln(\lambda-E)(\lambda-E)^2\right), & d=4,\\ O\left((\lambda-E)^{\frac{d}{2}}\right), & d\geqslant 6.\end{cases} \tag{13.119}$$

$\mathscr{E}_0\in B\left(L_2^s,L_2^{-s}\right)$. 这些展开式可以关于 λ 任何次数进行区分. 结合 (13.114), (13.117)—(13.119) 可得

$$\left\|\langle x\rangle^{-s}e^{-itL}\widehat{\vec{P}}f\right\|_2\leqslant C\langle t\rangle^{-d/2}\left\|\langle x\rangle^s f\right\|_2,$$

其中 s 充分大. 为了得到命题 13.1, 在下面的关于 $e^{-itL}\widehat{\vec{P}}$ 的表示中引入这个不等式就足够了.

$$\begin{aligned}e^{-itL}\widehat{\vec{P}}=&\widehat{\vec{P}}e^{-itL_0}-i\int_0^t \mathrm{d}s e^{-i(t-s)L_0}\widehat{\vec{P}}Ve^{-isL_0}\\&-\int_0^t\mathrm{d}s\int_s^t\mathrm{d}\rho e^{-i(t-\rho)L_0}Ve^{-i(\rho-s)L}\widehat{\vec{P}}Ve^{-isL_0}.\end{aligned}$$

第 14 章　非线性 Schrödinger 方程在加权 H^s 空间的渐近稳定性

这一章考虑一类非线性 Schrödinger 方程 (保守色散系统) 具有局域色散解. 获得了一类初始条件使得当 $t \to \infty$ 时解的渐近行为由方程的非线性界态 (时间周期解和空间局部解) 和纯色散部分 (在自由色散率下随时间衰减至零) 线性组合给出. 还得到了一个渐近稳定性的结果: 给定的数据在系统的一个非线性边界状态附近, 那么存在一个能量和相位附近的非线性边界状态, 使得解 (经相位调整) 与后者之间的差消散为零. 结果表明, $t \to +\infty$ 的定域部分的时间周期 (和能量) 与 $t \to +\infty$ 不同. 此外, 该解还获得了一个额外的常数渐近相位 $e^{i\gamma^{\pm}}$.

本章给出一类含有多个信道的保守非线性色散方程的散射理论. 得出渐近行为是局部 (空间)、周期 (时间) 波 (孤立波或驻波) 和色散部分的线性组合. 对于完全可积的非线性流动 (比如一维三次非线性 Schrödinger 方程、Korteweg-de Vries 方程), 利用逆散射变换可以对局域部分 (孤立子) 加色散的渐近系统进行一些分析[108, 115, 128]. 逆散射变换使局部域与色散部分解耦.

我们考虑不可积情况. 这里的主要新特征是局部和分散部分一直在相互作用. $t \to \infty$ 出现的空间局部化部分用完全非线性方程的精确孤立波解或非线性界态来识别. 对于上述可积系统, 孤立波的类似形式是一个孤立子. 我们研究的模型是一类二维和三维的非线性 Schrödinger 方程 (NLS). 但我们提出的方法也可以适用于其他非线性色散系统.

主要的结果是 (也可见 14.3 节):

(i) 渐近稳定性 (定理 14.8): 给定初始条件在一个能量为 E_0, 相位为 γ_0 的孤立波附近, 系统当 $t \to \infty$ 时的渐近状态由一个附近能量 $E^{\pm}$ 和相位 $\gamma^{\pm}$ 的孤立波, 加上一个弥散到零的余数, 即解在具有 $p > 2$ 的某个 L^p 范数中渐近收敛于一个孤立波.

(ii) 散射 (定理 14.6): 初始条件在 Banach 空间中存在一个球, $t \to \infty$ 其解的渐近行为由能量为 $E^{\pm}$ 和相位为 $\gamma^{\pm}$ 的孤立波的线性组合给出, 加上一个分散性的余数. 在满足线性理论的局部衰减和 L^p 衰减估计的意义上, 其余部分是纯粹弥散的.

目前孤立波稳定性的研究结果包含了能量范数的应用, 例如 H^1 (见参考文献 [102, 105, 119, 123, 126, 127, 129]). 这种类型的典型结果表明, 如果解开始于孤立波轨道的某个邻域, 那么它将保持在一个邻域内, 由于能量范数对分散行为不敏感, 不能如上所述得出结论, 解渐近收敛于孤立波. 早期关于非线性散射的工作集中在没有束缚态的情况下. 在上面的术语中, 这些问题都是单个 (色散) 通道 (见 [109, 120, 122]).

用精确的数学形式, 证明了在一类初始条件下的非线性 Schrödinger 方程 (NLS) 的解 $\Phi(t)$ 为

$$\Phi(t) = e^{-i\Theta(t)}\psi_{E(t)} + \phi_d(t), \tag{14.1}$$

$$\Theta = \int_0^t E(s) - \gamma(t), \tag{14.2}$$

其中 ψ_E 是非线性约束状态方程 (含能量 E) 的空间局部化解, $\phi_d(t)$ 是一个纯色散波. 当 $t \to \pm\infty$ 时, 有 $E(t) \to E^{\pm}$ 和 $\gamma(t) \to \gamma^{\pm}$. 在完全可积问题中, 有 $E(t) \equiv E^+ = E^-$ 和 $\gamma(t) \equiv \gamma^+ = \gamma^-$. 它们的值由 "散射数据" 决定. (14.2) 中的 Θ 分解让人想起 Berry 的力学和几何相位分量[103]. $\gamma(t)$ 部分不能完全用动力学的考虑来解释.

虽然在过去的十年里, 在理解线性多通道散射理论 (参见 [107, 124] 及其中的引用) 方面已经有了相当大的进展, 但对于相应的非线性情况却知之甚少. 当一个束缚态 (时间周期, 空间局部化的解) 时由于非线性 (例如斥力) 相互作用而崩溃, 以及散射理论除了考虑启发式或有限时间近似之外, 无法理解杂质和非均匀介质中的局域波.

我们解决问题的方法始于简单的物理观察, 如果从描述了一个束缚态和色散波 (相应的连续光谱 Hamilton 的一部分) 的线性 Schrödinger 方程出发, 那么定性行为对动力学中一个小非线性和 Hamilton 扰动就不会有太大的响应, 即仍然应该看到一个局部的部分在很长一段时间后与色散部分解耦. 我们制作了一个包含这一观测结果的卫星, 从中推导出控制两个通道相互作用的方程.

单组方程描述了解的局部化部分的运动, 通过我们的系统的有界状态的双参数族. 从能量 (E) 和相位 (γ) 的角度来看, 这是圆柱上束缚态参数的缓慢演化. 第二个是描述了在非线性作用下纯色散波运动的非线性方程, 以及局域部分产生的有效势. 我们观察到, 如果余波是弥散的 (具有足够的衰减率), 有 $\dfrac{\mathrm{d}}{\mathrm{d}t}E(t), \dfrac{\mathrm{d}}{\mathrm{d}t}\gamma(t) \in L^1(\mathbb{R}^1)$; 如果余波是弥散的, 有 $\dfrac{\mathrm{d}}{\mathrm{d}t}E(t), \dfrac{\mathrm{d}}{\mathrm{d}t}\gamma(t) \in L^1(\mathbb{R}^1)$. 因此, 求解耦合方程可以得到所需的结果. 非线性束缚态调制的能量和相位, $E(t)$ 和 $\gamma(t)$ (或 $\Theta(t)$), 控制非线性演化的局部部分的坐标有时被物理学家称为集体坐标. 用各种形式 (例如守恒定律的平均、直接摄动理论) 导出了集体坐标的方程[113, 114, 117]. 这些方程

有时被称为调制方程. 在 [126] 中它们的有效性在某些保守系统或保守系统的小扰动 (如弱耗散系统) 的线性近似中得到了研究. 我们相信, 我们的结果是对不可积系统在无限时间区间上的集体坐标描述的第一个严格证明.

描述 E 和 Θ 演化的方程组具有单自由度可积 Hamiltonian 系统的摄动形式. 其中 E 和 Θ 分别是动作变量和角度变量. 在大 $|t|$ 极限对无限维辐射场的耦合趋于零, (E,Θ) 系统简化为 $\dot{E}(t)=0, \dot{\Theta}(t)=E$.

最后, 我们所考虑的问题可以看作是一种受限制的三体散射, 定域部分对应于束缚对, 色散部分是 "第三个粒子" 当 $|t|\to\infty$ 时离开. 希望这样的类比能得到进一步的发展, 可能应用一些强大的相空间分析方法发展为线性 N-体的情况.

符号说明. 除非特别说明, 否则所有积分都是在 $\mathbb{R}^n$ 上. $\Re(z), \Im(z)$ 分别是复数 z 的实部和虚部.

$\Delta=$ 在 $L^2(\mathbb{R}^n)$ 的 Laplace 算子,

$\langle x\rangle=(1+x\cdot x)^{1/2}$, 其中 $x\in\mathbb{R}^n$,

$\langle f,g\rangle=\int f^* g$, 其中 f^* 表示 f 的复共轭,

$L^p=L^p(\mathbb{R}^n)$,

$H^s=\left\{f:(I-\Delta)^{s/2}f\in L^2\right\}$,

$\mathbf{B}=\{f:f\in H^1,\langle x\rangle^{1+a}f\in L^2\}$,

$\|f\|_{\mathbf{B}}=\|f\|_{H^1}+\left\|\langle x\rangle^{1+a}f\right\|_2$,

$C(\mathbf{I};\mathbf{X})=$ 是 $u(t,x)$ 的函数空间, 关于 t 连续, 函数值在 $\mathbf{X}$.

14.1 初值问题、孤立波和线性传播算子估计

14.1.1 NLS 在 H^1 空间中的结果回顾

考虑带有势项的 NLS 方程的初值问题:

$$
\begin{aligned}
&i\frac{\partial\Phi(t)}{\partial t}=[-\Delta\Phi(t)+f(x,|\Phi(t)|)]\Phi(t),\\
&\Phi(0)=\Phi_0,
\end{aligned}
\tag{14.3}
$$

其中 $\Phi(t)$ 属于 $H^1(\mathbb{R}^n)$. n 是空间维数. (本章关注 $n=2$ 和 $n=3$.) 因此, (14.3) 可以理解为如下等价积分方程:

$$
\Phi(t)=e^{i\Delta t}\Phi_0-i\int_0^t e^{i\Delta(t-s)}f(\cdot,|\Phi(s)|)\Phi(s)\mathrm{d}s,
$$

考虑在 H^1 空间初值问题的适定性理论和具有特定衰减率空间中的一般非线性问题, 可见参考文献 [109, 110, 112].

可能在已知 Φ_0 的某些限制下, 以下 $f(x,u)$ 的选取使得 (14.3) 解是全局存在的. 即使分析支持更一般的非线性, 本章专门研究这种情况

$$f(x,u)=V(x)+\lambda|u|^{m-1},\quad 1<m<\frac{n+2}{n-2},\tag{14.4}$$

由 (14.4) 的选取, 有存在性理论:

(i) $\lambda>0$ (排斥的非线性) 对所有的 $\Phi_0\in H^1$, 也就是, $\Phi\in C\left(\mathbb{R}^1;H^1\right)$ 有全局解.

(ii) $\lambda<0$ (吸引的非线性).

(a) $m<1+4/n$, 对所有的 $\Phi_0\in H^1$ 有全局解.

(b) $m\geqslant 1+4/n$, 对所有的 Φ_0 有全局解只要 $\|\Phi_0\|_{H^1}$ 足够小.

此外, 属于 $C\left([0,T);H^1\right)$. 一类的解让以下函数在时间上保持不变:

$$\begin{aligned}&\mathscr{H}[\varphi]\equiv\int\left(\frac{1}{2}|\nabla\varphi(x)|^2+\frac{1}{2}V(x)|\varphi(x)|^2+\frac{\lambda}{m+1}|\varphi(x)|^{m+1}\right)\mathrm{d}x,\\&\mathcal{N}[\varphi]\equiv\int|\varphi(x)|^2\mathrm{d}x.\end{aligned}$$

对线性势 $V(x)$ 有如下要求.

假设 V. 令 $V:\mathbb{R}^n\to\mathbb{R}^1$ 是一个光滑函数满足

(V1) $\langle x\rangle^{3+k+\varepsilon}|\partial^\alpha V(x)|\leqslant C_k$ 对所有的多指标 $\alpha\in\mathbb{Z}^+$ 且 $|\alpha|=k\leqslant 3$.

(V2) $-\Delta+V$ 在 $L^2\left(\mathbb{R}^n\right)$ 恰好有一个具有严格负的特征值 E_* 的束缚态 (孤立特征值).

(V3) V 是 $|x|$ 的函数.

正如稍后将看到的, 限制 (V3) 似乎是一种技术上的便利, 这是可用的线性局部衰减估计的结果. 此外, 从我们的证明中可以清楚地看出, 我们可以使用比 (V1) 中更温和的平滑性与衰减假设.

我们的方法是将 (14.3) 的研究减少到两个独立的问题. 首先是研究 (14.3) 的非线性约束态 (孤立波) 的存在性和某些衰减性质, 然后, 我们必须研究解的色散部分的演化方程, 这是通过线性化得到的一个与时间无关的非线性约束态. 在小数据情况下, 这涉及与时间无关的 Schrödinger-Hamilton 的线性光谱分析.

14.1.2 孤立波及其性质

寻求 (14.3) 的时间周期和空间局部化解的形式

$$\phi(x,t)=e^{-iEt}\psi_E(x).$$

ψ_E 满足方程:

$$-\Delta\psi_E(x)+f\left(x,|\psi_E(x)|\right)\psi_E(x)=E\psi_E(x),\quad \psi_E\in H^2\left(\mathbb{R}^n\right).\tag{14.5}$$

称 (14.5) 的一个 H^2 解为非线性束缚态或孤立波剖面. (14.5) 的解已被许多作者研究过 (见 [104, 119, 121] 和其中的引用). 本章集中精力研究 (14.4) 带有径向电位 $V(x)=V(|x|)$ 的 (14.4). 现在所陈述的结果是由变分法和分岔法得到的.

定理 14.1 对于 $\lambda>0$, 令 $E\in(E_*,0)$; 对于 $\lambda<0$, 令 $E<E_*$. 那么存在解 $\psi_E>0$ 使得

(a) $\psi_E\in H^2$.

(b) 函数 $E\mapsto\|\psi_E\|_{H^2}$ 对于 $E\neq E_*$ 光滑, 且

$$\lim_{E\to E_*}\|\psi_E\|_{H^2}=0,$$

也就是在 H^2 中, (E,ψ_E) 从零解 $(E_*,0)$ 分叉 (因此, 也可以在 L^p 中 $n=2,3$, 其中 $2\leqslant p\leqslant\infty$).

(c) 对所有的 $\varepsilon>0$,

$$|\psi_E(x)|\leqslant C_{E,\varepsilon}\exp(-[|E|-\varepsilon]|x|).$$

(d) 当 $E\to E_*$ 时,

$$\psi_E=(E-E_*)^{1/(m-1)}\left(\lambda\int\psi_*^{m+1}\right)^{-1/(m-1)}[\psi_*+\mathcal{O}(E-E_*)]$$

在 H^2 展开是有效的. 其中, ψ_* 是归一化 $(\|\psi_*\|_2=1)$ $-\Delta+V$ 的基态, 对应特征值是 E_*.

证明 (a), (b), (d) 从简单的特征值可以得出标准的分岔理论. 为证明 (c), 经以下加权估计证明 (定理 14.3), $|\psi_E(x)|\leqslant C\langle x\rangle^{-2}$. 结果有 ψ_E 满足 $[-\Delta+Q(x)-E]\psi_E=0$, 其中 $Q(x)=o(|x|^{-1})$, 当 $|x|\to\infty$ 时. (c) 由线性理论得出 (见 [101]). □

定理 14.1 推出如下推论.

推论 14.2 (a) 令 $\lambda>0$. 那么, 对所有的 $E\in\Omega$, $(E_*,0)$ 的任何紧凑的子区间, 我们有 $\|\psi_E\|_{H^2}\leqslant C_\Omega\|\psi_E\|_2$.

(b) 令 $\lambda<0$. 那么有一个 $E_c, -\infty<E_c<E_*$, 使得 (E_c,E_*) 的任意紧化子区间 $E\in\Omega$, 有 (E_c,E_*), $\|\psi_E\|_{H^2}\leqslant C_\Omega\|\psi_E\|_2$.

在我们分析束缚态的动力学时, 我们需要对 ψ_E 和 $\partial_E\psi_E$ 进行各种加权估计, 如下:

定理 14.3 令 $\lambda>0, E\in(E_*,0)$ 和 $\lambda<0, E<E_*$. 也令 E 位于 E_* 的一个足够小的附近. 那么, 对于 $k\in\mathbb{Z}_+$ 和 $s\geqslant0$:

$$\left\|\langle x\rangle^k\psi_E\right\|_{H^s}\leqslant C_{k,s,n}\|\psi_E\|_{H^s},\tag{14.6}$$

$$\left\|\langle x\rangle^k\partial_E\psi_E\right\|_{H^s}\leqslant C'_{k,s,n}|E-E_*|^{-1}\|\psi_E\|_{H^s}.\tag{14.7}$$

定理 14.1 和定理 14.3 总结了对时间无关的非线性边界状态问题解的要求. 这些条件不是最优的; 它们是由与 $-\Delta + V$ (受限于其连续光谱部分) 相关的 Schrödinger 传播算子的已知局部衰减估计决定的, 目前远非最优的. 这些技术问题目前正在调查中. 它们的分辨率将使我们大大放宽对 $f(x,\xi)$ 的限制 (例如, 消除球面对称的假设和对非线性生长速率的某些限制).

定理 14.3 的证明有以下几个关键要素:

(1) $\langle x\rangle$ 的交换幂通过 Laplace 推导出方程 $w_j = \langle x\rangle^j \psi_E$.

(2) 显然

$$L_E \partial_E \psi_E = \psi_E, \tag{14.8}$$

其中

$$L_E = -\Delta + V + \lambda m \psi_E^{m-1} - E \tag{14.9}$$

作用在 $L^2(\mathbb{R}^n)$. ((14.8) 由 (14.5) 对 E 的导数得出).

(3) $v_j = \langle x\rangle^j \partial_E \psi_E$ 方程的推导.

(4) H^2 范数下 w_j 和 v_j 的能量估计. 证明在附录 2 中.

由于 $L_{E_*} \geqslant 0$, 有排斥情况 $(\lambda > 0)$ $L_E > 0$ 和 L_E^{-1} 是正算子. 因此, ψ_E 的正性意味着 $\partial_E \psi > 0$ 和

$$\frac{\mathrm{d}}{\mathrm{d}E} \int |\psi_E|^2 \bigg|_{E=E_0} > 0, \quad \lambda > 0,$$

也就是, 基态分岔曲线是单调递增的. 这简化了 $\lambda > 0$ 中的某些分析, 并导致了在 E 中更具全局性的参数. 这些细节在附录 2 中也有介绍.

14.1.3 线性传播算子的估计

令 $L = -\Delta + V$ 在 $L^2(\mathbb{R}^n)$, 假设 V 满足假设条件 (V). 我们用 $P_c(L)$ 表示 $L\left(\chi_{(0,\infty)}(L)\right)$ 在连续光谱部分的投影. 假设 V 满足非共振条件[111,116]. 为了解释这个条件, 我们给出在这些参考文献中得到的自由解的展开式.

当 n 为奇数时, 令 $\varepsilon(n) = 0$; 当 n 为偶数时, 令 $\varepsilon(n) = 1$. 也令 $\sigma > -1/2$ 和 $s > \max(\sigma + 1, 2\sigma + 2 - n/2)$. 然后当 $z \to 0$ 时, $\Im(z), \Im\left(z^{1/2}\right), \Im(\log z) \geqslant 0$ 有如下的展开形式

$$(-\Delta - z)^{-1} = \sum_{j=0}^{[(\sigma+1-n)/2]} F_j z^{(n/2)-1-j} (\log z)^{\varepsilon(n)} + \sum_{j=0}^{[\sigma]} G_j z^j + o\left(z^\sigma\right), \tag{14.10}$$

其中 F_j, G_j 是 $H^{0,s}$ 到 $H^{2,-s}$ 的映射, 其中对于 $s, \sigma \in \mathbb{R}^1$,

$$H^{\sigma,s} \equiv \left\{f \in \mathscr{S}' : \langle x\rangle^s (I-\Delta)^{\sigma/2} f \in L^2\right\}.$$

接下来介绍广义零空间

$$\begin{aligned}
&\mathbf{M} \equiv \left\{\varphi \in H^{2,n/2-2-0} : (I+G_0V)\varphi = 0\right\}, && n \geqslant 3,\\
&\mathbf{M} \equiv \left\{\varphi \in H^{2,n/2-2-0} : (I+G_0V)\varphi \in \text{ Range}\,(F_0), F_0V = 0\right\}, && n \leqslant 2,
\end{aligned}$$

其中 $G_0 = (-\Delta)^{-1}$. 此时是非共振条件 (NR)

$$\mathbf{M} = \{0\}.$$

在这些条件下, 我们有以下的局部衰减估计[111,116]:

定理 14.4 当 $n > 2$ 时,

$$\left\|\langle x\rangle^{-\sigma} e^{-iLt} P_c(L) g\right\|_2 \leqslant C(V)\langle t\rangle^{-1-\delta} \left\|\langle x\rangle^{1+a} P_c(L) g\right\|_2, \tag{14.11}$$

其中 $c(V)$ 是一个持续依赖于 $\|\langle x\rangle^{2+a} V\|$ 的常数, $a > 0$ 是任意的, $\sigma \geqslant 1 + a$, $\delta = \delta(n, a, \sigma) > 0$. 当 $n = 2$ 时, $\langle t\rangle^{1+\delta}$ 由 $\left\langle t \ln^2 t\right\rangle$ 替代.

此外, 我们可以用定理 14.3 来建立以下 L^p 估计.

定理 14.5 当 $n \geqslant 3$ 时, 令 $2 < p < \dfrac{2n}{n-2}$; 当 $n = 2$ 时, $p > 2$. 那么

$$\left\|e^{-iLt} P_c(L) g\right\|_p \leqslant C(V)|t|^{(n/p-n/2)} \left(\left\|P_c(L) g\right\|_q + \left\|\langle x\rangle^{1+a} P_c(L) g\right\|_2\right), \tag{14.12}$$

$$\left\|e^{-iLt} P_c(L) g\right\|_p \leqslant C(V)\langle t\rangle^{(n/p-n/2)} \left(\left\|P_c(L) g\right\|_q + \|g\|_{H^1} + \left\|\langle x\rangle^{1+a} P_c(L) g\right\|_2\right), \tag{14.13}$$

a 满足 $1 \gg a > 0$, 且有 $p^{-1} + q^{-1} = 1$.

为证明 (14.12) 传播算子 e^{-iLt} 写成 $e^{i\Delta t}$ 的一个扰动:

$$e^{-iLt} P_c(L) g = e^{i\Delta t} P_c(L) g - i\int_0^t e^{i\Delta(t-s)} V e^{-iLs} P_c(L) g \mathrm{d}s. \tag{14.14}$$

由自由传播算子估计,

$$\left\|e^{-i\Delta t} h\right\|_p \leqslant C|t|^{(n/p-n/2)}\|h\|_q, \quad p^{-1} + q^{-1} = 1,$$

有

$$\left\|e^{-iLt} P_c(L) g\right\|_p \leqslant C|t|^{(n/p-n/2)} \left\|P_c(L) g\right\|_q$$

$$+ C \int_0^t |t-s|^{(n/p-n/2)} \left\| V e^{-iLs} P_c(L) g \right\|_q \mathrm{d}s. \tag{14.15}$$

现在应用我们得到的局部衰减估计 (14.11)

$$\begin{aligned}\left\| e^{-iLt} P_c(L) g \right\|_p &\leqslant C|t|^{(n/p-n/2)} \left\| P_c(L) g \right\|_q \\ &\quad + C'(V) \int_0^t |t-s|^{(n/p-n/2)} \left\| \langle x \rangle^{-\sigma} e^{-iLs} P_c(L) g \right\|_2 \mathrm{d}s \\ &\leqslant C|t|^{(n/p-n/2)} \left\| P_c(L) g \right\|_q \\ &\quad + C'(V) \int_0^t |t-s|^{(n/p-n/2)} \langle s \rangle^{-1-\delta} \left\| \langle x \rangle^{1+a} P_c(L) g \right\|_2 \mathrm{d}s,\end{aligned}$$

由此而来. 很明显, 如果 g 更有规律, 那么 $|t|$ 可以被 $\langle t \rangle$ 取代以获得估计 (14.13).

14.2 局部和弥散部分的方程

(14.3) 加上我们特殊的非线性选择 $f(\cdot)$ 有

$$\begin{aligned} & i\frac{\partial \Phi(t)}{\partial t} = \left[-\Delta + V(x) + \lambda |\Phi(t)|^{m-1}\right] \Phi(t), \\ & \Phi(0) = \Phi_0 \in H^1, \quad n \geqslant 2. \end{aligned} \tag{14.16}$$

为了区分 Φ 的局部和弥散部分, 我们使用以下的拟设

(α) 分解:

$$\begin{aligned} \Phi(t) &\equiv e^{-i\Theta} \left(\psi_{E(t)} + \phi(t) \right), \\ \Phi(0) &= e^{i\gamma_0} \left(\psi_{E_0} + \phi(0) \right), \\ \Theta &\equiv \int_0^t E(s) \mathrm{d}s - \gamma(t), \\ E(0) &= E_0, \quad \gamma(0) = \gamma_0, \end{aligned} \tag{14.17}$$

这里, ψ_E 是 (14.5) 的基态:

$$\begin{aligned} H(E)\psi_E \equiv \left(-\Delta + V + \lambda \left| \psi_E \right|^{m-1} \right) \psi_E = E\psi_E, \\ \psi_E \in H^2, \quad \psi > 0. \end{aligned} \tag{14.18}$$

如果 $\lambda > 0$, $E \in (E_*, 0)$; 如果 $\lambda < 0$, $E \in (-\infty, E_*)$, 其中

$$E_* \equiv \inf \sigma(-\Delta + V) < 0.$$

(β) 正交条件:

$$\langle \psi_{E_0}, \phi_0 \rangle = 0, \quad \frac{\mathrm{d}}{\mathrm{d}t} \langle \psi_{E_0}, \phi(t) \rangle = 0. \tag{14.19}$$

正交条件保证 $\phi(t)$ 在 $P_c(H(E_0))$, $H(E)$ 的定义在 (14.18). 而且, 以上所用的是参考 Hamilton 量, $H(E_0)$, 不是对初值 ϕ_0 的限制, 见 14.4 节.

利用上面的拟设, 我们推导出 ϕ 的方程

$$\begin{aligned} i\frac{\partial \phi}{\partial t} =& [-\Delta + V(x) - E(t) + \dot{\gamma}(t)]\phi \\ &+ \lambda \left|\psi_{E(t)} + \phi\right|^{m-1} \left(\psi_{E(t)} + \phi\right) - \lambda \psi_{E(t)}^m \\ &+ \dot{\gamma}(t)\psi_{E(t)} - i\partial_E \psi_{E(t)} \dot{E}(t), \end{aligned} \tag{14.20}$$

改写 (14.20) 使得 $H(E_0)$, 引用的 Hamilton 函数是显式的.

$$i\frac{\partial \phi}{\partial t} = (H(E_0) - E_0)\phi + (E_0 - E(t) + \dot{\gamma}(t))\phi + \mathbf{F}(t). \tag{14.21}$$

这里

$$\mathbf{F} \equiv \mathbf{F}_1 + \mathbf{F}_2,$$

$$\mathbf{F}_1 \equiv \dot{\gamma}\psi_{\boldsymbol{E}} - i\dot{E}_{\boldsymbol{E}}\psi_{\boldsymbol{E}}$$

和

$$\mathbf{F}_2 \equiv \mathbf{F}_{2,\mathrm{lin}} + \mathbf{F}_{2,nl}. \tag{14.22}$$

$\mathbf{F}_{2,\mathrm{lin}}$ 在 ϕ 中是线性的:

$$\mathbf{F}_{2,\mathrm{lin}}(\phi, \psi) = \lambda \left(\frac{m+1}{2} \psi_E^{m-1} - \psi_{E_0}^{m-1} \right) \phi + \frac{m-1}{2} \psi_E^{m-1} \phi^*,$$

$\mathbf{F}_{2,nl}$ 在 ϕ 中是非线性的:

$$|\mathbf{F}_{2,nl}(\phi, \psi)| \leqslant |\lambda| c \left[A(\psi)|\phi|^2 + |\phi|^m \right], \tag{14.23}$$

其中 $|A(s)|$ 关于 s 有界, $|A(s)| \to 0$ 当 $s \to 0$ 时, c 与 ψ 和 ϕ 无关.

为了使 (β) 用 ψ_{E_0} 乘以 (14.20) 并在全空间积分, 使实部和虚部等于零 (条件 (β)), 得到 E 和 γ 的耦合系统:

$$\begin{aligned}\dot{E}(t) &= -\left\langle \partial_E \psi_E, \psi_{E_0}\right\rangle^{-1} \Im \left\langle \mathbf{F}_2, \psi_{E_0}\right\rangle, \\ \dot{\gamma}(t) &= \left\langle \psi_E, \psi_{E_0}\right\rangle^{-1} \Re \left\langle \mathbf{F}_2, \psi_{E_0}\right\rangle.\end{aligned} \tag{14.24}$$

方程 (14.20) 和 (14.24) 组成了色散通道的耦合系统, 由 $\phi(t)$ 描述, 束缚态通道由 $E(t), \gamma(t)$ 描述. 通过 (14.17) 用函数 $\phi(t)$ 和集合坐标 $E(t), \gamma(t)$ 来构造整个系统 (14.16) 的解. 在 14.3 节中将说明关于这个分解的主要结果.

在研究 $\Phi(t)$ 的局域部分和色散部分时, 用 (14.21) 的等价积分公式. 为了推导色散部分 $\phi(t)$ 的积分方程, 引入了与齐次线性问题相关的传播算子 $U(t,s)$:

$$\begin{aligned}& i\frac{\partial u(t)}{\partial t} = \left(H\left(E_0\right) - E_0\right) u(t) + \left(E_0 - E(t) - \dot{\gamma}(t)\right) u(t), \\ & u(s) = f,\end{aligned} \tag{14.25}$$

即

$$u(t) = U(t,s) f, \quad U(s,s) = \mathrm{Id}.$$

令

$$u(t) = \exp\left(-i\int_s^t \left[E_0 - E(s)\right] \mathrm{d}s - i(\gamma(t) - \gamma(s))\right) v(t).$$

那么

$$v(t) = \exp\left(-i\left(H\left(E_0\right) - E_0\right)(t-s)\right) f,$$

因此

$$\begin{aligned}U(t,s) = &\exp\left(-i\int_s^t \left(E_0 - E(s)\right) \mathrm{d}s - i(\gamma(t) - \gamma(s))\right) \\ &\times \exp\left(-i\left(H\left(E_0\right) - E_0\right)(t-s)\right).\end{aligned} \tag{14.26}$$

方程 (14.21) 可以重写为

$$\phi(t) = U(t,0)\phi_0 - i\int_0^t U(t,s)\mathbf{F}(s)\mathrm{d}s. \tag{14.27}$$

为了 L^p 或者在加权 L^2 空间估计 (见 14.5 节), 观察到

$$\|U(t,s) g\|_{\mathbf{x}} = \left\|\exp\left(-i\left(H\left(E_0\right) - E_0\right)(t-s)\right) g\right\|_{\mathbf{X}}, \tag{14.28}$$

其中 $\mathbf{X}$ 表示任意这些空间.

14.3 散射和渐近稳定定理

和之前一样, 假设 $n=2$ 或 $n=3$. $V(x)$ 满足假设 (V), $f(|x|,\Phi)=V(|x|)+\lambda|\Phi|^{m-1}$. 定义函数 g 的 B-范数:

$$\|g\|_{\mathrm{B}}=\|g\|_{H^1}+\left\|\langle x\rangle^{1+a}g\right\|_2,$$

a 可以选取任意小.

定理 14.6 (散射) 当 $n=2$ 和 $n=3$ 时, 令

$$m>1+\frac{2}{n}+\frac{2}{n-1}$$

对于 $n=3$ 要求 $m<3$. 存在数 δ_0 使得

(i) $\Phi(0)=\Phi_0(|x|)$;

(ii) $\|\Phi_0\|_B\leqslant\delta_0$;

(iii) 存在 $E_0\neq E_*$, Θ_0 使得

$$\left\langle e^{i\Theta_0}\psi_{E_0},\Phi_0-e^{i\Theta_0}\psi_{E_0}\right\rangle=0;$$

(iv) V 满足 14.5 节的 (NR) 条件,

$$\Phi(t)=\exp\left(-i\int_0^t E(s)\mathrm{d}s+i\gamma(t)\right)\left(\psi_{E(t)}+\phi(t)\right), \tag{14.29}$$

$$\frac{\mathrm{d}E(t)}{\mathrm{d}t}\in L^1\left(\mathbb{R}^1\right)\quad\left(\text{所以}\lim_{t\to\pm\infty}E(t)=E^{\pm}\text{存在}\right),$$
$$\frac{\mathrm{d}\gamma(t)}{\mathrm{d}t}\in L^1\left(\mathbb{R}^1\right)\quad\left(\text{所以}\lim_{t\to\pm\infty}\gamma(t)=\gamma^{\pm}\text{存在}\right),$$

$\phi(t)$ 是纯粹的色散, 对于 $\sigma>2$ 和 $\delta>0$ 如果 $n=3$,

$$\left\|\langle x\rangle^{-\sigma}\phi(t)\right\|_2=\mathcal{O}\left(\langle t\rangle^{-1-\delta}\right) \tag{14.30}$$

和

$$\left\|\langle x\rangle^{-\sigma}\phi(t)\right\|_2=\mathcal{O}\left(\left\langle t\ln^2 t\right\rangle^{-1}\right)\quad\text{对于}\quad n=2,$$

且

$$\|\phi(t)\|_{2m}=\mathcal{O}\left(\langle t\rangle^{(n/2m-n/2)}\right). \tag{14.31}$$

注记 14.7 (1) 在 14.4.4 节, 证明了假设 (ii)—(iii) 至少对顶点位于原点的开锥区域中的所有 Φ_0 都成立.

(2) 假设 (NR) 对于所有的 $gV(x)$ 都成立除了 g-values 的一个离散集 [Ra]. 这一假设是确保 14.1.3 节的最佳局部衰减率适用于解的分散部分的一种方法.

(3) L^{2m} 范数的使用由线性局部衰减估计对加权范数 $\|\langle x\rangle^{1+a}f\|_2$ (见 14.1节) 的依赖性决定. 这就是球对称情况下限制的来源, 即我们使用 H^1 径向函数的均匀空间衰减率 (见附录 1) 来估计非线性项的加权 L^2 范数. 为了排除 $\|\phi(t)\|_{2m}$ 估计中的局部 (时间) 奇点, 需要对 $n=3$ 有 $m<3$ 的限制 (参见引理 14.15 证明之后的讨论). 我们认为线性传播算子的这些估计的一个变体具有 L^p 范数, 而不是加权范数. 这样的估计将我们的结果推广到非球对称的情况, 并且对于 $n\geqslant 3$, 给出了非线性 $m<\dfrac{n+2}{n-2}$ 更自然的上界.

下面是一个相关的稳定性结果, 如果 (14.3) 的初值位于能量 $E^{\pm}$ 和相位 $\gamma^{\pm}$ 的一个特定的非线性约束状态附近, 那么当 $t\to\infty$ 时解 $\Phi(t)$ 收敛到一个附近的能量 $E^{\pm}$ 和相位 $\gamma^{\pm}$ 的非线性约束状态.

定理 14.8 (渐近稳定性) 令 m 和 n 如定理 14.6 所示. 令 $\Omega_\eta=(E_*,E_*+\eta\,\mathrm{sgn}(\lambda))$, η 为正且足够小. 对所有的 $E_0\in\Omega_\eta$ 和 $\gamma_0\in[0,2\pi)$, 存在一个正数 $\varepsilon(\eta,E_0)$ 使得如果

$$\Phi(0)=(\psi_{E_0}+\phi(0))\,e^{i\gamma_0},$$

其中

$$\|\phi(0)\|_B\leqslant\varepsilon,$$

那么 $\Phi(t)$ 像 (14.29) 分解为局部和分散部分, $\dfrac{\mathrm{d}E(t)}{\mathrm{d}t}$, $\dfrac{\mathrm{d}\gamma(t)}{\mathrm{d}t}$ 在 $L^1(\mathbb{R}^1)$, $\phi(t)$ 服从线性色散和局部衰减估计 (14.30), (14.31).

14.4 耦合通道方程

14.4.1 局部存在性

通过收缩映射容易证明 (14.20) (14.21), (14.24) 连同初始条件 $\phi(0)=\phi_0\in H^1,\gamma(0)=\gamma_0, E(0)=E_0$ 对于一些 $T>0$ 有唯一局部解 $\phi\in C([0,T);H^1), E(t)$, $\gamma(t)\in C^1[0,T)$, $E(t)\in(E_*,0)$ 当 $\lambda>0$ 时和 $E(t)\in(E_c,E_*)$ 当 $\lambda<0$ 时. 因此, (14.17) 所给的 $\Phi(t)$ 是 (14.16) 的解并且符合在 14.1.1 节对存在理论的总结中讨论的唯一 H^1 解. 特别地, 函数 $\mathscr{H}[\boldsymbol{\Phi}]$ 和 $\mathcal{N}[\boldsymbol{\Phi}]$ (14.1.1节) 在 $[0,T)$ 是不变的. 由 Sobolev-Nirenberg-Gagliardo 型估计

$$\|\Phi(t)\|_{H^1}\leqslant C(\|\Phi_0\|_{H^1})\tag{14.32}$$

对所有的 $0 \leqslant t \leqslant T$, (14.32) 中的上界与 T 无关. 如果 $\lambda < 0$ (吸引的非线性) 和 $m \geqslant 1 + \frac{4}{n}$, $\|\Phi_0\|_{H^1}$ 足够小满足 (14.32) 的 C, 且与 T 无关. 另外, 在有限时间内, H^1 内的解可以成为无界的 (爆破), 见 [125].

根据 (14.17) 可以得出对所有的 $t \in [0, T)$,

$$\|\phi(t)\|_{H^1} \leqslant C'\left(\|\Phi_0\|_{H^1}, \left\|\psi_{E(t)}\right\|_{H^1}\right). \tag{14.33}$$

14.4.2 解的先验估计

本节中, 在 $\Phi(t)$ (14.17) 的分解中, 得到关于 $\phi(t), E(t)$ 和 $\gamma(t)$ 的先验估计, 并且证明了分解是对所有的时间 t, 且具有所要求的性质.

由于 (14.20) 的解 $\phi(t)$ 是 H^1 里的函数, 分析 (14.20) 在等效积分方程的意义上:

$$\phi(t) = U(t, 0)\phi_0 - i\int_0^t U(t, s)P_c\left(H\left(E_0\right)\right)\mathbf{F}(s)\mathrm{d}s, \tag{14.34}$$

其中, $U(t, s)$ 在 (14.26) 表示显示的传播器, $\mathbf{F}(s) = \mathbf{F}\left(\phi(s), \psi_{E(s)}\right)$ 在 (14.21)—(14.23).

第一步是利用线性理论的局部衰减和 L^p 衰减估计 (在 14.1.3 节中) 导出 $\phi(t)$ 的衰减估计, 令

$$\begin{aligned} L &= -\Delta + V(x) + \lambda\left|\psi_{E_0}\right|^{m-1} - E_0 \\ &= H\left(E_0\right) - E_0. \end{aligned}$$

我们将 14.1.3 节的传播算子估计应用到相关的酉群 e^{-iLt}. 这些估计要求算子 $L, V(x) + \lambda\left|\psi_{E_0}\right|^{m-1}$ 满足 (NR). 我们声称这不是限制. 如下所示.

假设 $V(x) + \lambda\left|\psi_{E_0}\right|^{m-1}$ 不满足 (NR). 那么, 我们在一个小的时间间隔 $[0, T_0]$ 解决初值问题 (14.16) 时, 在 (14.17) 分解中加入修正的正交条件

$$\left\langle\psi_{E_0}, \phi_0\right\rangle = 0 \quad 和 \quad \frac{\mathrm{d}}{\mathrm{d}t}\left\langle\psi_{E(t)}, \phi(t)\right\rangle = 0$$

替代 (14.19). 现在考虑势的单参数族

$$Q(x; E(t)) = V(x) + \lambda\left|\psi_{E(t)}\right|^{m-1}, \quad t \in \left[0, T_0\right].$$

命题 14.9 对一类的 ϕ_0, 在一些 $t \in [0, T_0]$ 我们有 $Q(x; E(t))$ 满足 (NR).

证明 用解析映射的隐函数定理可以证明 ψ_E 等于 $\left(E - E_*\right)^{1/(m-1)}$ 乘以一个绝对收敛幂级数 $E - E_*$, 表示 E 足够接近 E_* (见定理 14.1 的 (d) 部分). 因

此, 映射 $E \mapsto \psi_E^{m-1}$ 具有 E-邻域 E_* 的全纯扩展. 通过 J. Rauch 的论证 ([121, pp.164-165]), $V(x)+\lambda\left|\psi_{E_0}\right|^{m-1}$ 满足 (NR) 除了 E-values 的一个离散集. 因此, 如果 $E(t)$ 与 E_0 不同, 那么有一些 $t_0 \in [0,T_0]$ 使 $Q(x;E(t_0))$ 是非共振的. $E(t)\equiv E_0$ 是非通用的情况, 这需要 $\frac{\mathrm{d}}{\mathrm{d}t}E(t=0)=0$, 由 (3.9a) 导致余维条件. □

在找到一个 $V+\lambda\left|\psi_{E(t_0)}\right|^{m-1}$ 满足 (NR) 的 t_0 后, 我们继续用 (14.17), (14.19) 分解得到 $t \geqslant t_0$. 由于 Cauchy 问题解的唯一性, 通过这种方法得到的解对应于 (14.3) 在 $t=0, \Phi(0)$ 时的解 $\Phi(t)$, 如 (14.17) 所示.

由于我们的线性衰减估计中存在加权 L^2 范数, (14.34) 中积分项的估计将涉及加权 L^2 非线性项 $O(|\phi|^m)$ 的估计. 因此, 在 L^{2m} 找 $\phi(t)$ 的估计.

命题 14.10

$$\begin{aligned}\|\phi(t)\|_{2m} \leqslant \left\|e^{-iLt}\phi_0\right\|_{2m} &+ \int_0^t |t-s|^{\varepsilon_{2m}-1}\Big(c_1(\psi,\phi)\|\phi\|_{2m}^2 + c_2(\psi,\phi)\|\phi\|_{2m}^{m-1} \\ &+ c_3(\psi,\phi)\|\phi\|_{2m}^{\beta r} + c_4(\psi,\phi)\left\|\langle x\rangle^{-\sigma}\phi(s)\right\|_2 \\ &+ c_{01}|\dot{E}(s)| + c_{02}|\dot{\gamma}(s)|\Big)\mathrm{d}s, \end{aligned} \tag{14.35}$$

$$\begin{aligned}\left\|\langle x\rangle^{-\sigma}\phi(t)\right\|_2 \leqslant \|\langle x\rangle^{-\sigma}e^{-iLt}\phi_0\|_2 & \\ &+ \int_0^t \langle t-s\rangle^{-1-\delta}\Big(d_1(\psi,\phi)\|\phi\|_{2m}^2 + d_2(\psi,\phi)\|\phi\|_{2m}^{m-1} \\ &+ d_3(\psi,\phi)\|\phi\|_{2m}^{\beta r} + d_4(\psi,\phi)\left\|\langle x\rangle^{-\sigma}\phi(s)\right\|_2 \\ &+ d_{01}|\dot{E}(s)| + d_{02}|\dot{\gamma}(s)|\Big)\mathrm{d}s, \end{aligned} \tag{14.36}$$

这里 $\beta r = m(1-\mu)$, 其中 $\mu = \dfrac{2(1+a)}{(m-1)(n-1)}$.

$c_i(\psi,\phi)$ 和 $d_i(\psi,\phi), 1\leqslant i\leqslant 4$, 是常数且依赖于 $\psi_{E(t)}$ 的权模和 $\phi(t)$ 的 H^1 模. 这些权模都是由权估计所控制的. 同样地, 当 a 趋于零时 $c_i(a,b)$ 和 $d_i(a,b)$ 都趋于零且 b 在一个有界集合中. 为了理解当 $E\to E_*$ 时 $\dot{E}$ 和 $\dot{\gamma}$ 乘积的行为, 可给出 c_{0i} 和 d_{0i} 的精确形式, 有

$$\begin{aligned} c_{01} &= \mathcal{O}\left(\|\psi_E\|_{2m}\right), & c_{02} &= \mathcal{O}\left(\|\partial_E\psi_E\|_{2m}\right), \\ d_{01} &= \mathcal{O}\left(\|\langle x\rangle^{-\sigma}\psi_E\|_2\right), & d_{02} &= \mathcal{O}\left(\|\langle x\rangle^{-\sigma}\partial_E\psi_E\|_2\right). \end{aligned}$$

此外, $1-\varepsilon_p \equiv \dfrac{n}{2}-\dfrac{n}{p}$ 和 $\delta>0$ 是出现在线性估计 (14.11) 中的数. 对于 $n=2, \langle\xi\rangle^{1+\delta}$ 由 $\langle\xi\ln^2\xi\rangle$ 替代.

命题 14.10 的证明　开始在 L^p 中估计 (14.34). 利用 (14.12)—(14.13), 有

$$\begin{aligned}\|\phi(t)\|_p \leqslant & \left\|e^{-iLt}\phi_0\right\|_p + \int_0^t \left\|e^{-iL(t-s)}P_c(L)\mathbf{F}(s)\right\|_p \mathrm{d}s \\ \leqslant & C(V)\langle t\rangle^{\varepsilon_p-1}\left(\|\phi_0\|_q + \|\phi_0\|_{H^1} + \left\|\langle x\rangle^{1+a}\phi_0\right\|\right) \\ & + C(V)\int_0^t |t-s|^{\varepsilon_p-1}\left(\|P_c(L)\mathbf{F}(s)\|_q + \left\|\langle x\rangle^{1+a}P_c(L)\mathbf{F}(s)\right\|_2\right)\mathrm{d}s.\end{aligned} \tag{14.37}$$

投影算子 $P_c = P_c(L)$ 可以以 b 相关常数为代价移除. □

引理 14.11

$$\|P_c g\|_q \leqslant \left(1 + \|\psi\|_p \|\psi\|_q \|\psi\|_2^{-2}\right)\|g\|_q,$$

$$\left\|\langle x\rangle^{1+a}P_c g\right\|_2 \leqslant \left(1 + \left\|\langle x\rangle^{1+a}\psi\right\|_2 \|\psi\|_2^{-1}\right)\left\|\langle x\rangle^{1+a} g\right\|_2.$$

因此, 有

$$\begin{aligned}\|\phi(t)\|_p \leqslant & C_1(V)\langle t\rangle^{\varepsilon_p-1}\left(\|\phi_0\|_q + \|\phi_0\|_{H^1} + \left\|\langle x\rangle^{1+a}\phi_0\right\|_2\right) \\ & + C_2(V,\psi)\int_0^t |t-s|^{\varepsilon_p-1}\left(\|\mathbf{F}(s)\|_q + \left\|\langle x\rangle^{1+a}\mathbf{F}(s)\right\|_2\right)\mathrm{d}s.\end{aligned} \tag{14.38a}$$

同样地, 可估计 $\phi(t)$ 的权模

$$\begin{aligned}\left\|\langle x\rangle^{-\sigma}\phi(t)\right\|_2 \leqslant & C_1'(V)\langle t\rangle^{-1-\delta}\left\|\langle x\rangle^{1+a}\phi_0\right\|_2 \\ & + C_2(V,\psi)\int_0^t \langle t-s\rangle^{-1-\delta}\left\|\langle x\rangle^{1+a}\mathbf{F}(s)\right\|_2 \mathrm{d}s.\end{aligned} \tag{14.38b}$$

开始要求估计 $\|\mathbf{F}\|_q$ 和 $\|\langle x\rangle^{1+a}\mathbf{F}\|_2$, 其中 $\mathbf{F} = \mathbf{F}_1 + \mathbf{F}_2$. 对于 $\|\mathbf{F}_2\|_q$ 和 $\|\langle x\rangle^{1+a}\mathbf{F}_2\|_2$, 且有

命题 14.12　令 $p = 2m, m > 2$ 和 $p^{-1} + q^{-1} = 1$. 则

$$\|\mathbf{F}_2\|_q \leqslant \left\|\langle x\rangle^{\sigma}\psi^{m-1}\right\|_{r_1}\left\|\langle x\rangle^{-\sigma}\phi\right\|_2 + \left\|A^{1/2}(\psi)\right\|_{r_2}^2 \|\phi\|_{2m}^2 + \|\phi\|_2\|\phi\|_{2m}^{m-1}, \tag{14.39}$$

其中 $r_1^{-1} = q^{-1} - 2^{-1}$ 和 $r_2^{-1} = (2q)^{-1} - p^{-1}$.

命题 14.13　令 $p = 2m, m > 2$ 和 $p^{-1} + q^{-1} = 1$. 则

$$\begin{aligned}\left\|\langle x\rangle^{1+a}\mathbf{F}_2\right\|_2 \leqslant & \left\|\langle x\rangle^{1+a+\sigma}\psi^{m-1}\right\|_{\infty}\left\|\langle x\rangle^{-\sigma}\phi\right\|_2 \\ & + \left\|\langle x\rangle^{1+a}A(\psi)\right\|_{r_3}\|\phi\|_{2m}^2\end{aligned}$$

$$+c\left(\|\phi\|_{2m}^{m}+\|\phi\|_{2}^{\alpha r}\|\phi\|_{H^1}^{2(1+a)/(n-1)}\|\phi\|_{2m}^{\beta r}\right), \tag{14.40}$$

其中 $r_3^{-1}=2^{-1}-m^{-1}$, $\alpha=\dfrac{\mu}{r}$, $\beta=\dfrac{m(1-\mu)}{r}$, $r=m-\dfrac{2(1+a)}{n-1}$ 和 $\mu=\dfrac{2(1+a)}{(m-1)(n-1)}$.

这里, 我们只想指出在处理非线性项 $\mathcal{O}(|\phi|^m)$ 的加权范数时, 对径向解的限制被用来导出 (14.39) 和 (14.40). ϕ 方程中的非齐次项 $\mathbf{F}$ 很容易有界, 如下所示

$$\|\mathbf{F}_1\|_q\leqslant\|\psi\|_q|\dot{\gamma}|+\|\partial_E\psi_E\|_q\left|\dot{E}\right|, \tag{14.41}$$

$$\left\|\langle x\rangle^{1+a}\mathbf{F}_1\right\|_2\leqslant\left\|\langle x\rangle^{1+a}\psi\right\|_2|\dot{\gamma}|+\left\|\langle x\rangle^{1+a}\partial_E\psi_E\right\|_2\left|\dot{E}\right|. \tag{14.42}$$

命题 14.12 和命题 14.13 结合估计 (14.41)—(14.42) 可得命题 14.10. 下一步估计 $\dot{\gamma}$ 和 E, 它们出现在 (14.41)—(14.42) 中, 以 ϕ 和 ψ 的模表示.

命题 14.14 令 $[0,T)$ 记如下方程组 (14.20) 和 (14.24) 的局部存在时间区间. 则对于 $0\leqslant t\leqslant T$,

$$|\dot{E}(t)|\leqslant C_E\left(\partial_E\psi_E,\psi_{E_0}\right)|\lambda|\left[\left\|\langle x\rangle^{-\sigma}\phi(t)\right\|_2+\|\phi(t)\|_{2m}^2+\|\phi(t)\|_{2m}^m\right], \tag{14.43}$$

$$|\dot{\gamma}(t)|\leqslant C_\gamma\left(\psi_E,\psi_{E_0}\right)|\lambda|\left[\left\|\langle x\rangle^{-\sigma}\phi(t)\right\|_2+\|\phi(t)\|_{2m}^2+\|\phi(t)\|_{2m}^m\right], \tag{14.44}$$

这里 C_E 和 C_γ 依赖于 $\left\|\psi_{E(t)}\right\|_{H^2}$ 和 $\|\psi_{E_0}\|_{H^2}$ 且随着这些范数接近于零时趋于零.

命题 14.14 的证明 由 (14.24) 可得

$$|\dot{E}(t)|\leqslant\langle\psi_{E_0},\partial_E\psi_E\rangle|^{-1}|\langle\mathbf{F}_2,\psi_{E_0}\rangle|, \tag{14.45}$$

$$|\dot{\gamma}(t)|\leqslant\langle\psi_{E_0},\psi_E\rangle|^{-1}|\langle\mathbf{F}_2,\psi_{E_0}\rangle|. \tag{14.46}$$

为了估计 $|\langle\mathbf{F}_2,\psi_{E_0}\rangle|$, 可利用 $\mathbf{F}_2$ 的估计. 首先, 由 (14.21),

$$\begin{aligned}|\langle\psi_{E_0},\mathbf{F}_{2,\mathrm{lin}}\rangle|&\leqslant|\lambda|\frac{m-1}{2}\left|\left\langle\psi_{E_0},\psi_E^{m-1}\phi\right\rangle\right|\\&\leqslant|\lambda|\frac{m-1}{2}\left\|\langle x\rangle^{\sigma}\psi_{E_0}\psi_E^{m-1}\langle x\rangle^{-\sigma}\phi\right\|_1\\&\leqslant C\left(\psi_E,\psi_{E_0},m\right)\left\|\langle x\rangle^{-\sigma}\phi\right\|_2.\end{aligned} \tag{14.47}$$

由 (14.23) 可得

$$|\langle\psi_{E_0},\mathbf{F}_{2,nl}\rangle|\leqslant C|\lambda|\left(\|\psi_{E_0}A\left(\psi_E\right)\|_{m'}\|\phi\|_{2m}^2+\|\psi_{E_0}\|_2\|\phi\|_{2m}^m\right), \tag{14.48}$$

其中 $m'^{-1} = 1 - m^{-1}$.

利用 (14.45)—(14.46) 中的 (14.47)—(14.48), 且注意到对于 E 在 E_* 附近的 ψ_E 的行为可得这个结果. □

注记　(1) 我们的目标是利用模不等式的集合来控制函数 $\psi(t)$ 的离散. 由以上估计可使用模

$$M_1(T) = \sup_{|t|\leqslant T} \langle t\rangle^{1-\varepsilon_p} \|\phi(t)\|_p, \tag{14.49}$$

$$M_2(T) = \sup_{|t|\leqslant T} \langle t\rangle^{1+\delta} \left\|\langle x\rangle^{-\sigma} \phi(t)\right\|_2, \tag{14.50}$$

其中当 $n=2$ 时, $\langle t\rangle^{1+\delta}$ 可由 $\left\langle t\ln^2 t\right\rangle$ 替换.

(2) 事实证明, 利用我们使用的线性局部衰减估计, 很自然地选择 $p=2m$. 更好的局部衰减估计将允许使用 $p=m+1$ 来处理大的非线性. 这将使上述结果在非线性范围的上界是有效的.

(3) 为了证明极限 $\lim_{t\to\pm\infty} E(t)$ 和 $\lim_{t\to\pm\infty}\gamma(t)$ 存在, 证明 $\dot{E}$ 和 $\dot{\gamma}$ 属于 $L^1(\mathbb{R}^1; \mathrm{d}t)$. 线性理论表明正确的 L^p 衰减率是 $\langle t\rangle^{\varepsilon_p - 1} = \langle t\rangle^{(n/p-n/2)}$. 因此, 估计 (14.43)—(14.44) 表明选定 m 使得 $2(1-\varepsilon_p) > 1$ 和 $m(1-\varepsilon_p) > 1$, 其中 $1-\varepsilon_p \equiv \dfrac{n}{2} - \dfrac{n}{p} = \dfrac{n}{2} - \dfrac{n}{2m}$. 这些退化为 $m > \dfrac{n}{n-1}$. 我们将在 14.4.3 节中看到对 m 施加进一步限制.

14.4.3　整体存在性和大时间渐近性

在本节, 我们推导出了 $M_1(t)$ 和 $M_2(t)$ 的闭耦合不等式 (参看(14.49)—(14.50)), 它们得到了 $M_1(t)$ 和 $M_2(t)$ 的界且与 T 无关. 这意味着 $\phi(t)$ 的分散率, 也意味着当 $t\to\pm\infty$ 时 $E(t)$ 和 $\gamma(t)$ 有渐近值.

我们首先将估计 (14.11)—(14.13) 用于 (14.35)—(14.36) 中的初值项. 则对 (14.35) 乘以 $\langle t\rangle^{1-\varepsilon_{2m}}$, (14.36) 乘以 $\langle t\rangle^{1+\delta}$ (对于 $n=2$, $\left\langle t\ln^2 t\right\rangle$) 且取所有 $|t|\leqslant T$ 的上确界可得

$$\begin{aligned}
M_1(T) \leqslant{} & C(V)\left(\|\phi_0\|_q + \|\phi_0\|_{H^1} + \left\|\langle x\rangle^{1+a}\phi_0\right\|_2\right) \\
& + C_4(\psi) M_2(T) + C_1(\psi) M_1^2(T) \\
& + C_2(\psi) M_1^{m-1}(T) + C_3\left(\|\phi(t)\|_{H^1}\right) M_1^{\beta r}(T) \\
& + C_5\left(\psi, \partial_E\psi\right) \sup_{|t|\leqslant T} \langle t\rangle^{1+\delta}[|\dot{\gamma}(t)| + |\dot{E}(t)|],
\end{aligned} \tag{14.51}$$

其中 $q^{-1} = 1-(2m)^{-1}$. 类似地, 有

$$M_2(T) \leqslant C(V)\left\|\langle x\rangle^{1+a}\phi_0\right\|_2 + D_4(\psi)M_2(T)$$
$$+ D_1(\psi)M_1^2(T) + D_3\left(\|\phi(t)\|_{H^1}\right)M_1^{\beta r}(T)$$
$$+ D_4\left(\psi, \partial_E\psi\right)\sup_{|t|\leqslant T}\langle t\rangle^{1+\delta}[|\dot\gamma(t)| + |\dot E(t)|]. \tag{14.52}$$

在常量中, C_j 和 D_j 包含如下形式的项

$$\langle t\rangle^{\eta}\int_0^t |t-s|^{-\alpha}\langle s\rangle^{-\beta}\mathrm{d}s.$$

这些项要求与 t 无关有界. 这种情况发生的非线性 (m 的幂) 的范围是通过以下方法确定的.

引理 14.15 对于 $\alpha < 1$,

$$\int_0^t |t-s|^{-\alpha}\langle s\rangle^{-\beta}\mathrm{d}s \leqslant C(\alpha,\beta)\langle t\rangle^{-\min(\alpha,\alpha+\beta-1)}.$$

证明

$$\int_0^t |t-s|^{-\alpha}\langle s\rangle^{-\beta}\mathrm{d}s = \int_0^{t/2} + \int_{t/2}^t = A + B.$$

分别估计 A, B, 有

$$A \leqslant (2/t)^{\alpha}\int_0^{t/2}\langle s\rangle^{-\beta}\mathrm{d}s, \quad B \leqslant (2/t)^{\beta}\int_{t/2}^t |t-s|^{-\alpha}\mathrm{d}s,$$

由此可得 (14.52). □

关于衰减, 最有问题的项是 (14.40) 中的 $\|\phi\|_{2m}^{\beta r}$. 由此可得

$$m > 1 + \frac{2}{n} + \frac{2(1+a)}{n-1},$$

其中 a 是任意小的和正的. 此外, 引理 14.15 中的限制 $\alpha < 1$ 意味着

$$\frac{n}{2} - \frac{n}{2m} < 1.$$

后者导致在维数 $n = 3$ 中有 $m < 3$.

为了得到不等式 (14.51)—(14.52), 利用 (14.43)—(14.44) 和引理 14.15 可得

$$\sup_{|t|\leqslant T}|\dot E(t)| \leqslant C_E\left(\psi_E, \psi_{E_0}\right)|\lambda|\left[M_2(T) + M_1^2(T) + M_1^m(T)\right], \tag{14.53a}$$

$$\sup_{|t|\leqslant T}|\dot\gamma(t)| \leqslant C_\gamma\left(\psi_E, \psi_{E_0}\right)|\lambda|\left[M_2(T) + M_1^2(T) + M_1^m(T)\right]. \tag{14.53b}$$

将 (14.53a)—(14.53b) 代入 (14.51)—(14.52) 可得如下结论.

命题 14.16 令 $(\phi(t),E(t),\gamma(t))$ 为如下空间的 (14.20), (14.24) 的唯一解,

$$C\left([0,T);H^1\right)\times C^1[0,T)\times C^1[0,T).$$

则

$$\begin{aligned}M_1(T)\leqslant{}&C(V)\left(\|\phi_0\|_q+\|\phi_0\|_{H^1}+\left\|\langle x\rangle^{1+a}\phi_0\right\|_2\right)+C_1'\left(\psi,\partial_E\psi\right)M_2(T)\\&+C_2'\left(\psi,\partial_E\psi\right)\left[M_1^2(T)+C_3'\left(\|\phi(t)\|_{H^1}\right)M_1^m(T)\right],\end{aligned}\tag{14.54}$$

$$\begin{aligned}M_2(T)\leqslant{}&C(V)\left\|\langle x\rangle^{1+a}\phi_0\right\|_2+D_1'\left(\psi,\partial_E\psi\right)M_2(T)\\&+D_2'\left(\psi,\partial_E\psi\right)\left[M_1^2(T)+D_3'\left(\|\phi(t)\|_{H^1}\right)M_1^m(T)\right].\end{aligned}\tag{14.55}$$

这里, C_i' 和 D_i' 由 ψ 和 $\partial_E\psi$ 在 $|t|\leqslant T$ 上的最大 H^2 模控制.

为了得到 $M_1(T)$ 和 $M_2(T)$ 的闭不等式, 可知 E 接近 E_*, 参数 $C_1'\left(\psi,\partial_E\psi\right)$ 和 $D_1'\left(\psi,\partial_E\psi\right)$ 趋于零且分别对于 $\lambda>0,\lambda<0$, 在 $\left(E_*,0\right),\left(-\infty,E_*\right)$ 的紧子区间上是一致有界的. $C_i'\left(\psi,\partial_E\psi\right)$ 和 $D_i'\left(\psi,\partial_E\psi\right)$ 的性质由在 E_* 的邻域上的连续解 (E,ψ_E) 的分叉分析可得.

证明方程组 (14.20), (14.24) 具有期望的渐近行为的整体存在性, 首先选取初值 E_0,γ_0 和 ϕ_0 则在局部存在区间上, C_1' 和 D_1' 小于 $\frac{1}{2}$. 则由 (14.55) 有

$$\begin{aligned}M_2(T)\leqslant{}&2C(V)\left\|\langle x\rangle^{1+a}\phi_0\right\|_2\\&+D_2'\left(\psi,\partial_E\psi\right)\left[M_1^2(T)+D_3'\left(\|\phi(t)\|_{H^1}\right)M_1^m(T)\right].\end{aligned}\tag{14.56}$$

将 (14.56) 代入 (14.54) 可得

$$M_1(T)\leqslant C_0''\left(\|\phi_0\|_q+\|\phi_0\|_{H^1}+\left\|\langle x\rangle^{1+a}\phi_0\right\|_2\right)+C_1''M_1^2(T)+C_2''M_1^m(T),\tag{14.57}$$

其中 $C_0''=C(V)\left(1+2C_1'\right),C_1''=C_2'+C_1'D_2'$ 和 $C_2''=C_2'C_3'+C_1'D_2'D_3'$.

重写 (14.57) 为

$$M_1(T)f\left(M_1(T)\right)\leqslant D_0,$$

其中

$$f(\alpha)=1-C_1''\alpha-C_2''\alpha^{m-1},$$

且

$$D_0=C_0''\left[\|\phi_0\|_q+\|\phi_0\|_{H^1}+\left\|\langle x\rangle^{1+a}\phi_0\right\|_2\right].$$

令 $\alpha_* f(\alpha_*) = \max_{\alpha>0} \alpha f(\alpha)$. 令 $|E_0 - E_*| \equiv 2\eta$, 其中 η 为充分小. 首先要求 η 使得 ψ_E 和 $\partial_E \psi_E$ 依赖于 (14.53a)—(14.53b) 中的常数且小于 $\eta^{1/2}$. 由 ψ_E 的局部分析可知这是可能的.

取 ϕ_0, 则

$$D_0 \leqslant \eta f(\eta) \leqslant \alpha_* f(\alpha_*)/2,$$

且有

$$M_1(0) = \|\phi_0\|_{2m} < \eta.$$

则由 M_1 的连续性, 有 $M_1(T) \leqslant \eta$, 因此由 (14.53a), (14.53b) 和 (14.56) 可得

$$|\dot{E}(t)| \leqslant C_E \eta^{3/2} \langle t \rangle^{-1-\delta}, \tag{14.58a}$$

$$|\dot{\gamma}(t)| \leqslant C_\gamma \eta^{3/2} \langle t \rangle^{-1-\delta}. \tag{14.58b}$$

对于 $n = 2, \langle t \rangle^{-1-\delta}$ 可由 $\left\langle t \ln^2 t \right\rangle^{-1}$ 替代.

对 (14.58a), (14.58b) 积分可得

$$\int_{-T}^{T} |\dot{E}(t)| \mathrm{d}t \leqslant C''' \eta^{3/2}, \tag{14.59a}$$

$$\int_{-T}^{T} |\dot{\jmath}(t)| \mathrm{d}t \leqslant C''' \eta^{3/2}, \tag{14.59b}$$

其中 C''' 与 T 和 η 无关.

因此如果

$$T_m \equiv \sup \{ t : |E(t) - E_0| < \eta \},$$

对于 η 充分小, $T_m = \infty$. (14.59a)—(14.59b) 右边项与 T 无关, 则可知

$$|E(t) - E_0| < \eta, \quad |t| \leqslant T,$$

只要 η 充分小. 所有的常数 $C(\psi, \partial_E \psi)$ 和 $D(\psi, \partial_E \psi)$ 保持其假定的界且可取 $T \to \infty$ 得

$$M_1(\infty) \leqslant \eta, \tag{14.60a}$$

$$M_2(\infty) \leqslant C\eta, \tag{14.60b}$$

其中 $C > 0$.

14.4.4 初值 Φ_0 的分解

回顾 (14.17)—(14.19). 令 $\tilde{E}\in(E_*,0)$, $\lambda>0$ 且 $\tilde{E}\in(-\infty,E_*)$, $\lambda<0$. 考虑初值接近于一个非线性界态:

$$\Phi_0=e^{i\tilde{\gamma}}\psi_{\tilde{E}}+\delta\Phi. \tag{14.61}$$

对于 $\langle\delta\Phi,\psi_{\tilde{E}}\rangle\neq 0$, 可写

$$\begin{aligned}\Phi_0&=e^{i\gamma_0}\psi_{E_0}+\left[e^{i\tilde{y}}\psi_{\tilde{E}}-e^{i\gamma_0}\psi_{E_0}+\delta\Phi\right]\\&\equiv e^{i\gamma_0}\psi_{E_0}+\phi_0,\end{aligned}$$

以期望找到 E_0 和 γ_0 使得

$$\left\langle e^{i\gamma_0}\psi_{E_0},\phi_0\right\rangle=0.$$

然后, 我们将 ϕ_0 作为色散信道演化的初值.

令

$$\begin{aligned}F\left[E_0,\gamma_0,\delta\Phi\right]&\equiv\left\langle e^{i\gamma_0}\psi_{E_0},\phi_0\right\rangle\\&=\left\langle e^{i\gamma_0}\psi_{E_0},e^{i\tilde{\gamma}}\psi_{\tilde{E}}-e^{i\gamma_0}\psi_{E_0}+\delta\Phi\right\rangle.\end{aligned} \tag{14.62}$$

则 $F[\tilde{E},\tilde{\gamma},0]=0$. 我们计划在 $(\tilde{E},\tilde{\gamma},0)$ 的邻域内解 $F=0$. 因为 F 是复值的, $F=0$ 可看作两个实方程:

$$F_1\left[E_0,\gamma_0,\delta\Phi\right]=0,\quad F_2\left[E_0,\gamma_0,\delta\Phi\right]=0.$$

这个映射在 $(E_0,\gamma_0,0)$ 处的 Jacobi 矩阵为

$$\begin{pmatrix}0 & -\dfrac{\mathrm{d}}{\mathrm{d}E}\displaystyle\int|\psi_E|^2\bigg|_{E=E_0}\\ \displaystyle\int|\psi_E|^2\bigg|_{E=E_0} & 0\end{pmatrix}. \tag{14.63}$$

由 14.1.2 节和 14.7 节的结果, 可得若 $\widetilde{E}\in(E_*,0)$ $(\lambda>0)$ 以及 $\tilde{E}\in(E_*-\varepsilon,E_*)$ $(\lambda<0)$, 则曲线 $E\mapsto\|\psi_E\|_2^2$ 无临界点. 由隐函数定理可知在 $\psi_{\tilde{\varepsilon}}$ 的 L^2 邻域内, 分解

$$\Phi_0=e^{i\gamma_0}\psi_{E_0}+\phi_0$$

以及 (14.61) 成立. 此外, 因为对于 $\lambda>0$, 在 $(E_*,0)$ 的紧子区间上且对于 $\lambda<0$, $(E_*-\varepsilon,E_*)$, $\dfrac{\mathrm{d}}{\mathrm{d}E}\|\psi_E\|_2^2$ 保持远离零, 在 $\tilde{E}$ 中可以选取 $\psi_{\tilde{E}}$ 的 B-邻域, 其中 $\tilde{E}$ 在这样一个紧子区间上是变化的. 这解决了渐近稳定性定理的初始分解问题.

定理 14.6 的证明遵循上面的思想. 约束

$$\left\langle e^{i\theta_0}\psi_{E_0}, \Phi_0 - e^{i\Theta_0}\psi_{E_0}\right\rangle = 0 \tag{14.64}$$

规定了 E_0 和 γ_0 的选取, 以及初值的分解 (14.17). 由定理 14.8, 对于以 E 为端点的足够小的间隔内的每个 E, 存在一个关于 ψ_E 的开球使得对于这个球内所有值, 解如 (14.29) 分解. 一般来说当 E 趋于 E_* 时, 这个开球的半径可能缩小到零. 此外, 若 E 和 γ 使得 (14.64) 成立, 则 $\|\Phi_0\|_2 \geqslant \|\psi_E\|_2$.

若 $\|\cdot\|_x$ 记测量 ψ_E 的任意范数, 则有

$$\|\psi_E\|_x \leqslant C\|\psi_E\|_2 \leqslant C\|\Phi_0\|_2,$$

$$\|\phi\|_{\mathbf{X}} \leqslant \|\Phi_0\|_{\mathbf{X}} + \|\psi_E\|_{\mathbf{X}} \leqslant C\|\Phi_0\|_{\mathbf{X}}.$$

14.5 散射理论

S 矩阵由波算子 Ω_+ 和 Ω_- 构造,

$$\mathbf{S} = \Omega_+^\star\Omega_-.$$

对于像 γ 的每个值以及能量 E 接近 E_*, 可构造波算子

$$\Omega_\pm^{E,\gamma}(\phi) = s - \lim_{t\to\pm\infty} V_{E,\gamma}(0,t)^\star e^{-iH(E_\pm)t}P_c\left(H\left(E_\pm\right)\right)\phi,$$

其中 $V_{E,\gamma}(t,s)$ 是从 s 到 t 的非线性演化, 且与界态信道耦合.

为了证明 S 矩阵是幺正的, 需证明存在一个 δ, 使得对于所有的初值, $(E^\pm, \gamma^\pm, \phi_\pm)$ 满足

$$\begin{aligned}\left|E^\pm - E_*\right| &< \delta,\\ \left|\gamma^\pm\right| &\leqslant \pi,\\ \|\phi_\pm\|_{H^1} &< \delta,\\ P_c\left(H\left(E_\pm\right)\right)\phi_\pm &= \phi_\pm.\end{aligned} \tag{14.65}$$

存在 $\Phi_\pm \in B$ 有如下渐近行为

$$\Phi_\pm \approx e^{-iH(E_\pm)t}\phi_\pm + \exp\left(-i\int_0^t E(s)\mathrm{d}s - i\gamma(t)\right)\psi\left(E^\pm\right) \tag{14.66a}$$

和

$$E(t)\to E^\pm, \qquad \gamma(t)\to\gamma^\pm, \qquad t\to\pm\infty. \tag{14.66b}$$

Φ 的存在性可根据如下非线性积分方程组的解的整体存在性得到

$$E(t)=E^-+\int_{-\infty}^t g_E(s)\mathrm{d}s,$$

$$\gamma(t)=\gamma^-+\int_{-\infty}^t g_\gamma(s)\mathrm{d}s,$$

$$\phi_-(t)=e^{-iH\left(E^-\right)t}\phi_-+\int_{-\infty}^t e^{-iH\left(E^-\right)(t-s)}\widetilde{F}\left(\phi_-(s)\right)\mathrm{d}s, \tag{14.67}$$

其中, g_E, g_y 和 $\tilde{F}$ 类似于 (14.24) 以及 (14.20) 中源项的表达.

注记 14.17 出于以下原因, 它们并不是 14.2 节中出现的源项. 因为 $E(t)-E^{\pm}\notin L^1\left(\mathbb{R}^1;\mathrm{d}t\right)$, 便于得到方程的结果, 且并不由拟设 (14.17) 而是由如下拟设得到

$$\Phi(t)=e^{-i\theta}\psi_E+e^{-iE_0t}\phi(t).$$

整体解存在的证明与单通道情况的证明类似. 我们将 (14.67) 看作是对自身映射的向量值函数的空间 $\mathbf{M}$ 的一个映射, 并寻求一个不动点. 我们只需考虑 $t\to-\infty$. $t\to\infty$ 是类似的.

令

$$\tilde{\mathbf{M}}_\eta=\left\{v\equiv\left(E(\cdot),\gamma(\cdot),\phi_-\right): v\in\mathbf{G}^1(\mathbb{R})\times C^1(\mathbb{R})\times C^0\left(\mathbb{R};H^1\right),\|v\|\leqslant\eta\right\},$$

其中

$$\|v\|=\sup_{R^1}\left(\langle t\rangle^{1+\delta}\left[|\dot{E}(t)|+|\dot{\gamma}(t)|+\left\|\langle x\rangle^{-\sigma}\phi_-(t)\right\|_2\right]+\|\phi_-\|_{H^1}\right). \tag{14.68}$$

定义

$$\mathbf{M}_\eta=\left\{f\in\tilde{\mathbf{M}}_\eta:\phi_-(\cdot,|x|)=P_c\left(H\left(E^-\right)\right)\phi_-,\lim_{t\to-\infty}E(t)=E^-,\lim_{t\to-\infty}\gamma(t)=\gamma^-\right\}.$$

对于 $\left(E(\cdot),\gamma(\cdot),\phi_-\right)\in\mathbf{M}_\eta$, 设

$$\Phi(t)=\exp\left(i\gamma(t)-i\int_0^t E(u)\mathrm{d}u\right)\psi(E(t))+\phi_-(t)$$

以及 $\mathbf{M}_\eta$ 上的映射 K:

$$K\left(E(\cdot),\gamma(\cdot),\phi_-\right)=(\bar{E},\bar{\gamma},\bar{\phi}).$$

我们可以检查用来证明定理 14.6 的估计在这种情况下是否适用于确定 K 映射 $\mathbf{M}_\eta$ 到它自身, 对于足够小 η, 它有不动点, 即 (14.67) 的解. 则可取 $t=0$ 处的解作为 Φ_-. Φ_+ 有类似构造.

14.6 附录 1: 非线性项的估计

本节我们证明命题 14.12 和命题 14.13. 为了证明这些估计, 回顾 $\mathbf{F}_2$ 由 (14.21)—(14.23) 给出. 有

$$|\mathbf{F}_2| \leqslant c|\lambda| \left(\psi^{m-1}|\phi| + A(\psi)|\phi|^2 + |\phi|^m\right). \tag{14.69}$$

命题 14.12 的证明 注意到

$$\|\mathbf{F}_2\|_q \leqslant c|\lambda| \left[\left\|\psi^{m-1}\phi\right\|_q + \left\|A(\psi)\phi^2\right\|_q + \|\phi\|_{mq}^m\right]. \tag{14.70}$$

下面估计 (14.70) 右边三个项. 首先,

$$\begin{aligned}\left\|\psi^{m-1}\phi\right\|_q &= \left\|\langle x\rangle^{\sigma}\psi^{m-1}\langle x\rangle^{-\sigma}\phi\right\|_q \\ &\leqslant \left\|\langle x\rangle^{\sigma}\psi^{m-1}\right\| r_1 \left\|\langle x\rangle^{-\sigma}\phi\right\|_2,\end{aligned} \tag{14.71}$$

其中 $q^{-1} = 2^{-1} + r_1^{-1}$.

对于 (14.70) 的下一项, 有

$$\left\|A(\psi)\phi^2\right\|_q = \left\|A^{1/2}(\psi)\phi\right\|_{2q}^2 \leqslant \left\|A^{1/2}(\psi)\right\|_{r_2}^2 \|\phi\|_p^2, \tag{14.72}$$

若 $(2q)^{-1} = p^{-1} + r_2^{-1}$.

对于 (14.70) 的最后一项, 有

$$\|\phi\|_{mq}^m \leqslant \|\phi\|_2 \|\phi\|_{2m}^{m-1}. \tag{14.73}$$

回顾 $q^{-1} = 1 - (2m)^{-1} = 1 - p^{-1}$. 我们同样利用了如下的插值结果.

引理 14.18 若 $0 < \theta < 1$ 和 $r = \theta a + (1-\theta)b$, 则

$$\|f\|_r \leqslant \|f\|_a^{\theta a/r} \|f\|_b^{(1-\theta)b/r}.$$

由 (14.71)—(14.73) 可得命题 14.12.

命题 14.13 的证明 可估计

$$\begin{aligned}\left\|\langle x\rangle^{1+a}\mathbf{F}_2\right\|_2 \leqslant & C|\lambda| \left[\left\|\langle x\rangle^{1+a}\psi^{m-1}\phi\right\|_2\right. \\ & \left.+ \left\|\langle x\rangle^{1+a}A(\psi)\phi^2\right\|_2 + \left\|\langle x\rangle^{1+a}\phi^m\right\|_2\right].\end{aligned} \tag{14.74}$$

正如前面的证明, 我们也可估计三项. 首先,

$$\begin{aligned}\left\|\langle x\rangle^{1+a}\psi^{m-1}\phi\right\|_2 &= \left\|\langle x\rangle^{1+a+\sigma}\psi^{m-1}\langle x\rangle^{-\sigma}\phi\right\|_2 \\ &\leqslant \left\|\langle x\rangle^{1+a+\sigma}\psi^{m-1}\right\|_{\infty} \left\|\langle x\rangle^{-\sigma}\phi\right\|_2.\end{aligned} \tag{14.75}$$

对于 (14.74) 的第二项, 有

$$\left\|\langle x\rangle^{1+a}A(\psi)\phi^2\right\|_2 \leqslant \left\|\langle x\rangle^{1+a}A(\psi)\right\|_{r_3}\|\phi\|_{2m}^2, \tag{14.76}$$

其中 $2^{-1}=r_3^{-1}+m^{-1}$.

对于 (14.74) 的最后一项, 更多地涉及 $\|\langle x\rangle^{1+a}\phi^m\|_2$, 由于缺乏空间局部因子. 这里假设势 $V=V(|x|)$, 以及初值是球对称. 因此有

引理 14.19 令 $f\in H^1(\mathbb{R}^n)$ 和 $f=f(|x|)$. 则

$$|f(|x|)|\leqslant C_n|x|^{(1-n)/2}\|f\|_{H^1}. \tag{14.77}$$

对于 (14.74) 的最后一项, 有

$$\left\|\langle x\rangle^{1+a}\phi^m\right\|_2\leqslant C\left(\|\phi\|_{2m}^m+\left\||x|^{1+a}\phi^m\right\|_2\right), \tag{14.78}$$

则下面估计 $\||x|^{1+a}\phi^m\|_2$. 写

$$|x|^{2(1+a)}|\phi|^{2m}=\left(|x|^{(n-1)/2}|\phi|\right)^{4(1+a)/(n-1)}|\phi|^{2m-4(1+a)/(n-1)},$$

利用引理 14.19, 有

$$|x|^{2(1+a)}|\phi|^{2m}\leqslant\|\phi\|_{H^1}^{4(1+a)/(n-1)}|\phi|^{2m-4(1+a)/(n-1)}. \tag{14.79}$$

因此可得

$$\left\||x|^{1+a}\phi^m\right\|_2\leqslant\|\phi\|_{H^1}^{2(1+a)/(n-1)}\|\phi\|_{2(m-2(1+a)/(n-1))}^{m-2(1+a)/(n-1)}. \tag{14.80}$$

最后, 在 L^2 和 L^{2m} 之间对 (14.80) 的右边项的最后一个因子插值:

$$\|\phi\|_{2r}\leqslant\|\phi\|_2^\alpha\|\phi\|_{2m}^\beta,$$

$$r=m-\frac{2(1+a)}{n-1},\quad \alpha=\mu/r,\quad \beta=m(1-\mu)/r,\quad \mu=\frac{2(1+a)}{(m-1)(n-1)}.$$

14.7 附录 2: 非线性束缚态的加权估计

在本节中, 我们证明加权估计. 将导出关于能量参数 E 的加权非线性束缚态及其导数的方程:

$$w_j=\langle x\rangle^j\psi_E,\quad v_j=\langle x\rangle^j\partial_E\psi_E. \tag{14.81}$$

为了获得这样的方程, 我们必须通过 Laplace 算子来交换 $\langle x\rangle$ 的幂. 为此, 使用以下形式:

$$[\langle x\rangle,\Delta]f=-2\frac{x}{\langle x\rangle}\cdot\nabla f+\frac{n+(n-1)|x|^2}{\langle x\rangle^3}f, \tag{14.82}$$

其中 $[A,B]\equiv AB-BA$ 记算子 A 和 B 的交换. 限制空间维数 $n=2,3$, 权 $j=0,1,2$, 以及空间 H^s, $s=0,1,2$. 尽管需要一些计算和归纳, 证明适用于一般情况 $n>3, j>2$ 和 H^s, $s>2$.

开始考虑非线性束缚态 u 的方程以及以下方程的 H^2 解

$$-\Delta u+Vu-Eu+\lambda|u|^{m-1}u=0, \tag{14.83}$$

这个方程从特征值开始分叉, 即 $\|u_E\|_{H^2}\to 0$ 当 $E\to E_*$ 时. 对 (14.83) 乘以 $\langle x\rangle$ 并结合 (14.82) 可得

$$\begin{aligned}&-\Delta w_1+Vw_1-Ew_1+\lambda|u|^{m-1}w_1\\&=[\langle x\rangle,\Delta]u\\&=-2\frac{x}{\langle x\rangle}\cdot\nabla u+\frac{n+(n-1)|x|^2}{\langle x\rangle^3}u.\end{aligned}$$

类似地, 对于任意的 w_j 可得一个非齐次方程. 对于 w_2, 有

$$\begin{aligned}&-\Delta w_2+Vw_2-Ew_2+\lambda|u|^{m-1}w_2\\&=[\langle x\rangle,\Delta]w_1-2x\cdot\nabla u+\frac{n+(n-1)|x|^2}{\langle x\rangle^2}u\\&=-2\frac{x}{\langle x\rangle}\cdot\nabla w_1+\frac{n+(n-1)|x|^2}{\langle x\rangle^3}w_1\\&\quad-2x\cdot\nabla u+\frac{n+(n-1)|x|^2}{\langle x\rangle^2}u.\end{aligned} \tag{14.84}$$

(a) w_1 的 H^1 估计对于 E 接近于 E_*, 下一步我们给出能量估计去控制 w_j 的 H^1 模. 对 (14.83) 乘以 w_1 并积分可得

$$\begin{aligned}&\int\left(|\nabla w_1|^2+V|w_1|^2+\lambda|u|^{m-1}|w_1|^2-E|w_1|^2\right)\mathrm{d}x\\&=n\int|u|^2\mathrm{d}x+\int\frac{n+(n-1)|x|^2}{\langle x\rangle^2}|u|^2\mathrm{d}x.\end{aligned} \tag{14.85}$$

由 (14.85) 可得

$$\begin{aligned}&\int\left(|\nabla w_1|^2-E|w_1|^2\right)\mathrm{d}x\\&=n\int|u|^2\mathrm{d}x+\int\left(\frac{n+(n-1)|x|^2}{\langle x\rangle^2}|u|^2-\langle x\rangle^2V|u|^2-\lambda|u|^{m-1}|w_1|^2\right)\mathrm{d}x\end{aligned}$$

$$\leqslant C\left(\|u\|_2^2+|\lambda|\|u\|_{2(m-1)}^{m-1}\|w_1\|_{H^1}^2+\left\|\langle x\rangle^2 V\right\|_\infty\|u\|_2^2\right). \tag{14.86}$$

由 (14.86) 以及 E 充分接近 E_* 可得

$$\|w_1\|_{H^1}\leqslant C\|u_E\|_2. \tag{14.87}$$

(b) w_1 的 H^2 估计为了估计 w_1 对 (14.83) 关于 $x_k(k=1,2,\cdots,n)$ 微分可得 $\partial_k w_1$ 的方程:

$$\begin{aligned}&-\Delta\partial_k w_1+V\partial_k w_1-E\partial_k w_1+\lambda|u|^{m-1}\partial_k w_1\\&=-\partial_k V w_1-\lambda\partial_k u^{m-1}w_1-\partial_k\left[2\frac{x}{\langle x\rangle}\cdot\nabla u-\frac{n+(n-1)|x|^2}{\langle x\rangle^3}u\right].\end{aligned} \tag{14.88}$$

对 (14.88) 乘以 $\partial_k w_1$ 然后积分可得

$$\begin{aligned}&\int\left(|\nabla\partial_k w_1|^2+V|\partial_k w_1|^2+\lambda|u|^{m-1}|\partial_k w_1|^2-E|\partial_k w_1|^2\right)\mathrm{d}x\\&=-\int\Bigg(\partial_k w_1\partial_k V w_1-\lambda\partial_k w_1 w_1\partial_k u^{m-1}\\&\quad-\partial_k w_1\partial_k\left[2\frac{x}{\langle x\rangle}\cdot\nabla u-\frac{n+(n-1)|x|^2}{\langle x\rangle^3}u\right]\Bigg)\mathrm{d}x.\end{aligned} \tag{14.89}$$

用于确定 (14.87) 的估计可推出

$$\|w_1\|_{H^2}\leqslant C(V)\|u_E\|_{H^2}. \tag{14.90}$$

利用 w_1 的 H^2 估计, 对于 $|E-E_*|$ 充分小一个类似的分析可用来估计 $w_2,\partial_k w_2$,

$$\|w_2\|_{H^2}\leqslant C\|u_E\|_{H^2}. \tag{14.91}$$

在 H^2 中, 对 $\langle x\rangle^j\partial_k\partial_E u_E$ ($j=0,1,2$ 和 $k=0,1,2$) 给出估计的推导. 由定理 14.1, 存在曲线 $(u(\varepsilon),E(\varepsilon))$, 其中

$$u(\varepsilon)=\varepsilon^{1/(m-1)}\tilde{u}(\varepsilon), \tag{14.92}$$

其中

$$E(\varepsilon)=E_*+a_1\varepsilon+\mathcal{O}\left(\varepsilon^2\right),\quad a_1=\left(\lambda\int\psi_*^{m+1}\right)^{1/(m-1)}, \tag{14.93}$$

且 $\tilde{u}$ 满足

$$\left(-\Delta+V+\lambda\varepsilon\tilde{u}^{m-1}-E\right)\tilde{u}=0. \tag{14.94}$$

因为 $\partial_\varepsilon \approx a_1 \partial_E$, 由 (14.92) 关于 ε 的微分可得

$$\partial_E u_E \approx a_1^{-1}\varepsilon^{1/(m-1)}\partial_\varepsilon \tilde{u} + (m-1)^{-1}a_1^{-1}\varepsilon^{1/(m-1)-1}\tilde{u}.$$

由 $\langle x\rangle^j u_E$ 的估计可得 $\|\langle x\rangle^j \tilde{u}\|_{H^2}$ 对于 $|E-E_*|$ 充分小是一致有界的. 注意到 $\|\langle x\rangle^j \partial_\varepsilon \tilde{u}\|_{H^2}$. (14.94) 关于 ε 微分可得

$$\left(-\Delta + V + \lambda\varepsilon m \tilde{u}^{m-1} - E\right)\partial_\varepsilon \tilde{u} = -\lambda \tilde{u}^m + \partial_\varepsilon E \tilde{u}. \tag{14.95}$$

存在 w_j, 由 (14.82), (14.95) 的 Laplace 以及 $\langle x\rangle$ 的幂交换现在研究 $v_j \equiv \langle x\rangle^j \partial_E \tilde{u}$. 利用 $|E-E_*|$ 充分小以及 Sobolev 不等式可推导能量估计来得到 v_j 和 $\partial_k v_j$ 的 H^1 模的控制:

$$\|f\|_p \leqslant \|f\|_{H^1}, \quad 2 \leqslant p < \frac{2n}{n-2}.$$

这就完成了非线性约束态的加权估计. 最后, 在排斥的情况下 $(\lambda > 0)$, 我们观察到某些参数可以在 E 中更整体, 所以我们给出了一些细节.

命题 14.20 令 $\lambda > 0$. 则对于 $k, l > 0$,

$$\lim_{E\to E_*} \sup_x \langle x\rangle^k \psi_E^l(x) = 0. \tag{14.96}$$

证明 假设不成立. 存在序列 $E_j \downarrow E_*$ 和 $x_j \to \infty$, 使得

$$\langle x_j\rangle^k \psi_{E_j}(x_j)^l \geqslant \kappa > 0,$$

其中 $j \geqslant 1$. (若 x_j 形成有界序列则可得矛盾.) 因为 $\partial_E \psi > 0$, 有

$$\langle x_j\rangle^k \psi_{E_1}(x_j)^l \geqslant \kappa > 0.$$

这就与 $\psi_E(x)$ 的衰减估计矛盾. □

命题 14.21 令 $n \leqslant 3$ 和 $\lambda > 0$. 则对于 $k \geqslant 0$ 和 $p \geqslant 1$,

$$\lim_{E\downarrow E_*} \left\|\langle x\rangle^k \psi_E(\cdot)\right\|_p = 0. \tag{14.97}$$

证明

$$\begin{aligned}
\left\|\langle x\rangle^k \psi_E(\cdot)\right\|_p^p &= \int \langle x\rangle^{kp} |\psi_E(\cdot)|^p \,\mathrm{d}x \\
&\leqslant \sup_x \left(\langle x\rangle^{kp+\eta} |\psi_E(\cdot)|^e\right) \int \langle x\rangle^{-\eta} |\psi_E(\cdot)|^{p-\varepsilon} \,\mathrm{d}x \\
&\leqslant C_\eta \sup_x \left(\langle x\rangle^{kp+\eta} |\psi_E(\cdot)|^\varepsilon\right) \|\psi_E(\cdot)\|_{H^2}^{p-\varepsilon} \to 0,
\end{aligned}$$

其中 $E \to E_*$. 这里取 $\eta > n$. □

第 15 章 Schrödinger-Boussinesq 方程组的初边值问题的适定性

本章考虑右半直线上 Schrödinger-Boussinesq (SB) 方程组的初边值问题:

$$\begin{cases} iu_t + u_{xx} = uv, \quad x > 0, t > 0, \\ v_{tt} - v_{xx} + v_{xxxx} = (|u|^2)_{xx}, \\ u(x,0) = u_0(x),\ v(x,0) = v_0(x),\ v_t(x,0) = v_{1x}(x), \\ u(0,t) = f(t),\ v(0,t) = g(t),\ v_x(0,t) = h(t), \end{cases} \tag{15.1}$$

其中 $u, v : (x,t) \mapsto \mathbb{C} \times \mathbb{R}$ 是两个函数. SB 方程组是一个短波和中长波相互作用的模型, 它描述等离子体中 Langmuir 孤立子形成和相互作用的动力学模型 [99] 和双原子点阵方程组[100].

关于 SB (15.1) 方程组有许多数学结果. 关于全直线上的 Cauchy 问题, Guo[92] 研究了光滑解的局部和整体适定性. 对于初值 $(u_0, v_0, v_1) \in L^2(\mathbb{R}) \times L^2(\mathbb{R}) \times H^{-1}(\mathbb{R})$ 和 $H^1(\mathbb{R}) \times H^1(\mathbb{R}) \times L^2(\mathbb{R})$, Linares 和 Navas[98] 得到了局部适定性. 在后一种情况下, 在守恒定律的帮助下, 解是整体存在的. Han[94] 延拓了局部理论到全空间 $H^s(\mathbb{R})\,(s \geqslant 0)$ 且对于 $s \geqslant 1$ 得到了整体解. 利用 Bourgain[85,86] 引入的限制模方法, Farah[89] 得到了关于负指标的 $H^s(\mathbb{R}) \times H^k(\mathbb{R}) \times H^{k-1}(\mathbb{R})$ 空间上的局部解. Farah 和 Pastor[91] 考虑周期情况而且证明了行波解的轨道稳定性.

在本章, 我们的目的是通过使用全直线上可用的工具建立半直线上 SB 方程组的局部适定性. 在过去的几年里, 人们发展了各种方法来研究非线性色散偏微分方程在半直线上的适定性. Colliander 和 Kenig[88] 与 Holmer[97] 首先使用了限制模方法研究了半直线上 KdV 方程的适定性. 他们通过 Duhamel 边界力算子将初边值问题转化为初值问题. Holmer[96] 和 Cavalcante[87] 利用了相同的方法研究了非线性 Schrödinger (NLS) 方程. Bona 等[84] 利用 Laplace 变换研究了 NLS 方程. 他们通过 Laplace 变换得到了线性非齐次边值问题的显式解公式, 并用 Duhamel 公式表示了非线性解. Edroğan 和 Tzirakis[192] 结合了 Laplace 变换与 $X^{s,b}$ 方法研究了三次 NLS 方程的正则性. Edroğan, Gürel 和 Tzirakis[220], Compaan 和 Tzirakis [187] 都用了这个方法分别研究了导数 NLS 方程和 "good" Boussinesq 方程. 现在我们将利用 [192] 的方法去研究 SB 方程组. 为了说明本节的主要定理, 我们从一个定义开始.

定义 15.1 我们说 SB 方程组 (15.1) 在 $H^s(\mathbb{R}^+)\times H^k(\mathbb{R}^+)$ 是局部适定的, 是指对于 $(u_0,v_0,v_1,f,g,h)\in H^s(\mathbb{R}^+)\times H^k(\mathbb{R}^+)\times H^{k-1}(\mathbb{R}^+)\times H^{\frac{2s+1}{4}}(\mathbb{R}^+)\times H^{\frac{2k+1}{4}}(\mathbb{R}^+)\times H^{\frac{2k-1}{4}}(\mathbb{R}^+)$ 且附加相容性条件: 当 $s,k>\dfrac{1}{2}$ 时 $u_0(0)=f(0),v_0(0)=g(0)$ 和当 $k>\dfrac{3}{2}$ 时 $\partial_x v_0(0)=h(0)$, 积分方程 (15.4)—(15.5) 在

$$(X^{s,b}\cap C_t^0H_x^s\cap C_x^0H_t^{\frac{2s+1}{4}})\times(Y^{k,b}\cap C_t^0H_x^k\cap C_x^0H_t^{\frac{2k+1}{4}})$$

有唯一解, 其中 $b<\dfrac{1}{2}$ 且充分小的 $T>0$ 依赖于初边值的模. 另外, 解连续依赖于初边值.

我们说 (s,k) 是容许的, 是指当 $s\in\left(-\dfrac{1}{4},\dfrac{5}{2}\right)\Big\backslash\left\{\dfrac{1}{2}\right\}, k\in\left(-\dfrac{1}{2},\dfrac{5}{2}\right)\Big\backslash\left\{\dfrac{1}{2},\dfrac{3}{2}\right\}$ 时满足

$$s+k>-\frac{1}{2},\quad -\frac{1}{2}<s-k<\frac{1}{2},\quad k-2s<\frac{1}{2},$$

其中 $s=\dfrac{1}{2}, k=\dfrac{1}{2},\dfrac{3}{2}$, 因为引理 15.4 中的限制条件而被排除. 在定理 15.2 的证明中, 将用引理 15.4 和前面提到的相容性条件控制边值.

定理 15.2 对于 (s,k), SB 方程组 (15.1) 在 $H^s(\mathbb{R}^+)\times H^k(\mathbb{R}^+)$ 中是局部适定的. 此外, 只要解存在且对于任意的 $a_1<\min\left\{\dfrac{1}{2},\dfrac{1}{2}-s+k,\dfrac{1}{2}+k,\dfrac{5}{2}-s\right\}$ 和 $a_2<\min\left\{\dfrac{1}{2}+s-k,\dfrac{1}{2}+2s-k,\dfrac{5}{2}-k\right\}$, 就有非线性光滑估计

$$u-S_0^t(u_0,f)\in C_t^0H_x^{s+a_1}\quad 和\quad v-B_0^t(v_0,v_1,g,h)\in C_t^0H_x^{k+a_2}.$$

另外, 解与初值的延拓无关.

为了证明这个定理, 在将初值延拓到整条直线后, 首先使用边界算子将原方程组改写为积分形式. 然后通过建立一个先验估计, 可以在适当的空间中构造压缩映射的不动点解. 注意到, 我们的局部结果中的可容许正则性与 [89] 中全直线的正则性是一致的. 此外, 我们证明了非线性比初值平滑. 最后, 需要证明解的唯一性, 即解与初值的扩张无关. 这可以通过光滑解的唯一性和非线性光滑性来实现.

15.1 Schrödinger-Boussinesq 方程组解的表达

令 $\mathbb{R}^+=[0,\infty)$. Fourier 变换记为

$$\widehat{f}(\xi) = \mathcal{F}_x f(\xi) = \int_{\mathbb{R}} e^{-ix\xi} f(x)\mathrm{d}x.$$

设 $\langle\xi\rangle = \sqrt{1+|\xi|^2}$. $[0,\infty)$ 上的特征函数记为 χ. 对于 $s > -\dfrac{1}{2}$, 半直线上的 Sobolev 空间 $H^s(\mathbb{R}^+)$ 定义为

$$\|g\|_{H^s(\mathbb{R}^+)} = \inf\Big\{\|\widetilde{g}\|_{H^s(\mathbb{R})} : \widetilde{g}\chi = g\Big\},$$

其中 $g \in C_0^\infty(\mathbb{R}^+)$. $s > -\dfrac{1}{2}$ 是需要的因为只有当 $s > -\dfrac{1}{2}$ 时, 与特征函数相乘才对 H^s 分布有意义. 令 η 是 cut-off 函数满足 $\eta \in C_0^\infty(\mathbb{R}), 0 \leqslant \eta \leqslant 1, \eta \equiv 1 \in [-1,1]$. 定义 $\eta_T(t) = \eta(t/T)$.

线性 Schrödinger 方程

$$iu_t + u_{xx} = 0, \quad u(x,0) = u_0(x)$$

的解记为 $S(t)u_0 = \mathcal{F}_x^{-1}(e^{-it\xi^2}\mathcal{F}_x u_0)$. 线性 Boussinesq 方程

$$v_{tt} - v_{xx} + v_{xxxx} = 0,\ v(x,0) = v_0(x),\ v_t(x,0) = v_{1x}(x)$$

的解记为 $B(t)(v_0,v_1) = B_1(t)v_0 + B_2(t)v_{1x}$, 其中 B_1 和 B_2 分别为 Fourier 乘子 $\mathrm{Re}\, e^{it\sqrt{\xi^2+\xi^4}}$ 和 $\mathrm{Im}\, e^{it\sqrt{\xi^2+\xi^4}}(\xi^2+\xi^4)^{-\frac{1}{2}}$.

记号 $a \lesssim b$ 指 $a \leqslant Cb$, 其中 C 为常数.

为了研究半直线上的 SB 方程组, 先考虑它的线性部分: 线性 Schrödinger 方程与线性 Boussinesq 方程. 下面回顾 [187, 192] 中的一些结果.

对于线性 Schrödinger 方程,

$$\begin{cases} iu_t + u_{xx} = 0,\ \ (x,t) \in \mathbb{R}^+ \times \mathbb{R}^+, \\ u(x,0) = u_0(x) \in H^s(\mathbb{R}^+),\ u(0,t) = f(t) \in H^{\frac{2s+1}{4}}(\mathbb{R}^+), \end{cases} \tag{15.2}$$

具有相容性条件 $u_0(0) = f(0)$, 当 $s > \dfrac{1}{2}$ 时. 注意到解的唯一性由 $u_0 = f = 0$ 以及奇延拓的方法. 记唯一解为 $S_0^t(u_0,f)$. 对于 $t \in [0,1]$, 解可写为

$$S_0^t(u_0,f) = S(t)u_0^e + S_0^t(0, f-p),$$

其中 u_0^e 是 u_0 到 $\mathbb{R}$ 的 H^s 延拓且满足 $\|u_0^e\|_{H^s(\mathbb{R}^+)} \lesssim \|u_0\|_{H^s(\mathbb{R}^+)}$, $p(t) = \eta(t)[S(t)u_0^e]|_{x=0} \in H^{\frac{2s+1}{4}}(\mathbb{R}^+)$, 且由引理 15.7 可知它是良定的. 另外, $S_0^t(0,h)$ 有一个显式公式:

$$S_0^t(0,h)=\frac{1}{\pi}\Big(\int_0^{\infty}e^{-i\lambda^2t+i\lambda x}\lambda\widehat{h}(-\lambda^2)\mathrm{d}\lambda+\int_0^{\infty}e^{i\lambda^2t-\lambda x}\lambda\widehat{h}(\lambda^2)\rho(\lambda x)\mathrm{d}\lambda\Big). \quad (15.3)$$

这由 Laplace 变换[84] 可得. χh 的 Fourier 变换记为 $\widehat{h}$, 且 ρ 是光滑函数且满足 $\rho=1$ 在 $[0,\infty)$ 上与 $\mathrm{supp}\,\rho\subset[-1,\infty)$. 公式中 ρ 的结论确保了对于所有 $x\in\mathbb{R}$ 积分收敛. 则对于 $(x,t)\in\mathbb{R}\times\mathbb{R}$, $S_0^t(0,h)$ 是良定的. 可知 $S_0^t(0,h)$ 解 (15.2) 与 $u_0=0, f=h$. 因此对于 $(x,t)\in\mathbb{R}\times\mathbb{R}$, $S_0^t(u_0,f)$ 是良定的且它在 $\mathbb{R}^+\times[0,1]$ 上的限制与 u_0^e 无关. 建议读者参考 [84] 和 [192].

对于线性 Boussinesq 方程,

$$\begin{cases}v_{tt}-v_{xx}+v_{xxxx}=0, & (x,t)\in\mathbb{R}^+\times\mathbb{R}^+,\\ v(x,0)=v_0(x),\ v_t(x,0)=v_{1x}(x), \\ v(0,t)=g(t),\ v_x(0,t)=h(t),\end{cases}$$

其中 $(v_0,v_1,g,h)\in H^k(\mathbb{R}^+)\times H^{k-1}(\mathbb{R}^+)\times H^{\frac{2k+1}{4}}(\mathbb{R}^+)\times H^{\frac{2k-1}{4}}(\mathbb{R}^+)$ 且对于 $k>\frac{1}{2}$, 具有相容性条件 $v_0(0)=g(0)$, 对于 $k>\frac{3}{2}$, $\partial_xv_0(0)=h(0)$. 记唯一解为 $B_0^t(v_0,v_1,g,h)$. 对于延拓 v_0^e,v_1^e, 可知

$$B_0^t(v_0,v_1,g,h)=B(t)(v_0^e,v_1^e)+B_0^t(0,0,g-q_1,h-q_2),$$

其中 $q_1(t)=\eta(t)[B(t)(v_0^e,v_1^e)]|_{x=0}$ 与 $q_2(t)=\eta(t)[\partial_xB(t)(v_0^e,v_1^e)]|_{x=0}$. $B_0^t(0,0,h_1,h_2)$ 有如下表达式. 对于导数参考 [187].

$$\begin{aligned}&2\pi B_0^t(0,0,h_1,h_2)\\&=-\int_{-\infty}^{+\infty}\frac{e^{it\omega\sqrt{\omega^2+1}-x\sqrt{\omega^2+1}}}{\sqrt{1+\omega^2}}i\omega(i\omega+\sqrt{1+\omega^2})\widehat{h_1}(\omega\sqrt{\omega^2+1})\rho(x\sqrt{\omega^2+1})\mathrm{d}\omega\\&\quad-\int_{-\infty}^{+\infty}\frac{e^{it\omega\sqrt{\omega^2+1}-x\sqrt{\omega^2+1}}}{\sqrt{1+\omega^2}}(i\omega+\sqrt{1+\omega^2})\widehat{h_2}(\omega\sqrt{\omega^2+1})\rho(x\sqrt{\omega^2+1})\mathrm{d}\omega\\&\quad+\int_{-\infty}^{+\infty}e^{it\omega\sqrt{\omega^2+1}-ix\omega}(i\omega+\sqrt{1+\omega^2})\widehat{h_1}(\omega\sqrt{\omega^2+1})\mathrm{d}\omega\\&\quad+\int_{-\infty}^{+\infty}\frac{e^{it\omega\sqrt{\omega^2+1}-ix\omega}}{\sqrt{1+\omega^2}}(i\omega+\sqrt{1+\omega^2})\widehat{h_2}(\omega\sqrt{\omega^2+1})\mathrm{d}\omega,\end{aligned}$$

可知对于 $(x,t)\in\mathbb{R}\times\mathbb{R}$, $B_0^t(v_0,v_1,g,h)$ 是良定的且它在 $\mathbb{R}^+\times[0,1]$ 上的限制与 v_0^e,v_1^e 无关.

对于 $0<T<1$, 在 $[0,T]$ 上可重写 SB 方程组 (15.1) 为积分方程,

$$\begin{cases} u(t)=\eta(t)S(t)u_0^e+\eta(t)\displaystyle\int_0^t S(t-s)\eta_T(s)(uv)(s)\mathrm{d}s+\eta(t)S_0^t(0,f-p), \\ v(t)=\eta(t)B(t)(v_0^e,v_1^e)+\eta(t)\displaystyle\int_0^t B_2(t-s)\eta_T(s)(|u|^2)_{xx}(s)\mathrm{d}s \\ \qquad +\eta(t)B_0^t(0,g-q_1,h-q_2), \end{cases} \tag{15.4}$$

其中

$$\begin{cases} p(t)=\eta(t)\left(S(t)u_0^e+\displaystyle\int_0^t S(t-s)\eta_T(s)(uv)(s)\mathrm{d}s\right)\Bigg|_{x=0}, \\ q_1(t)=\eta(t)\left(B(t)(v_0^e,v_1^e)+\displaystyle\int_0^t B_2(t-s)\eta_T(s)(|u|^2)_{xx}(s)\mathrm{d}s\right)\Bigg|_{x=0}, \\ q_2(t)=\eta(t)\partial_x\left(B(t)(v_0^e,v_1^e)+\displaystyle\int_0^t B_2(t-s)\eta_T(s)(|u|^2)_{xx}(s)\mathrm{d}s\right)\Bigg|_{x=0}. \end{cases} \tag{15.5}$$

可证明对于 $T<1$, 积分方程 (15.4)—(15.5) 在一个合适的 Banach 空间上有唯一解. 很明显解在 $\mathbb{R}^+\times[0,T]$ 上的限制在分布意义下满足原始方程组 (15.1).

我们将利用与 Schrödinger 和 Boussinesq 方程相关的 Bourgain 空间 $X^{s,b}$, $Y^{s,b}$:

$$\|u\|_{X^{s,b}}=\|\langle\xi\rangle^s\langle\tau+\xi^2\rangle^b\widehat{u}(\xi,\tau)\|_{L^2_{\xi,\tau}},$$

$$\|v\|_{Y^{s,b}}=\|\langle\xi\rangle^s\langle|\tau|-\sqrt{\xi^2+\xi^4}\rangle^b\widehat{v}(\xi,\tau)\|_{L^2_{\xi,\tau}}\approx\|\langle\xi\rangle^s\langle|\tau|-\xi^2\rangle^b\widehat{v}(\xi,\tau)\|_{L^2_{\xi,\tau}}.$$

回顾嵌入 $X^{s,b},Y^{s,b}\subset C_t^0H_x^s$, 其中 $b>\dfrac{1}{2}$.

引理 15.3 (1)[90, 192] 对于 s,b, 有

$$\|\eta(t)S(t)u_0\|_{X^{s,b}}\lesssim\|u_0\|_{H^s},\quad \|\eta(t)B(t)(v_0,v_1)\|_{Y^{s,b}}\lesssim\|v_0\|_{H^s}+\|v_1\|_{H^{s-1}}.$$

(2)[90, 192] 对于 s, $-\dfrac{1}{2}<c\leqslant 0\leqslant b\leqslant c+1$, 有

$$\left\|\eta(t)\int_0^t S(t-s)F(s)\mathrm{d}s\right\|_{X^{s,b}}\lesssim\|F\|_{X^{s,c}},$$

$$\left\|\eta(t)\int_0^t B_2(t-s)G(s)\mathrm{d}s\right\|_{Y^{s,b}}\lesssim\|\mathcal{M}(G)\|_{Y^{s,c}},$$

其中 $\mathcal{M}$ 是 Fourier 乘子 $(\xi^2+\xi^4)^{-\frac{1}{2}}$.

(3)[93] 对于 $0<T<1, -\dfrac{1}{2}<b_1\leqslant b_2<\dfrac{1}{2}$, 有

$$\|\eta_T F\|_{X^{s,b_1}} \lesssim T^{b_2-b_1}\|F\|_{X^{s,b_2}}, \quad \|\eta_T G\|_{Y^{s,b_1}} \lesssim T^{b_2-b_1}\|G\|_{Y^{s,b_2}}.$$

引理 15.4 [192] 令 $h\in H^s(\mathbb{R}^+)$.

(1) 若 $-\dfrac{1}{2}<s<\dfrac{1}{2}$, 则 $\|\chi h\|_{H^s(\mathbb{R})}\lesssim \|h\|_{H^s(\mathbb{R}^+)}$.

(2) 若 $\dfrac{1}{2}<s<\dfrac{3}{2}$ 和 $h(0)=0$, 则 $\|\chi h\|_{H^s(\mathbb{R})}\lesssim \|h\|_{H^s(\mathbb{R}^+)}$.

引理 15.5 [192] 若 $\beta\geqslant\gamma$ 和 $\beta+\gamma>1$, 则

$$\int_{\mathbb{R}} \frac{1}{\langle x\rangle^\beta \langle x-a\rangle^\gamma}\mathrm{d}x \lesssim \frac{\phi_\beta(a)}{\langle a\rangle^\gamma},$$

其中

$$\phi_\beta(a)=\begin{cases} 1, & \beta>1, \\ \ln(1+\langle a\rangle), & \beta=1, \\ \langle a\rangle^{1-\beta}, & \beta<1. \end{cases}$$

为了证明需要, 需引入如下不等式:

$$\int_{\mathbb{R}} \frac{1}{\langle x\rangle^\beta \langle x-a\rangle^\gamma}\mathrm{d}x \lesssim \langle a\rangle^l \langle a\rangle^{0+},$$

其中 $l=\max\{-\beta,-\gamma,-\beta-\gamma+1\}$. 如果 $\max\{-\beta,-\gamma\}=-\beta-\gamma+1$, 可以移除 $\langle a\rangle^{0+}$.

引理 15.6 [220] 固定 $s\leqslant k$. 设 $g\in H^s(\mathbb{R}^+), f\in H^k(\mathbb{R}^+)$ 且令 g^e 为 $\mathbb{R}$ 上 g 的 H^s 延拓. 则存在 $\mathbb{R}$ 上 f 的 H^k 延拓 f^e, 则

$$\|f^e-g^e\|_{H^s(\mathbb{R})}\lesssim \|f-g\|_{H^s(\mathbb{R}^+)}.$$

15.2 先验估计

我们从 Schrödinger 方程的线性估计开始, 对于 $s\geqslant 0$, 这已经在 [192] 中给出了证明. 我们可以把这个结果延拓到 $s>-\dfrac{1}{2}$.

引理 15.7 (1) (Kato 光滑不等式) 对于任意 s, 有

$$\|\eta(t)S(t)u\|_{C_x^0 H_t^{\frac{2s+1}{4}}} \lesssim \|u\|_{H^s}.$$

(2) 对于 $s > -\frac{1}{2}$, $b \leqslant \frac{1}{2}$,

$$\|\eta(t)S_0^t(0,h)\|_{X^{s,b}} \lesssim \|\chi h\|_{H^{\frac{2s+1}{4}}(\mathbb{R})}.$$

(3) 令 $s > -\frac{1}{2}$. 则对于 $\chi h \in H^{\frac{2s+1}{4}}(\mathbb{R})$, 有 $S_0^t(0,h) \in C_t^0 H_x^s$ 和 $\eta(t)S_0^t(0,h) \in C_x^0 H_t^{\frac{2s+1}{4}}$.

证明　(1) 对于 $s \geqslant 0$ 这个不等式已经在 [192] 中给出证明, 但是可以看出对于任意 s 这个结果都是对的.

(2) 当 $s \geqslant 0$ 时这个不等式已经在 [192] 中给出证明, 所以只需关注情况 $-\frac{1}{2} < s < 0$ 且假设 $0 < b \leqslant \frac{1}{2}$. 回顾在 (15.3) 中边界算子的表达 $S_0^t(0,h)$:

$$\begin{aligned} S_0^t(0,h) &= \frac{1}{\pi}\Big(\int_0^\infty e^{-i\lambda^2 t + i\lambda x}\lambda\widehat{h}(-\lambda^2)\mathrm{d}\lambda + \int_0^\infty e^{i\lambda^2 t - \lambda x}\lambda\widehat{h}(\lambda^2)\rho(\lambda x)\mathrm{d}\lambda\Big) \\ &= A + B, \end{aligned}$$

其中 $\widehat{h}$ 为 χh 的 Fourier 变换, 且 ρ 是光滑函数满足在 $[0,\infty)$ 上 $\rho = 1$ 与 $\operatorname{supp}\rho \subset [-1,\infty)$.

定义 ψ 满足 $\widehat{\psi}(\lambda) = \lambda\widehat{h}(-\lambda^2)\chi(\lambda)$. 利用引理 15.3(1), 有

$$\|\eta A\|_{X^{s,b}} = \|\eta S(t)\psi\|_{X^{s,b}} \lesssim \|\psi\|_{H^s}.$$

由变量变换, 有

$$\|\psi\|_{H^s}^2 = \int_0^\infty \langle\lambda\rangle^{2s}\lambda^2|\widehat{h}(-\lambda^2)|^2\mathrm{d}\lambda \lesssim \|\chi h\|_{H^{\frac{2s+1}{4}}}^2. \tag{15.6}$$

现在估计 B. 定义 $f(\lambda) = e^{-\lambda}\rho(\lambda)$, 则

$$\mathcal{F}_{x,t}(\eta B)(\xi,\tau) = \int_0^\infty \widehat{\eta}(\tau - \lambda^2)\widehat{f}(\xi/\lambda)\widehat{h}(\lambda^2)\mathrm{d}\lambda.$$

对于 $s < 0$, 有

$$\begin{aligned} \|\eta B\|_{X^{s,b}} &= \Big\|\langle\tau+\xi^2\rangle^b\langle\xi\rangle^s\int_0^\infty \widehat{\eta}(\tau-\lambda^2)\widehat{f}(\xi/\lambda)\widehat{h}(\lambda^2)\mathrm{d}\lambda\Big\|_{L^2_{\xi,\tau}} \\ &\leqslant \Big\|\langle\tau+\xi^2\rangle^b|\xi|^s\int_0^\infty |\widehat{\eta}(\tau-\lambda^2)\widehat{f}(\xi/\lambda)\widehat{h}(\lambda^2)|\mathrm{d}\lambda\Big\|_{L^2_{\xi,\tau}}. \end{aligned} \tag{15.7}$$

因为 f 是 Schwartz 函数且 $s>-\dfrac{1}{2}$, 由尺度变换, 有

$$\left\|\langle 1+(\xi/\lambda)^2\rangle^b|\xi/\lambda|^s|\widehat{f}(\xi/\lambda)|\right\|_{L^2_\xi}\lesssim\lambda^{\frac{1}{2}}. \tag{15.8}$$

利用 $\langle\tau+\xi^2\rangle\lesssim\langle\tau-\lambda^2\rangle\langle\lambda^2+\xi^2\rangle\lesssim\langle\tau-\lambda^2\rangle\langle\lambda^2\rangle\langle 1+(\xi/\lambda)^2\rangle$ 和 (15.7), (15.8), 可推出

$$\begin{aligned}\|\eta B\|_{X^{s,b}}&\lesssim\left\|\int_0^\infty\langle\tau-\lambda^2\rangle^b\langle\lambda^2\rangle^b|\lambda|^{s+\frac{1}{2}}|\widehat{\eta}(\tau-\lambda^2)\widehat{h}(\lambda^2)|\mathrm{d}\lambda\right\|_{L^2_\tau}\\&=\left\|\int_0^\infty\langle\tau-z\rangle^b\langle z\rangle^b|z|^{\frac{s}{2}-\frac{1}{4}}|\widehat{\eta}(\tau-z)\widehat{h}(z)|\mathrm{d}z\right\|_{L^2_\tau}.\end{aligned}$$

分两个区域 $|z|\leqslant 1$ 和 $|z|>1$, 由 Young 不等式可得

$$\begin{aligned}&\|\eta\|_{H^b}\int_0^1|z|^{\frac{s}{2}-\frac{1}{4}}|\widehat{h}(z)|\mathrm{d}z+\left(\int_1^\infty\langle\tau\rangle^b|\widehat{\eta}(\tau)|\mathrm{d}\tau\right)\left(\int_1^\infty|z|^{2b+s-\frac{1}{2}}|\widehat{h}(z)|^2\mathrm{d}z\right)^{\frac{1}{2}}\\&\lesssim\left(\int_0^1|z|^{s-\frac{1}{2}}\mathrm{d}z\right)^{\frac{1}{2}}\left(\int_0^1|\widehat{h}(z)|^2\mathrm{d}z\right)^{\frac{1}{2}}+\left(\int_1^\infty|z|^{s+\frac{1}{2}}|\widehat{h}(z)|^2\mathrm{d}z\right)^{\frac{1}{2}}\\&\lesssim\|\chi h\|_{H^{\frac{2s+1}{4}}},\end{aligned}$$

其中我们利用了一个事实: $s>-\dfrac{1}{2}$ 和 $b\leqslant\dfrac{1}{2}$.

(3) 继续使用 (2) 中的记号. 这里我们只证明 $B\in C_t^0H_x^s$ 对于当 $s>-\dfrac{1}{2}$ 时, 其他的结果已经在 [192] 中给出证明. 回顾 $f(y)=e^{-\lambda y}\rho(y)$, 可写

$$B(x,t)=\int_0^\infty e^{i\lambda^2t}f(\lambda x)\lambda\widehat{h}(\lambda^2)\mathrm{d}\lambda.$$

因为 $\lambda\widehat{h}(\lambda^2)\in L^2(\langle\lambda\rangle^s\mathrm{d}\lambda)$, 足以证明算子

$$Tg(x)=\int_{\mathbb{R}}f(\lambda x)\widehat{g}(\lambda)\mathrm{d}\lambda$$

在 $H^s(\mathbb{R})$ 中有界. T 在 $L^2(\mathbb{R})$ 的有界性已经在 [192] 给出. 因此, 足以证明 $\dot{H}^s(\mathbb{R})$ 中的有界性.

$$\widehat{Tg}(\xi)=\int_{\mathbb{R}}\frac{1}{|\lambda|}\widehat{f}\left(\frac{\xi}{\lambda}\right)\widehat{g}(\lambda)\mathrm{d}\lambda=\int_{\mathbb{R}}\frac{1}{|y|}\widehat{f}(y)\widehat{g}\left(\frac{\xi}{y}\right)\mathrm{d}y,$$

则有

$$\begin{aligned}\|Tg\|_{\dot{H}^s} &\leqslant \int_{\mathbb{R}} |y|^{s-1}|\widehat{f}(y)| \left\| \left(\frac{\xi}{y}\right)^s \widehat{g}\left(\frac{\xi}{y}\right) \right\|_{L^2_\xi} \mathrm{d}y \\ &\leqslant \|g\|_{\dot{H}^s} \int_{\mathbb{R}} |y|^{s-\frac{1}{2}} |\widehat{f}(y)| \mathrm{d}y \lesssim \|g\|_{\dot{H}^s}.\end{aligned}$$

在最后一步我们利用事实: f 是 Schwartz 函数且 $s > -\frac{1}{2}$ 确保了积分的收敛性. 这就完成了证明. □

对于 Boussinesq 方程, 接下来给出 [187] 中类似的结果.

引理 15.8 (1) (Kato 光滑不等式) 对于任意的 s,

$$\|\eta(t)B(t)(v,w)\|_{C_x^0 H_t^{\frac{2s+1}{4}}} + \|\eta(t)\partial_x B(t)(v,w)\|_{C_x^0 H_t^{\frac{2s-1}{4}}} \lesssim \|v\|_{H^s} + \|w\|_{H^{s-1}}.$$

(2) 对于 $s \geqslant -\frac{1}{2}$, $b < \frac{1}{2}$,

$$\|\eta(t)B_0^t(0,0,h_1,h_2)\|_{Y^{s,b}} \lesssim \|\chi h_1\|_{H^{\frac{2s+1}{4}}(\mathbb{R})} + \|\chi h_2\|_{H^{\frac{2s-1}{4}}(\mathbb{R})}.$$

(3) 令 $s \geqslant -1$. 则对于 $(\chi h_1, \chi h_2) \in H^{\frac{2s+1}{4}}(\mathbb{R}) \times H^{\frac{2s-1}{4}}(\mathbb{R})$, 有 $B_0^t(0,0,h_1,h_2) \in C_t^0 H_x^s$ 和 $\eta(t)B_0^t(0,0,h_1,h_2) \in C_x^0 H_t^{\frac{2s+1}{4}}$.

为了得到 Duhamel 项的 Kato 光滑估计, 引入两个空间 $\widetilde{X}^{s,-b}$ 和 $\widetilde{Y}^{s,-b}$, 这些空间不同于 [187, 192] 中给出的空间. 利用这两个空间, 可以用一个简单的证明来控制引理 15.9 中的 Duhamel 项.

$$\|w\|^2_{\widetilde{X}^{s,-b}} = \iint_{|\tau| \gg |\xi|^2} \frac{\langle\tau\rangle^{s-\frac{1}{2}}\langle\xi\rangle}{\langle\tau+\xi^2\rangle^{2b}} |\widehat{w}(\xi,\tau)|^2 \mathrm{d}\xi \mathrm{d}\tau, \quad s > \frac{1}{2},$$

$$\|w\|^2_{\widetilde{Y}^{s,-b}} = \begin{cases} \displaystyle\iint_{|\tau| \ll |\xi|^2, |\xi| \gtrsim 1} \frac{\langle\tau\rangle^{s-\frac{1}{2}}\langle\xi\rangle}{\langle|\tau|-\xi^2\rangle^{2b}} |\widehat{w}(\xi,\tau)|^2 \mathrm{d}\xi \mathrm{d}\tau, & s \leqslant \frac{1}{2}, \\ \displaystyle\iint_{|\tau| \gg |\xi|^2} \frac{\langle\tau\rangle^{s-\frac{1}{2}}\langle\xi\rangle}{\langle|\tau|-\xi^2\rangle^{2b}} |\widehat{w}(\xi,\tau)|^2 \mathrm{d}\xi \mathrm{d}\tau, & s > \frac{1}{2}. \end{cases}$$

引理 15.9 对于 $b < \frac{1}{2}$, 有

(1)

$$\left\|\eta(t)\int_0^t S(t-s)F(s)\mathrm{d}s\right\|_{C_x^0 H_t^{\frac{2s+1}{4}}} \lesssim \begin{cases} \|F\|_{X^{s,-b}}, & -\frac{1}{2} \leqslant s \leqslant \frac{1}{2}, \\ \|F\|_{X^{s,-b}} + \|F\|_{\widetilde{X}^{s,-b}}, & s > \frac{1}{2}. \end{cases}$$

(2)

$$\left\|\eta(t)\int_0^t B_2(t-s)G(s)\mathrm{d}s\right\|_{C_x^0 H_t^{\frac{2s+1}{4}}}+\left\|\eta(t)\partial_x\int_0^t B_2(t-s)G(s)\mathrm{d}s\right\|_{C_x^0 H_t^{\frac{2s-1}{4}}}$$

$$\lesssim \|\mathcal{M}(G)\|_{Y^{s,-b}}+\|\mathcal{M}(G)\|_{\widetilde{Y}^{s,-b}},$$

其中 $\mathcal{M}$ 是 Fourier 乘子 $(\xi^2+\xi^4)^{-\frac{1}{2}}$.

证明 (1) 证明依赖于 [192] 中的结论. 回顾 [192], 有

$$\begin{aligned}
&\mathcal{F}_x\Big(\eta(t)\int_0^t S(t-s)F(s)\mathrm{d}s\Big)(\xi)\\
&=\eta(t)\int\frac{e^{it\lambda}-e^{-it\xi^2}}{i(\lambda+\xi^2)}\widehat{F}(\xi,\lambda)\mathrm{d}\lambda\\
&=\eta(t)\int_{|\lambda+\xi^2|\leqslant 1}\frac{e^{it\lambda}-e^{-it\xi^2}}{i(\lambda+\xi^2)}\widehat{F}(\xi,\lambda)\mathrm{d}\lambda+\eta(t)\int_{|\lambda+\xi^2|>1}\frac{e^{it\lambda}}{i(\lambda+\xi^2)}\widehat{F}(\xi,\lambda)\mathrm{d}\lambda\\
&\quad-\eta(t)\int_{|\lambda+\xi^2|>1}\frac{e^{-it\xi^2}}{i(\lambda+\xi^2)}\widehat{F}(\xi,\lambda)\mathrm{d}\lambda\\
&=\widehat{A}+\widehat{B}+\widehat{C}.
\end{aligned}$$

事实证明 $\|A\|_{L_x^\infty H_t^{\frac{2s+1}{4}}}, \|C\|_{L_x^\infty H_t^{\frac{2s+1}{4}}}\lesssim\|F\|_{X^{s,-b}}$ 对于任意的 s, 当 $-\dfrac{1}{2}\leqslant s\leqslant\dfrac{1}{2}$ 时对于 B 依然成立. 对于 $s>\dfrac{1}{2}$, 有

$$\begin{aligned}
&\|B\|^2_{L_x^\infty H_t^{\frac{2s+1}{4}}}\\
&\lesssim\int\langle\tau\rangle^{s+\frac{1}{2}}\Big(\int\frac{\widehat{F}(\xi,\tau)}{\langle\tau+\xi^2\rangle}d\xi\Big)^2\mathrm{d}\tau\\
&\lesssim\int\langle\tau\rangle^{s+\frac{1}{2}}\Big(\int\frac{1}{\langle\tau+\xi^2\rangle^{2(1-b)}\langle\xi\rangle}d\xi\Big)\Big(\int\frac{\langle\xi\rangle}{\langle\tau+\xi^2\rangle^{2b}}|\widehat{F}(\xi,\tau)|^2d\xi\Big)\mathrm{d}\tau\\
&\lesssim\int\langle\tau\rangle^{s+\frac{1}{2}}\Big(\int\frac{1}{\langle\tau+\lambda\rangle^{2(1-b)}\langle\lambda\rangle^{\frac{1}{2}}|\lambda|^{\frac{1}{2}}}\mathrm{d}\lambda\Big)\Big(\int\frac{\langle\xi\rangle}{\langle\tau+\xi^2\rangle^{2b}}|\widehat{F}(\xi,\tau)|^2\mathrm{d}\xi\Big)\mathrm{d}\tau\\
&\lesssim\iint\frac{\langle\tau\rangle^{s-\frac{1}{2}}\langle\xi\rangle}{\langle\tau+\xi^2\rangle^{2b}}|\widehat{F}(\xi,\tau)|^2\mathrm{d}\xi\mathrm{d}\tau.
\end{aligned}$$

最后一步利用引理 15.5. 为了得到想要的结果, 需注意到当 $s>\dfrac{1}{2}$ 且限制到区域 $\{|\tau|\lesssim|\xi|^2\}$ 时, 可由 $\|F\|_{X^{s,b}}$ 去控制上面的积分.

(2) 由 [187] 中的结论, 对于 $s \in \mathbb{R}$, 根据相同的思想可得

$$\left\|\eta(t)\int_0^t B_2(t-s)G(s)\mathrm{d}s\right\|_{L_x^\infty H_t^{\frac{2s+1}{4}}}$$

$$\lesssim \|\mathcal{M}(G)\|_{Y^{s,-b}} + \iint \frac{\langle\tau\rangle^{s-\frac{1}{2}}\langle\xi\rangle}{\langle|\tau|-\xi^2\rangle^{2b}}\left|\frac{\widehat{G}(\xi,\tau)}{\sqrt{\xi^2+\xi^4}}\right|^2 \mathrm{d}\xi\mathrm{d}\tau$$

和

$$\left\|\eta(t)\partial_x\int_0^t B_2(t-s)G(s)\mathrm{d}s\right\|_{L_x^\infty H_t^{\frac{2s-1}{4}}}$$

$$\lesssim \|\mathcal{M}(G)\|_{Y^{s,-b}} + \int \langle\tau\rangle^{s-\frac{1}{2}}\Big(\int \frac{|\xi|}{\langle|\tau|-\xi^2\rangle}\frac{\widehat{G}(\xi,\tau)}{\sqrt{\xi^2+\xi^4}}d\xi\Big)^2\mathrm{d}\tau. \tag{15.9}$$

利用 Cauchy-Schwarz 不等式以及引理 15.5, 可由下面结果来估计 (15.9)

$$\int \langle\tau\rangle^{s-\frac{1}{2}}\Big(\int \frac{|\xi|}{\langle|\tau|-\xi^2\rangle^{2(1-b)}}\mathrm{d}\xi\Big)\Big(\int \frac{\langle\xi\rangle}{\langle|\tau|-\xi^2\rangle^{2b}}|\frac{\widehat{G}(\xi,\tau)}{\sqrt{\xi^2+\xi^4}}|^2\mathrm{d}\xi\Big)\mathrm{d}\tau$$

$$\lesssim \int \langle\tau\rangle^{s-\frac{1}{2}}\Big(\int \frac{1}{\langle|\tau|-\lambda\rangle^{2(1-b)}}\mathrm{d}\lambda\Big)\Big(\int \frac{\langle\xi\rangle}{\langle|\tau|-\xi^2\rangle^{2b}}|\frac{\widehat{G}(\xi,\tau)}{\sqrt{\xi^2+\xi^4}}|^2\mathrm{d}\xi\Big)\mathrm{d}\tau$$

$$\lesssim \iint \frac{\langle\tau\rangle^{s-\frac{1}{2}}\langle\xi\rangle}{\langle|\tau|-\xi^2\rangle^{2b}}|\frac{\widehat{G}(\xi,\tau)}{\sqrt{\xi^2+\xi^4}}|^2\mathrm{d}\xi\mathrm{d}\tau.$$

类似地, 在 $|\tau| \lesssim |\xi|^2$, 若 $s > \frac{1}{2}$; $|\xi|^2 \lesssim |\tau|$ 或 $|\xi| \lesssim 1$, 若 $s \leqslant \frac{1}{2}$, 上面积分有界于 $Y^{s,b}$ 模. 因此可得想要的结论. □

最后, 在如下两个引理中给出非线性估计. 这个证明受到了 [187] 的启发.

引理 15.10 (1) 对于 $s+k > -\frac{1}{2}$, $a < \min\left\{\frac{1}{2}, \frac{1}{2}-s+k, \frac{1}{2}+k\right\}$ 和 $\frac{1}{2}-b>0$ 充分小, 有

$$\|uv\|_{X^{s+a,-b}} \lesssim \|u\|_{X^{s,b}}\|v\|_{Y^{k,b}}.$$

(2) 对于 $s > -\frac{1}{4}$, $a < \min\left\{\frac{1}{2}+s-k, \frac{1}{2}+2s-k\right\}$ 和 $\frac{1}{2}-b>0$ 充分小, 有

$$\|\mathcal{M}(u_1\overline{u_2})_{xx}\|_{Y^{k+a,-b}} \lesssim \|u_1\|_{X^{s,b}}\|u_2\|_{X^{s,b}}.$$

证明 (1) 给定 $u\in X^{s,b}$, $v\in Y^{k,b}$, 定义 $p(\xi,\tau)=\langle\xi\rangle^s\langle\tau+\xi^2\rangle^b\widehat{u}(\xi,\tau)$, $q(\xi,\tau)=\langle\xi\rangle^k\langle|\tau|-\xi^2\rangle^b\widehat{v}(\xi,\tau)$. 则 $\|p\|_{L^2_{\xi,\tau}}=\|u\|_{X^{s,b}}$, $\|q\|_{L^2_{\xi,\tau}}=\|v\|_{Y^{k,b}}$. 由对偶性, 需证的不等式等价于

$$\int_{\mathbb{R}^4}M(\xi,\xi_1,\tau,\tau_1)p(\xi_1,\tau_1)q(\xi-\xi_1,\tau-\tau_1)\phi(\xi,\tau)\mathrm{d}\xi\mathrm{d}\xi_1\mathrm{d}\tau\mathrm{d}\tau_1\lesssim\|p\|_{L^2}\|q\|_{L^2}\|\phi\|_{L^2},$$

对于任意的 $\phi\in L^2_{\xi,\tau}$, 其中

$$M(\xi,\xi_1,\tau,\tau_1)=\frac{\langle\xi\rangle^{s+a}\langle\xi_1\rangle^{-s}\langle\xi-\xi_1\rangle^{-k}}{\langle\tau+\xi^2\rangle^b\langle\tau_1+\xi_1^2\rangle^b\langle|\tau-\tau_1|-(\xi-\xi_1)^2\rangle^b}.$$

通过考虑情况 $\tau-\tau_1\leqslant 0$ 和 $\tau-\tau_1\geqslant 0$ 来证明不等式.

当 $\tau-\tau_1\leqslant 0$ 时, 首先通过对变量 ξ_1, τ_1 积分以及利用 Cauchy-Schwarz 和 Young 不等式, 足以证明

$$\sup_{\xi,\tau}\iint\frac{\langle\xi\rangle^{2s+2a}\langle\xi_1\rangle^{-2s}\langle\xi-\xi_1\rangle^{-2k}}{\langle\tau+\xi^2\rangle^{2b}\langle\tau_1+\xi_1^2\rangle^{2b}\langle\tau-\tau_1+(\xi-\xi_1)^2\rangle^{2b}}\mathrm{d}\xi_1\mathrm{d}\tau_1<\infty.$$

利用 $\langle\tau_1+2\xi\xi_1-\xi_1^2\rangle\lesssim\langle\tau+\xi^2\rangle\langle\tau-\tau_1+(\xi-\xi_1)^2\rangle$ 去估计 τ, 且通过利用引理 15.5 关于 τ_1 积分, 上面的上确界有界于

$$\sup_{\xi}\int\frac{\langle\xi\rangle^{2s+2a}\langle\xi_1\rangle^{-2s}\langle\xi-\xi_1\rangle^{-2k}}{\langle\xi_1(\xi-\xi_1)\rangle^{1-}}\mathrm{d}\xi_1. \tag{15.10}$$

若 $|\xi|\lesssim 1$, 需控制 $\int\langle\xi_1\rangle^{-2s-2k-2+}\mathrm{d}\xi_1$, 当 $s+k>-\dfrac{1}{2}$ 时这是成立. 若 $|\xi|\gg 1$ 和 $|\xi_1|\lesssim 1$, 可得

$$\sup_{\xi}\int\frac{\langle\xi\rangle^{2s+2a-2k}}{\langle\xi_1(\xi-\xi_1)\rangle^{1-}}\mathrm{d}\xi_1. \tag{15.11}$$

作变量变换 $x=\xi_1(\xi-\xi_1)$. 因为 $2\xi_1=\xi\pm\sqrt{\xi^2+4x}$, $\mathrm{d}x=\pm\sqrt{\xi^2+4x}\mathrm{d}\xi_1$, 由 (15.11) 可得

$$\sup_{\xi}\int\frac{\langle\xi\rangle^{2s+2a-2k}}{\langle x\rangle^{1-}\sqrt{\xi^2+4x}}\mathrm{d}x\lesssim\langle\xi\rangle^{2s+2a-2k-1+},$$

当 $s+a-k<\dfrac{1}{2}$ 时, 这是有限的. 若 $|\xi|\gg 1$ 和 $|\xi-\xi_1|\lesssim 1$, 估计类似于 (15.11) 且它要求 $a<\dfrac{1}{2}$. 若 $|\xi_1|\gg 1$ 和 $|\xi-\xi_1|\gg 1$, 则(15.10) 退化为

$$\sup_{\xi}\langle\xi\rangle^{2s+2a}\int\langle\xi_1\rangle^{-2s-1+}\langle\xi-\xi_1\rangle^{-2k-1+}\mathrm{d}\xi_1.$$

由引理 15.5, 它有界于

$$\sup_{\xi}\langle\xi\rangle^{2s+2a+\max\{-2s-1,-2k-1,-2s-2k-1\}+}.$$

若 $a<\dfrac{1}{2}$, $s+a-k<\dfrac{1}{2}$, $a<k+\dfrac{1}{2}$, 则它是有限的.

当 $\tau-\tau_1\geqslant 0$ 时, 首先通过对 ξ,τ 积分且利用 Cauchy-Schwarz 和 Young 不等式, 足以证明

$$\sup_{\xi_1,\tau_1}\iint\frac{\langle\xi\rangle^{2s+2a}\langle\xi_1\rangle^{-2s}\langle\xi-\xi_1\rangle^{-2k}}{\langle\tau+\xi^2\rangle^{2b}\langle\tau_1+\xi_1^2\rangle^{2b}\langle\tau-\tau_1-(\xi-\xi_1)^2\rangle^{2b}}\mathrm{d}\xi\mathrm{d}\tau<\infty. \tag{15.12}$$

如上面的情况, 上确界 (15.12) 有界于

$$\sup_{\xi_1}\int\frac{\langle\xi\rangle^{2s+2a}\langle\xi_1\rangle^{-2s}\langle\xi-\xi_1\rangle^{-2k}}{\langle\xi(\xi-\xi_1)\rangle^{1-}}\mathrm{d}\xi.$$

明显地, 通过变换 ξ 和 ξ_1 它退化为 (15.10) 且 $(s',k',a')=(-(s+a),k,a)$. 因此, 由这个情况去控制 (15.10), 当 $k-s-a>-\dfrac{1}{2}$ 时, $a<\min\left\{\dfrac{1}{2},\dfrac{1}{2}+s+a+k,\dfrac{1}{2}+k\right\}$ $\left(\text{i.e. } s+k>-\dfrac{1}{2},\ a<\min\left\{\dfrac{1}{2},\dfrac{1}{2}-s+k,\dfrac{1}{2}+k\right\}\right)$, 可得 (15.12).

(2) 给定 $u_1,u_2\in X^{s,b}$, 定义 $p(\xi,\tau)=\langle\xi\rangle^s\langle\tau+\xi^2\rangle^b\widehat{u_1}(\xi,\tau)$, $q(\xi,\tau)=\langle\xi\rangle^s\langle\tau+\xi^2\rangle^b\widehat{u_2}(\xi,\tau)$. 则 $\|p\|_{L^2_{\xi,\tau}}=\|u_1\|_{X^{s,b}}$, $\|q\|_{L^2_{\xi,\tau}}=\|u_2\|_{X^{s,b}}$. 注意到 $\widehat{\overline{u_2}}(\xi,\tau)=\overline{\widehat{u_2}}(-\xi,-\tau)=\langle\xi\rangle^{-s}\langle\tau-\xi^2\rangle^{-b}\overline{q}(-\xi,-\tau)$. 由对偶性, 想要的不等式等价于

$$\begin{aligned}&\int_{\mathbb{R}^4}N(\xi,\xi_1,\tau,\tau_1)p(\xi_1,\tau_1)\overline{q}(\xi_1-\xi,\tau_1-\tau)\phi(\xi,\tau)\mathrm{d}\xi\mathrm{d}\xi_1\mathrm{d}\tau\mathrm{d}\tau_1\\&\lesssim\|p\|_{L^2}\|q\|_{L^2}\|\phi\|_{L^2},\end{aligned}\tag{15.13}$$

对于任意 $\phi\in L^2_{\xi,\tau}$, 其中

$$N(\xi,\xi_1,\tau,\tau_1)=\frac{\langle\xi\rangle^{k+a}\langle\xi_1\rangle^{-s}\langle\xi-\xi_1\rangle^{-s}}{\langle|\tau|-\xi^2\rangle^b\langle\tau_1+\xi_1^2\rangle^b\langle\tau-\tau_1-(\xi-\xi_1)^2\rangle^b}.$$

当 $\tau\leqslant 0$ 时, 由 Cauchy-Schwarz 以及 Young 不等式, 足以证明

$$\sup_{\xi_1,\tau_1}\iint\frac{\langle\xi\rangle^{2k+2a}\langle\xi_1\rangle^{-2s}\langle\xi-\xi_1\rangle^{-2s}}{\langle\tau+\xi^2\rangle^{2b}\langle\tau_1+\xi_1^2\rangle^{2b}\langle\tau-\tau_1-(\xi-\xi_1)^2\rangle^{2b}}\mathrm{d}\xi\mathrm{d}\tau<\infty,$$

即 (15.12) 且 $(s',k',a')=(s,s,k+a-s)$. 因此要求 $s>-\frac{1}{4}$, $k+a-s<\min\left\{\frac{1}{2},\frac{1}{2}+s\right\}$.

当 $\tau\geqslant 0$ 时,

$$N(\xi,\xi_1,\tau,\tau_1)=\frac{\langle\xi\rangle^{k+a}\langle\xi_1\rangle^{-s}\langle\xi-\xi_1\rangle^{-s}}{\langle\tau-\xi^2\rangle^b\langle\tau_1+\xi_1^2\rangle^b\langle\tau-\tau_1-(\xi-\xi_1)^2\rangle^b}.$$

由变量变换 $(\tau,\xi,\tau_1,\xi_1)\mapsto-(\tau,\xi,\tau_1,\xi_1)$, $(\tau_1,\xi_1)\mapsto(\tau-\tau_1,\xi-\xi_1)$ 在 (15.13) 上以及 L^2-模在反射和变换下是不变的, 当 $\tau\leqslant 0$ 时不等式 (15.13) 退化为这个情况因此有相同的结果. □

引理 15.11 (1) 对于充分小的 $s>-\frac{1}{4}$, $-\frac{1}{2}<k+a\leqslant\frac{1}{2}$, $k+a-2s<\frac{1}{2}$ 和 $\frac{1}{2}-b>0$, 有

$$\|\mathcal{M}(u_1\overline{u_2})_{xx}\|_{\widetilde{Y}^{k+a,-b}}\lesssim\|u_1\|_{X^{s,b}}\|u_2\|_{X^{s,b}}.$$

(2) 对于充分小的 $\frac{1}{2}<s+a<\frac{5}{2}$, $a<\min\left\{s+\frac{1}{2},k+\frac{1}{2},\frac{1}{2}+2k-s,1-s+k\right\}$ 和 $\frac{1}{2}-b>0$, 有

$$\|uv\|_{\widetilde{X}^{s+a,-b}}\lesssim\|u\|_{X^{s,b}}\|v\|_{Y^{k,b}}.$$

(3) 对于充分小的 $\frac{1}{2}<k+a<\frac{5}{2}$, $a<\min\left\{\frac{1}{2}+2s-k,1+s-k\right\}$ 和 $\frac{1}{2}-b>0$, 有

$$\|\mathcal{M}(u_1\overline{u_2})_{xx}\|_{\widetilde{Y}^{k+a,-b}}\lesssim\|u_1\|_{X^{s,b}}\|u_2\|_{X^{s,b}}.$$

证明 (1) 定义

$$N_1(\xi,\xi_1,\tau,\tau_1)=\frac{\langle\tau\rangle^{\frac{2(k+a)-1}{4}}\langle\xi\rangle^{\frac{1}{2}}\langle\xi_1\rangle^{-s}\langle\xi-\xi_1\rangle^{-s}}{\langle|\tau|-\xi^2\rangle^b\langle\tau_1+\xi_1^2\rangle^b\langle\tau-\tau_1-(\xi-\xi_1)^2\rangle^b}. \tag{15.14}$$

设 $R=\{|\tau|\gg|\xi|^2,|\xi|\gtrsim 1\}=A\cup B$, $A=\{(\xi,\tau)\in R:|\xi|\ll|\xi_1|\}$ 和 $B=\{(\xi,\tau)\in R:|\xi_1|\lesssim|\xi|\}$. 注意到 $\langle|\tau|-\xi^2\rangle\sim\langle\xi\rangle^2$ 属于 R. 将要证明 $\|N_1\chi_A\|_{L^\infty_{\xi_1,\tau_1}(L^2_{\xi,\tau})}$ 和 $\|N_1\chi_B\|_{L^\infty_{\xi,\tau}(L^2_{\xi_1,\tau_1})}$ 都是有限的, 这就足够用引理 15.10 中的对偶方法得到需证的不等式. 对于第一项, 利用不等式 $\langle\tau+2\xi\xi_1-\xi^2\rangle\lesssim\langle\tau_1+\xi_1^2\rangle\langle\tau-\tau_1-(\xi-\xi_1)^2\rangle$ 可得

$$\|N_1\chi_A\|^2_{L^\infty_{\xi_1,\tau_1}(L^2_{\xi,\tau})}\lesssim\sup_{\xi_1}\iint\chi_A(\xi,\tau)\frac{\langle\tau\rangle^{k+a-\frac{1}{2}}\langle\xi\rangle^{1-4b}\langle\xi_1\rangle^{-4s}}{\langle\tau+2\xi\xi_1-\xi^2\rangle^{2b}}\mathrm{d}\xi\mathrm{d}\tau.$$

因为 $\langle\tau+2\xi\xi_1-\xi^2\rangle\sim\langle\xi\xi_1\rangle\sim\langle\xi\rangle\langle\xi_1\rangle$ 属于 A, 积分有界于

$$
\begin{aligned}
&\sup_{\xi_1}\iint_{|\tau|\ll|\xi|^2,|\xi|\ll|\xi_1|}\langle\tau\rangle^{k+a-\frac{1}{2}}\langle\xi\rangle^{1-6b}\langle\xi_1\rangle^{-4s-2b}\mathrm{d}\xi\mathrm{d}\tau\\
&\lesssim\sup_{\xi_1}\langle\xi_1\rangle^{-4s-2b}\int_{|\xi|\ll|\xi_1|}\langle\xi\rangle^{2(k+a)+2-6b}\mathrm{d}\xi\quad\left(k+a>-\frac{1}{2}\right)\\
&\lesssim\sup_{\xi_1}\langle\xi_1\rangle^{-4s-2b}\langle\xi_1\rangle^{\max\{2(k+a)+2-6b+1,0\}+}.
\end{aligned}
$$

当 $s>-\frac{1}{4}$, $k+a-2s<\frac{1}{2}$ 和 $\frac{1}{2}-b>0$ 是充分小时, 它是有限的. 对于第二项, 首先对变量 τ_1 积分且去除 $\langle\tau\rangle^{\frac{2(k+a)-1}{4}}$ 项可得

$$
\begin{aligned}
\|N_1\chi_B\|^2_{L^\infty_{\xi,\tau}(L^2_{\xi_1,\tau_1})}&\lesssim\sup_{\xi,\tau}\int\chi_B(\xi,\tau)\frac{\langle\xi\rangle^{1-4b}\langle\xi_1\rangle^{-2s}\langle\xi-\xi_1\rangle^{-2s}}{\langle\tau+2\xi\xi_1-\xi^2\rangle^{4b-1}}\mathrm{d}\xi_1\\
&\lesssim\sup_{\xi,\tau}\int\chi_B(\xi,\tau)\frac{\langle\xi\rangle^{1-4b}\langle\xi\rangle^{\max\{-4s,0\}}}{\langle\tau+2\xi\xi_1-\xi^2\rangle^{4b-1}}\mathrm{d}\xi_1.
\end{aligned}
$$

作变量变换 $z=\tau+2\xi\xi_1-\xi^2$, 则 $|z|\lesssim|\xi|^2$ 属于 B. 因此上面的积分有界于

$$
\sup_{\xi}\int_{|z|\lesssim|\xi|^2}\frac{\langle\xi\rangle^{-4b}\langle\xi\rangle^{\max\{-4s,0\}}}{\langle z\rangle^{4b-1}}\mathrm{d}z\lesssim\sup_{\xi}\langle\xi\rangle^{2(2-4b)-4b+\max\{-4s,0\}}.
$$

当 $s>-\frac{1}{2}$ 和 $\frac{1}{2}-b>0$ 充分小时, 它是有限的.

(2) 定义

$$
M_1(\xi,\xi_1,\tau,\tau_1)=\frac{\langle\tau\rangle^{\frac{2(s+a)-1}{4}}\langle\xi\rangle^{\frac{1}{2}}\langle\xi_1\rangle^{-s}\langle\xi-\xi_1\rangle^{-k}}{\langle\tau+\xi^2\rangle^{b}\langle\tau_1+\xi_1^2\rangle^{b}\langle|\tau-\tau_1|-(\xi-\xi_1)^2\rangle^{b}}.\tag{15.15}
$$

设 $R=\{|\tau|\gg|\xi|^2\}$, 则 $\langle\tau+\xi^2\rangle\sim\langle\tau\rangle$ 属于 R. 考虑两个情况 $\tau-\tau_1\leqslant0$ 和 $\tau-\tau_1\geqslant0$.

当 $\tau-\tau_1\leqslant0$ 时, 足以证明如下积分是有限的.

$$
\begin{aligned}
&\|M_1\chi_R\|_{L^\infty_{\xi,\tau}(L^2_{\xi_1,\tau_1})}\\
&\lesssim\sup_{\xi,\tau}\iint\chi_R(\xi,\tau)\frac{\langle\tau\rangle^{s+a-\frac{1}{2}-2b}\langle\xi\rangle\langle\xi_1\rangle^{-2s}\langle\xi-\xi_1\rangle^{-2k}}{\langle\tau_1+\xi_1^2\rangle^{2b}\langle\tau-\tau_1+(\xi-\xi_1)^2\rangle^{2b}}\mathrm{d}\xi_1\mathrm{d}\tau_1.
\end{aligned}
$$

利用引理 15.5 关于 τ_1 积分, 可得

$$
\sup_{\xi,\tau}\int\chi_R(\xi,\tau)\frac{\langle\tau+\xi^2\rangle^{s+a-\frac{1}{2}-2b}\langle\xi\rangle\langle\xi_1\rangle^{-2s}\langle\xi-\xi_1\rangle^{-2k}}{\langle\tau+\xi^2-2\xi_1(\xi-\xi_1)\rangle^{4b-1}}\mathrm{d}\xi_1.
$$

若 $\frac{1}{2} < s + a < \frac{5}{2}$, 可选取 b 接近于 $\frac{1}{2}$, 则 $\left|s + a - \frac{1}{2} - 2b\right| \leqslant 4b - 1$ 成立. 利用不等式 $\langle a+b\rangle^l \lesssim \langle a\rangle^l \langle b\rangle^{|l|}$ 去移除 τ, 可得

$$\sup_{\xi} \int \langle \xi_1(\xi - \xi_1)\rangle^{s+a-\frac{3}{2}+} \langle \xi\rangle \langle \xi_1\rangle^{-2s} \langle \xi - \xi_1\rangle^{-2k} \mathrm{d}\xi_1.$$

若 $|\xi| \lesssim 1$, 需控制 $\int \langle \xi_1\rangle^{2a-2k-3+} \mathrm{d}\xi_1$, 当 $a - k < 1$ 时, 它是有限的. 若 $|\xi| \gg 1$ 和 $|\xi_1| \lesssim 1$, 则可得

$$\sup_{\xi} \int \langle \xi_1(\xi - \xi_1)\rangle^{s+a-\frac{3}{2}+} \langle \xi\rangle^{1-2k} \mathrm{d}\xi_1.$$

令 $x = \xi_1(\xi - \xi_1)$, 则 $|x| \lesssim |\xi|$ 以及上面的积分变为

$$\sup_{\xi} \int_{|x| \lesssim |\xi|} \frac{\langle \xi\rangle^{1-2k}}{\langle x\rangle^{\frac{3}{2}-s-a-} \sqrt{\xi^2 + 4x}} \mathrm{d}x \lesssim \sup_{\xi} \langle \xi\rangle^{s+a-2k-\frac{1}{2}+},$$

当 $s + a - 2k < \frac{1}{2}$ 时, 它是有限的. 若 $|\xi| \gg 1$ 和 $|\xi - \xi_1| \lesssim 1$, 估计是类似的且要求 $a < s + \frac{1}{2}$. 若 $|\xi_1| \gg 1$, $|\xi - \xi_1| \gg 1$, 由引理 15.5, 它有界于

$$\begin{aligned}
&\sup_{\xi} \langle \xi\rangle \int \langle \xi_1\rangle^{a-s-\frac{3}{2}+} \langle \xi - \xi_1\rangle^{s+a-\frac{3}{2}-2k+} \mathrm{d}\xi_1 \\
&\lesssim \sup_{\xi} \langle \xi\rangle^{1+\max\left\{a-s-\frac{3}{2}, s+a-\frac{3}{2}-2k, 2a-2k-2\right\}+}.
\end{aligned}$$

当 $a < s + \frac{1}{2}$, $s + a - 2k < \frac{1}{2}$, $a < k + \frac{1}{2}$ 时, 它是有限的.

当 $\tau - \tau_1 \geqslant 0$ 时, 由类似的思想, 可得

$$\begin{aligned}
&\|M_1 \chi_R\|_{L^\infty_{\xi,\tau}(L^2_{\xi_1,\tau_1})} \\
&\lesssim \sup_{\xi,\tau} \iint \chi_R(\xi,\tau) \frac{\langle \tau\rangle^{s+a-\frac{1}{2}-2b} \langle \xi\rangle \langle \xi_1\rangle^{-2s} \langle \xi - \xi_1\rangle^{-2k}}{\langle \tau_1 + \xi_1^2\rangle^{2b} \langle \tau - \tau_1 - (\xi - \xi_1)^2\rangle^{2b}} \mathrm{d}\xi_1 \mathrm{d}\tau_1 \\
&\lesssim \sup_{\xi,\tau} \int \chi_R \frac{\langle \tau + \xi^2\rangle^{s+a-\frac{1}{2}-2b} \langle \xi\rangle \langle \xi_1\rangle^{-2s} \langle \xi - \xi_1\rangle^{-2k}}{\langle \tau + \xi^2 - 2\xi(\xi - \xi_1)\rangle^{4b-1}} \mathrm{d}\xi_1 \\
&\lesssim \sup_{\xi} \int \langle \xi(\xi - \xi_1)\rangle^{s+a-\frac{3}{2}+} \langle \xi\rangle \langle \xi_1\rangle^{-2s} \langle \xi - \xi_1\rangle^{-2k} \mathrm{d}\xi_1.
\end{aligned}$$

若 $|\xi| \gg 1$, $|\xi-\xi_1| \gg 1$, 对于 $s-a+2k>-\dfrac{1}{2}$, 由引理 15.5, 它有界于

$$\begin{aligned}&\sup_{\xi}\langle\xi\rangle^{s+a-\frac{1}{2}+}\int\langle\xi_1\rangle^{-2s}\langle\xi-\xi_1\rangle^{s+a-\frac{3}{2}-2k+}\mathrm{d}\xi_1\\ \lesssim&\sup_{\xi}\langle\xi\rangle^{s+a-\frac{1}{2}+\max\left\{-2s,s+a-\frac{3}{2}-2k,-s+a-\frac{1}{2}-2k\right\}+}.\end{aligned}$$

当 $a<s+\dfrac{1}{2}$, $s+a-k<1$, $a<k+\dfrac{1}{2}$ 时, 它是有限的. 若 $|\xi-\xi_1|\lesssim 1$, 可得

$$\sup_{\xi}\langle\xi\rangle^{1-2s}\int_{|\xi-\xi_1|\lesssim 1}\langle\xi(\xi-\xi_1)\rangle^{s+a-\frac{3}{2}+}\mathrm{d}\xi_1.$$

当 $|\xi|\lesssim 1$ 时这是微不足道的. 假设 $|\xi|>1$. 令 $x=\xi(\xi-\xi_1)$, 那么 $|x|\lesssim|\xi|$ 且由

$$\sup_{\xi}\langle\xi\rangle^{-2s}\int_{|x|\lesssim|\xi|}\langle x\rangle^{s+a-\frac{3}{2}+}\mathrm{d}x\lesssim\sup_{\xi}\langle\xi\rangle^{-s+a-\frac{1}{2}+},$$

当 $a<s+\dfrac{1}{2}$ 时这是有限的. 若 $|\xi|\lesssim 1$, 利用 $\langle\xi(\xi-\xi_1)\rangle\lesssim\langle\xi-\xi_1\rangle\sim\langle\xi_1\rangle$, 可得

$$\sup_{\xi}\int\langle\xi(\xi-\xi_1)\rangle^{s+a-\frac{3}{2}+}\langle\xi_1\rangle^{-2s-2k}\mathrm{d}\xi_1\lesssim\sup_{\xi}\int\langle\xi_1\rangle^{\max\left\{s+a-\frac{3}{2},0\right\}-2s-2k+}\mathrm{d}\xi_1.$$

当 $a-s-2k<\dfrac{1}{2}$ 和 $s+k>\dfrac{1}{2}$ 时这是有限的. 注意到 $s+a\geqslant\dfrac{3}{2}$, $a-s-2k<\dfrac{1}{2}\Rightarrow s+k>\dfrac{1}{2}$, 去完成证明, 当 $\dfrac{1}{2}<s+a<\dfrac{3}{2}$ 和 $|\xi|\lesssim 1$ 时我们将考虑这个情况. 对于这个情况, 估计 $\|M_1\chi_{R\cup\{|\xi|\lesssim 1\}}\|_{L^\infty_{\xi_1,\tau_1}(L^2_{\xi,\tau})}$ 而不用估计 $\|M_1\chi_R\|_{L^\infty_{\xi,\tau}(L^2_{\xi_1,\tau_1})}$. 更确切地, 有

$$\begin{aligned}&\|M_1\chi_{R\cup\{|\xi|\lesssim 1\}}\|_{L^\infty_{\xi_1,\tau_1}(L^2_{\xi,\tau})}\\ \lesssim&\sup_{\xi_1,\tau_1}\iint_{|\tau|\gg|\xi|^2,|\xi|\lesssim 1}\frac{\langle\tau\rangle^{s+a-\frac{1}{2}-2b}\langle\xi\rangle\langle\xi_1\rangle^{-2s}\langle\xi-\xi_1\rangle^{-2k}}{\langle\tau_1+\xi_1^2\rangle^{2b}\langle\tau-\tau_1-(\xi-\xi_1)^2\rangle^{2b}}\mathrm{d}\xi\mathrm{d}\tau\\ \lesssim&\sup_{\xi_1}\iint_{|\tau|\gg|\xi|^2,|\xi|\lesssim 1}\frac{\langle\tau-\xi^2\rangle^{s+a-\frac{1}{2}-2b}\langle\xi_1\rangle^{-2s-2k}}{\langle\tau+2\xi\xi_1-\xi^2\rangle^{2b}}\mathrm{d}\xi\mathrm{d}\tau.\end{aligned}$$

因为 $s+a<\dfrac{3}{2}$, 可取 b 接近于 $\dfrac{1}{2}$, 所以 $s+a-\dfrac{1}{2}-4b<-1$. 利用引理 15.5 关于 τ 积分可得

$$\sup_{\xi_1}\langle\xi_1\rangle^{-2s-2k}\int_{|\xi|\lesssim 1}\langle\xi\xi_1\rangle^{\max\{s+a-\frac{1}{2}-2b,-2b,s+a+\frac{1}{2}-4b\}}\mathrm{d}\xi$$

$$= \sup_{\xi_1} \langle \xi_1 \rangle^{-2s-2k} \int_{|\xi| \lesssim 1} \langle \xi \xi_1 \rangle^{s+a+\frac{1}{2}-4b} \mathrm{d}\xi,$$

当 $s+a+\frac{1}{2}-4b<0$ 和 $s+k>0$ $\left(\Leftarrow s+a>\frac{1}{2}, a-s-2k<\frac{1}{2}\right)$ 时, 这是有限的. 注意到 $s+a>\frac{1}{2}, a<k+\frac{1}{2} \Rightarrow a-s-2k<\frac{1}{2}$, 对于 $\tau-\tau_1 \geqslant 0$, 它要求

$$\frac{1}{2}<s+a<\frac{5}{2}, \quad a<\min\left\{s+\frac{1}{2}, k+\frac{1}{2}, 1-s+k\right\}. \tag{15.16}$$

(3) 当 $|\tau| \gg |\xi|^2$ 时, 有 $\langle |\tau|-\xi^2 \rangle \sim \langle \tau \rangle$. 则 (15.14) 中的 N_1 等于 (15.15) 中的 M_1 且 $\tau-\tau_1 \geqslant 0$ 和 $(s', k', a')=(s, s, k+a-s)$. 因此, 由 (15.16), 当 $\frac{1}{2}<k+a<\frac{5}{2}$ 时, $k+a-s<\min\left\{s+\frac{1}{2}, 1\right\}$ 可得需证的不等式. □

15.3 定理 15.2 的证明

证明 **Step 1** (存在性)

令 $(u_0^e, v_0^e, v_1^e) \in H^s(\mathbb{R}) \times H^k(\mathbb{R}) \times H^{k-1}(\mathbb{R})$ 是 (u_0, v_0, v_1) 的延拓且满足

$$\|u_0^e\|_{H^s(\mathbb{R})} \lesssim \|u_0\|_{H^s(\mathbb{R}^+)}, \tag{15.17}$$

$$\|v_0^e\|_{H^k(\mathbb{R})} \lesssim \|v_0\|_{H^k(\mathbb{R}^+)}, \quad \|v_1^e\|_{H^{k-1}(\mathbb{R})} \lesssim \|v_1\|_{H^{k-1}(\mathbb{R}^+)}. \tag{15.18}$$

定义映射 $\phi=(\phi_1, \phi_2)$:

$$\begin{cases} \phi_1(u,v)(t)=\eta(t)S(t)u_0^e+\eta(t)\displaystyle\int_0^t S(t-s)\eta_T(s)(uv)(s)\mathrm{d}s+\eta(t)S_0^t(0, f-p), \\ \phi_2(u,v)(t)=\eta(t)B(t)(v_0^e, v_1^e)+\eta(t)\displaystyle\int_0^t B_2(t-s)\eta_T(s)(|u|^2)_{xx}(s)\mathrm{d}s \\ \qquad\qquad +\eta(t)B_0^t(0, g-q_1, h-q_2), \end{cases}$$

其中 p, q_1, q_2 由 (15.5) 给定.

首先证明 ϕ 在 $X^{s,b}\times Y^{k,b}$ 中有唯一的不动点. 利用引理 15.3(1) 和 (15.17)—(15.18), 有

$$\|\eta(t)S(t)u_0^e\|_{X^{s,b}} \lesssim \|u_0\|_{H^s(\mathbb{R}^+)},$$

$$\|\eta(t)B(t)(v_0^e, v_1^e)\|_{Y^{k,b}} \lesssim \|v_0\|_{H^k(\mathbb{R}^+)}+\|v_1\|_{H^{k-1}(\mathbb{R}^+)}.$$

对于 Duhamel 项, 利用引理 15.3(2)—(3) 以及引理 15.10 可得

$$\left\|\eta(t)\int_0^t S(t-s)\eta_T(s)(uv)(s)\mathrm{d}s\right\|_{X^{s,b}}$$

$$
\begin{aligned}
&\lesssim \|\eta_T uv\|_{X^{s,-\frac{1}{2}+}} \lesssim T^{\frac{1}{2}-b-}\|uv\|_{X^{s,-b}} \lesssim T^{\frac{1}{2}-b-}\|u\|_{X^{s,b}}\|v\|_{Y^{k,b}},\\
&\left\|\eta(t)\int_0^t B_2(t-s)\eta_T(s)(|u|^2)_{xx}(s)\mathrm{d}s\right\|_{Y^{k,b}}\\
&\lesssim \|\eta_T\mathcal{M}(|u|^2)_{xx}\|_{Y^{k,-\frac{1}{2}+}} \lesssim T^{\frac{1}{2}-b-}\|\mathcal{M}(|u|^2)_{xx}\|_{Y^{k,-b}} \lesssim T^{\frac{1}{2}-b-}\|u\|^2_{X^{s,b}}.
\end{aligned}
$$

对于边界项, 利用引理 15.7(2)、引理 15.8(2) 以及引理 15.4 可得

$$
\begin{aligned}
\|\eta(t)S_0^t(0,f-p)\|_{X^{s,b}} &\lesssim \|\chi(f-p)\|_{H^{\frac{2s+1}{4}}(\mathbb{R})} \lesssim \|f-p\|_{H^{\frac{2s+1}{4}}(\mathbb{R}+)},\\
\|\eta(t)B_0^t(0,g-q_1,h-q_2)\|_{Y^{k,b}} &\lesssim \|\chi(g-q_1)\|_{H^{\frac{2k+1}{4}}(\mathbb{R})} + \|\chi(h-q_2)\|_{H^{\frac{2k-1}{4}}(\mathbb{R})}\\
&\lesssim \|g-q_1\|_{H^{\frac{2k+1}{4}}(\mathbb{R}+)} + \|h-q_2\|_{H^{\frac{2k-1}{4}}(\mathbb{R}+)}.
\end{aligned}
$$

由 (15.5) 中的定义, 利用引理 15.7(1)、引理 15.8(1)、引理 15.9、引理 15.3(3)、引理 15.10 以及引理 15.11 可得

$$
\begin{aligned}
&\|p\|_{H^{\frac{2s+1}{4}}(\mathbb{R})} \lesssim \|u_0\|_{H^s(\mathbb{R}+)} + T^{\frac{1}{2}-b-}\|u\|_{X^{s,b}}\|v\|_{Y^{k,b}},\\
&\|q_1\|_{H^{\frac{2s+1}{4}}(\mathbb{R})} + \|q_2\|_{H^{\frac{2s-1}{4}}(\mathbb{R})} \lesssim \|v_0\|_{H^k(\mathbb{R}+)} + \|v_1\|_{H^{k-1}(\mathbb{R}+)} + T^{\frac{1}{2}-b-}\|u\|^2_{X^{s,b}}.
\end{aligned}
$$

结合上面的估计可得

$$
\begin{aligned}
&\|\phi_1(u,v)\|_{X^{s,b}} \lesssim \|u_0\|_{H^s(\mathbb{R}+)} + \|f\|_{H^{\frac{2s+1}{4}}(\mathbb{R}+)} + T^{\frac{1}{2}-b-}\|u\|_{X^{s,b}}\|v\|_{Y^{k,b}},\\
&\|\phi_2(u,v)\|_{Y^{k,b}} \lesssim \|v_0\|_{H^k(\mathbb{R}+)} + \|v_1\|_{H^{k-1}(\mathbb{R}+)} + \|g\|_{H^{\frac{2k+1}{4}}(\mathbb{R}+)} + \|h\|_{H^{\frac{2k-1}{4}}(\mathbb{R}+)}\\
&\qquad\qquad + T^{\frac{1}{2}-b-}\|u\|^2_{X^{s,b}}.
\end{aligned}
$$

取 $(u_1,v_1),(u_2,v_2)\in X^{s,b}\times Y^{k,b}$, 对于 $\phi(u_1,v_1)-\phi(u_2,v_2)$ 有类似的估计. 因此由充分小的 T, 可知映射 ϕ 在 $X^{s,b}\times Y^{k,b}$ 中有唯一的不动点 (u,v) .

下面证明 (u,v) 属于 Sobolev 空间. 可知 ϕ 中的线性项在 $H^s\times H^k$ 中是连续的. 由引理 15.10 以及引理 15.3(2), 当 $b<\dfrac{1}{2}$ 时, Duhamel 项属于 $X^{s,1-b}\times Y^{k,1-b}\subset C_t^0H_x^s\times C_t^0H_x^k$. 边界项在 $H^s\times H^k$ 中的连续性由引理 15.7(3) 以及引理 15.8(3) 可得. 对于 $(u,v)\in C_x^0H_t^{\frac{2s+1}{4}}\times C_x^0H_t^{\frac{2k+1}{4}}$, 是引理 15.7(3)、引理 15.8(3) 以及引理 15.9 中 Kato 光滑不等式的直接结果. 最后, 非线性光滑性质由引理 15.10 以及引理 15.11 可得.

Step 2 (唯一性)

在这一部分考虑 (15.1) 解的唯一性. 注意带解是在给出初值的延拓后得到的. 所以需要证明不同的延拓是否在 $\mathbb{R}^+$ 中得到相同的解. 由 [84,95] 中的估计, 可知对于 $s=k>\frac{1}{2}$, 解 (u,v) 在 $C([0,T];H^s(\mathbb{R}^+))\times C([0,T];H^k(\mathbb{R}^+))$ 中是唯一的, 对于 $s,k>\frac{1}{2}$ 这也是对的. 因为我们得到的解在 $x\in\mathbb{R}^+$ 的约束下位于这个空间, 对于 $s,k>\frac{1}{2}$ 可得唯一性.

利用定理 15.2 中的非线性光滑估计, 现在可以得到其他容许指标的唯一性. 定义

$$
\begin{aligned}
F^{s,k}=&H^s(\mathbb{R}^+)\times H^k(\mathbb{R}^+)\times H^{k-1}(\mathbb{R}^+)\\
&\times H^{\frac{2s+1}{4}}(\mathbb{R}^+)\times H^{\frac{2k+1}{4}}(\mathbb{R}^+)\times H^{\frac{2k-1}{4}}(\mathbb{R}^+).
\end{aligned}
$$

对于 $s,k\in\left(0,\frac{1}{2}\right)$, 首先考虑初值 $(u_0,v_0,v_1,f,g,h)\in F^{s,k}$. 给定两个延拓 (u_0^e,v_0^e,v_1^e), $(\widetilde{u_0^e},\widetilde{v_0^e},\widetilde{v_1^e})$ 属于 $H^s(\mathbb{R})\times H^k(\mathbb{R})\times H^{k-1}(\mathbb{R})$, 由不动点方法可得相关的解 (u,v), $(\widetilde{u},\widetilde{v})$. 取序列 $(u_{0n},v_{0n},v_{1n},f_n,g_n,h_n)\in F^{\frac{1}{2}+,\frac{1}{2}+}$ 收敛到 (u_0,v_0,v_1,f,g,h) 且属于 $F^{s,k}$. 由引理 15.6, 可知 $(u_{0n}^e,v_{0n}^e,v_{1n}^e)$, $(\widetilde{u_{0n}^e},\widetilde{v_{0n}^e},\widetilde{v_{1n}^e})$ 作为 (u_{0n},v_{0n},v_{1n}) 的 $H^{\frac{1}{2}+}(\mathbb{R})\times H^{\frac{1}{2}+}(\mathbb{R})\times H^{-\frac{1}{2}+}(\mathbb{R})$ 延拓, 各自收敛到 (u_0^e,v_0^e,v_1^e), $(\widetilde{u_0^e},\widetilde{v_0^e},\widetilde{v_1^e})$ 且属于 $H^s(\mathbb{R})\times H^k(\mathbb{R})\times H^{k-1}(\mathbb{R})$.

利用延拓 $(u_{0n}^e,v_{0n}^e,v_{1n}^e)$, $(\widetilde{u_{0n}^e},\widetilde{v_{0n}^e},\widetilde{v_{1n}^e})$, 由定理 15.2 可构造两个解序列 (u_n,v_n), $(\widetilde{u_n},\widetilde{v_n})$. 由非线性光滑估计, 这两个解序列有相同的存在时间 $T>0$, 它只依赖于 $F^{s,k}$-模的初值. 由 $H^{\frac{1}{2}+}$ 解的唯一性, 对于 $(x,t)\in\mathbb{R}^+\times[0,T]$, $(u_n,v_n)=(\widetilde{u_n},\widetilde{v_n})$. 由不动点结论, $(u_n,v_n)\to(u,v)\in H^s\times H^k$. 因此对于 $x\in\mathbb{R}^+$, $u=\widetilde{u}$. 迭代之, 可得关于 $s\in\left(-\frac{1}{4},0\right),k\in\left(-\frac{1}{2},0\right)$ 的剩余参数的唯一性. □

参 考 文 献

[1] Rogister A. Parallel propagation of nonlinear low-frequency waves in high-β plasma. Phys. Fluids, 1971, 14: 2733-2739.

[2] Chen H H, Lee Y C, Liu C S. Integrability of nonlinear Hamiltonian systems by inverse scattering method. Phys. Scr., 1979, 20(3/4): 490-492.

[3] Ablowitz M J, Ramani A, Segur H. A connection between nonlinear evolution equations and ordinary differential equations of P-type. II. J. Math. Phys., 1980, 21: 1006-1015.

[4] Gerdjikov S V, Ivanov I. A quadratic pencil of general type and nonlinear evolution equations. II. Hierarchies of Hamiltonian structures. Bulg. J. Phys., 1983, 10: 130-143.

[5] Kundu A. Landau-Lifshitz and higher-order nonlinear systems gauge generated from nonlinear Schrödinger type equations. J. Math. Phys., 1984, 25: 3433-3438.

[6] Chen Y M. The initial-boundary value problem for a class of nonlinear Schrödinger equations. Ada Math. Sci., 1986, 6: 405-418.

[7] Tsutsumi M, Fukuda I. On solutions of the derivative nonlinear Schrödinger equation. I. Funkcial. Ekvac., 1980, 23: 259-277.

[8] Tsutsumi M, Fukuda I. On solutions of the derivative nonlinear Schrödinger equation. II. Funkcial. Ekvac., 1981, 24: 85-94.

[9] Guo B L, Chang Q S. Galerkin finite element method and error estimates for the system of multi-dimensional higher-order generalized BBM-KdV equations. Kexue Tongbao, 1983, 28: 310-315.

[10] Zhou Y L, Nonlinear P D E. Applied Science. Tokyo: Japan Seminar, 1982.

[11] Lin C S. Interpolation inequalities with weights. Comm. Partial Differential Equations, 1986, 11: 1515-1538.

[12] Klainerman S. Global existence for nonlinear wave equations. Comm. Pure Appl. Math., 1980, 33: 43-101.

[13] Kaup D J, Newell A C. An exact solution for a derivative nonlinear Schrödinger equation. J. Math. Phys., 1978, 19: 798-801.

[14] Kurihara S. Large amplitude quasi-solitons in superfluid films. J. Phys. Soc. Jpn., 1981, 50: 3262-3267.

[15] Hasse R W. A general method for the solution of nonlinear soliton and kink Schrödinger equations. Z. Phys. Phys. B. Cond. Mat., 1980, 37: 83-87.

[16] Porkolab M, Goldman M V. Upper hybrid solitons and oscillating two-stream instabilities. Phys. Fluids, 1976, 19: 872-881.

[17] Spatschek K H, Tagare S G. Nonlinear propagation of ion-cyclotron modes. Phys. Fluids, 1977, 20: 1505-1509.

[18] Yu M Y, Shukla P K. On the formation of upper-hybrid solitons. Plasma Phys., 1977, 19: 889-893.

[19] Rabinowitz P. On a class of nonlinear Schrödinger equations. Z. Angew. Math. Phys., 1992, 43: 270-291.

[20] Strauss W. Existence of solitary waves in higher dimensions. Commun. Math. Phys., 1977, 55: 149-162.

[21] Ambrosetti A, Wang Z Q. Positive solutions to a class of quasilinear elliptic equations on $\mathbb{R}$. Discrete Cont. Dyn. Syst., 2003, 9: 55-68.

[22] Poppenberg M, Schmitt K, Wang Z Q. On the existence of soliton solutions to quasilinear Schrödinger equations. Cal. Var. PDEs, 2002, 14: 329-344.

[23] Ginibre J, Velo G. On the class of nonlinear Schrödinger equations I, II. J. Funct. Anal., 1979, 32: 1-32, 33-37.

[24] Lange H, Poppenberg M, Teismann H. Nash moser methods for the solutions of quasilinear Schrödinger equations. Commun. PDE, 1999, 24: 1399-1418.

[25] Poppenberg M. On the local well posedness of quasilinear Schrödinger equations in arbitrary space dimension. J. Differ. Eq., 2001, 172: 83-115.

[26] Berestycki H, Cazenave T. Instabilite des etats stationnaires dans les equations de Schrödinger et de Klein-Gordon non linearires. C. R. Acad. Sci. Paris, Seire I, 1981, 293: 489-492.

[27] Cazenave T, Lions P L. Orbital stability of standing waves for some nonlinear Schrödinger equations. Commun. Math. Phys., 1982, 85: 549-561.

[28] Shatah J, Strauss W. Instability of nonlinear bound states. Commun. Math. Phys., 1985, 100: 173-190.

[29] Zhang J. Cross-constrained variational problem and nonlinear Schrödinger equations. Foun. Com. Math., 2002: 457-469.

[30] Glassey R T. On the blowing-up of solutions to the Cauchy problem for nonlinear Schrödinger equations. J. Math. Phys., 1977, 18: 1794-1797.

[31] Guo B, Chen J, Su F. The "blow up" problem for a quasilinear Schrödinger equation. J. Math. Phys., 2005, 46: 073510-10.

[32] Liu J Q, Wang Y, Wang Z Q. Solutions for quasilinear Schrödinger equations via the Nehari method. Comm. Part. Diff. Eq., 2004, 29: 879-901.

[33] van Saarloos W, Hohenberg P C. Fronts, pulses, sources and sinks in generalized complex Ginzburg-Landau equations. Phys. D: Nonlinear Phenomena. 1992, 56: 303-367.

[34] Mjolhus E. On the modulational instability of hydromagnetic waves parallel to the magnetic field. J. Plasma Phys., 1976, 16: 321-334.

[35] Mio K, Ogino T, Minami K, Takeda S. Modified nonlinear Schrödinger equation for Alfvén waves propagating along the magnetic field in cold plasmas. J. Phys. Soc. Jpn., 1976, 41: 265-271.

[36] Deissler R J, Brand H R. Generation of counter propagating nonlinear interacting traveling waves by localized noise. Phys. Lett. A, 1988, 130: 293-298.

[37] Haken H. Synergetics. An Introduction. New York: Springer, 1977.

[38] Chen H H, Lee Y C, Liu C S. Integrability of nonlinear Hamiltonian systems by inverse scattering method. Phys. Scr., 1979, 20: 490-492.

[39] Gerdzhikov V S, Ivanov M I. The quadratic bundle of general form and the nonlinear evolution equations. II. Bulg. J. Phys., 1983, 10(2): 130-143.

[40] Guo B L, Wu Y P. Orbital stability of solitary waves for the nonlinear derivative Schrödinger equation. J. Differential Equations, 1995, 123: 35-55.

[41] Colin M, Ohta M. Stability of solitary waves for derivative nonlinear Schrödinger equation. Ann. Inst. H. Poincaré Anal. Nor Linéaire, 2006, 23: 753-764.

[42] Clarkson P A, Cosgrove C M. Painlevé analysis of the nonlinear Schrödinger family of equations. J. Phys. A. 1987, 20: 2003-2024.

[43] Clarkson P A. Dimensional reductions and exact solutions of a generalized Schrödinger equation. Nonlinearity, 1992, 5: 453-472.

[44] Florjanczyk M, Gagnon L. Exact solutions for higher-order nonlinear Schrödinger equation. Phys. Rev. A, 1990, 41(8): 4478-4485.

[45] Nakkeeran K. On the integrability of the extended nonlinear Schrödinger equation and the coupled extended nonlinear Schrödinger equations. J. Phys. A, 2000, 33: 3947-3949.

[46] Ozawa T. On the nonlinear Schrödinger equations of derivative type. Indiana Univ. Math. J., 1996, 45: 137-163.

[47] Grillakis M, Shatah J, Strauss W. Stability theory of solitary waves in the presence of symmetry, I. J. Funct. Anal., 1987, 47: 160-197.

[48] Grillakis M, Shatah J, Strauss W. Stability theory of solitary waves in the presence of symmetry, II. J. Funct. Anal., 1990, 94: 308-348.

[49] Hayashi N. The initial value problem for the derivative nonlinear Schrödinger equation in the energy space. Nonlinear Anal: Theory, Methods & Applications, 1993, 20: 823-833.

[50] Hayashi N, Ozawa T. On the derivative nonlinear Schrödinger equation. Phys. D: Non. Phen., 1992, 55: 14-36.

[51] Hayashi N, Ozawa T. Finite energy solutions of nonlinear Schrödinger equations of derivative type. SIAM J. Math. Anal., 1994, 25: 1488-1503.

[52] Weinstein M I. Lyapunov stability of ground states of nonlinear dispersive evolution equations. Comm. Pure Appl. Math., 1986, 39: 51-67.

[53] Reed M, Simon B. Methods of Modern Mathematical Physics, vol. IV. New York: Academic Press, 1978.

[54] Albert J, Bona J L. Total positivity and the stability of internal waves in stratified fluids of finite depth. IMA J. Appl. Math., 1991, 46: 1-19.

[55] Bona J L, Sun S M, Zhang B Y. Conditional and unconditional well-posedness for nonlinear evolution equations. Advances in Differential Equations, 2004, 9(3/4): 241-265.

[56] Bona J L, Sun S M, Zhang B Y. Boundary smoothing properties of the Korteweg-de Vries equation in a quarter plane and applications. Dyn. Partial Differ. Equ., 2006, 1(3): 1-69.

[57] Boutet de Monvel A, Fokas A S, Shepelsky D. Analysis of the global relation for the nonlinear Schrödinger equation on the half-line. Lett. Math. Phys., 2003, 65(3): 199-212.

[58] Brézis H, Gallouet T. Nonlinear Schrödinger evolution equations. Nonlinear Anal., 1980, 4(4): 677-681.

[59] Bu Q Y. Nonlinear Schrödinger equation on the semi-infinite line. Chinese Ann. Math. Ser. A, 2000, 21(4): 437-448.

[60] Carroll R, Bu Q Y. Solution of the forced nonlinear Schrödinger (NLS) equation using PDE techniques. Appl. Anal., 1991, 41(1/2/3/4): 33-51.

[61] Cazenave T, Weissler F B. The Cauchy problem for the critical nonlinear Schrödinger equation in H^s. Nonlinear Anal: Theory, Methods & Applications, 1990, 14(10): 807-836.

[62] Christ F M, Weinstein M I. Dispersion of small amplitude solutions of the generalized Korteweg-de Vries equation. J. Funct. Anal., 1991, 100(1): 87-109.

[63] Colliander J E, Kenig C E. The generalized Korteweg-de Vries equation on the half line. Comm. Partial Differential Equations, 2002, 27(11/12): 2187-2266.

[64] Fokas A S. Integrable nonlinear evolution equations on the half-line. Comm. Math. Phys., 2002, 230(1): 1-39.

[65] Friedlander F G. Introduction to the Theory of Distributions. 2nd ed. Cambridge: Cambridge University Press, 1999.

[66] Holmer J. The initial-boundary value problem for the Korteweg-de Vries equation. Communications in Partial Differential Equations, 2006, 31(8): 1151-1190.

[67] Jerison D, Kenig C E. The inhomogeneous Dirichlet problem in Lipschitz domains. J. Funct. Anal., 1995, 130(1): 161-219.

[68] Keel M, Tao T. Endpoint Strichartz estimates. Amer. J. Math., 1998, 120(5): 955-980.

[69] Kenig C K, Ponce G, Vega L. Oscillatory integrals and regularity of dispersive equations. Indiana Univ. Math. J., 1991, 40(1): 33-69.

[70] Kenig C E, Ponce G, Vega L. Small solutions to nonlinear Schrödinger equations. Ann. Inst. H. Poincaré Anal. Non Linéaire, 1993, 10(3): 255-288.

[71] Stein E M. Singular integrals and differentiability properties of functions. Princeton Mathematical Series, No. 30. Princeton: Princeton University Press, 1970.

[72] Strauss W, Bu C. An inhomogeneous boundary value problem for nonlinear Schrödinger equations. J. Differential Equations, 2001, 173(1): 79-91.

[73] Strichartz R S. Restrictions of Fourier transforms to quadratic surfaces and decay of solutions of wave equations. Duke Math. J., 1977, 44(3): 705-714.

[74] Tsutsumi M. On global solutions to the initial-boundary value problem for the nonlinear Schrödinger equations in exterior domains. Comm. Partial Differential Equations, 1991, 16(6/7): 885-907.

[75] Tsutsumi M. On smooth solutions to the initial-boundary value problem for the nonlinear Schrödinger equation in two space dimensions. Nonlinear Anal: Theory, Methods & Applications, 1989, 13(9): 1051-1056.

[76] Tsutsumi Y. Global solutions of the nonlinear Schrödinger equation in exterior domains. Comm. Partial Differential Equations, 1983, 8(12): 1337-1374.

[77] Wang B. On the initial-boundary value problems for nonlinear Schrödinger equations. Adv. Math., 2000, 29(5): 421-424.

[78] Guo B, Han Y, Xin J. Existence of the global smooth solution to the period boundary value problem of fractional nonlinear Schrödinger equation. Appl. Math. Comput., 2008: 204: 468-477.

[79] Kenig C E, Ponce G, Vega L. The Cauchy problem for the Korteweg-de Vries equation in Sobolev spaces of negative indices. Duke Math. J., 1993, 71: 1-21.

[80] Kenig C E, Ponce G, Vega L. A bilinear estimate with applications to the KdV equation. J. Amer. Math. Soc., 1996, 9: 573-603.

[81] Laskin N. Fractional quantum mechanics and Lévy path integrals. Phys. Lett. A, 2000, 268: 298-305.

[82] Laskin N. Fractional Schrödinger equation. Phys. Rev. E, 2002, 66: 056108.

[83] Tao T. Multilinear weighted convolution of L2 functions, and applications to nonlinear dispersive equations. Amer. J. Math., 2001, 123: 839-908.

[84] Bona J L, Sun S M, Zhang B Y. Nonhomogeneous boundary-value problems for one-dimensional nonlinear Schrödinger equations. J. Math. Pures Appl., 2018, 109: 1-66.

[85] Bourgain J. Fourier transform restriction phenomena for certain lattice subsets and applications to nonlinear evolution equations. Part I: Schrödinger equations. Geom. Funct. Anal., 1993, 3: 107-156.

[86] Bourgain J. Fourier transform restriction phenomena for certain lattice subsets and applications to nonlinear evolution equations. Part II: the KdV equation. Geom. Funct. Anal., 1993, 3: 209-262.

[87] Cavalcante M. The initial-boundary value problem for some quadratic nonlinear Schrödinger equations on the half line. Differential and Integral Equations, 2017, 30: 521-554.

[88] Colliander J E, Kenig C E. The generalized Korteweg-de Vries equation on the half-line. Comm. Partial. Differential Equations, 2002, 27: 2187-2266.

[89] Farah L G. Local and global solutions for the nonlinear Schrödinger-Boussinesq system. Differential and Integral Equations, 2008, 21: 743-770.

[90] Farah L G. Local solutions in Sobolev spaces with negative indices for the "good" Boussinesq equation. Comm. Partial Differential Equations, 2009, 34: 52-73.

[91] Farah L G, Pastor A. On the periodic Schrödinger-Boussinesq system. J. Math. Anal. Appl., 2010, 368: 330-349.

[92] Guo B. The global solution of the system of equations for complex Schrödinger field coupled with Boussinesq type self-consistent field. Acta Math. Sinica, 1983, 26: 295-306.

[93] Ginibre J, Tsutsumi Y, Velo G. On the Cauchy problem for the Zakharov system. J. Funct. Anal., 1997, 151: 384-436.

[94] Han Y. The Cauchy problem of nonlinear Schrödinger-Boussinesq equations in $H^*(\mathbb{R}^d)$. J. Partial Differential Equations, 2005, 18: 59-80.

[95] Himonas A A, Mantzavinos D. The "good" Boussinesq equation on the half line. J. Differential Equations, 2015, 258: 3107-3160.

[96] Holmer J. The initial-boundary-value problem for the 1D nonlinear Schrödinger equation on the half-line. Differential Integral Equations, 2005, 18: 647-668.

[97] Holmer J. The initial-boundary value problem for the Korteweg-de Vries equation. Comm. Partial Differential Equations, 2006, 31: 1151-1190.

[98] Linares F, Navas A. On Schrödinger-Boussinesq equations. Adv. Differential Equations, 2004, 9: 159-176.

[99] Makhankov V G. On stationary solutions of the Schrödinger equation with a selfconsistent potential satisfying Boussinesq's equation. Phys. Lett. A, 1974, 50(1): 42-44.

[100] Yajima N, Satsuma J. Soliton solutions in a diatomic lattice system. Prog. Theor. Phys., 1979, 56: 370-378.

[101] Agmon S. Lectures on Exponential Decay of Solutions of Second-Order Elliptic Equations: Bounds on Eigenfunctions of N-Body Schrödinger Operators. Princeton: Princeton University Press, 1982.

[102] Benjamin T B. The stability of solitary waves. Proc. R. Soc. Lond. A, 1972, 328: 153.

[103] Berry M V. Quantal phase factors accompanying adiabatic changes. Proc. R. Soc. Lond. A, 1984, 392: 45-57.

[104] Berestycki H, Lions P L. Nonlinear scalar field equations I-Existence of a ground state. Arch. Rat. Mech. Anal., 1983, 82: 313-345.

[105] Cazenave T, Lions P L. Orbital stability of standing waves for some nonlinear Schrödinger equations. Commun. Math. Phys., 1982, 85: 549-561.

[106] Crandall M, Rabinowitz P. Bifurcation of simple eigenvalues and linearized stability. Arch. Rat. Mech. Anal., 1973, 52: 161-181.

[107] Enss V. Quantum Scattering Theory of Two and Three Body Systems with Potentials of Short and Long Range. Schrödinger Operators. Berlin, Heidelberg, New York: Springer, 1985.

[108] Gardner C S, Greene J M, Kruskal M D, Miura R M. Method for solving the Korteweg-de Vries equation. Phys. Rev. Lett., 1967, 19: 1095-1097.

[109] Ginibre J, Velo G. On a class of nonlinear Schrödinger equations I, II. J. Func. Anal., 1979, 32: 1-71.

[110] Hayashi N, Nakamitsu K, Tsutsumi M. On solutions of the initial value problem for the nonlinear Schrödinger equations. J. Func. Anal., 1987, 71: 218-245.

[111] Jensen A, Kato T. Spectral properties of Schrödinger operators and time decay of the wave functions. Duke Math. J., 1979, 46: 583-611.

[112] Kato T. On nonlinear Schrödinger equations. Ann. Inst. Henri Poincaré, Physique Théorique, 1987, 46: 113-129.

[113] Kodama Y, Ablowitz M J. Perturbations of solitons and solitary waves. Stud. Appl. Math., 1981, 64: 225-245.

[114] Keener J P, McLaughlin D W. Solitons under perturbations. Phys. Rev. A, 1977, 16: 777-790.

[115] Lax P D. Integrals of nonlinear equations of evolution and solitary waves. Commun. Pure Appl. Math., 1968, 21: 467-490.

[116] Murata M. Rate of decay of local energy and spectral properties of elliptic operators. Jap. J. Math., 1980, 6: 77-127.

[117] Newell A C. Near-integrable Systems, Nonlinear Tunneling and Solitons in Slowly Changing Media. Nonlinear Evolution Equations Solvable by the Spectral Trans form. London: Pitman, 1978: 127-179.

[118] Rauch J. Local decay of scattering solutions to Schrödinger's equation. Commun. Math. Phys., 1978, 61: 149-168.

[119] Rose H A, Weinstein M I. On the bound states of the nonlinear Schrödinger equation with a linear potential. Physica D: Nonlinear Phenomena, 1988, 30: 207-218.

[120] Strauss W A. Dispersion of low energy waves for two conservative equations. Arch. Rat. Mech. Anal., 1974, 55: 86-92.

[121] Strauss W A. Existence of solitary waves in higher dimensions. Commun. Math. Phys., 1977, 55: 149-162.

[122] Strauss W A. Nonlinear scattering theory at low energy. J. Func. Anal., 1981, 41: 110-133.

[123] Shatah J, Strauss W. Instability of nonlinear bound states. Commun. Math. Phys., 1985, 100: 173-190.

[124] Sigal I M, Soffer A. The N-particle scattering problem: Asymptotic completeness for short range systems. Ann. Math., 1987, 126: 35-108.

[125] Weinstein M I. Nonlinear Schrödinger equations and sharp interpolation estimates. Commun. Math. Phys., 1983, 87: 567-576.

[126] Weinstein M I. Modulational stability of ground states of nonlinear Schrödinger equations. SIAM J. Math. Anal., 1985, 16: 472-491.

[127] Weinstein M I. Lyapunov stability of ground states of nonlinear dispersive evolution equations. Commun. Pure Appl. Math., 1986, 39: 51-67.

[128] Zakharov V E, Shabat A B. Exact theory of two dimensional self focusing and one dimensional self modulation of waves in nonlinear media. J. Expe.The. Phys., 1972, 34: 62-69.

[129] Grillakis M, Shatah J, Strauss W. Stability theory of solitary waves in the presence of symmetry. I. J. Func. Anal., 1987, 74: 160-197.

[130] Appert K, Vaclavik J. Dynamics of coupled solitons. Phys. Fluid., 1977, 20: 1845.

[131] Makhankov V G. Dynamics of classical solitons. Phys. Replotes A, 1978, 35: 1-128.

[132] Gibbons J, Thornhill S G, Wardrop M J. On the theory of Langmuir solitons. J. Plasma Phys., 1977, 17: 153-170.

[133] Guo B L. The global solution for coupled system of Schrödinger-BBM equations. J. of Engineering Math., 1987, 1: 1.

[134] Kato T. On nonlinear Schrödinger equations. Ann. lnst. Henri Poincare, 1987, 46: 103.

[135] Strichartz R. Restrictions of Fourier transforms to quadratic surfaces and decay of solutions of wave equations. Duke Math. J., 1977, 44: 705-714.

[136] Kenig C E, Ponce G, Vega L. Oscillatory integrals and regularity of dispersive equations. Indiana University Math. Journal, 1991, 40: 33-69.

[137] Kenig C E, Ponce G, Vega L. Well-posedness and scattering results for the generalized Korteweg-de Vries equation via contraction principle. Comm. on Pure and Appl. Math., 1993, 46: 527-620.

[138] Kenig C E, Ponce G, Vega L. Small solutions to nonlinear Schrödinger equations. Ann. Inst. Henri Poincare. Analyse Nonlineae, 1993, 10: 255-288.

[139] Ginbre J, Velo G. On a class of nonlinear Schödinger equations. J. Functional Analysis, 1979, 32: 1.

[140] Makhankov V G. On Stationary solutions of the Schrödinger equation with a self-donsistent potential satisfying Boussinesq's equations. Phys. Lett. A, 1974, 50: 42-44.

[141] Nishikawa K, Hojo H, Mima K, Ikezi H. Conpled Nonlinear Electron-Plasma and IonAcoustic Waves. Phys. Rev. Lett., 1974, 33: 148-151.

[142] Makharov V G. Physic reports a review secton of physics letters (Section C). Dynamics of Classical Solitons, 1978, 35C(1).

[143] 3axapoB, C. E. ua6ar, A. B. CxeMauHrerpupoBa HuaHenuHeaHaxypaBHeHuaMare-Maruuecko a4u3uku, ouHk. aHa. npun., 1974, 8(3): 43-53.

[144] Ablowitz M J. The inverse scattering transform-continuous and discrete, and its relationship with Painlevé transcendents. Nonlinear evolution equations solvable by the spectral transform (Internat. Sympos., Accad. Lincei, Rome, 1977), Res. Notes in Math., 26, Pitman, Boston, Mass.-London, 1978: 9-32.

[145] 郭柏灵. 一类更广泛的 KdV 方程的整体解. 数学学报, 1982, 25(6): 641-656.

[146] 郭柏灵, 沈隆钧. 3AXAPOB 方程周期初值问题整体古典解的存在性、唯一性. 应用数学学报, 1982, 5(3): 310-324.

[147] Treves F. Basic Linear Partial Differential Equations. New York: San Francisco, 1975.

[148] Ablowitz M J. Lectures on the inverse scattering transform. Studies in Appl. Math., 1978, 58: 17-94.

[149] Menikoff A. The existence of unbounded solutions of the Korteweg-de Vries equation. Comm. pure. Appl. Muth., 1972, 25: 407-432.

[150] Friedman A. Partial Differential Equations. New York: Holt, Reinhart and Winston, 1969.

[151] Raillon J B. Comptes. Rends. Aead. Sci. Paris., 1977, 284: 869-872.

[152] Reed M. Lecture Notes in Math. Abstract Nonlinear Ware Equations, 1976, 507.

[153] Reed M, Simon B. Methods of Modern Mathematical Physics, II: Fourier Analysis, Selfadjointness. New York, London: Academic Press, 1975.

[154] Sather J. The existence of a global classical solution of the initial-boundary value problem for $u + u^3 = f$. Arch. Rational Mech. Anal., 1966, 22: 292-307.

[155] Baym G, Pethick C J. Ground-state properties of magnetically trapped Bosecondensed rubidium gas. Phys. Rev. Lett., 1996, 76: 6-9.

[156] Bégout P. Necessary conditions and suffcient conditions for global existence in the nonlinear Schrödinger equation. Adv. Math. Sci. Appl., 2002, 12: 817-829.

[157] Brascamp H J, Lieb E H, Luttinger J M. A general rearrangement inequality for multiple integrals. J. Funct. Anal., 1974, 17: 227-237.

[158] Burchard A, Guo Y. Compactness via symmetrization. J. Funct. Anal., 2004, 214: 40-73.

[159] Caffarelli L, Kohn R, Nirenberg L. First order interpolation inequalities with weights. Compositio Math., 1984, 53: 259-275.

[160] Cao Y, Musslimani Z H, Titi E S. Nonlinear Schrödinger-Helmholtz equation as numerical regularization of the nonlinear Schrödinger equation. Nonlinearity, 2008, 21: 879-898.

[161] Cazenave T. An Introduction to Nonlinear Schrödinger Equations. Textos de Metodos Matematicos, Rio de Janeiro, 22, 1989.

[162] Chen G, Zhang J. Remarks on global existence for the supercritical nonlinear Schrödinger equation with a harmonic potential. J. Math. Anal. Appl., 2006, 320: 591-598.

[163] Chen J, Guo B. Strong instability of standing waves for a nonlocal Schrödinger equation. Phys. D: Nonlinear Phenomena, 2007, 227: 142-148.

[164] Deconinck B, Kutz J N. Singular instability of exact stationary solutions of the nonlocal Gross-Pitaevskii equation. Physics Letters A, 2003, 319: 97-103.

[165] Fukuizumi R. Stability and instability of standing waves for the nonlinear Schrödinger equation with harmonic potential. Discrete Contin. Dyn. Syst., 2001, 7: 525-544.

[166] Fujiwara D. A construction of the fundamental solution for the Schrödinger equation. J. Analyse Math., 1979, 35: 41-96.

[167] Fujiwara D. Remarks on convergence of the Feynman path integrals. Duke Math. J., 1980, 47: 559-600.

[168] Garcia-Ripoll J J, Konotop V V, Malomed B, Perez-Garcia V M. A quasi-local Gross-Pitaevskii equation for attractive Bose-Einstein condensates. Math. Compt. Simulation, 2003, 62: 21-30.

[169] Ginibre J, Velo G. On a class of nonlinear Schrödinger equations. I. The Cauchy problem, general case. J. Funct. Anal., 1979, 32: 1-32.

[170] Kivshar Y S, Alexander T J, Turitsyn S K. Nonlinear modes of a macroscopic quantum oscillator. Phys. Lett. A, 2001, 278: 225-230.

[171] Kurth M. On the existence of infinitely many modes of a nonlocal nonlinear Schrödinger equation related to Dispersion-Managed solitons. SIAM J. Math. Anal., 2004, 36: 967-985.

[172] Lieb E H, Loss M. Analysis. AMS Graduate studies in Mathematics. 2nd ed. Rhode Island: Providence AMS, 13, 2001.

[173] Oh Y G. Cauchy problem and Ehrenfest's law of nonlinear Schrödinger equations with potentials. J. Di. Equ., 1989, 81: 255-274.

[174] Reed M, Simon B. Methods of Modern Mathematical Physics, Vols. II, IV. Amsterdam: Elsevier, 2003.

[175] Rose H A, Weinstein M I. On the bound states of the nonlinear Schrödinger equation with a linear potential. Phys. D: Nonlinear Phenomena, 1988, 30: 207-218.

[176] Stein E M. Singular Integrals and Differentiability Properties of Functions. Princeton: Princeton University Press, 1970.

[177] Weinstein M I. Nonlinear Schrödinger equations and sharp interpolation estimates. Commun. Math. Phys., 1983, 87: 567-576.

[178] Zhang J. Stability of attractive Bose-Einstein condensates. J. Stat. Phys., 2000, 102: 731-746.

[179] Agrawal G A. Nonlinear Fiber Optics. New York: Academic Press, 2007.

[180] Babin A V, Ilyin A A, Titi E S. On the regularization mechanism for the periodic Korteweg-de Vries equation. Commun. Pure Appl. Math., 2011, 64(5): 591-648.

[181] Biagioni H, Linares F. Ill-posedness for the derivative Schrödinger and generalized Benjamin-Ono equations. Trans. Am. Math. Soc., 2001, 353: 3649-3659.

[182] Bona J L, Sun S M, Zhang B Y. Non-homogeneous boundary value problems for the Korteweg-de Vries and the Korteweg-de Vries-Burgers equations in a quarter plane. Ann. Inst. Henri Poincaré, Anal. Non Linéaire, 2008, 25(6): 1145-1185.

[183] Bourgain J. Global Solutions of Nonlinear Schrödinger Equations. AMS Colloquium Publications, vol. 46, 1998.

[184] Chen X J, Yang J, Lam W K. N-soliton solution for the derivative nonlinear Schrödinger equation with nonvanishing boundary conditions. J. Phys. A, Math. Gen., 2006, 39: 3263-3274.

[185] Colliander J, Keel M, Staffilani G, Takaoka V, Tao T. Global well-posedness for Schrödinger equations with derivative. SIAM J. Math. Anal., 2001, 33(3): 649-669.

[186] Colliander J, Keel M, Staffilani G, Takaoka V, Tao T. A refined global well-posedness result for Schrödinger equations with derivative. SIAM J. Math. Anal., 2002, 34: 64-86.

[187] Compaan E, Tzirakis N. Well-posedness and nonlinear smoothing for the "good" Boussinesq equation on the half-line. J. Differ. Equ., 2017, 262(12): 5824-5859.

[188] Erdoğan M B, Gürel T B, Tzirakis N. Smoothing for the fractional Schrödinger equation on the torus and the real line. Indiana Univ. Math. J., 2017.

[189] Erdoğan M B, Tzirakis N. Global smoothing for the periodic KdV evolution. Int. Math. Res. Not., 2013, 2013(20): 4589-4614.

[190] Erdoğan M B, Tzirakis N. Smoothing and global attractors for the Zakharov system on the torus. Anal. PDE, 2013, 6(3): 723-750.

[191] Erdoğan M B, Tzirakis N. Dispersive Partial Differential Equations. Wellposedness and applications. Cambridge: Cambridge University Press, 2016.

[192] Erdoğan M B, Tzirakis N. Regularity properties of the cubic nonlinear Schrödinger equation on the half line. J. Funct. Anal., 2016, 271(9): 2539-2568.

[193] Erdoğan M B, Tzirakis N. Regularity properties of the Zakharov system on the halfline. Commun. Partial Differ. Equ., 2017, 42: 1121-1149.

[194] Fokas A S. Integrable nonlinear evolution equations on the half-line. Commun. Math. Phys., 2002, 230(1): 1-39.

[195] Ginibre J, Tsutsumi Y, Velo G. On the Cauchy problem for the Zakharov system. J. Funct. Anal., 1997, 151: 384-436.

[196] Guo Z, Wu Y. Global well-posedness for the derivative nonlinear Schrödinger equation in $H^{\frac{1}{2}}(\mathbb{R})$. Discrete Contin. Dyn. Syst. A, 2017, 37(1): 257-264.

[197] Hayashi N. The initial value problem for the derivative nonlinear Schrödinger equation in the energy space. Nonlinear Anal: Theory, Methods & Applications, 1993, 20: 823-833.

[198] Hayashi N, Ozawa T. On the derivative nonlinear Schrödinger equation. Physica D, 1992, 55: 14-36.

[199] Hayashi N, Ozawa T. Finite energy solutions of nonlinear Schrödinger equations of derivative type. SIAM J. Math. Anal., 1994, 25: 1488-1503.

[200] Holmer J. Uniform estimates for the Zakharov system and the Initial-boundary value problem for the Korteweg-de Vries and nonlinear schrödinger equations. Ph. D. Thesis, University of Chicago, 2004, 210.

[201] Kaup D J, Newell A C. An exact solution for a derivative nonlinear Schrödinger equation. J. Math. Phys., 1978, 19: 798-801.

[202] Keraani S, Vargas A. A smoothing property for the L^2-critical NLS equations and an application to blowup theory. Ann. Inst. Henri Poincaré. Anal. Non Linéaire, 2009, 26(3): 745-762.

[203] Kenig C E, Ponce G, Vega L. Well-posedness and scattering results for the generalized Korteweg-de Vries equation via the contraction principle. Commun. Pure Appl. Math., 1993, 46(4): 527-620.

[204] Kondo K, Kajiwara K, Matsui K. Solution and integrability of a generalized derivative nonlinear Schrödinger equation. J. Phys. Soc. Jpn., 1997, 66: 60-66.

[205] Lee J H. Global solvability of the derivative nonlinear Schrödinger equation. Trans. Am. Math. Soc., 1989, 314(1): 107-118.

[206] Lenells J. The derivative nonlinear Schrödinger equation on the half-line. Physica D: Nonlinear Phenomena, 2008: 237(23): 3008-3019.

[207] Lenells J. The solution of the global relation for the derivative nonlinear Schrödinger equation on the half-line. Physica D: Nonlinear Phenomena, 2011, 240: 512-525.

[208] Liu J, Perry P A, Sulem C. Global existence for the derivative nonlinear Schrödinger equation by the method of inverse scattering. Commun. Partial Differ. Equ., 2016, 41(11): 1692-1760.

[209] Liu J, Perry P A, Sulem C. Long-time behavior of solutions to the derivative nonlinear Schrödinger equation for soliton-free initial data. Ann. Inst. Henri Poincaré, Anal. Non Linéaire, 2018, 35(1): 217-265.

[210] Miao C, Wu Y, Xu G. Global well-posedness for Schrödinger equation with derivative in $H^{\frac{1}{2}}(\mathbb{R})$. J. Differ. Equ., 2011, 251(8): 2164-2195.

[211] Mio K, Ogino T, Minami K, Takeda S. Modified nonlinear Schrödinger equation for Alfven waves propagating along the magnetic field in cold plasmas. J. Phys. Soc. Jpn., 1976, 41: 265-271.

[212] Mjølhus E. On the modulational instability of hydromagnetic waves parallel to the magnetic field. J. Plasma Phys., 1976, 16: 321-334.

[213] Ozawa T. On the nonlinear Schrödinger equations of derivative type. Indiana Univ. Math. J., 1996, 45: 137-164.

[214] Sulem C, Sulem P L. The Nonlinear Schrödinger Equation. Applied Math. Sciences. vol. 139, New York: Springer-Verlag, 1999.

[215] Takaoka H. Well-posedness for the one dimensional Schrödinger equation with the derivative nonlinearity. Adv. Differ. Equ., 1999, 4: 561-680.

[216] Takaoka H. Global well-posedness for Schrödinger equations with derivative in a nonlinear term and data in low-order Sobolev spaces. Electron. J. Differ. Equ., 2001, 42: 1-23.

[217] Tao T. Nonlinear Dispersive Equations. Local and Global Analysis. Philadelphia: American Mathematical Society, 2006.

[218] Wu Y. Global well-posedness for the nonlinear Schrödinger equation with derivative in energy space. Anal. PDE, 2013, 6(8): 1989-2002.

[219] Wu Y. Global well-posedness on the derivative nonlinear Schrödinger equation. Anal. PDE, 2015, 8(5): 1101-1112.

[220] Erdoğan M B, Gürel T B, Tzirakis N. The derivative nonlinear Schrödinger equation on half line. Ann. I. H. Poincaré-AN, 2018, 35(7): 1947-1973.

[221] Brezis H, Lieb E. A relation between pointwise convergence of functions and convergence of functionals. Proc. Amer. Math. Soc., 1983, 88: 486-490.

[222] Novikov S P. Theory of Solitons: The Inverse Scattering Method. Moscow: Nauka, 1980.

[223] Hagedorn G. Asymptotic completeness for the impact parameter approximation to three particle scattering. Ann. Inst. Henri Poincaré, 1982, 36(1): 19-40.